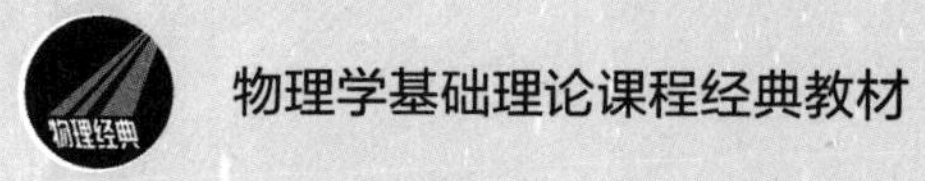

物理学基础理论课程经典教材

原子物理学

（第二版）

褚圣麟　编

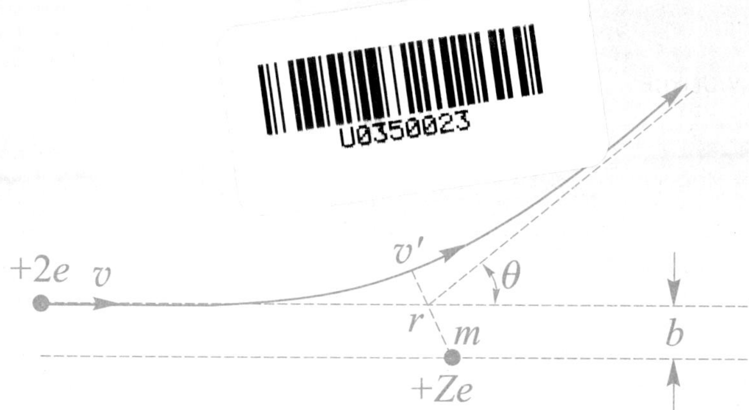

中国教育出版传媒集团
高等教育出版社·北京

内容提要

本书内容以说明原子结构为中心，从光谱学、电磁学、X 射线等方面的实验事实和总结出的规律，汇总到原子结构的全貌。书中有“量子力学初步”一章，介绍有关问题所需要的量子力学基本概念。全书在围绕中心目标述及有关实验事实和规律时，也顺便提到目前有些重要应用方面，如激光原理、顺磁共振、X 射线的衍射等。本书最后两章分别对原子核和粒子作了简要的介绍。各章均附有习题，全书采用国际单位制。

本书可作为高等学校物理类专业的教材，也可供其他专业的相关教师学生参考。

图书在版编目（CIP）数据

原子物理学／褚圣麟编. --2 版. --北京：高等教育出版社，2022.7（2024.12重印）

ISBN 978－7－04－049221－7

Ⅰ.①原… Ⅱ.①褚… Ⅲ.①原子物理学-高等学校-教材 Ⅳ.①O562

中国版本图书馆 CIP 数据核字（2018）第 000462 号

YUANZIWULIXUE

策划编辑 高聚平　责任编辑 高聚平　封面设计 赵 阳　版式设计 张 杰
插图绘制 杜晓丹　责任校对 窦丽娜　责任印制 张益豪

出版发行 高等教育出版社
社　　址 北京市西城区德外大街 4 号
邮政编码 100120
印　　刷 河北鹏盛贤印刷有限公司
开　　本 787mm×960mm 1/16
印　　张 21
字　　数 390 千字
购书热线 010-58581118
咨询电话 400-810-0598
网　　址 http://www.hep.edu.cn
　　　　 http://www.hep.com.cn
网上订购 http://www.hepmall.com.cn
　　　　 http://www.hepmall.com
　　　　 http://www.hepmall.cn
版　　次 1979 年 6 月第 1 版
　　　　 2022 年 7 月第 2 版
印　　次 2024 年 12 月第 5 次印刷
定　　价 39.80 元

物 料 号 49221-00

出版者的话

这是一本经典的、有历史的原子物理学教材。

编者褚圣麟先生是中国著名的物理学家、教育家，北京大学物理系教授。他从美国芝加哥大学物理系博士毕业回国后，投身我国高等学校的物理学科研和教育事业50余年，历任燕京大学物理系主任、理工学院院长、副教务长，1952年出任北京大学物理系主任，在任30年，对我国物理学人才的培养、物理学知识的普及和物理学科的发展做出了重要贡献。特别是对于北京大学物理系的建设和发展，褚先生做出了卓越的、开创性的贡献，使北京大学物理系成为一个有较高科研和教学水平、在国内外都有较大影响的物理系，为国家培养了几代优秀人才。

褚先生始终站在教学和科研的第一线，他亲自上讲台讲授普通物理学、原子物理学和原子核物理导论等课程，带领大家探索基础课教学改革，亲自编写讲义。他讲课条理清晰、论述严谨、深入浅出，对基本概念和基本原理也能讲得绘声绘色，深受学生的欢迎。

1979年，凝结着褚先生心血的《原子物理学》问世，一经出版就广受好评。由于具有很好的科学性和系统性，该书非常适合教学而被指定为高等学校推荐用书。1988年，它在国家教委举办的全国优秀教材奖评选中荣获国家教委优秀教材一等奖。至今，该书已累计印刷60余次，为广大物理学类专业师生所熟知。

在本次修订中，第二版在保留原有框架和内容的基础上，更新了一些插图以及物理学常量的数值；同时在每章开头处，增加了一些与原子物理学相关的物理学家生平介绍、物理学原理及现象的阅读材料和动画等数字资源；在每章结尾的习题处，设置了一些在线试题，供读者平时练习和自测使用。

作为出版者，我们也深深地以能够出版优秀经典教材为荣，在推出《原子物理学》（第二版）的同时，还推出了它的配套习题解答以及涵盖其知识点的近代物理学网络版试题库，以更好地为新时代的师生服务。

第一版前言

此书由编者授课的讲义整理而成。前八章以阐述原子结构为中心内容，书中以关于光谱、电磁现象、X射线等方面的实验事实和有关规律为依据，逐步揭示原子结构的情况。第九章简单论述了分子结构，通过这一章的介绍，希望能扩大读者对原子实际存在状况的了解。

第三章“量子力学初步”介绍这方面的基本概念，并以简例说明量子力学处理问题的方法。这样，在以后各章的论述中，可以引用这个理论的概念及其对一些具体问题的结论，使讨论更切合微观体系的规律。进一步学习量子力学需要有足够的有关原子和分子的知识。

最后两章扼要地介绍了原子核和基本粒子的知识。第十章内容大体是编者以前所编《原子核物理学导论》(高等教育出版社，1965年出版)一书内容的节要。第十一章搜集新近资料对基本粒子作了简略的介绍。为了不使这部分的篇幅过大，这两章没有包括实验方法的说明和数学推导，只用文字图表作介绍。增加这两章的用意是，此书如果用作教材，而“原子物理”课之后不拟另设“原子核物理”(包括一些基本粒子的知识)课程，这两章可以用作简略介绍这方面知识的参考资料，可供学生补充阅读之用。

此书用作教材时，可按照课程的要求，对内容加以选择。如果只要求一般理解的“原子物理”内容，而且学时较紧，可以用前九章或前八章的材料；或再斟酌精减去一些，例如第六和第八两章的内容可以选取一部分；第九章也可以不用。

承北京大学物理系曹昌祺教授阅读了本书第十一章的初稿并提出了宝贵意见。编者把此章初稿做了修改，特此对曹教授表示衷心的感谢。

北京大学物理系曾谨言同志提供了根据原子核中电荷分布半径的研究结论，他所建议对外斯塞格公式中库仑能一项进行修改的资料，编者已把这项修改写入书中，特此对曾同志表示谢忱。

许祖华等同志曾多次同编者一同担任原子物理学的教学工作，经常一同探讨有关教学上的问题。早年讲义的编写和修改，最后书稿的完成，都吸收了集体积累的教学经验。本书一至九章的习题是许祖华同志编写的，他还绘制了书中一些插图，对编写工作多方协助，特此致谢。

书稿曾经有关高等学校教师参加的审稿会议审查。在四川大学周仲壁同志主持下，承四川大学、复旦大学、中国科学技术大学、南京大学、南开大学、兰州大学、安徽大学、北京师范大学、北京师范学院、江苏师范学院、青海师范学院的各位教师审阅了书稿，进行了讨论，提出了宝贵的意见。编者参照这些意见，把书稿作了修改和补充，得以有所改进，特此对参加审稿会议的诸同志敬表谢意。

书中一定还有缺点和不妥之处，恳请读者提出宝贵意见和批评。

褚圣麟

1979年1月于北京大学

目　　录

绪　论

原子是物质结构的微小单元.原子物理学,按现在一般的了解,主要研究原子的结构与性质及有关问题.就广义说,这是关于物质微观结构的一门科学.

1. 原子物理学的发展

古代哲学家对物质的结构就有许多设想.有人认为物质是由简单的、不可分割的基本单元所谓“原子”构成的.这是原始的原子学说.但建立在科学基础上的原子学说是到了近二三百年内才发展的.17 世纪,气体分子动理论的萌芽可以说是现代原子学说的发轫.牛顿在 1666 年发现光谱,后来这方面大量资料的积累成为探索原子结构的重要依据.但原子物理学的重要的发展是在 19 世纪.1808 年,道耳顿阐明化学上的定比定律与倍比定律,开辟了原子学说的门径.分子动理论在 19 世纪有很多发展.1827 年,布朗运动的发现是分子运动的有力证据.1833 年,法拉第电解律的提出显示了电的基本单元的存在.光谱的观察在 19 世纪也有很多进展.但原子物理学的阔步前进还在 19 世纪的末期.

物理学发展到 19 世纪 80 年代,积累了大量事实,归纳出很多原理和定律,建立了完整的三大理论体系,那就是力学、热力学和电动力学.当时的物理学家以为物理学的重要定律全被发现了,理论完备了,此后的进展只能是关于次要问题的补充罢了.可是事实不是这样,当时社会生产的发展促使科学迅速的发展,物理学又展开了新的一页.

在 19 世纪最后三十年,技术有很大的进展,工业发达起来,电力的应用逐渐推广,冶金工业有了发展,内燃机和蒸汽轮机被采用,交通运输也方便了.生产的发展一方面提出了新的科学问题,同时也为科学工作提供了更好的条件.这样,在这时期和以后,物理学得到了迅速的发展,光谱资料在 19 世纪最后二十年中有很多积累,1885 年,巴耳末发现氢光谱线系的规律.1887 年,赫兹发现光电效应.1895 年,伦琴发现 X 射线.1896 年,贝可勒尔发现放射性.1897 年,J. J. 汤姆孙证明电子的存在.1900 年,普朗克把多人关于黑体辐射的研究结果进一步研究以后,提出了量子论.1911 年,卢瑟福证实了原子的核式结构.在这基础上,1913 年有玻尔理论的发表.此后几年中,原子物理学发展得很快.到了 1925 年,一个关于微观体系的新理论——量子力学——建立了起来.这个理论对物理学的进一步发展起了巨大作用.

2. 原子物理学的地位与作用

原子物理学研究物质的微观结构,这是更深入更基本的物理问题.要揭示好多宏观现象与规律的本质,非从微观结构考虑不可.例如物体为什么有导体、半导体和绝缘体之别;热导率高的物体电导率也高,显然两者有联系,其内在联系又是怎样的呢;物体发光又是怎么一回事呢.这里所举的以及其他很多事实是早就知道的,但只是在原子物理学发展以后,才得到了更清楚的理解.原子物理学不但对许多已知的宏观现象做了解释,而且发展了新的知识,从而使人们对物质世界有了更深入的而且比较统一的认识.原子物理学的发展不只涉及物理学的某些部门,而是影响到物理学的全部领域.

原子物理学与其他学科也有关系.原子结构的知识是化学与物理学共同的贡献.上文说到原子物理学在物理学中的作用,它在化学中也有重要作用;在说明元素的性质、化学键、分子结构等问题时都要以原子结构为根据.现代天文学中的天体物理学大部分是通过天体所发光谱来进行分析研究的,而光谱的理论是原子物理学中的重要内容.晶体的结构和性质的研究需要原子结构的知识;这样,原子物理学又与那些与结晶学有密切关系的矿物学、冶金学等也有关系.生物科学中引用原子物理学中的原理与技术的地方日益增加.其他科学部门,不论是基础科学或应用科学,与原子物理学也有多方面的联系.至于数学与物理学相互协作的关系更不用说了.

原子物理学在生产上所起的作用是具有基本性的,影响面也是广的;这不只是局部技术问题.原子物理学研究的是物质的微观结构,这属于基本知识,把它用在生产上,影响必然是深而广的.现在举一些具体例子.各种电子器件都要用电子源,而电子的发射与发射物质的微观结构有关,所以研究发射电子的材料需要原子物理学的知识.广大范围的建设材料的性质的研究,如各种金属、磁性材料、半导体等也需要原子物理学的知识.还有发光材料的研究,光谱分析方法在冶金技术上的应用,X 射线在材料检验上的应用,光电管在自动控制上的应用等等,都与原子物理学有关.至于原子能和放射性的应用,即使其所依据的原子核物理学不作为原子物理学的一部分,但关于这方面所用的测量方法以及设备的材料等问题上也要用到原子物理学的知识.总之,原子物理学与现代生产有广泛而密切的联系.

3. 学习上应注意的几点

原子物理学是研究微观体系的物理过程的,这里有一些概念与原理是以前的学习中没有的.为了能很好地接受初次遇到的概念,正确地理解这门学科中的

一些原理,减少不必要的困难,我们特别提出下列应注意的几点:

(1) 实践是检验真理的标准　物理学各部门的发展往往经过这样的步骤:先在自然界中、生产过程中或科学实验中观察到一些事实.为了要了解这些事实,就把观察到的现象进行分析,参考已有的科学知识,提出一个粗糙的假定.如果这个假定能够简单地说明观察到的事实,或甚至与进一步的实验符合,就可以从这个假定出发推究比较深入的理论.从这样发展的理论又可以推测其他情况下的实验结果,于是再进行实验.实验的结果可能证实理论的正确性,理论就可以被肯定.如果实验的结果与理论不符,就要考虑放弃或修改理论或重做实验.物理学就是这样在实践与理论相互推动下向前发展的.科学的发展总是从生产实践或科学实验到理论,再把理论用于生产或实验的反复过程.实践是检验真理的标准.实验是科学的实践.物理学中的理论是否正确,决定于实践——生产实践或科学实验——的考验.理论必须合乎逻辑,但理论的建立不单靠严密的形式逻辑.

(2) 科学是逐步地不断地发展的　原子物理学研究的对象是原子、分子等微观物体,不能直接观察.微观物体的结构和运动情况要从反映这些情况的宏观现象中去推究.所以更需要实验和理论多次反复的过程.在逐步发展的过程中,认识往往是不完备的,只是近似的,但是逐步深化的,逐步走向完善的.因此就不能期望原子物理学在发展过程中提出的理论一定十分完整周密.科学是逐步发展的,而且是不断发展的.

(3) 对微观体系不能要求都按宏观规律来描述　经典物理学中的规律是从宏观现象中总结出来的,前面已提到经典规律不一定都能适用于微观体系;微观体系自有一套规律.在日常生活中我们认识到的是宏观现象,以前所学的也主要是宏观物理学,因此经典物理学的概念和方法在我们脑中坚信不疑.现在一旦接触微观物理,我们的思想方法有时还受经典物理学的束缚.我们应当突破这个束缚.例如,微观体系不能直接观察,在我们生活中从无直接经验,因此对每一微观体系的描述,不可能都像对宏观物体一样,也具有直观性;对好些微观体系的情况,不能要求想象出一幅清楚的图像.直观性是建立在生活经验上的,而这种经验局限于宏观现象,因此就不能要求对每一微观体系的描述都很直观.但这不是说微观体系就不可以了解了,我们通过它们所显示的宏观现象而逐步了解它们.

必须说明,原子物理学中并未完全否定经典规律,不少经典规律仍在微观物理中有用.至于何者可用,何处可用,或不可用,还是决定于实践的检验.

第一章　原子的基本状况

数字资源

科学的发展证实了原子的存在，人们已获得很多关于原子的知识，现在已经证明原子不是如同古代人所想象那样简单而不可分割的，它有复杂的内部结构和运动，而且是可以击破的.化学已经阐明各种物体是由元素构成的.原子是元素的最小单元.各种元素的原子的结构与性质是有差异的，这就是说，有不同类型的原子，例如碳和铁都是元素，它们的最小单元就是碳原子和铁原子，这两种原子有各自的结构和特性.它们都可以被击破，但击破后分出来的粒子不再具有碳或铁的特性，已经不是碳或铁了.各种原子的成分是相同的，只是几种基本粒子，这几种基本粒子怎样构成多种多样的、具有各种元素特性的原子，这是将要逐步说明的.本章先介绍原子的一般情况.

1.1　原子的质量和大小

各种原子的质量不同.在化学和物理学中常用它们质量的相对值.现在把碳在自然界中最丰富的一种同位素(见 1.3 节)的质量定为 12.000 个单位作为原子量的标准，其他原子的质量同碳-12 比较，定出质量值，称为原子量.于是氢的原子量是 1.007 9，碳为 12.011，氧为 15.999，铜为 63.54.原子量可用化学方法测定.

知道了原子量，可以求出原子质量的绝对值.按阿伏伽德罗定律，1 mol 原子的物质中，不论哪种元素，含有同一数量的原子.这个数称为阿伏伽德罗常量.如果以 A 代表原子量，N_A 代表阿伏伽德罗常量，m_a 代表一个原子的质量绝对值，那么

$$m_a=\frac{A}{N_A}. \tag{1.1.1}$$

式中原子量 A 代表 1 mol 原子的以 g 为单位的质量数，只要 N_A 知道，m_a 就可以算出.测定 N_A 的方法有好几种，现在只举一种.

从电解可以测得法拉第常量

$$F=96\ 486.70\ \mathrm{C\cdot mol^{-1}}$$

F 表示 1 mol 带单个元电荷的离子所带的总电荷量.如果原子的原子价为 n，则显然

$$
\begin{aligned}
N_A &= 1\ \text{mol 的原子数} \\
&= \frac{\text{分解 1 mol 原子的物质所需的电荷量}}{\text{一个离子所带的电荷量}} \\
&= \frac{nF}{ne} = \frac{F}{e},
\end{aligned}
\tag{1.1.2}
$$

如果元电荷 e 精密测得,N_A 可求出.目前认为最精密的 N_A 值是

$$N_A = 6.022\ 140\ 857(74) \times 10^{23}\ \text{mol}^{-1}. \tag{1.1.3}$$

由(1.1.1)式可算得氢原子的质量

$$m_H = 1.673\ 67 \times 10^{-24}\ \text{g}. \tag{1.1.4}$$

其他原子质量的绝对值同样可算出,最大的原子质量是这个数值的二百几十倍.

原子的大小可以从下述几个方法加以估计:

(1) 在晶体中原子是按一定的规律排列的.从晶体的密度和一个原子的质量,可以求出单位体积中的原子数.假设晶体中的原子是互相接触的球体,并已知其排列情况,就可以算出每个原子的大小.即使不知排列情况,也可以求得原子大小的数量级.上述单位体积中的原子数的倒数就差不多是每个原子的体积,其立方根的数值表示原子线性大小的数量级.

(2) 从气体分子动理论也可以估计原子的大小.关于气体分子的平均自由路程,有下列一个理论公式:

$$\lambda = \frac{1}{4\sqrt{2} N \pi r^2} \tag{1.1.5}$$

式中 λ 是分子平均自由路程,N 是单位体积中分子数,r 是分子的半径(假定为球形).如果 λ 和 N 由实验求得,r 可以由上式算出.简单分子的半径的数量级与组成这分子的原子的半径数量级相同.对单原子的分子,r 亦就是原子的半径.

(3) 从范德瓦耳斯方程也可以测定原子的大小.在方程

$$\left(p + \frac{a}{V^2}\right)(V - b) = \nu RT$$

中,b 值按理论应等于分子所占体积的四倍.由实验定出 b,就可以算出分子的半径,其数量级和原子半径相同.

从不同方法求一种原子的半径,所得数值是有些出入的,但数量级是相同的,都是 10^{-10} m,各种原子的半径是不同的,但都具有刚才所说的数量级.

1.2 原子的核式结构

在 20 世纪初,从实验事实已经知道电子是一切原子的组成部分.但物质通常是中性的,足见原子中还有带正电的部分.又从电子的荷质比($-e/m$)的测量,

知道电子的质量比整个原子的质量要小得多,当时已经知道一个电子的质量差不多是氢原子质量的二千分之一.这些实验结果和当时的经典理论是考虑原子结构模型的基础.

J. J. 汤姆孙(J. J. Thomson)最早提出了一个原子结构模型.他根据上述资料,设想原子的带正电部分是一个原子那么大的、具有弹性的、冻胶状的球,正电荷均匀分布着,在这球内或球上,有负电子嵌着.这些电子能在它们的平衡位置上作简谐振动.观察到的原子所发光谱的各种频率认为就相当于这些振动的频率.汤姆孙的原子模型好像能够把当时知道的实验结果和理论考虑都归纳进去.

但勒纳(Lenard)从 1903 年起直到多年后所做电子在金属膜上的散射实验显示了汤姆孙模型的困难,他发现较高速度的电子很容易穿透原子,后者不像是具有 10^{-10} m 那样半径的实体球.α 粒子散射的实验则否定了汤姆孙模型,建立了核式模型.

1. α 粒子的散射实验

α 粒子是放射性物体中发射出来的快速粒子,它具有氦原子那样的质量,是电子质量的 7 300 倍,它带两个单位的正电荷.后来证明它就是氦原子核.卢瑟福(E. Rutherford)的一同工作者盖革(H. Geiger)和马斯顿(E. Marsden)继续卢瑟福开始进行的 α 粒子散射实验,在 1909 年观察到一个重要现象,就是 α 粒子受铂的薄膜散射时,绝大多数如以前所观察到的,平均只有 2~3 度的偏转,但有 1/8 000 的α 粒子偏转大于 90°,其中有接近 180°的.

他们所用仪器的布置大致如图 1.1 所示.R 为被一铅块包围的 α 粒子源,发射的 α 粒子经一细的通道后,形成一束射线,打在铂的薄膜 F 上.有一放大镜 M,带着一片荧光屏 S,可以转到不同的方向对散射的 α 粒子进行观察.荧光屏是玻璃片上涂荧光物硫化锌制成的,用时,把有硫化锌一面向着散射物 F.当被散射的 α 粒子打在荧光屏上,就会发生微弱的闪光.通过放大镜观察闪光就可记下某一时间内在某一方向散射的 α 粒子数.从 α 粒子源到荧光屏这段路程是在真空中的.

大角散射不可能解释为都是偶然性的小角散射的累积.这种可能性要比 1/8 000 小得多.绝大多数是一次碰撞的结果.但这不可能在汤姆孙模型那样的原子中发生.当 α 粒子在汤姆孙模型的原子的外边时,由于原子的正负电荷量相等而且作球形对称的分布,原子对 α 粒子没有作用力.如果考虑到 α 粒子接近原子时,可能原子会极化,那么力也是微小的.进一步考虑,假设 α 粒子接近原

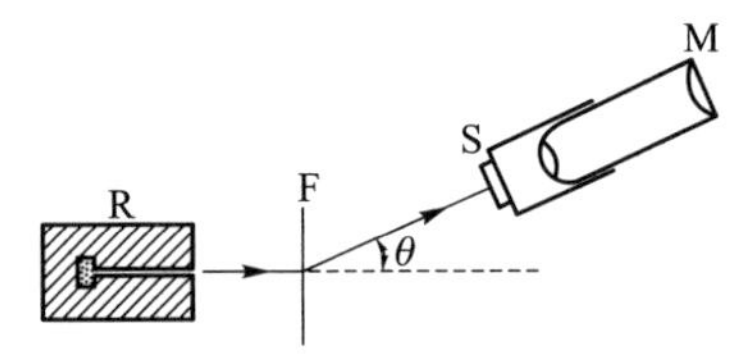

图 1.1 观测 α 粒子散射的仪器装置示意图

子或进入原子的实体球时,电子受 α 粒子的力而离去,α 粒子此时就只受带正电体的力;在这个情况下,我们也可以说明不会发生大角散射.

在没有讨论这问题以前,先要说明一下刚才假设电子受 α 粒子的力而离去的情况.α 粒子的质量大于电子质量 7 300 倍,它们之间有作用力时,力是相等的,因而动量的改变相等;可是 α 粒子的质量大得多,所以电子的速度的改变要比 α 粒子速度改变大得多.因此假设电子能够离开原位的话,那么它受 α 粒子的力时,就有可能离去.至于 α 粒子受电子的力而引起运动速度或方向的改变是微小的,可以忽略不计.所以如果电子能离开,就可以考虑原子正电部分对 α 粒子的作用.

设原子半径为 R,正电荷 Ze 均匀分布在这球中,α 粒子带 $2e$ 正电荷,当它在原子球的外边,即 $r \geqslant R$ 时,它所受原子正电荷的库仑力是 $2Ze^2/(4\pi\varepsilon_0 r^2)$,达球面时是 $2Ze^2/(4\pi\varepsilon_0 R^2)$.当 α 粒子进入这球,达到离球心 r 处时,它所受的力比在球面时所受的力还要小,这时对 α 粒子起作用的电荷是以 r 为半径的那样一个球所含的电荷,这电荷是 $Q=[Ze/(4/3)\pi R^3]\times(4/3)\pi r^3=Zer^3/R^3$.因此,α 粒子此时所受的力是 $2eQ/(4\pi\varepsilon_0 r^2)=2Ze^2 r/(4\pi\varepsilon_0 R^3)$.所以进入球体后,离球心越近,所受的力越小.α 粒子在汤姆孙模型中受原子正电部分的力最大是它达到球的表面时.α 粒子的初速度是可以知道的.按刚才所说 α 粒子接近和进入原子所受力的情况来计算,结论是不可能产生大角散射的,只能有小角散射,如图 1.2 所示情况.所以汤姆孙模型不足以说明实验中大角散射的事实.

卢瑟福有见于汤姆孙模型不能符合实验事实的要求,在 1911 年提出另一个模型.他设想原子中带正电部分很小,电子在带正电部分的外边.这样,α 粒子接近原子时,它受电子的作用引起运动的改变如上文所说还是不大,受正电体的作用就不同了.此时正电体很小,α 粒子进了原子区域,它还在正电体之外,整个正电体对它起作用,因此受正电体的力是 $2Ze^2/(4\pi\varepsilon_0 r^2)$.而且正电体很小,所以 r 可以很小,所受的力可以很大.因此就能产生大角散射,如图 1.3 所示.卢瑟福还提出了可以由实验验证的理论.按他的理论,从实验观察到的散射角可以推算带正电体的大小,算得的这种大小是很小的,所以称为原子核.他提出的原子模型因而称核式结构模型.

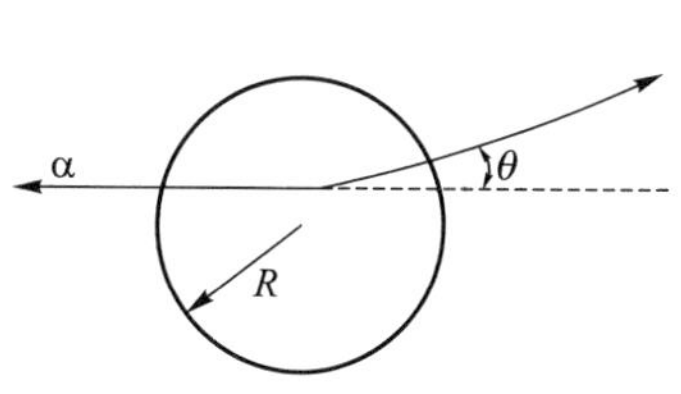

图 1.2 α 粒子在原子的汤姆孙模型中的散射

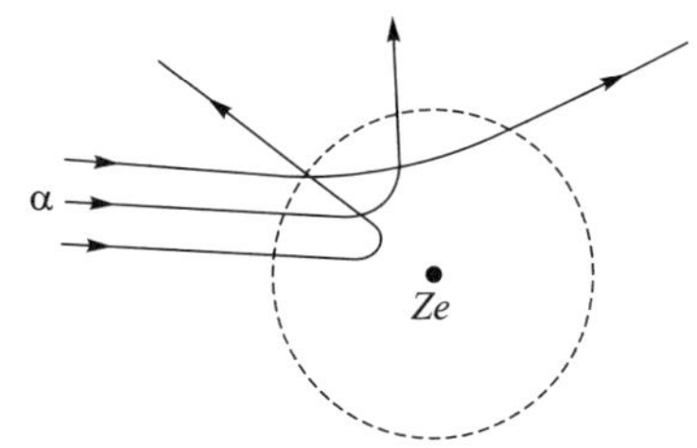

图 1.3 α 粒子在原子的核式结构模型中的散射

2. α粒子散射理论

设有一个 α 粒子射到一个原子附近,两者之间有库仑斥力.在原子核的质量比 α 粒子的质量大得多的情况下,可以认为前者不会被推动.α 粒子就受库仑力的作用而改变了运动的方向,如图 1.4 所示.图中 v 是 α 粒子原来的速度,b 是原子核离 α 粒子原运动路径的延长线的垂直距离,称为瞄准距离.由力学的原理可以证明 α 粒子的路径是双曲线,偏转角 θ 与瞄准距离 b 有如下关系:

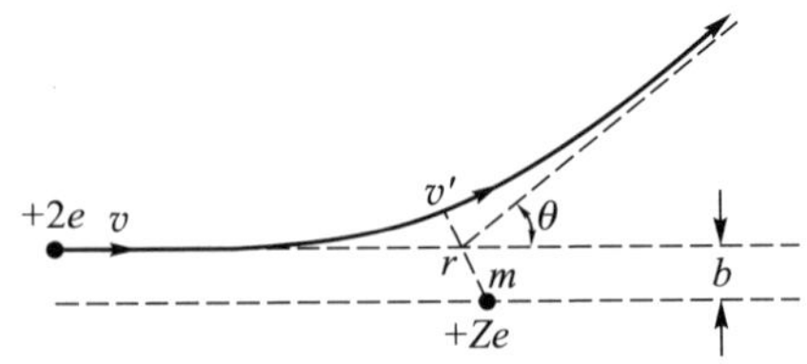

图 1.4　α 粒子在原子核的库仑场中路径的偏转

$$\cot\frac{\theta}{2}=4\pi\varepsilon_0\frac{m_\alpha v^2}{2Ze^2}b, \tag{1.2.1}$$

式中 m_α 是 α 粒子的质量,从(1.2.1)式可以看出,θ 与 b 有对应关系;b 大,θ 就小;b 小,θ 就大;对某一 b,有一定的 θ.

那些瞄准距离在 b 和 $b-\mathrm{d}b$ 之间的 α 粒子,散射后,必定向着 θ 和 $\theta+\mathrm{d}\theta$ 之间的角度射出,如图 1.5 所示.凡通过图中所示以 b 为外半径、$b-\mathrm{d}b$ 为内半径那个环形面积的 α 粒子,必定散射到角度在 θ 和 $\theta+\mathrm{d}\theta$ 之间的一个空心圆锥体之中.环形面积等于 $\mathrm{d}\sigma=2\pi b\mathrm{d}b$.把(1.2.1)式平方后微分,可求得

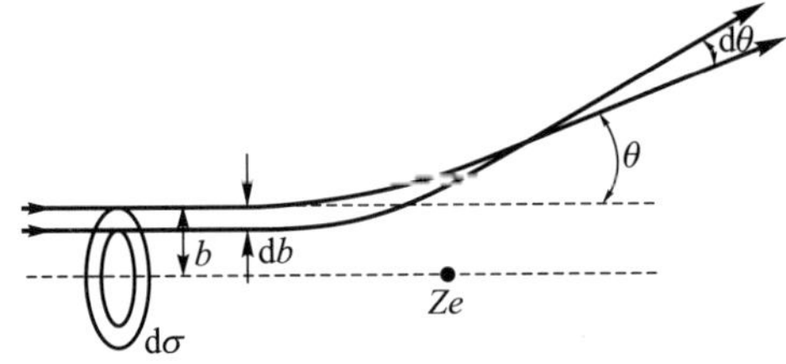

图 1.5　α 粒子的散射角与瞄准距离的关系

$$\mathrm{d}\sigma=2\pi b\,|\,\mathrm{d}b\,|=\left(\frac{1}{4\pi\varepsilon_0}\right)^2\pi\left(\frac{2Ze^2}{m_\alpha v^2}\right)^2\frac{\cos\frac{\theta}{2}}{\sin^3\frac{\theta}{2}}\mathrm{d}\theta. \tag{1.2.2}$$

(1.2.2)式可用空心圆锥体的立体角表达以代替 $\mathrm{d}\theta$.从图 1.6 可知,所说的立体角与 $\mathrm{d}\theta$ 有下列关系:

$$\mathrm{d}\Omega=\frac{2\pi r\sin\theta\cdot r\mathrm{d}\theta}{r^2}=2\pi\sin\theta\mathrm{d}\theta$$

$$=4\pi\sin\frac{\theta}{2}\cos\frac{\theta}{2}\mathrm{d}\theta.$$

代入(1.2.2)式,就有

$$\mathrm{d}\sigma=\left(\frac{1}{4\pi\varepsilon_0}\right)^2\left(\frac{Ze^2}{m_\alpha v^2}\right)^2\frac{\mathrm{d}\Omega}{\sin^4\dfrac{\theta}{2}}. \qquad (1.2.3)$$

这是卢瑟福的散射公式.$\mathrm{d}\sigma$ 是 α 粒子散射到 θ 与 $\theta+\mathrm{d}\theta$ 之间那么一个立体角 $\mathrm{d}\Omega$ 内每个原子的有效散射截面,又称微分截面.

现在要把(1.2.3)式和实验所能观察的数值联系起来.$\mathrm{d}\sigma$ 是面积,通过的 α 粒子数与它成正比,所以公式中的 $\mathrm{d}\sigma$ 和观察所得的粒子数有联系.设有一薄膜,面积为 A,厚度为 t(图 1.7).如果单位体积中的原子数为 N,那么薄膜中的原子数是

$$N'=NAt.$$

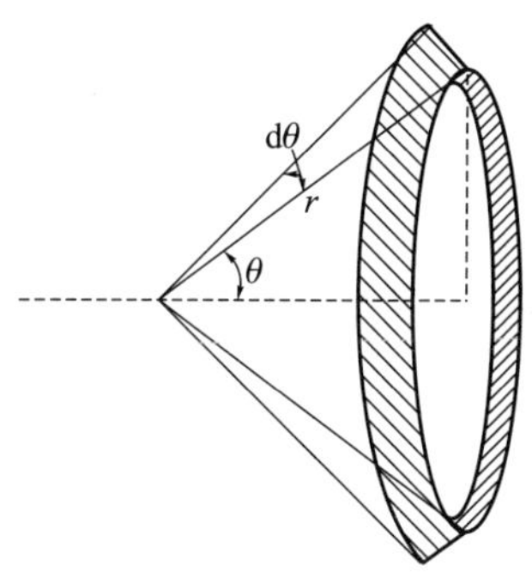

图 1.6 空心圆锥体

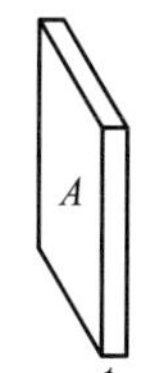

图 1.7 薄膜

设薄膜很薄,这些原子对射来的 α 粒子前后不互相遮蔽,那么膜上散射到 θ 与 $\theta+\mathrm{d}\theta$ 之间的总有效散射截面是

$$\mathrm{d}\Sigma=N'\mathrm{d}\sigma=NAt\mathrm{d}\sigma.$$

如果有 n 个 α 粒子射在这薄膜的全部面积 A 上,其中有 $\mathrm{d}n$ 个散射到 θ 和 $\theta+\mathrm{d}\theta$ 之间 $\mathrm{d}\Omega$ 中,那么这些必定落在 $\mathrm{d}\Sigma$ 上.

所以

$$\frac{\mathrm{d}n}{n}=\frac{\mathrm{d}\Sigma}{A}=Nt\mathrm{d}\sigma,$$

$$\mathrm{d}\sigma=\frac{\mathrm{d}n}{Ntn}. \tag{1.2.4}$$

此式表示 $\mathrm{d}\sigma$ 与 $\mathrm{d}n/n$ 成正比，因此 $\mathrm{d}\sigma$ 代表散射到 θ 与 $\theta+\mathrm{d}\theta$ 之间的概率的大小.

把(1.2.4)式代入(1.2.3)式，即得

$$\frac{\mathrm{d}n}{\mathrm{d}\Omega}\sin^4\frac{\theta}{2}=\left(\frac{1}{4\pi\varepsilon_0}\right)^2Nnt\left(\frac{Ze^2}{m_\alpha v^2}\right)^2=\text{常量}. \tag{1.2.5}$$

式中右边等于常量是指对同一 α 粒子源和同一散射物说的.在这种情况下，右边诸值不变.那么这公式表示左边的数值应不随 θ 而变更.

实际测量时，不取 θ 与 $\theta+\mathrm{d}\theta$ 之间的全部立体角，也就是不采用图 1.6 中环形带所张的全部立体角.测量的荧光屏只在不同方向张了一个小立体角 $\mathrm{d}\Omega'$，实际测得的粒子数是在 $\mathrm{d}\Omega'$中的 $\mathrm{d}n'$.但很容易理解，θ 相同时，$\mathrm{d}n'/\mathrm{d}\Omega'=\mathrm{d}n/\mathrm{d}\Omega$.所以(1.2.5)式与实验核对时，用 $\mathrm{d}n'/\mathrm{d}\Omega'$代替 $\mathrm{d}n/\mathrm{d}\Omega$.

3. 卢瑟福理论的实验验证

上述理论是建立在这样一个原子模型的基础上的，就是原子的带正电部分集中在很小的体积中，但它占有原子绝大部分的质量，α 粒子在它外边运动，受原子全部正电荷 Ze 的库仑力的作用.如果实际确是如此，那么实验的结果应该与理论公式(1.2.5)符合.从(1.2.5)式可以看到下列四种关系：(1) 在同一 α 粒子源和同一散射物的情况下，$(\mathrm{d}n'/\mathrm{d}\Omega')\sin^4(\theta/2)=$常量；(2) 用同一 α 粒子源和同一种材料的散射物，在同一散射角 $(\mathrm{d}n'/\mathrm{d}\Omega')$ 与散射物厚度 t 成正比；(3) 用同一散射物，在同一散射角，$(\mathrm{d}n'/\mathrm{d}\Omega')v^4=$常量；(4) 用同一 α 粒子源，在同一散射角，对同一 Nt 值，$\mathrm{d}n'/\mathrm{d}\Omega'$与 Z^2 成正比.1913 年盖革和马斯顿又仔细地进行了 α 粒子散射的实验，所得结果完全证实了上述前三项的关系，关于第四项当时未能准确测定，过了几年也证实了.

为了验证 $(\mathrm{d}n'/\mathrm{d}\Omega')\sin^4(\theta/2)=$常量，用图 1.1 所示的仪器装置，把荧光屏 S 与放大镜 M 放在不同 θ 角上，当 α 射线源 R 和散射薄膜 F 不变时，观察闪烁数.由于用同一荧光屏，且屏与 F 的距离维持不变，$\mathrm{d}\Omega'$也是常数.这样观察了不同角度上的 $\mathrm{d}n'$.表 1.1 所列是金箔上散射的结果.表中显示散射角在 45°到 150°的范围.

表 1.1　α 粒子在不同角上的散射

$\theta/(°)$	dn'	$1/\sin^4(\theta/2)$	$dn'\sin^4(\theta/2)$
150	33.1	1.15	28.8
135	43.0	1.38	31.2
120	51.9	1.79	29.0
105	69.5	2.53	27.5
75	211	7.25	29.1
60	477	16.0	29.8
45	1 435	46.6	30.8
37.5	3 300	93.7	35.2
30	7 800	223	35.0
22.5	27 300	690	39.6
15	132 000	3 445	38.3

虽然 dn'差得很大，$dn'\sin^4(\theta/2)$却是常量，足见理论对大角散射是适用的.对小角的情况，以后还要讨论.

关于上述第二项，即散射粒子数与散射物厚度 t 成正比的关系，曾对金、银、铜、铝等金属进行了测量，观察到在一定散射角上在一定时间内的散射粒子数 dn'确与金属箔的厚度成正比.

关于上述第三项，即散射粒子数与 α 粒子初速度的关系，$(dn')v^4$ = 常量，盖革和马斯顿也进行了实验.他们把镭$(B+C)$的 α 粒子通过不同厚度的云母片，得到不同速度.把这种 α 粒子分别在同一金属箔上散射，并在同一角度上观察，获得结果如表 1.2 所示.这也与理论符合.

表 1.2　α 粒子散射与其初速的关系

v^{-4}的相对值	闪烁数 dn	$(dn')v^4$
1.0	24.7	25
1.21	29.0	24
1.50	33.4	22
1.91	44	23
2.84	81	28
4.32	101	23
9.22	255	28

关于上述第四种关系,即 $dn' \propto Z^2$,当时还没有别的方法能准确地测定各种原子的正电荷量 Ze,从而可以验证与散射粒子数的关系.因此这就成为利用理论公式(1.2.5)式的关系来测定 Z 值,再考虑结果是否合理的问题.要测定 Z 值,由(1.2.5)式可知需测出 n 和 $dn'/d\Omega'$的数值,并需知道 α 粒子的速度 v 和散射物单位体积中的原子数 N.盖革和马斯顿用原有仪器未能准确测定 Z.直到 1920 年,查德威克(J. Chadwick)改装了仪器,才再引用(1.2.5)式的关系,较准确地测定了几种元素的正电荷量 Ze,他测得铜、银、铂的 Z 值,与这些元素的原子序数符合(表 1.3).由此证明了原子的电荷数 Z 等于这元素的原子序数.这个结论符合于从其他角度对于原子结构的考虑.这就进一步证明了卢瑟福核式结构模型的正确性.

表 1.3　原子正电荷数的测定

	铜	银	铂
原子序数	29	47	78
原子正电荷数测定值	29.3	46.3	77.4

4. 原子核大小的推断

由上述验证步骤既肯定了在一定范围内实验与理论一致,可知 α 粒子确在原子的整个正电荷量的库仑场中运动,那就是说 α 粒子仍在原子核之外,这就可以用理论有效范围的实验数据,按理论来推算 α 粒子达到离原子核最小的距离,这也就是原子核半径的上限.

设 α 粒子离原子核很远时的速度是 v,达到离原子核最小距离 r_m 处的速度是 v'.按能量守恒定律,

$$\frac{1}{2}m_\alpha v^2 = \frac{1}{2}m_\alpha v'^2 + \frac{2Ze^2}{4\pi\varepsilon_0 r_m}. \tag{1.2.6}$$

又物体在有心力场中运动,角动量守恒.所以由图 1.4,

$$m_\alpha v b = m_\alpha v' r_m. \tag{1.2.7}$$

合并(1.2.6)式和(1.2.7)式,消去 v',并把(1.2.1)式表达的 b 代入,即有

$$r_m = \frac{1}{4\pi\varepsilon_0}\frac{2Ze^2}{m_\alpha v^2}\left(1+\frac{1}{\sin\dfrac{\theta}{2}}\right). \tag{1.2.8}$$

由此式,知道了散射物的 Z 和 α 粒子的原有速度 v,从观察到的散射角 θ,就可以推算 α 粒子离原子核的最近距离 r_m.θ 越大,r_m 越小.

卢瑟福等曾观察镭 C′的 α 粒子在金箔上的散射,在散射角达到 150°时,(1.2.5)式所示的理论结论仍有效.镭 C′的 α 粒子的速度是 0.064c,c 是光在真空中的速度.金的 Z 是 79.把这些数值代入(1.2.8)式,算得 r_m 等于 3×10^{-14} m.同样求得在铜原子中达到 1.2×10^{-14} m,银原子中达到 2×10^{-14} m.足见这些原子带正电部分的半径必定小于这里求得的距离.原子的半径是 10^{-10} m,可见原子核在原子中是很小的.原子核半径的数量级后来通过其他实验测定在 $10^{-15}\sim10^{-14}$ m 范围.

5. 对 α 粒子散射实验的回顾与一些说明

有了结论以后,对有些问题可以进一步说明:在理论的推演中还包含着两个假定:(1) 在计算散射总截面时,把单原子的散射截面乘以原子数,这就假定在金属箔中原子核前后不互相遮蔽;(2) 通过金属箔的 α 粒子只经过一次散射,实验的具体情况是否这样?

对第一个假定,我们这样理解:所用金属箔是很薄的.例如所用金属箔的厚度有到 5×10^{-7} m 的.可是金原子的直径只有差不多 3×10^{-10} m,这样还有一千多个原子的厚度.但如果考虑原子核与原子半径之比至多是 $10^{-14}/10^{-10}=10^{-4}$,原子核的几何截面至多是原子的 10^{-8},则原子核很小,核间的空间很大.这样,前后遮蔽的机会不大.如果厚度增加,当然遮蔽的机会就大起来.

对第二个假定,我们理解:α 粒子通过金属箔,经过了好多原子核的附近,实际是经过多次散射的.但如上文所说,原子核很小,核间空间很大,因此,α 粒子通过金属箔时,多次非常接近原子核的机会还是不大.只有瞄准距离 b 小时,散射角才大.实际观察到的较大的 θ 角可以设想是由于一次大角散射和多次小角散射合成的.但多次小角散射左右上下各方向都有可能,合并起来会抵消一部分,而且每次都小,合并产生的方向改变比一次大角散射要小.因此有大角散射存在的情况下,小角散射可以不计.一次散射理论可以适用.至于实际观察到较小的 θ 角,那是多次小角散射合成的,既然都是小角散射,哪一次也不能忽略,一次散射理论就不适用.这就说明为什么在表 1.1 中,那些在 45°以下的散射与理论不符,而 45°以上的大角散射大体上与理论符合.而原子的核式结构的证实是依据大角散射的,所以这里所说复杂情况不影响结论.

再提一下电子的问题,按原子的核式模型,原子核外边还有电子存在.由于 α 粒子的质量比电子大 7 300 倍,α 粒子的运动,如以前所说,受电子的影响是微不足道的.所以 α 粒子散射理论中不需要把电子考虑进去.

从以上讨论,可见关于 α 粒子散射的实验与理论充分证明了原子的核式结构.在这个结构中,有一个带正电的中心体原子核,所带正电的数值是原子序数乘元电荷值.原子核的半径在 10^{-15} m 到 10^{-14} m 之间.原子核外边散布着带负电的电子.但原子质量的绝大部分是原子核的质量.这样一个原子的核式结构模型在卢瑟福提出后很快被大家接受,认为它代表了原子的真实情况.

1.3 同位素

20 世纪初已发现有原子量不同而化学性质相同的元素.这些元素既有相同的化学性质,因而有相同的元素名称,在化学周期表中处在同一地位,有相同的原子序数,这些称为同位素.例如自然界中的氧含有三种同位素,它们的原子量很近于 16、17 和 18.碳在自然界中也有两个同位素,除原子量为 12 的同位素外,还有一个原子量接近 13 的同位素.在 1.1 节中说到原子量是以碳-12 的质量定为 12.000 0 为标准的.表 1.4 中开列了少数元素的同位素及它们的质量(以碳-12 为标准)和自然界的含量.

表 1.4 几种元素的同位素

Z	元素	质量数	同位素质量	相对含量/%
	H	1	1.007 825 2	99.985
		2	2.014 102 2	0.015
6	C	12	12.000 000	98.89
		13	13.003 354	1.11
7	N	14	14.003 074 4	99.63
		15	15.000 108	0.37
8	O	16	15.994 915	99.759
		17	16.999 133	0.037
		18	17.999 16	0.204
92	U	235	235.043 94	0.72
		238	238.050 82	99.27

同位素的质量和相对含量可由光谱学的方法加以测量.另有一类利用磁场和电场对离子径迹的作用的方法,这样装置的仪器称为质谱仪和质谱计.前者主要是测量各种同位素的质量的,也可以从而估计含量;后者主要是用来辨认同位素和测量含量的.质谱仪和质谱计有好几种设计,这里不介绍了.

一种元素的诸同位素既有相同的原子序数,它们的原子核所带正电荷量是相同的,核外电子数因而也相同.可是质量不同,可见差别在原子核上.这是在原子核物理学中要讨论的.

习　　题

自测

1. 若卢瑟福散射用的 α 粒子是放射性物质镭放射的,其动能为 7.68×10^{6} eV.散射物质是原子序数 $Z=79$ 的金箔.试问散射角 $\theta=150°$ 所对应的瞄准距离 b 多大?

2. 已知散射角为 θ 的 α 粒子与散射核的最短距离为

$$r_{\mathrm{m}}=\left(\frac{1}{4\pi\varepsilon_0}\right)\frac{2Ze^2}{m_\alpha v^2}\left(1+\frac{1}{\sin\dfrac{\theta}{2}}\right).$$

试问上题 α 粒子与散射的金原子核之间的最短距离 r_{m} 多大?

3. 若用动能为 1 MeV 的质子射向金箔.问质子与金箔原子核可能达到的最小距离多大?又问如用同样能量的氘核(氘核带一个$+e$ 电荷量而质量是质子的两倍,是氢的一种同位素的原子核)代替质子,其与金箔原子核的最小距离多大?

4. 钋放射的一种 α 粒子的速度为 $1.597\times10^{7}\ \mathrm{m\cdot s^{-1}}$,正面垂直入射于厚度为 10^{-7} m、密度为 $1.932\times10^{4}\ \mathrm{kg\cdot m^{-3}}$ 的金箔.试求所有散射在 $\theta>90°$ 的 α 粒子占全部入射粒子的百分比.已知金的原子量为 197.

5. α 粒子散射实验的数据在散射角很小($\theta\leqslant15°$)时与理论值差得较远,是什么原因?

6. 已知 α 粒子质量比电子质量大 7 300 倍.试利用中性粒子弹性碰撞来证明:α 粒子散射“受电子的影响是微不足道的”.

7. 一能量为 3.5 MeV 的细 α 粒子束射到单位面积上质量为 $1.0\times10^{-2}\ \mathrm{kg\cdot m^{-2}}$ 的银箔上(习题图 1.1),α 粒子与银箔表面成 60°角.在离 α 入射线成 $\theta=20°$ 的方向上,离银箔散射区距离 $L=0.12$ m 处放一窗口面积为 $6.0\times10^{-5}\ \mathrm{m^2}$ 的计数器.测得散射进此窗口的 α 粒子是全部入射 α 粒子的百万分之 29.若已知银的原子量为 107.9,试求银的核电荷数 Z.

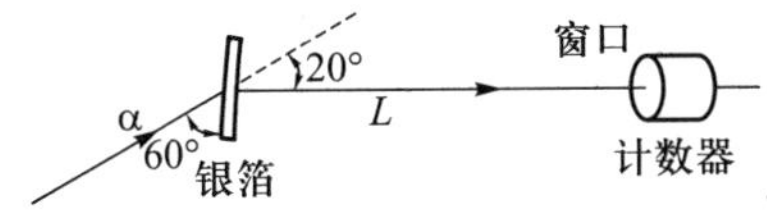

习题图 1.1

8. 设想铅($Z=82$)原子的正电荷不是集中在很小的核上,而是均匀分布在半径约为 10^{-10} m 的球形原子内,如果有能量为 10^{6} eV 的 α 粒子射向这样一个“原子”,试通过计算论证这样的 α 粒子不可能被具有上述设想结构的原子产生散射角大于 90°的散射.这个结论与卢瑟福实验结果差得很远,这就说明原子的汤姆孙模型是不能成立的(原子中电子的影响可以忽略).

第二章　原子的能级和辐射

数字资源

原子的核式模型建立时，只肯定了原子核的存在，但还不知道原子核外边的电子的情况.这需要进一步研究.在这方面的发展中，光谱的观察提供了很多资料，这些资料是关于原子核外结构知识的重要源泉.今后几章将从光谱的事实逐步论述原子中电子部分的状况.

2.1　光谱——研究原子结构的重要途径之一

光谱是电磁辐射(不论在可见区或在可见区以外)的波长成分和强度分布的记录；有时只是波长成分的记录.

光谱仪　用光谱仪可以把光按波长展开，把不同成分的强度记录下来，或把按波长展开后的光谱摄成相片，后一种光谱仪称为摄谱仪.光谱仪用棱镜或光栅作为分光器，有各种设计.这里举一个例子.图 2.1 是一架棱镜摄谱仪的示意图.光源 I 所发的光经透镜 L_3会聚在摄谱仪的光缝 S 上.一部分进入摄谱仪，经会聚透镜 L_1 后，成为平行光线，落在三棱镜的一个面上.穿过三棱镜后：不同波长的光线以不同的偏转角射出.经过透镜 L_2再成为会聚光线.不同波长的光线会聚在相片 P 上的不同点，在 P 上形成一系列的 S 的实像.S 是一条狭缝，所以这些实像是细线.摄成的光谱相片，可以进行测量.谱线的位置决定于波长.可以把一个已知波长的光谱和待测的光谱并排地摄在相片上，测出两光谱的谱线的位置，进行比较，从而测定各线的波长.从相片上谱线的浓度也可以定出光谱各成分的强度.

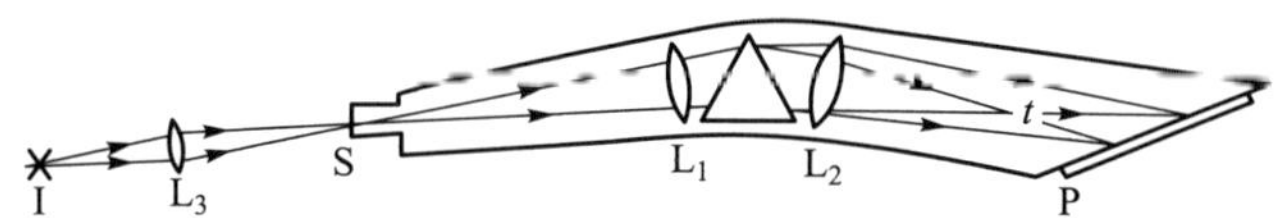

图 2.1　棱镜摄谱仪示意图

光源　研究光谱所用的光源，除自然光外，可有各种类型，有火焰、高温炉、电弧、火花放电、气体放电、化学发光、荧光等.

光谱的类别　从形状来区别，光谱可分为三类：(1) 线状光谱：观察光谱都用狭窄的光缝如上文所述.那么摄谱仪上获得的相片必定出现细线，每条线代表一个波长，所谓线状光谱是指在这些光谱上的谱线是分明、清楚的.这表示波长的数值有一定的间隔.经研究知道这类光谱是原子所发的.(2) 带状光谱:有些光源的光谱中,谱线是分段密集的.这表示每段中不同的波长数值很多,相近的差别很小.如果用分辨本领不高的摄谱仪摄取这类光谱,密集的谱线看起来并在一起,整个光谱好像是许多片连续的带组成.所以称作带状光谱,经研究知道这类光谱是分子所发的.(3) 连续光谱:有些光源所发的光具有各种波长,而且相近的波长差别极微,或者可以说是连续变化的.那么光谱相片上的谱线就密接起来形成连续光谱.固体加热所发的光谱是这种形状的.例如白热电灯的光谱就是连续的.原子和分子在某些情况下也会发连续光谱.图 2.2 中是这三类光谱的例子.

图 2.2 光谱相片

(1) 连续光谱;(2) 带状光谱;(3) 原子的线状光谱

发射与吸收 光源所发的光谱称为发射光谱.还有一种观察光谱的办法就是吸收,把要研究的样品放在发射连续光谱的光源与光谱仪之间,使来自光源的光先通过样品后,再进入光谱仪.这样一部分的光就被样品吸收.在所得的光谱上会看到连续的背景上有被吸收的情况.相片的底片上受光处变成黑的,吸收光谱呈现出连续的黑背景上有亮的线,这些线是吸收物的吸收光谱.样品可以是气体、液体或固体.

2.2 氢原子的光谱和原子光谱的一般情况

从氢气放电管可以获得氢原子光谱.人们早就发现氢原子光谱在可见区和近紫外区有好多条谱线,构成一个很有规律的系统.谱线的间隔和强度都向着短波方向递减.其中有四条的波长开列如下:

谱线	颜色	波长/Å
H_α	红	6 562. 10
H_β	深绿	4 860. 74
H_γ	青	4 340. 10
H_δ	紫	4 101. 20

在 1885 年,从某些星体的光谱中观察到的氢光谱线已达 14 条.这一年,巴

耳末(J. J. Balmer)发现这些谱线的波长可以纳入下列简单的关系中:

$$\lambda = B\frac{n^2}{n^2-4},\quad n=3,4,5,\cdots. \tag{2.2.1}$$

式中的 $B=3\ 645.6$ Å.由这式计算所得的波长数值在实验误差范围内同测得的数值是一致的.后人称这公式为巴耳末公式,它所表达的一组谱线称作巴耳末系.当 $n\to\infty$,波长趋近 B,达到了这线系的极限,这时两邻近波长的差别趋近零(图 2.3).

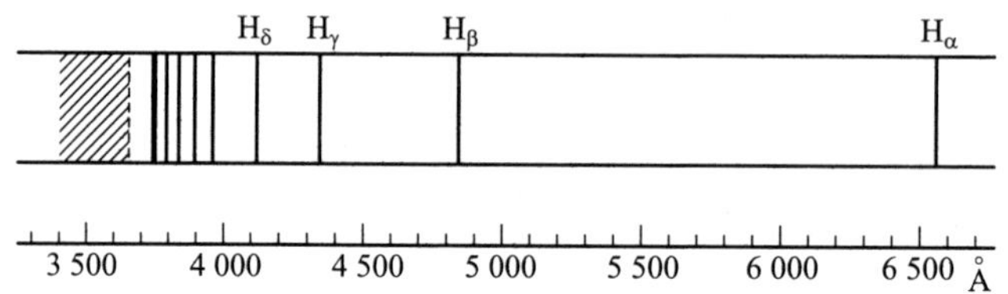

图 2.3　氢原子光谱的巴耳末系和系限外边的连续谱

如果令 $\sigma=\frac{1}{\lambda}$,σ 称为波数,巴耳末公式可改列如下:

$$\sigma=\frac{1}{\lambda}=\frac{1}{B}\frac{n^2-4}{n^2}=\frac{4}{B}\left(\frac{1}{2^2}-\frac{1}{n^2}\right),$$

$$\sigma=R_{\mathrm{H}}\left(\frac{1}{2^2}-\frac{1}{n^2}\right),\quad n=3,4,5,\cdots. \tag{2.2.2}$$

这式中的常量 $R_{\mathrm{H}}=\frac{4}{B}$ 称氢的里德伯常量.从氢光谱的更精密测量,获得 R_{H} 值是

$$R_{\mathrm{H}}=1.096\ 775\ 8\times10^{7}\ \mathrm{m}^{-1} \tag{2.2.3}$$

当 $n\to\infty$,(2.2.2)式成为 $\sigma_\infty=\frac{R_{\mathrm{H}}}{2^2}$,表达线系限的波数.

氢原子光谱的其他谱线系,也先后被发现,一个在紫外区,由莱曼(T. Lyman)发现,还有三个在红外区,分别由帕邢(F. Paschen)、布拉开(F. Brackett)、普丰德(H. A. Pfund)发现.这些谱线系也像巴耳末系一样可用一个简单的公式表达.现在一并开列在下面:

莱曼系　　$\sigma=R_{\mathrm{H}}\left[\frac{1}{1^2}-\frac{1}{n^2}\right],\quad n=2,3,4,\cdots$

巴耳末系　　$\sigma=R_{\mathrm{H}}\left[\frac{1}{2^2}-\frac{1}{n^2}\right],\quad n=3,4,5,\cdots$

帕邢系 $\sigma=R_{\mathrm{H}}\left[\frac{1}{3^{2}}-\frac{1}{n^{2}}\right],\quad n=4,5,6,\cdots$ (2.2.4)

布拉开系 $\sigma=R_{\mathrm{H}}\left[\frac{1}{4^{2}}-\frac{1}{n^{2}}\right],\quad n=5,6,7,\cdots$

普丰德系 $\sigma=R_{\mathrm{H}}\left[\frac{1}{5^{2}}-\frac{1}{n^{2}}\right],\quad n=6,7,8,\cdots$

显然氢原子光谱的波数可以表达为

$$\sigma=R_{\mathrm{H}}\left(\frac{1}{m^{2}}-\frac{1}{n^{2}}\right) \tag{2.2.5}$$

式中 $m=1,2,3,\cdots$；对每一个 m，$n=m+1,m+2,m+3,\cdots$，构成一个谱线系.

从这些公式看到，每一谱线的波数都等于两项的差数.如果令 $T(m)=\frac{R_{\mathrm{H}}}{m^{2}}$和 $T(n)=\frac{R_{\mathrm{H}}}{n^{2}}$，那么

$$\sigma=T(m)-T(n),$$

T 称为光谱项.氢原子的光谱项普遍等于 $T=\frac{R_{\mathrm{H}}}{n^{2}}$，$n=1,2,3,\cdots$.

以上是氢原子光谱的情况.这些情况可以总结为下列三条：

(1) 光谱是线状的，谱线有一定位置.这就是说，有确定的波长值，而且是彼此分立的.

(2) 谱线间有一定的关系，例如谱线构成一个谱线系，它们的波长可以用一个公式表达出来.不同系的谱线有些也有关系，例如有共同的光谱项.

(3) 每一谱线的波数都可以表达为两光谱项之差，$\sigma=T(m)-T(n)$.氢的光谱项是$\frac{R_{\mathrm{H}}}{n^{2}}$，$n$ 是整数.

这里总结出来的三条也是所有原子光谱的普遍情况，所不同的只是各原子的光谱项的具体形式各有不同，关于这些，以后我们会了解的.

2.3 玻尔的氢原子理论和关于原子的普遍规律

在 20 世纪初期，除氢原子光谱外，其他原子光谱的资料也积累了很多.那么这些原子怎样发射光谱的呢？这就需要进一步研究原子内部的情况.自从 1911 年原子的核式结构证明后，人们了解到半径大约为 10^{-10} m 的原子中有一个带正电的核，它的半径是 10^{-15} m 的数量级.但原子是中性的，从而推想原子核之外必定还有带负电的结构；这样就很自然想到有带负电的电子围绕着原子核运动，电

子活动区域的半径应该是 10^{-10} m 的数量级.在这样一个原子模型的基础上,玻尔(N. Bohr)在 1913 年发展了氢原子的理论.

1. 电子在原子核的库仑场中的运动

氢原子中原子核带有一个单元的正电荷,外边有一个电子带一个单元的负电荷.因此原子核与电子间有库仑吸引力,等于$\frac{1}{4\pi\varepsilon_0}\frac{Ze^2}{r^2}$(为了使推得的公式能有普遍的应用,我们以 Ze 代表原子核的电荷量,对氢当然 Z 等于 1).

原子核的质量比电子大 1 836 倍,它们的相对运动可以近似地看作只是电子绕原子核的运动.考虑简单的圆周运动(图 2.4),那么向心力等于

$$\frac{m_e v^2}{r}=\frac{1}{4\pi\varepsilon_0}\frac{Ze^2}{r^2}. \tag{2.3.1}$$

这里 r 是电子离原子核的距离,m_e 和 v 是电子的质量和速度.

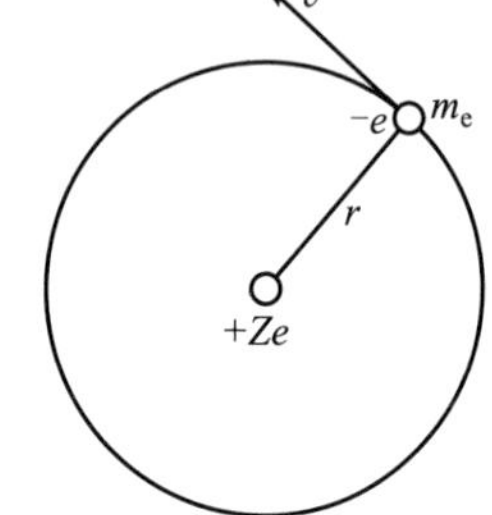

图 2.4　玻尔电子轨道

原子的内部能量由电子的动能和体系的势能构成(原子核暂时作为不动的,所以不计算动能).由库仑力可求出

$$\text{势能}=K-\frac{1}{4\pi\varepsilon_0}\frac{Ze^2}{r} \tag{2.3.2}$$

K 是 $r=\infty$ 时的势能,它的数值可以随意选定.如果把 $r=\infty$ 时的势能定为零,那么

$$\text{势能}=-\frac{1}{4\pi\varepsilon_0}\frac{Ze^2}{r}. \tag{2.3.3}$$

那么原子的能量等于

$$E=\frac{1}{2}mv^2-\frac{1}{4\pi\varepsilon_0}\frac{Ze^2}{r}.$$

由(2.3.1)式

$$E=\frac{1}{4\pi\varepsilon_0}\left[\frac{Ze^2}{2r}-\frac{Ze^2}{r}\right]=-\frac{1}{4\pi\varepsilon_0}\frac{Ze^2}{2r}. \tag{2.3.4}$$

这里能量出现负值.这是由于把 $r=\infty$ 时的势能定为零的结果.这不是必须这样做的,但这样做能使公式最简单.由(2.3.4)式可见 r 越大 E 越大(绝对值越小);半径大的轨道代表大能量.(2.3.4)式只表示了 E 和 r 的关系,对 r 值,因而对 E 值,没有其他任何限制.

又由(2.3.1)式可以求得电子轨道运动的频率如下:

$$f=\frac{v}{2\pi r}=\frac{e}{2\pi}\sqrt{\frac{Z}{4\pi\varepsilon_0 m_e r^3}} \tag{2.3.5}$$

(2.3.4)和(2.3.5)两式是根据力学和电学的原理推得的.这样是否足以说明光谱呢?

2. 经典理论的困难

从上述原子中的电子轨道运动,按经典理论试图说明光谱就会遇到困难.按照经典电动力学,当带电粒子有加速度时,就会辐射;而发射出来的电磁波的频率等于辐射体运动的频率.原子中电子的轨道运动具有向心加速度,它就应连续辐射.但这样的推论有两点与事实不符:

(1) 原子如果连续辐射,它的能量就逐渐降低[也就是(2.3.4)式中$\frac{Ze^2}{2r}$值逐渐增大],由(2.3.4)式,电子的轨道半径就要连续地缩小.这样继续下去,电子轨道会缩小到碰到原子核止.照这样推论,所有原子都会变成原子核那么大,即半径是10^{-15} m的数量级,才成为稳定不变的.但从不同的实验,测得的原子半径都是10^{-10} m的数量级.足见这里的结论与事实不符.

(2) 按照电动力学,原子所发光的频率等于原子中电子运动的频率.现在,如上文说到,原子辐射时,其电子轨道连续缩小,由(2.3.5)式,轨道运动的频率就连续增大,那么所发光的频率应该是连续变化的,原子光谱应该是连续光谱.但事实不是这样,原子光谱的谱线是分隔的,代表一些分隔而有一定数值的频率.

从以上的讨论我们看到,经典电动力学不能说明原子光谱的事实.这就是说,所引用的宏观物理中的理论不能用在原子这样的微观客体上.要找出真相,需另觅途径.

3. 新的规律——量子化

从各种实验已证明原子的半径是10^{-10} m的数量级,所以电子轨道的半径不会缩小到原子核那么大,电子一定在具有10^{-10} m数量级的半径那样的稳定轨道上运动.

再看光谱频率的事实.在2.2节中说到氢光谱的经验公式:

$$\sigma=\frac{R}{m^2}-\frac{R}{n^2},\quad m\text{ 和 }n\text{ 是整数.}$$

在玻尔研究这问题时,已经有公认正确的量子论.按照这理论,光能量总是一个单元的整倍数,而每一单元是$h\nu$,这里ν是光的频率,h是一个普遍常量,称为普朗克(Planck)常量($h=6.626\ 070\ 040(81)\times10^{-34}$ J·s).如果把上式乘以 hc,c 是光的速度,就得到

$$hc\sigma=h\nu=\frac{hcR}{m^2}-\frac{hcR}{n^2}\tag{2.3.6}$$

这式显出清楚的物理意义.左边 $h\nu$ 显然是每次发出光的能量,那么右边也必然是能量,这应该是原子在辐射前后能量之差.如果原子在辐射前的能量是 E_2,经辐射,它的能量变成 $E_1(E_1<E_2)$,那么放出的能量显然等于

$$h\nu=E_2-E_1\tag{2.3.6′}$$

如果原子的能量仍采用负值,比较(2.3.6)、(2.3.6′)二式,可以得到这样可能的简单关系:

$$E=-\frac{hcR}{n^2}.\tag{2.3.7}$$

但经验公式中的 R 是常量,n 是整数,那么(2.3.7)式所代表的原子能量只能具有一系列的一定数值,这些数值是彼此分隔的,不能连续变化.由(2.3.4)和(2.3.7)两式可得[对氢,(2.3.4)中 $Z=1$]

$$r=\frac{1}{4\pi\varepsilon_0}\frac{n^2e^2}{2hcR}\tag{2.3.8}$$

此式右侧 n 是整数,其余是常数,可知与能量联系的电子轨道也是分隔的,它的半径有一定数值,不能连续变化.

上面说明从实验事实推知:(1) 氢原子中的电子只能在一定大小的、彼此分隔的一系列轨道上运动;电子在每一这样的轨道运动时,原子具有一定的能量.(2) 如果氢原子中的电子从一个大轨道上运动跳到小轨道上运动,原子的能量就从大变小,多余的能量就放出成为一个光子的能量如(2.3.6′)式所示.

(2.3.8)式和(2.3.7)式虽已分别表达了存在于氢原子中的电子轨道的大小和相应原子能量的数值,但这两式只联系着实验值 R,这只是半经验公式,需要进一步推究到与原子内部运动有关的物理量的关系.玻尔根据上述实验事实的要求,探索得一个结论:原子中能够实现的电子轨道只是那些符合下列条件的:

$$2\pi r\cdot m_ev=2\pi\cdot m_evr=nh,\quad n=1,2,3,\cdots.\tag{2.3.9}$$

上式表示电子在轨道上运动一周的位移($2\pi r$)乘动量(m_ev)应等于普朗克常量的整倍数.这关系也可以表达为轨道运动一周的角移(2π)乘角动量(m_evr)应等于普朗克常量的整倍数.这称为量子条件.如果以 p_ϕ 代表角动量,上式就可列成

$$p_\phi=m_evr=n\frac{h}{2\pi},\quad n=1,2,3,\cdots.\tag{2.3.9′}$$

(2.3.9′)式与(2.3.1)式合并,消去 v,即有

$$r=\frac{4\pi\varepsilon_0 n^2h^2}{4\pi^2 m_e Ze^2},\quad n=1,2,3,\cdots. \tag{2.3.10}$$

令

$$a_1=\frac{4\pi\varepsilon_0 h^2}{4\pi^2 m_e e^2} \tag{2.3.11}$$

那么(2.3.10)式就成为

$$r=a_1\frac{n^2}{Z}. \tag{2.3.12}$$

对氢,$Z=1$,可能的轨道半径是

$$r=a_1,4a_1,9a_1,16a_1,\cdots.$$

(2.3.11)式中那些常数是

$$h=6.626\ 07\times10^{-34}\ \mathrm{J\cdot s},$$
$$m_e=9.109\ 38\times10^{-31}\ \mathrm{kg},$$
$$e=1.602\ 18\times10^{-19}\ \mathrm{C}$$

代入(2.3.11)式,即得

$$a_1=0.529\ 177\times10^{-10}\ \mathrm{m}. \tag{2.3.13}$$

这是氢原子中电子的最小轨道半径.这数值的数量级和其他实验求得的原子半径一致.

把(2.3.10)式代入(2.3.4)式,即得

$$E=-\frac{2\pi^2 m_e e^4 Z^2}{(4\pi\varepsilon_0)^2 n^2 h^2},\quad n=1,2,3,\cdots. \tag{2.3.14}$$

这是氢原子的内部能量,此式表示能量的数值是分隔的.

从以上的讨论,我们看到氢原子的电子只能在一系列一定大小的、彼此分隔的轨道上运动;我们说这样的轨道是量子化的,具体地说,它的半径是量子化的[如(2.3.10)式所示],它的角动量是量子化的[如(2.3.9)式所示].相应的一系列原子能量值[如(2.3.14)式所示]也是一定的、不连续的;这样的能量值也是量子化的.量子化是微观客体的特性.表达这些物理量的各公式中的 n 称为量子数.

4. 氢原子的能级和光谱

求得氢原子的能量后[(2.3.14)式],就可以把(2.3.14)式代入(2.3.6′)式求出波数的公式如下:

$$\sigma=\frac{E_2-E_1}{hc}=\frac{2\pi^2 m_e e^4 Z^2}{(4\pi\varepsilon_0)^2 h^3 c}\left(\frac{1}{n_1^2}-\frac{1}{n_2^2}\right). \tag{2.3.15}$$

对氢,$Z=1$.把此式与实验中总结出来的经验公式[2.2 节的(2.2.5)式]对比,就

知道里德伯常量应等于

$$R=\frac{2\pi^2 m_e e^4}{(4\pi\varepsilon_0)^2 h^3 c}. \tag{2.3.16}$$

把(2.3.13)式以前那些常量和 $c=2.997\ 924\ 58\times10^8\ \mathrm{m\cdot s^{-1}}$ 代入,算出:

$$R=1.097\ 373\ 1\times10^7\ \mathrm{m^{-1}} \tag{2.3.17}$$

这与实验值

$$R_H=1.096\ 775\ 8\times10^7\ \mathrm{m^{-1}} \tag{2.3.18}$$

符合的情况超过了一般的期望.这样,理论公式(2.3.15)与实验总结出来的经验公式[2.2节的(2.2.5)式]已很一致;理论很满意地说明了事实,它对原子内部情况的揭示获得了显著的成功.

但是(2.3.17)和(2.3.18)两式的数值毕竟还稍有差别.这绝不是由于实验误差,这还要求进一步补充理论,加以说明,关于这问题不久就要讨论.

氢原子的光谱项 T 等于 $\frac{R}{n^2}$,它与原子的内部能量 E 的关系,由(2.3.14)和(2.3.16)两式可以知道,确是

$$E=-hcT=-\frac{hcR}{n^2}. \tag{2.3.19}$$

现在我们把(2.3.10)式表示的可能的轨道和(2.3.14)式表示的可能的能量用图表示出来.图2.5是按轨道半径大小的比例画出的轨道图.与轨道对应的能量只能有分隔的数值,常称为能级.图2.6是按能量大小的比例画出的能级图.每一条横线代表一个能级,横线之间的距离表示能级的间隔,亦即能量的差别.

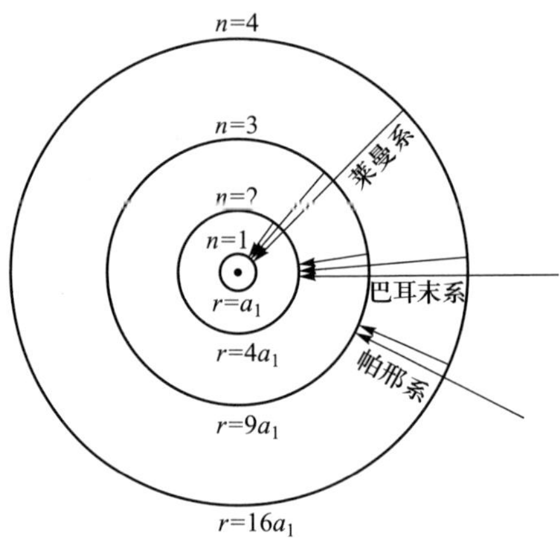

图2.5　氢原子的电子轨道

两图中每一能级与轨道的对应关系以同一量子数 n 表示出来.由推得的公式可知,轨道半径与 n^2 成正比,而能量 E 的绝对值与 n^2 成反比.当 $n\to\infty$ 时,$r\to\infty$,而 $E\to0$.又邻近轨道的间距随 n 的增加而增加,而邻近的能级的间隔随 n 的增加而渐减,趋近于零.

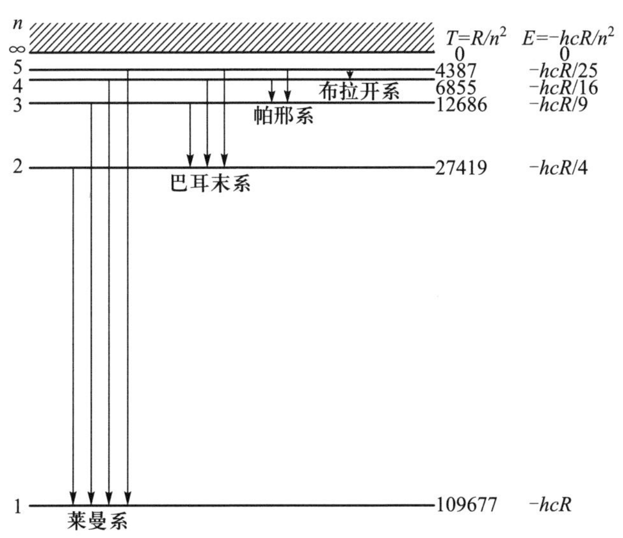

图 2.6 氢原子能级

必须了解.在图 2.5 上画出的那些轨道是可能的轨道,在图 2.6 上表示的那些能级是可能的能级.在任何时刻,一个原子中实现的只是一个轨道的电子运动,这原子只具有与这运动对应的一个数值的能量,也就只是一个能级.电子从某一轨道跳到另一轨道称为跃迁,也可以说原子从前一状态跃迁到后一状态.在进行实验时,实际观察的是大量原子.各种轨道的电子运动可以在不同的原子中分别实现.相应的各种能级在不同的原子上同时存在.各种轨道间,也就是对应的各种能级间的跃迁也可以在不同的原子中发生.况且观察总是持续一段时间,因此各种能级间的跃迁都可以观察到.这就是说,各种光谱线看起来是同时出现的.

在两个图中都画出了各种谱线系的跃迁.从能级图可以看到各种谱线系的能级跃迁间距的差别.跃迁间距大,所发光的波长就短.这说明为什么这些谱线系落在光谱的不同区域.在同一谱线系中,也是跃迁的能级间隔越大,谱线的波长越短.但随着跃迁间隔的增加,每次的增加量逐渐减少,趋近于零.这说明为什么每一谱线系中谱线的间隔,向着短波方向递减,在达到线系限处,趋近于零.

5. 非量子化的状态与连续光谱

以上所说是量子化的状态和不连续的线状光谱.前面的讨论中说明,如果把 r 无穷大时的势能定作零,那么量子化的能量是负的.最大的量子化能量是零.这就引起一个问题,有没有能量是正的情况.实验证明有这种情况,在巴耳末系的系限之外接着有一个连续带(图 2.3).这是一些具有正的能量的原子产生的.具体情况是,有些电子离原子核很远时,具有动能(这是正值),这时势能是零,所以总能就等于动能,可写作$\frac{1}{2}m_e v_0^2$.当这电子向原子核接近时,它走的路径按照力学是一个双曲线的一支;轨道是不闭合的,如图 2.7 所示.在这轨道上任何点的能量等于电子离原子核很远时的能量,是正值,可以写成

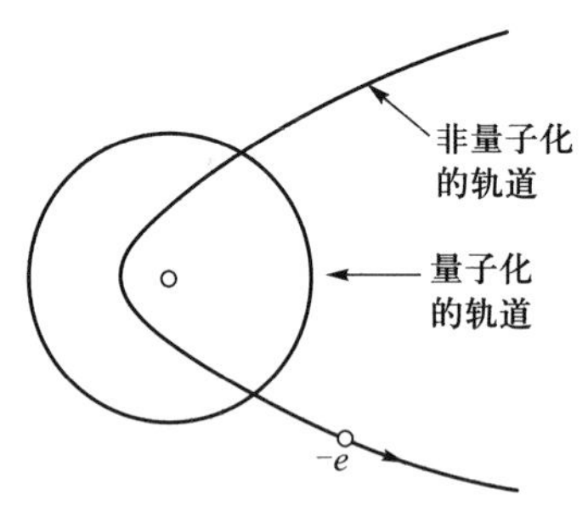

图 2.7 氢原子中的非量子化轨道

$$E=\frac{1}{2}m_e v_0^2=\frac{1}{2}m_e v^2-\frac{Ze^2}{4\pi\varepsilon_0 r}, \tag{2.3.20}$$

这能量不是量子化的,可以是任何正值.

如果电子从这个非量子化轨道跃迁到一个量子化的轨道,原子就要发射一个光子,其能量是:

$$\begin{aligned} h\nu &= E-E_n=\left(\frac{1}{2}m_e v^2-\frac{Ze^2}{4\pi\varepsilon_0 r}\right)+\frac{2\pi^2 m_e e^4 Z^2}{(4\pi\varepsilon_0)^2 n^2 h^2} \\ &=\frac{1}{2}m_e v_0^2+\frac{hcR}{n^2}. \end{aligned} \tag{2.3.21}$$

此式右边第一项可以是从零起的任何正值.第二项是相当于一个谱系限的能量.所以发出的光的频率是连续变化的,它的数值从谱系限起向上增加,这就是说,这连续带从谱系限起向短波延伸.图 2.6 中 $n=\infty$ 那能级的上边用斜线表示了非量子化的正能量范围.从这能量范围可以跃迁到下面任何能级而发出光子.

6. 玻尔理论中的普遍规律

从以上的论述我们可以看到玻尔理论是建立在物理学三方面的进展的基础上的.这三方面是:(1) 光谱的实验资料和经验规律;(2) 以实验为基础的原子的核式结构模型;(3) 从黑体辐射的事实发展出来的量子论.玻尔在这个基础上推究原子内部的情况,在原子物理学上跨进了一大步.

玻尔理论不仅讨论了氢原子的具体问题,这还包含着关于原子的基本规律.

前面我们讨论到在氢原子中电子在一系列分隔的稳定轨道上的运动,以及发生跃迁时原子的辐射能量和辐射频率的关系.现在作为普遍的规律,可以作如下的陈述:

(1) 原子只能较长久地停留在一些稳定状态(简称定态).原子在这些状态时,不发出或吸收能量;各定态有一定的能量,其数值是彼此分隔的.原子的能量不论通过什么方式发生改变,这只能使原子从一个定态跃迁到另一个定态.

(2) 原子从一个定态跃迁到另一个定态而发射或吸收辐射时,辐射的频率是一定的.如果用 E_1 和 E_2 代表有关两定态的能量,辐射的频率 ν 决定于如下关系:

$$h\nu=E_2-E_1,$$

式中,h 为普朗克常量.

上述第一条是关于原子的量子化的定态的陈述.第二条是辐射的频率法则.这些规律不仅对一切原子是正确的,而且对其他微观客体也是适用的,因而是重要的普遍规律.量子化是微观客体的特征,也可以说是它的基本性质.

2.4 类氢离子的光谱

类氢离子是原子核外边只有一个电子的原子体系,但原子核带有大于一个单元的正电荷.这些是具有类似氢原子的结构的离子.这里有一次电离的氦离子 He^+,二次电离的锂离子 Li^{++},三次电离的铍离子 Be^{+++}.玻尔理论也可以很成功地用于这类离子.

1. 类氢离子光谱的具体例子

1897 年天文学家毕克林(Pickering)在船橹座 ζ 星的光谱中发现了一个很像巴耳末系的线系.这两个线系的关系如图 2.8 所示.图中以较高的线代表巴耳末的谱线,较短的线代表毕克林系的谱线.我们注意到两个情况:(1) 毕克林系中每隔一系谱线和巴耳末系的谱线差不多重合,但另有一些谱线位在巴耳末系两邻近线之间.(2) 毕克林系与巴耳末系差不多重合的那些谱线显然稍有波长的差别.

关于上述第一个情况,里德伯指出毕克林系可用下列公式代表:

$$\sigma=R\left(\frac{1}{2^2}-\frac{1}{n^2}\right),\quad n=2.5,3,3.5,\cdots. \tag{2.4.1}$$

此式完全是巴耳末系的公式,只是 n 中还有半整数.图 2.8 中的谱线是从 $n=3$ 画起的.$n=2.5$ 未画入.

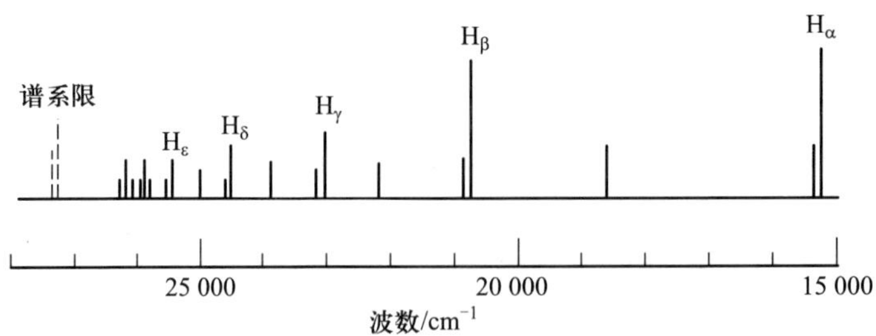

图 2.8　毕克林系与巴耳末系比较图

毕克林系从地上的氢是观察不到的.早期,人们以为这是由星体上一种特殊的氢所发的.后来在实验室中发现,如果氢气中掺杂些氦,就能出现这线系.这样才明白这线系是氦的离子 He^+所发的.He^+是一个电子和一个原子核构成的体系,可以试用玻尔理论的结论.按 2.3 节的(2.3.15)式(在 He^+的情况中,$Z=2$),就有

$$\sigma=4R_{He}\left[\frac{1}{n_1^2}-\frac{1}{n_2^2}\right]. \tag{2.4.2}$$

设 $n_1=4$,上式成为

$$\sigma=4R_{He}\left(\frac{1}{4^2}-\frac{1}{n^2}\right),\quad n=5,6,7,\cdots. \tag{2.4.3}$$

此式可改列为

$$\sigma=R_{He}\left[\frac{1}{2^2}-\frac{1}{\left(\frac{n}{2}\right)^2}\right]=R_{He}\left[\frac{1}{2^2}-\frac{1}{K^2}\right],$$

$$K=\frac{n}{2}=\frac{5}{2},\frac{6}{2},\frac{7}{2},\cdots.$$

这与经验公式(2.4.1)完全一致.可见玻尔理论给了很好的解释.

毕克林系是(2.4.2)式中 $n_1=4$ 和 $n_2=5,6,7,\cdots$ 的情况.He^+的另一些线系也被发现了.这有福勒在 1914 年发现的所谓 λ4686 系,对这系,$n_1=3$ 和 $n_2=4,5,6,\cdots$;还有两个远紫外系,即 $n_1=2$ 和 $n_2=3,4,5,\cdots$及 $n_1=1$ 和 $n_2=2,3,4,\cdots$两系,也在 1916 年被莱曼发现了.

对二次电离的 Li^{++},$Z=3$,三次电离的 Be^{+++},$Z=4$.这两种离子的光谱,应分别由下列两式代表:

$$\sigma=9R_{Li}\left[\frac{1}{n_1^2}-\frac{1}{n_2^2}\right], \tag{2.4.4}$$

$$\sigma=16R_{Be}\left[\frac{1}{n_1^2}-\frac{1}{n_2^2}\right]. \tag{2.4.5}$$

上两式中的 $n_1=1$ 和 $n_2=2,3,4,\cdots$ 所代表的线系落在远紫外区.它们的第一条谱线的波长分别是 135.02 Å 和 75.94 Å,都由爱力逊和爱德棱二人在 1930 年观察到了.

2. 里德伯常量的变化

在类氢离子光谱中注意到的第二件事是那些与氢谱线重合的线稍有波长的差别.从本节的(2.4.2)、(2.4.4)、(2.4.5)诸式跟 2.2 节的(2.2.5)式比较,可以看到,假设量子数 n_1 和 n_2 取得合适,不同光谱中的有些线好像应该能够完全重合.但事实不是这样.从这些公式看,可能的原因只有由于各种原子或离子的里德伯常量的数值不同.我们在这些公式中已经用不同标记加以区别:在 R 的右下角标注了原子符号.

对不同原子,R 值之所以改变是由于原子核质量的改变.在 2.3 节推导玻尔公式时,把情况简单化了,那就是假定原子核质量很大,可以忽略它的运动.实际情况是它的质量虽大,但不是无限大,它仍是运动的.不是电子绕原子核作圆周运动,而是电子和原子核绕两者的质心运动.

令 m 和 m_e 分别代表原子核和电子的质量,r_1 和 r_2 分别代表它们离质心的距离,r 仍代表两者的距离,那么

$$r_1+r_2=r,$$
$$mr_1=m_e r_2.$$

由此

$$r_1=\frac{m_e}{m+m_e}r,$$
$$r_2=\frac{m}{m+m_e}r. \tag{2.4.6}$$

此时两粒子所受的向心力是

$$\frac{mv^2}{r_1}=\frac{m_e v_e^2}{r_2}=\frac{Ze^2}{4\pi\varepsilon_0 r^2}, \tag{2.4.7}$$

式中 v 是原子核的速度,v_e 是电子的速度.令

$$v=r_1\omega,$$
$$v_e=r_2\omega, \tag{2.4.8}$$

ω 是两粒子的角速度,再把(2.4.6)式代入,(2.4.7)式成为

$$\frac{mm_e}{m+m_e}r\omega^2=\frac{Ze^2}{4\pi\varepsilon_0 r^2}.$$

此式可写成

$$\mu r\omega^2=\frac{Ze^2}{4\pi\varepsilon_0 r^2},\tag{2.4.9}$$

$\mu=\dfrac{mm_e}{m+m_e}$取得以前只考虑电子运动时电子质量的地位,称为折合质量.

体系的角动量还是量子化的,应如下表述:

$$mvr_1+m_e v_e r_2=n\frac{h}{2\pi},$$

把(2.4.6)式和(2.4.8)式代入上式,即得

$$\mu r^2\omega=n\frac{h}{2\pi}.\tag{2.4.10}$$

(2.4.9)式与(2.4.10)式合并,消去 ω,即得

$$r=\frac{4\pi\varepsilon_0 n^2h^2}{4\pi^2\mu e^2 Z}.\tag{2.4.11}$$

此式与2.3节的(2.3.10)式比较,所不同的是 μ 取得 m_e 的地位.

现在计算原子体系的能量,

$$E=\frac{1}{2}mv^2+\frac{1}{2}m_e v_e{}^2-\frac{Ze^2}{4\pi\varepsilon_0 r}.$$

代入(2.4.8)式和(2.4.6)式,

$$E=\frac{1}{2}\mu r^2\omega^2-\frac{Ze^2}{4\pi\varepsilon_0 r},$$

由(2.4.9)式,

$$E=\frac{1}{4\pi\varepsilon_0}\left[\frac{Ze^2}{2r}-\frac{Ze^2}{r}\right]=-\frac{1}{4\pi\varepsilon_0}\frac{Ze^2}{2r}.\tag{2.4.12}$$

此式形式上虽与2.3节的(2.3.4)式相同,但式中的 r 已非原来的数值.应该是上面(2.4.11)式的数值.把(2.4.11)式代入,

$$E=-\frac{2\pi^2\mu e^4Z^2}{(4\pi\varepsilon_0)^2n^2h^2},\tag{2.4.13}$$

此式与2.3节的(2.3.14)式比较,又是 μ 取得了 m_e 的地位.

由(2.3.13)式推得光谱系的公式是:

$$\sigma=\frac{2\pi^2\mu e^4Z^2}{(4\pi\varepsilon_0)^2h^3c}\left[\frac{1}{n_1^2}-\frac{1}{n_2^2}\right].\tag{2.4.14}$$

此式除 μ 代替了 m 外,其余与2.3节的相同.由此得到里德伯常量是

$$R_A=\frac{2\pi^2\mu e^4}{(4\pi\varepsilon_0)^2h^3c}=\frac{2\pi^2m_e e^4}{(4\pi\varepsilon_0)^2h^3c}\frac{1}{1+\dfrac{m_e}{m}}\tag{2.4.15}$$

当 $m=\infty$，由上式

$$R_\infty=\frac{2\pi^2 m_e e^4}{(4\pi\varepsilon_0)^2 h^3 c}. \tag{2.4.16}$$

足见 2.3 节中 R 的理论值，是相当于原子核质量无限大的 R 值.这完全符合那节的假定，那里假定原子核不动，等于说原子核质量无限大.这就可以明白为什么氢的 R_H 与上节的理论值稍有出入.现在知道各种原子的 R_A 按照(2.4.15)式和(2.4.16)式应该等于

$$R_A=R_\infty\frac{1}{1+\dfrac{m_e}{m}}; \tag{2.4.17}$$

各种原子的 R_A 是不同的，是随着原子核的质量 m 变的.

如果把有些原子的 R_A 精密地测定出来，可以由(2.4.17)式推算 R_∞，即

$$R_\infty=R_A\left[1+\frac{m_e}{m}\right]. \tag{2.4.18}$$

较近测定的 R_H 和 R_{He} 值是

$$R_H=10\ 967\ 758\ \text{m}^{-1},$$
$$R_{He}=10\ 972\ 227\ \text{m}^{-1}.$$

较近定出的 R_∞ 值是

$$R_\infty=10\ 973\ 731\ \text{m}^{-1}.$$

这个 R_∞ 值同 2.3 节(2.3.17)式中由一些常数进行计算所得的 R 值完全符合.有了这样精密地定出的 R_∞ 值，又可以反过来计算还没有测定的某些原子的 R_A.

里德伯常量随原子核质量变化这情况曾被用来证实氢的同位素——氘——的存在.起初有人从原子质量的测定问题估计有质量是 2 单位的重氢的存在.但是若设其存在，含量也是很低的，所以一时难以肯定.1932 年尤里(H. C. Urey)把 3 L 液氢蒸发到不足 1 mL，他这样提高了剩余液氢中重氢的含量；然后把剩下的混合物装入放电管，摄取其光谱，当时发现摄得莱曼系的头四条谱线都是双线.他测量了波长的差别，并从假定的重氢核质量算得不同的里德伯常量 R，从而计算出双线波长的差别，结果是计算值与实验值十分符合.他就这样肯定了重氢——氘——的存在.

2.5　弗兰克-赫兹实验与原子能级

原子内部能量的量子化，也就是原子的间隔能级的存在，除由光谱的研究可以推得外，还有别的方法可以证明.在玻尔理论发表的第二年，即 1914 年，弗兰

克(J. Franck)和赫兹(G. Hertz)用电子碰撞原子的方法使后者从低能级被激发到高能级,从而证明了能级的存在.

1. 激发电势的测定

弗兰克和赫兹最初进行实验的仪器如图 2.9 所示,在玻璃容器中充以要测量的气体.电子由热阴极 K 发出,在 K 与栅极 G 之间加电场使电子加速.在 G 与接收极 A 之间有一 0.5 V 的反电压.当电子通过 KG 空间,进入 GA 空间时,如果仍有较大能量,就能冲过反电场而达到电极 A,成为通过电流计的电流.如果电子在 KG 空间与原子碰撞,把自己一部分的能量给了原子,使后者被激发.电子剩下的能量就可能很小,以致过栅极 G 后已不足以克服反电势,那就达不到 A,因而也不流过电流计.如果发生这样情况的电子很多,电流计中的电流就要显著地降低.

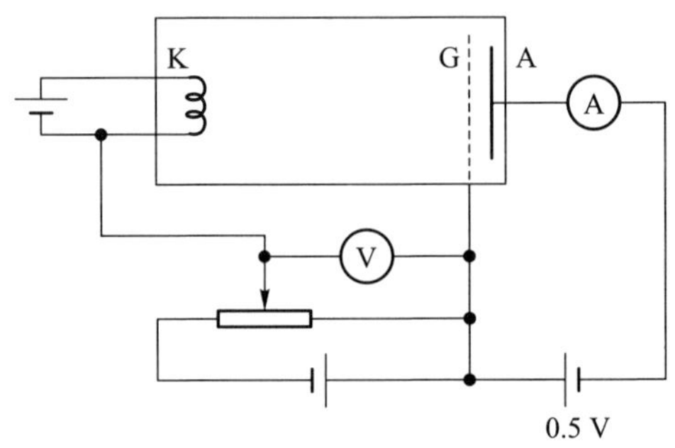

图 2.9　弗兰克-赫兹实验的装置

最初进行研究的是汞气体.在玻璃容器内注入少量的汞,把空气抽出,维持适当的温度,可以得到气压合适的汞气体.实验时,把 KG 间的电压逐渐增加,观察电流计的电流,这样就得到 A 极电流随 KG 间电压的变化情况,如图 2.10 所示.图中显示当 KG 间电压由零逐渐增加时,A 极电流起初上升,当电压达到 4.1 V 时,电流突然下降,不久又上升,到 9.0 V 的电压时,电流又下降,然后再上升,到 13.9 V 的电压时,电流又下降.我们注意这三个电流突然下降时的电压相差都是 4.9 V,而第一个和零相差却是 4.1 V.这可以这样说明,由于仪器上的接触电势的存在,伏特计上的读数减低了一些,也就是说图 2.10 的曲线整个向左挪了 0.8 V.考虑了这个情况后,就可以说 KG 间电压在 4.9 V 的倍数时,电流突然下降.这个现象是怎样发生的呢?

我们可以作如下合理的解释.当 KG 间电压低于 4.9 V 时,电子在 KG 空间被加速而取得的能量较低.此时如果与汞原子碰撞,还不足以影响汞原子的内部能量.当 KG 间电压达到 4.9 V 时,电子如果与汞原子在栅极 G 处相撞,有可能

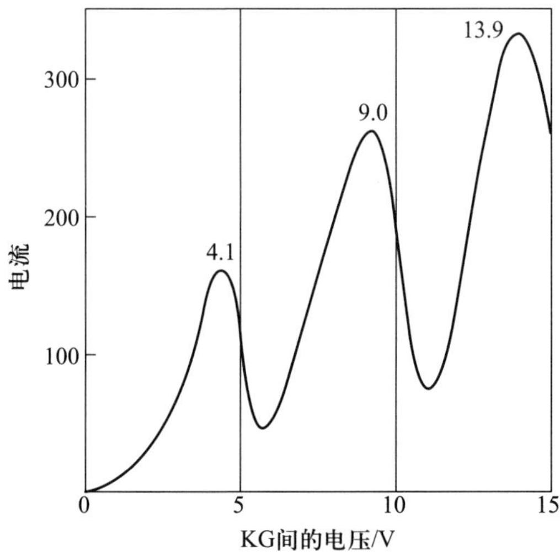

图 2.10 汞的第一激发电势的测量

把获得的全部能量传递给汞原子,这刚足够使后者从基态(最低能量的状态)被激发到最近的一个能量较高的状态.这些电子既把全部能量给了原子,就没有能量留下,经过 G 后就不能克服反电势而到达 A 极.所以 A 极电流下降,等到 KG 间电压超过 4.9 V 较多时,电子与原子碰撞给出能量后,还留有足够能量可以克服反电势而到达 A 极,那时电流又开始上升.当 KG 间电压是两倍 4.9 V 时,电子在 KG 区有可能经两次碰撞而失去能量,因而又造成电流下降.同理 KG 间电压是 4.9 V 的 3 倍时,电子在 KG 区有可能经三次碰撞而失去能量,因而电流再下降.

电子被加速后获得的能量是 eV,e 是电子电荷量绝对值,V 是加速电压.当 e 用 C、V 用 V 为单位时,eV 表示的能量是以 J 为单位的.有一个方便的能量单位,称作电子伏.1 电子伏(eV)是一粒电子经 1 V 的电压加速后获得的能量.所以 1 eV 等于 1.60×10^{-19} C×1 V = 1.60×10^{-19} J.

上文所说的 4.9 V 称作汞的第一激发电势.这一激发电势表示,一个电子被加速,经过那么一段电压的路径,电子就获得 4.9 eV 的能量,这一电子如果与汞原子碰撞,则刚能把后者从最低能级激发到最近的较高能级.如果汞原子从这个激发态又跃迁到最低能级,就应当有 4.9 eV 的能量放出.这时可能有光的发射,其波长可以计算出来:

$$h\nu = eV, \tag{2.5.1}$$

$$\frac{hc}{\lambda} = 4.9\times1.6\times10^{-19}\ \text{J},$$

$$\lambda = \frac{6.626\times10^{-34}\times3.00\times10^{8}}{4.9\times1.6\times10^{-19}}\ \text{m}$$
$$=2.5\times10^{3}\ \text{Å}$$

实验中确观察到这个光谱线,测得波长是 2 537 Å,与由激发电势算得的符合.

较高的激发电势　弗兰克和赫兹把仪器稍作改进,又能测得较高的激发电势,这相当于把原子激发到更高能级.改进后的仪器如图 2.11 所示.这个仪器与原有仪器不同之处只是在靠近阴极处加了一个栅极 G_1,原有靠近 A 极的栅极现在标作 G_2.图中可见,G_1 和 G_2 是同电位的,G_1G_2 间电场强度是零.电子的加速是在 KG_1 之间进行的.在原有仪器中,电子的加速和与原子的碰撞都在同一区域 KG 间进行.它的能量达到 4.9 eV 后,就可能经碰撞而损失,不易提高.在新的仪器中,把加速和碰撞分在两个区域进行.加速在 KG_1 间进行,KG_1 的距离近,小于电子在汞气体中的平均自由路程,与汞原子碰撞的机会小,所以在 KG_1 间有可能把能量加高,然后在较大的 G_1G_2 区域进行碰撞.用改进后的仪器所得的结果如图 2.12 所示.

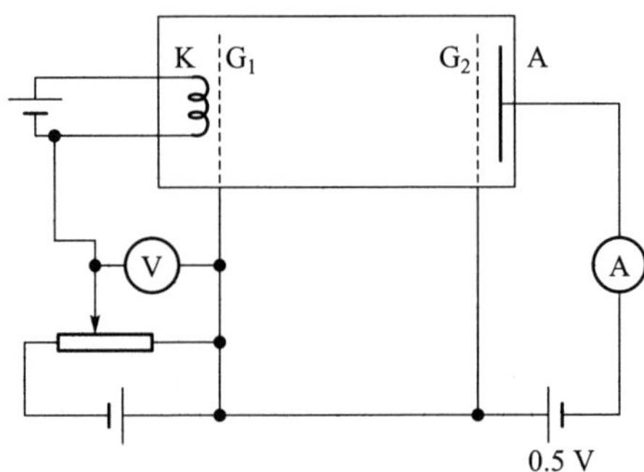

图 2.11　弗兰克-赫兹实验的改进仪器

图中显示有好多处电流下降,这些出现在 KG_1 间电压为 4.68, 4.9, 5.29, 5.78, 6.73 V 等值.其中 4.9 V 就是以前测得的第一激发电势.其他测得的激发电势中,只有 6.73 V 有相应的光谱线被观察到,波长是 1 849 Å,其余相当于原子被激发到一些状态,从那里很难发生自发跃迁而发出辐射,所以光谱中不出现相应的谱线.这些状态称为亚稳态.

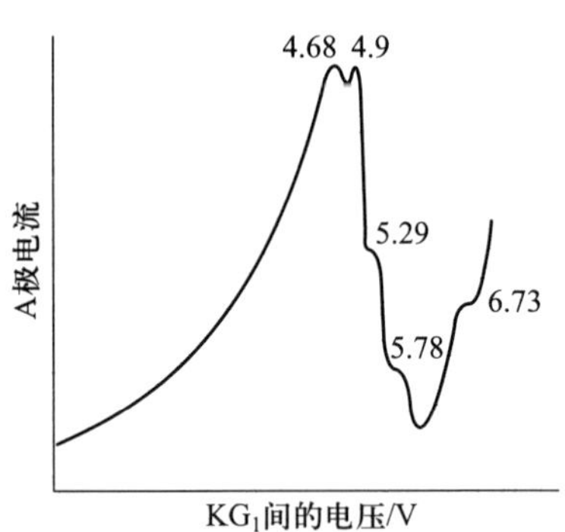

图 2.12　汞的激发电势

从以上叙述的实验已经可以看到,原子

被激发到不同状态时,吸收一定数值的能量,这些数值不是连续的.足见原子的内部能量是量子化的,也就是说确实证实了原子能级的存在.

这里是几种元素的第一激发电势:汞,4.9 V;钠,2.12 V;钾,1.63 V;氮,2.1 V.

2. 电离电势的测定

如果给予原子足够大的能量,可以使原子中的电子离去,这叫电离.把电子在电场中加速,如使它与原子碰撞刚足以使原子电离,则加速时跨过的电势差称为电离电势.

赫兹曾用图 2.13 所示的仪器测量电离电势.在一容器中,装有几种电极.图中的 K 是发射电子的热阴极,G 是圆柱形的金属网,外面套一个圆柱形的阳极 A.在这个测量中,G 与 A 是接在同一电位上的,而 G 与 K 之间维持一定的电压,圆柱网上下各有一个平底,其下底的中央开一孔,盖一层金属网 G_1.在 G_1 之外另有一热阴极 K_1,可以发射电子.容器中的空气抽出,充入被研究的气体,达到适当的气压.

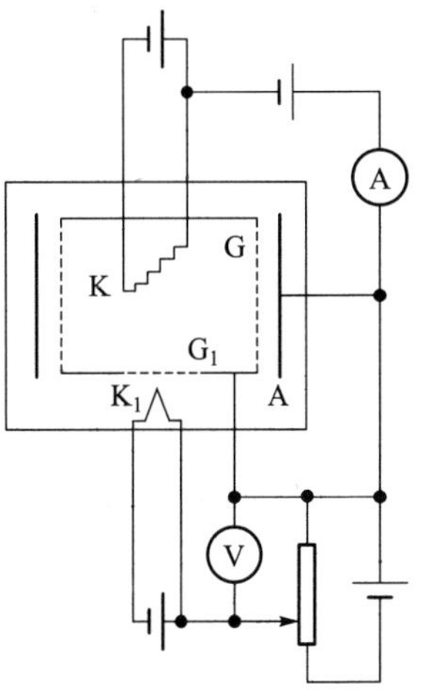

图 2.13 赫兹的电离电势测量仪器

实验时,KG 间维持一固定的电压,逐渐增加阴极 K 的电流,以电流计观察 KG 间的电流.起初 KG 间的电流上升,后来就停止增加.这现象是由于 K 周围空间电荷的作用:当 K 的电子发射量较大时,它的周围有大量电子拥挤着,不能很快地向 A 极疏散,这就限制了 K 上电子的发射,使发射量不再增加.所以 KG 电流也不再增加.

这时就进行实验的第二步.在 K_1G_1 间加电压,逐步由小加大.阴极 K_1 所发的电子就被加速而射过 G_1 那个网而进到 G_1G 包围的空间中,起初电流计所示的 KG 电流不受影响.但一旦 K_1G_1 间电压达到某数值后,KG 电流突然开始上升,如图 2.14 所示.这图是对氖气测量的结果.这情况可以这样理解:当 K_1G_1 间的电压达到气体的电离电势时,电子射过 G_1,在 G_1 附近的空间就要与气体原子碰撞而使后者电离,这样就有正离子和电子的产生.在 G_1G 网内的空间中,G_1 极对阴极 K 为正,所以电子引向 G_1,而正离子移向阴极 K.这些正离子在 K 附近中和了一部分空间电荷,这样就减轻了空间电荷对 K 极上电子发射的限制,因而发射增加,KG 电流也就增加.所以 KG 电流的突然增加表示有电离的发生,也就是 K_1G_1 间的电压已经达到气体的电离电势.图 2.14 显示氖的电离电势是 21 V.这方法曾测定多种原子的电离电势.

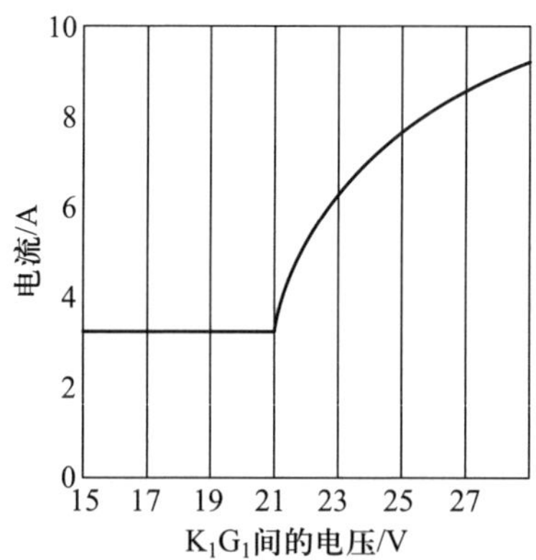

图 2.14　氖的电离电势的测量

原子的电离电势也可以从光谱的实验数据推算,表 2.1 中列举了一些元素的第一电离电势的数值.所谓第一电离电势是指从中性的原子把一个电子电离出去需要的电压.各种元素具有一定的电离电势这一事实说明从原子的基态到电离状态的能量差别是一定的.这也是原子内部能量量子化的一个情况.

表 2.1　元素的电离电势

原子序数	元素	第一电离电势/V	原子序数	元素	第一电离电势/V
1	H	13.599	12	Mg	7.646
2	He	24.588	13	Al	5.986
3	Li	5.392	16	S	10.360
4	Be	9.323	18	Ar	15.760
5	B	8.298	19	K	4.341
8	O	13.618	20	Ca	6.110 3
10	Ne	21.565	26	Fe	7.876
11	Na	5.139			

2.6　量子化通则

玻尔在氢原子理论中求得,只是满足(2.3.9)式条件的电子轨道运动才是实际存在的:此式可列作

$$p_s \cdot Q = p_\phi \cdot 2\pi = nh, \quad n = 1,2,3,\cdots \tag{2.6.1}$$

这就是说,在圆周运动中,动量 p_s 与圆周 Q 的乘积或角动量 p_ϕ 与一周的角移 2π 的乘积必须等于 h 的整倍数.

不久威耳孙(W. Wilson)(1913)、石原(1915)、索末菲(A. Sommerfeld)(1916)各自提出量子化的普适法则:

$$\oint p\mathrm{d}q = nh, \quad n = 1,2,3,\cdots. \tag{2.6.2}$$

这里 $\mathrm{d}q$ 是位移或角移,p 是与 q 对应的动量,即线动量或角动量.积分号上加一圈指经一周期的积分.

(2.6.2)式用于圆周运动时,如果 p 作为沿圆周的动量,这是常量,所以 $\oint p\mathrm{d}q = p_s\oint \mathrm{d}q = p_s \cdot Q$;如果 p 作为角动量,这也是常量,那么 $\oint p\mathrm{d}q = p_\phi\oint \mathrm{d}q = p_\phi \cdot 2\pi$;这些就是(2.6.1)式所开列的.所以(2.6.2)式包括了圆周运动的量子条件.

(2.6.2)式不仅符合圆周运动的量子条件,它又可以从已经建立的量子论推得.按照量子论,辐射源的线振子只能具有下式所示的能量:

$$E_n = nh\nu, \quad n = 1,2,3,\cdots,$$

式中的 ν 是振子的运动频率.此式可改列为

$$\frac{E_n}{\nu} = E_n T = nh, \tag{2.6.3}$$

T 是运动的周期.

(2.6.3)式中 E_nT 这个物理量与(动量×位移)具有相同的量纲.我们现在要证明,在线振子的一个周期中,这两个具有相同量纲的物理量的数值也相等.线振子的运动可用下式表示:

$$q = A\cos\, \omega t.$$

这里 q 是位移.那么它的速度是

$$\frac{\mathrm{d}q}{\mathrm{d}t} = -\omega A\sin\, \omega t.$$

由此

$$\begin{aligned}\oint p\mathrm{d}q &= \oint m\,\frac{\mathrm{d}q}{\mathrm{d}t} \cdot \mathrm{d}q = m\oint\left(\frac{\mathrm{d}q}{\mathrm{d}t}\right)^2 \mathrm{d}t \\ &= 2m\omega^2A^2\int_0^{\frac{T}{2}} \sin^2\, \omega t \cdot \mathrm{d}t \\ &= \frac{1}{2}m\omega^2A^2 \cdot T.\end{aligned}$$

而$\left(\frac{1}{2}\right)m\omega^2A^2$是线振子的总能量$E$.所以由(2.6.3)式，

$$\oint p\mathrm{d}q = E_nT = nh,$$

这就是(2.6.2)式.

(2.6.2)式既符合圆周运动量子化的事实，现在又证明可以从量子论推得，很有理由可以设想它是量子条件的一般表达式.把它试用在原子中电子运动的一般情况的结果是与实验事实符合的，证明了这确是可以广泛应用的量子法则.在应用时，q应作为广义坐标，p是与坐标q对应的广义动量；如果q是线坐标，p是线动量；如果q是角坐标，那么p就是角动量.

2.7 电子的椭圆轨道与氢原子能量的相对论效应

电子在原子核的库仑场中运动正如行星绕太阳运动，是受着与距离的平方成反比的力的.这样的运动，按照力学，一般应该是椭圆轨道的运动.原子核如果仍假定不动，它处在椭圆的一个焦点上.圆形轨道运动只是椭圆运动的特殊情况.所以玻尔的理论发表后，不久在1916年索末菲就提出椭圆轨道的理论.

1. 量子条件的引用与椭圆轨道的特性

电子绕着原子核在一个平面上作椭圆运动是两自由度的运动，索末菲提出应该用两个量子条件.

描述椭圆运动中电子的位置可用极坐标，如图2.15所示.ϕ和r是坐标；与这两坐标对应的动量是角动量p_ϕ和动量p_r：

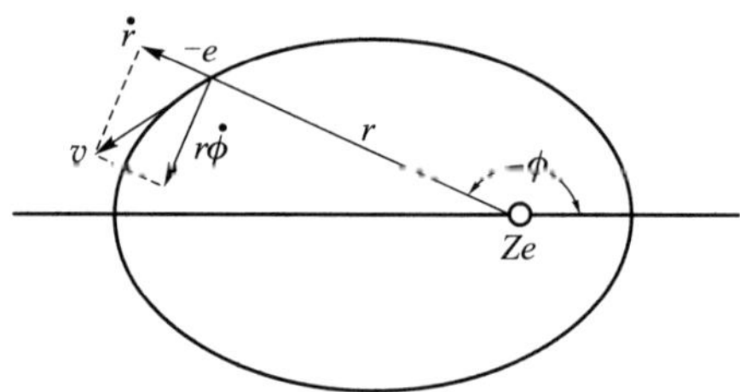

图2.15 电子绕原子核的椭圆轨道

$$p_\phi = mr^2\dot{\phi} \text{ 和 } p_r = m\dot{r}, \tag{2.7.1}$$

式中$\dot{\phi}$是电子的角速度，$r\dot{\phi}$是垂直于r方向的速度分量，$\dot{r}$是r方向的速度分量.

这体系的能量由动能和势能构成，应有下式所示形式：

$$E=\frac{1}{2}mv^2-\frac{Ze^2}{4\pi\varepsilon_0 r}$$
$$=\frac{1}{2}m(\dot{r}^2+r^2\dot{\phi}^2)-\frac{Ze^2}{4\pi\varepsilon_0 r}. \tag{2.7.2}$$

在这个力学体系上应该对每一坐标引用量子条件，$\oint p\mathrm{d}q=nh$. 这就有

$$\oint p_\phi \mathrm{d}\phi=n_\phi h, \tag{2.7.3}$$

$$\oint p_r \mathrm{d}r=n_r h, \tag{2.7.4}$$

式中的 p_ϕ 和 p_r 就是(2.7.1)式所示的. n_ϕ 和 n_r 都是整数，分别称为角量子数和径量子数.

(2.7.3)式中 p_ϕ 不随 ϕ 变，可挪出积分号之外，就得

$$p_\phi=mr^2\dot{\phi}=\frac{n_\phi h}{2\pi}. \tag{2.7.5}$$

从(2.7.4)、(2.7.2)等各式进一步推算(这里从略)可以求得椭圆轨道半长轴 a 和半短轴 b 的关系和数值(图 2.16)：

$$\frac{b}{a}=\frac{n_\phi}{n_r+n_\phi}=\frac{n_\phi}{n}, \tag{2.7.6}$$

$$a=(n_r+n_\phi)^2\frac{4\pi\varepsilon_0 h^2}{4\pi^2 me^2 Z}=n^2\frac{a_1}{Z}, \tag{2.7.7}$$

$$b=(n_r+n_\phi)n_\phi\frac{4\pi\varepsilon_0 h^2}{4\pi^2 me^2 Z}=nn_\phi\frac{a_1}{Z}. \tag{2.7.8}$$

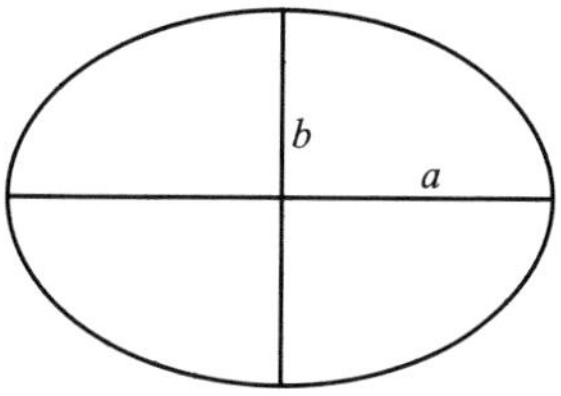

图 2.16 椭圆轨道的半长轴和半短轴

上式中 a_1 就是 2.3 节中已谈到的氢原子中电子最小轨道半径的数值. n 是 n_r+n_ϕ，也是整数，称为主量子数.

现在我们查看一下轨道形状同量子数的关系. 由(2.7.7)式可知半长轴只决定于 n，与 n_ϕ 无关. 所以 n 相同的轨道，半长轴是相等的. 由(2.7.8)式，半短轴决定于 n 和 n_ϕ；对同一个 n，如果 n_ϕ 不同，半短轴不同. n 和 n_ϕ 都是整数，而短轴和长轴之比等于$\frac{n_\phi}{n}$，可见椭圆轨道的形状是有一定的. 对同一个 n，有几个 n_ϕ 值，就有几个不同半短轴的椭圆轨道，它们的半长轴是相同的. 这样，轨道的大小和形状都是量子化的，不得任意变化.

那么对同一个 n，有几个 n_ϕ 值呢？ $n=n_r+n_\phi$. 由(2.7.3)式可知 n_ϕ 不能等于零，因为如果等于零，就没有角运动，就不是轨道运动. 可是 n_r 由(2.7.4)式可知可以等于零，这时无径向运动，轨道成为圆形的，这正是玻尔提出的圆形轨道. 由

这些考虑,我们可以对某一 n 值列出可能的 n_ϕ 和 n_r 值:

$$n_\phi = 1, 2, 3, \cdots, n,$$
$$n_r = n-1, n-2, n-3, \cdots, 0. \tag{2.7.9}$$

所以对一个 n 值,有 n 对 n_ϕ 和 n_r 值,其中有一对是 $n_\phi = n, n_r = 0$,这就相当于 n 个不同形状的轨道,其中一个是圆形,$n-1$ 个是椭圆.现在把 $n=1,2,3$ 三套轨道的数据开列如表 2.2,这些轨道的相对大小如图 2.17 所示.注意图中显示原子核处在圆形轨道的圆心上,并在每一个椭圆轨道的一个焦点上,所以图中椭圆轨道都偏在一边.

表 2.2 电子轨道

n	n_ϕ	a	b	形状
1	1	$\frac{a_1}{Z}$	$\frac{a_1}{Z}$	圆
2	1	$4\frac{a_1}{Z}$	$2\frac{a_1}{Z}$	椭圆
	2		$4\frac{a_1}{Z}$	圆
3	1	$9\frac{a_1}{Z}$	$3\frac{a_1}{Z}$	椭圆
	2		$6\frac{a_1}{Z}$	椭圆
	3		$9\frac{a_1}{Z}$	圆

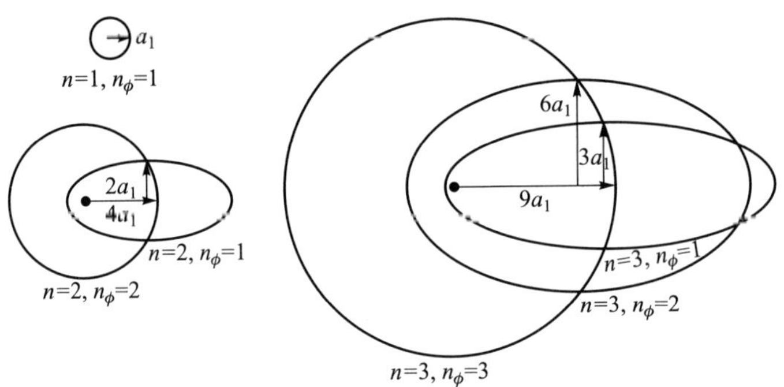

图 2.17 椭圆轨道的相对大小

在这套理论中,又推得原子的能量是

$$E = -\frac{2\pi^2 m e^4 Z^2}{(4\pi\varepsilon_0)^2 n^2 h^2}. \tag{2.7.10}$$

这与玻尔圆形轨道理论所得完全相同.这样看来,索末菲的理论把玻尔原来的理论推广了.它包括了原来玻尔的理论.

(2.7.10)式所示的能量只决定于 n,与 n_ϕ 无关.那么同一个 n,有 n 个可能的轨道,也就是说有 n 种运动方式,我们说这有 n 个状态.但这 n 个状态的能量是相同的,这种情况称为 n 重简并.那么在氢原子或类氢离子中,同一个 n 的那些状态究竟是否简并的呢?实际不是简并的,下面讨论这问题.

2. 相对论效应

按照相对论原理,物体的质量随它的运动速度而改变,质量与速度的关系是:

$$m=\frac{m_0}{\sqrt{1-\frac{v^2}{c^2}}},\tag{2.7.11}$$

式中 v 是物体的速度,c 是光在真空中的速度.当 v 等于零时,$m=m_0$,所以 m_0 是物体的静质量.当 v 趋近于 c 时,m 趋近于无限大.

又按照相对论原理,运动物体的动能是

$$E_{\mathrm{k}}=m_0c^2\left[\frac{1}{\sqrt{1-\frac{v^2}{c^2}}}-1\right].\tag{2.7.12}$$

这与经典公式不同.当 v 比 c 小得多时,此式可简化成经典公式.

电子在椭圆轨道中运动时,速度是变化的,近原子核时快,远离原子核时慢,而保持角动量不变.所以电子的质量在轨道运动中是一直在改变的,这样的情况产生的效果是,电子的轨道不是闭合的,好像椭圆轨道有一个连续进动,如图 2.18 所示.n 相同而 n_ϕ 不同的那些轨道,速度的变化不同,因而质量的变化和进动的情况不完全相同.因此这些轨道运动的能量是略有差别的.

索末菲按相对论的力学原理进行推算,进一步揭示了电子轨道运动的这类复杂情况,并求得氢原子的能量等于

$$E=-\mu c^2+\mu c^2\left[1+\frac{\alpha^2Z^2}{[n_r+(n_\phi^2-\alpha^2Z^2)^{1/2}]^2}\right]^{-\frac{1}{2}},\tag{2.7.13}$$

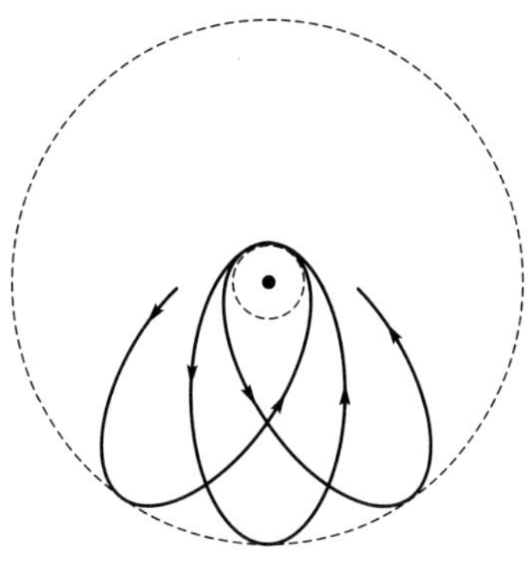

图 2.18 一个电子轨道的进动

式中

$$\alpha=\frac{2\pi e^{2}}{4\pi\varepsilon_{0}hc}=7.297\ 20\times10^{-3}, \tag{2.7.14}$$

$$\mu=\frac{mm_{0}}{m+m_{0}}. \tag{2.7.15}$$

为了便于应用,(2.7.13)式可展成级数,由此推得光谱项 $T(n,n_{\phi})$ 的表达式如下:

$$\begin{aligned}T(n,n_{\phi})&=-\frac{E}{hc}\\&=\frac{RZ^{2}}{n^{2}}+\frac{RZ^{4}\alpha^{2}}{n^{4}}\left(\frac{n}{n_{\phi}}-\frac{3}{4}\right)+\cdots.\end{aligned} \tag{2.7.16}$$

此式中 α 的高次项 $\alpha^{4},\alpha^{6},\cdots$ 可忽略.这里可以看到,第一项就是玻尔理论的结果,第二项起是相对论效应的结果.对同一个 n,不同 n_{ϕ},第二项的数值是不同的,可见同一个 n 而 n_{ϕ} 不同的那些轨道运动具有不同的能量.但第二项代表的数值比第一项要小得多,所以只有微小的差别.前面未考虑相对论效应,才得到(2.7.10)式所示的能量.实际不是那样简单的.

现在我们进一步了解到原子内部运动的复杂性.同一个 n,还有不同形状的轨道,而每种轨道运动具有不同的能量.至于这样微小的能量差别在光谱上产生什么现象,将于第四章考虑了另一问题以后,再叙述联合的效果.

2.8 施特恩-格拉赫实验与原子空间取向的量子化

我们已先后讨论到,原子中电子轨道的大小、形状和电子运动的角动量,以及原子的内部能量都是量子化的.本节再要讨论,在磁场或电场中原子的电子轨道只能取一定的几个方向,不能任意取向;一般地说,在磁场或电场中,原子的角动量的取向也是量子化的.多年来文献中把这情况称作空间量子化.

这种情况的存在有许多实验事实可以证明.其中施特恩(O. Stern)和格拉赫(W. Gerlach)在 1921 年初次进行的实验是对原子在磁场中取向量子化的直接观察.我们先叙述这个实验.

1. 电子轨道运动的磁矩

在叙述实验之前,先说明原子中电子的轨道运动产生一定的磁矩.

电子的轨道运动相当于一个闭合电路中的电流.而一个有电流流着的闭合电路的磁性作用相当于一个磁壳,其磁矩等于

$$\mu=iS, \tag{2.8.1}$$

式中 i 是以 A 为单位的电流，S 是电路包围的面积，以 m^2 为单位，那么磁矩 μ 的单位是 $\mathrm{A\cdot m^2}$. 在轨道上的任何一点，电子每一周期通过一次. 如果以 e 代表电子所带的电荷量绝对值，那么

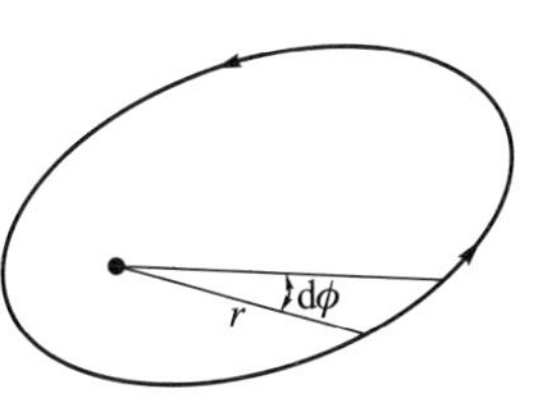

图 2.19 电子轨道所包围的面积的计算

$$i=\frac{e}{\tau}, \tag{2.8.2}$$

式中的 e 是以 C 为单位的. τ 是周期，以 s 为单位. 面积 S 可以进行计算如下(见图 2.19)：

$$\begin{aligned} S &= \int_0^{2\pi}\frac{1}{2}r\cdot r\mathrm{d}\phi \\ &= \frac{1}{2}\int_0^{\tau}r^2\omega\mathrm{d}t \\ &= \frac{1}{2m}\int_0^{\tau}mr^2\omega\mathrm{d}t \\ &= \frac{p_\phi}{2m}\tau. \end{aligned} \tag{2.8.3}$$

上式中积分号下的 $mr^2\omega$ 是轨道角动量 p_ϕ，是常量，可以挪出积分号外. 把(2.8.2)式和(2.8.3)式代入(2.8.1)式，即得

$$\mu=\frac{e}{2m}p_\phi. \tag{2.8.4}$$

此式表示轨道运动产生的磁矩与轨道角动量的数值关系. 由于电子带的是负电，它的轨道磁矩与轨道角动量的方向相反. 以 p_ϕ 的值 $\frac{n_\phi h}{2\pi}$ 代入(2.8.4)式，即有

$$\mu=n_\phi\frac{he}{4\pi m}=n_\phi\mu_\mathrm{B},\quad n_\phi=1,2,\cdots, \tag{2.8.5}$$

式中的 μ_B 有如下数值：

$$\mu_\mathrm{B}=\frac{he}{4\pi m}=0.927\ 40\times10^{-23}\ \mathrm{A\cdot m^2(J\cdot T^{-1})} \tag{2.8.6}$$

是轨道磁矩的最小单元，称为玻尔磁子.

2. 施特恩-格拉赫实验

实验的装置如图 2.20(a)所示. 当时被测的是银. 在电炉 O 内使银蒸发. 银原子通过狭缝 $\mathrm{S_1}$ 和 $\mathrm{S_2}$ 后，形成细束，经过一个不均匀的磁场区域，在磁场的垂直方向进行. 最后撞在相片 P 上，银原子经过的区域是抽成真空的. 当时在显像后

的相片上看见两条黑斑，表示银原子在经过不均匀磁场区域时已分成两束.

不均匀的磁场是由不对称的磁极产生的.图 2.20(b)表示图(a)中磁极的截面和分布不均匀的磁感应线.

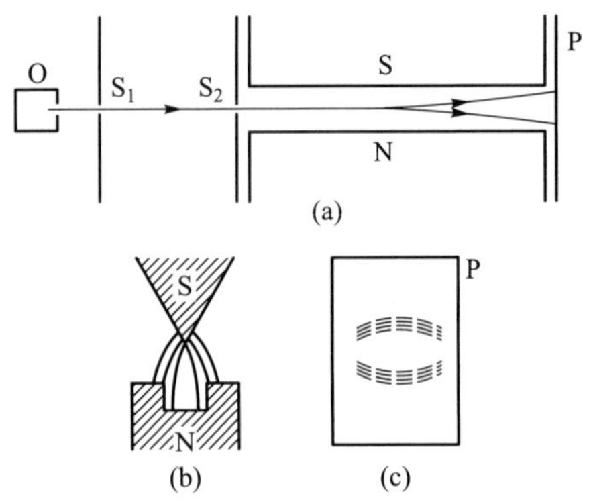

图 2.20 施特恩–格拉赫实验的仪器示意图

现在说明这实验的原理.设磁场的方向为 z.一个具有磁矩 μ 的磁体在上述不均匀的磁场中会感受一力，其数值如下式所示：

$$F=\mu_z\frac{\mathrm{d}B}{\mathrm{d}z}=\mu\frac{\mathrm{d}B}{\mathrm{d}z}\cos\beta, \tag{2.8.7}$$

式中 μ_z 是磁矩在磁场方向的分量，$\dfrac{\mathrm{d}B}{\mathrm{d}z}$是沿磁场方向的磁感应强度变化的梯度，$\beta$ 是磁矩与磁场方向之间的夹角(见图 2.21).如果$\dfrac{\mathrm{d}B}{\mathrm{d}z}$为正，亦即磁场强度沿 z 方向增加，当 β 小于 90°时，力是向着 B 方向的；当 β 大于 90°时，力是反 B 方向的.磁场作用于磁矩上的力的大小和方向与 β 有关.

本实验的主要目的是要观察 μ 在磁场中取向情况.用不均匀的磁场是要把不同 μ_z 值的原子分出来.磁场对原子的力是垂直于它的前进方向的，这样，原子的路径就要有偏转，如图 2.20(a)所示.现在计算原子束在相片上撞击的地点离开原子束如果直进应达到之处的距离.原子既受力 F，它在 B 方向有一加速度 $a=F/m$.原子经过不均匀磁场的一段时间是 $t=L/v$；这里 v 是原子纵向速度；L 是原子通过不均匀磁场时的纵向距离，由于狭缝 S_2 与相片分别靠近不均匀磁场的前后边界，所以 L 近似等于从狭缝 S_2 到相片的距离.那么所要计算的距离是

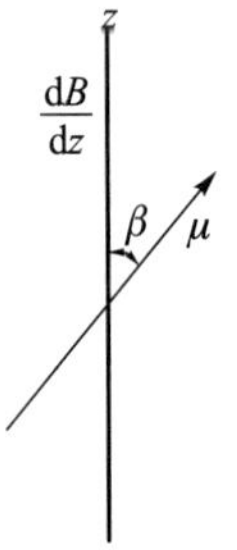

图 2.21 磁矩

$$
\begin{aligned}
s &= \frac{1}{2}at^2 = \frac{1}{2}\frac{F}{m}\left(\frac{L}{v}\right)^2 \\
&= \frac{1}{2m}\frac{\mathrm{d}B}{\mathrm{d}z}\left(\frac{L}{v}\right)^2 \mu_z \\
&= \frac{1}{2m}\frac{\mathrm{d}B}{\mathrm{d}z}\left(\frac{L}{v}\right)^2 \mu\cos\beta. \qquad (2.8.8)
\end{aligned}
$$

在相片上显出两条黑斑,表示有两个 s,也就是原子束分为两条.在(2.8.8)式中除 μ_z 外,其他都是常数,这就说明有两个 μ_z 值,也就是说有两个 β 值,这就是说银原子在磁场中只有两个取向.这就有力地证明了原子在磁场中的取向是量子化的.假设原子取向是任意的话,那就有连续变化的 β,由(2.8.8)式就有连续变化的 s,那么相片就要出现连续的一片黑斑,而事实不是这样.

如果测得相片上两黑斑的距离,[这就是(2.8.8)式中 s 的 2 倍],再把式中其他数值分别测得或推得,那就可以计算 μ_z; 对应于两黑斑的 β 值可以合理地设想为 0°和 180°,就得到 μ. 这样求得的 μ 值正是一个玻尔磁子的理论值.这个结论虽然以后还要进一步说明,目前至少已表明原子的磁矩确是具有一个玻尔磁子理论值那样的数量级.这是这个实验的另一个收获.

顺便说明一下,相片的两条黑斑是略有宽度的,不是很细的线条.这是由于银原子从炉子中发出,具有一个速度的分布,(2.8.8)式中的 v 不是单值,所以 s 有小范围的连续变化.

后人对其他好多种原子先后重复了施特恩-格拉赫实验(见第六章中表 6.2),都清楚地显示原子在磁场中取向的量子化.

3. 轨道取向量子化的理论

原子取向量子化可以从量子化通则得到理论说明.上节讨论到,电子在库仑场中运动一般是一个平面上的椭圆运动;所以满足两个量子化条件.如果原子处于磁场中,那么由于磁场的作用,电子的轨道运动不再是平面运动,而是三维空间中的曲线运动.假设磁场不很强,它对电子运动的影响不是很大,那么运动可以近似地看作仍然是一个平面上的运动,但轨道平面是绕着磁场方向作缓慢旋进的.轨道实际是一个空间曲线.这样的三维运动就必须满足三个量子化条件.

为了理论处理的简化,设想原子先处在磁场中,然后磁场强度渐渐减到零,那么原子相对于原磁场方向的取向将保持;但旋进和相应的附加能量不再出现,可暂不考虑.这样,如果把电子运动仍作为三维运动来处理,实际是考虑在磁场下电子轨道的取向问题.这可以用极坐标 r、θ 和 ψ 来描述,如图 2.22 所示.极轴在磁场方向上.Ze 表示原子核.$-e$ 表示电子.图中显示出电子轨道平面与坐标参考球面相截的圆. p_ϕ 是轨道角动量，它垂直于轨道平面. p_ψ 是 p_ϕ 在磁场方向的分量. 现在对应于坐标 r,θ 和 ψ 的广义动量是线动量 p_r，角动量 p_θ 和角动量 p_ψ. 要满足的量子化条件是

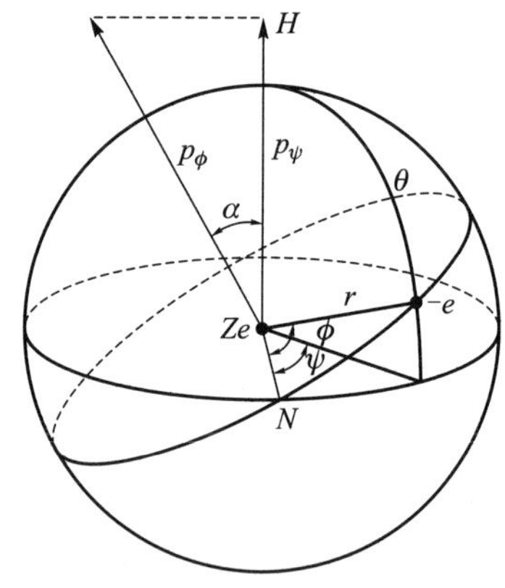

图 2.22　描述电子三维运动的极坐标

$$\oint p_r \mathrm{d}r = n_r h,\quad \oint p_\theta \mathrm{d}\theta = n_\theta h,$$

$$\oint p_\psi \mathrm{d}\psi = n_\psi h. \tag{2.8.9}$$

上节说到轨道角动量 p_ϕ 有如下值：

$$p_\phi = n_\phi \frac{h}{2\pi},\quad n_\phi = 1,2,3,\cdots. \tag{2.8.10}$$

p_ψ 是 p_ϕ 在磁场方向的分量，所以

$$p_\psi = p_\phi \cos\alpha, \tag{2.8.11}$$

α 是 p_ϕ 对磁场方向的倾角.

由力学可以证明在场方向的角动量 p_ψ 也是一个常量①，不随 ψ 变，所以由(2.8.9)式中第三式可以得

$$p_\psi = n_\psi \frac{h}{2\pi}. \tag{2.8.12}$$

把(2.8.10)式和(2.8.12)式代入(2.8.11)式，即有

$$\cos\alpha = \frac{n_\psi}{n_\phi}. \tag{2.8.13}$$

n_ψ 和 n_ϕ 都是整数，而 $-1 \leqslant \cos\alpha \leqslant 1$，所以

$$n_\psi = n_\phi,\quad n_\phi - 1,\cdots,0,\cdots,-n_\phi. \tag{2.8.14}$$

n_ψ 只能取几个整数值. 对一个 n_ϕ，只有 $2n_\phi+1$ 个 n_ψ 的值. 那就是说，只有这么几个 α 值，也就是说轨道只能有这几个方向. 这样，$n_\phi=1$ 时，只能有 3 个轨道方向；$n_\phi=2$ 时，有 5 个方向；$n_\phi=3$ 时，有 7 个方向(见图 2.23，关于这个结论以后还有修改).

---

① 电子运动的哈密顿函数 $H=\frac{1}{2m}\left(p_r^2+\frac{1}{r^2}p_\theta^2+\frac{1}{r^2\sin^2\theta}p_\psi^2\right)-\frac{Ze^2}{4\pi\varepsilon_0 r}$ 不含坐标 ψ，由正则方程，$\partial p_\psi/\mathrm{d}t=-\partial H/\partial\psi=0$，所以 $p_\psi=$ 常量.

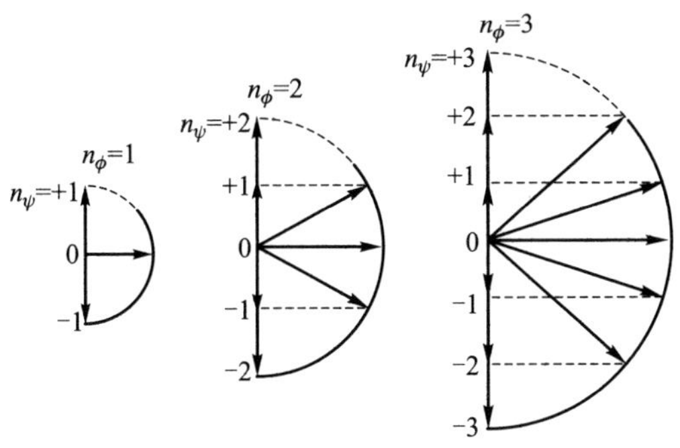

图 2.23 轨道的方向量子化

根据以上的讨论,轨道方向量子化也可以看作轨道角动量在磁场或电场方向的分量的量子化.只是有场的存在,才有这种量子化.理论中包括一个特殊方向——场的方向,这不能是任意的方向.

把理论的结论同实验的结果比较一下,发现还有出入.由实验知道银原子在磁场中有两个取向.按上述理论,可能的取向是 $2n_\phi+1$ 个.如果实验中观察到的银原子所处的状态相当于 $n_\phi=1$,也应该有三个取向,如果 n_ϕ 值更大,取向还要多.况且 n_ϕ 是整数,$2n_\phi+1$ 都是奇数.现在银原子的取向实际是两个,足见到目前为止我们对原子的描述是不完全的.上述理论只是关于电子轨道的取向问题;以后我们会知道原子的角动量和联系着的磁矩不仅是由于电子的轨道运动,也还由于电子的自旋;角动量和磁矩还有更准确的表达式.这些都留待下几章再逐步予以阐述.

现在可以肯定,原子在磁场中取向的量子化这一情况确实存在(原子在电场中的取向也是量子化的);在进一步阐述原子结构以后,这个问题就可以得到更清楚的了解.

2.9 原子的激发与辐射 激光原理

从前几节的讨论,知道一个原子可以处在不同状态,在每一状态时具有一定的内部能量.这些不同状态的能量值是彼此分隔的,所以称为能级.原子内部能量最低的那个状态称作基态.在基态的原子可以吸收能量而跃迁到较高能量的状态,这个过程称作原子的激发.那些较基态能量高的状态称作激发态.原子可以从激发态退到基态或较低的能态,这时它要放出能量.放出能量可以取辐射的形式,那么放出的能量就成为一个光子的能量 $h\nu$. 下面将分别讨论原子被激发和放出能量等有关问题.

1. 原子同其他粒子的碰撞

2.5 节叙述了电子同原子碰撞使后者激发或电离的实验.现在我们要讨论的碰撞问题也包括原子同原子,原子同分子的碰撞.当两粒子碰撞时,如果只有粒子平移能量的交换,也就是说,内部能量不变,这称为"弹性"碰撞.当两粒子碰撞,原子或分子的内部能量有增减,也就是说粒子的平移能量和内部能量间有转化,这称为"非弹性"碰撞.在这过程中,如果一部分平移能量转化为内部能量,使原子或分子被激发,那就称作第一类非弹性碰撞.弗兰克-赫兹实验中的情况就是这一类碰撞的例子.反之,在碰撞时原子或分子的内部能量减低,放出的部分转化为平移能量,那就称为第二类非弹性碰撞.

基本粒子平移动能较小时,它们之间只能有弹性碰撞.当碰撞粒子的平移动能足够大,使原子能够吸收能量从原有低能级被激发到高能级,就可能发生第一类非弹性碰撞.当一个原在高能级的原子同另一个粒子相碰,如果两粒子动能不大,就有可能发生第二类非弹性碰撞,使原子从高能级跃迁到低能级,相差的能量转化为粒子的动能.这里谈到,原子能量的放出可以经碰撞的过程,使放出的能量成为粒子运动的动能.

粒子的碰撞是满足力学上的能量守恒和动量守恒原理的.因此两粒子的碰撞一般不能把它们的全部动能转化为内部能量,碰后仍会保留一部分动能以满足动量守恒的关系.但当运动的电子与静止原子碰撞时,由于电子的质量小,有可能差不多使电子的全部动能转化成原子的内能.所以从动能的利用来考虑,用电子碰撞来激发原子比用原子或分子来碰撞更有利.

2. 原子在各能态的分布

我们所说一个原子的各个状态和相应的各个能级是指这原子可能有的状态和相应的一定能量.在某一时刻,一个原子当然只能在某一状态.但进行具体观察时,对象总是大量的原子.观察到的现象是大量原子同时分布在不同状态的情况的反映.例如我们同时看见许多光谱线,这是不同原子从不同的能级跃迁到另外一些能级的结果.而光谱线的强弱反映了参与发射不同谱线的原子的多少.

大量原子会互相碰撞,彼此交换能量.有些会被激发到高能级,有些在低能级.在达到平衡时,在各个状态的原子数 N_i 决定于状态的能量 E_i 和温度 T,它们的关系可表达如下:

$$N_i \propto e^{-\frac{E_i}{kT}}, \tag{2.9.1}$$

式中 k 是玻耳兹曼(Boltzmann)常量,T 是这群原子所在处的热力学温度.

(2.9.1)式表达的是玻耳兹曼分布.如果几个状态具有相同的能量,那么这一能级是简并的.实际包括了几个状态.(2.9.1)式就应改为

$$N_i \propto g_i e^{-\frac{E_i}{kT}}, \tag{2.9.2}$$

式中又乘一因子 g_i,这是一个统计权数,其数值等于简并在一起的状态数.(2.9.1)式和(2.9.2)式表示平衡时各状态的原子数的分布.能级愈高,原子愈少.在基态上的原子最多.了解这个情况有助于对一些问题的考虑.

3. 原子的自发辐射

原子被激发到高能级后,除上面所说通过碰撞可以放出能量外,还有可能自发地从高能级跃迁到较低能级,把多余的能量以辐射的形式放出.可是对被激发的每一个原子,我们不能预知它在什么时刻跃迁.我们只能求得跃迁的概率.设有一个状态 2 和一个能量较低的状态 1.那么在 dt 时间内,从状态 2 跃迁到状态 1 的原子数 dN_{21}必然与当时在状态 2 的原子数 N_2 成正比,与时间 dt 成正比,所以

$$dN_{21} \propto N_2 dt,$$

$$dN_{21} = A_{21} N_2 dt. \tag{2.9.3}$$

A_{21}是个比例常数,把(2.9.3)式改列为

$$A_{21} = \frac{dN_{21}}{N_2 dt}$$

上式表明 A_{21}表示一个原子在单位时间内由状态 2 自发跃迁到状态 1 的概率.

发生跃迁的原子数 dN_{21}也就是状态 2 中原子的减少数,$dN_{21} = -dN_2$,所以(2.9.3)式可列成

$$\frac{dN_2}{N_2} = -A_{21} dt. \tag{2.9.4}$$

积分就得

$$N_2 = N_{20} e^{-A_{21} t}, \tag{2.9.5}$$

式中的 N_{20}是 $t=0$ 时的原子数.这公式表示,如果起初在状态 2 有某数量的原子,随着时间的过去,在状态 2 的原子数是指数级地减少的.

这样,有些原子留在状态 2 的时间长,有些则时间短,在状态 2 的原子的"寿命"长短的范围很大,即从零到无限长.我们可以计算留在那个状态的原子的平均寿命 τ.

$$\tau = \frac{1}{N_{20}} \int_{N_{20}}^{0} t(-dN_2)$$

$$
\begin{aligned}
&=\frac{1}{N_{20}}\int_0^{\infty} tA_{21}N_2\mathrm{d}t\\
&=A_{21}\int_0^{\infty} t\mathrm{e}^{-A_{21}t}\mathrm{d}t\\
&=\frac{1}{A_{21}}.
\end{aligned}
\tag{2.9.6}
$$

由上式,可知就状态 2 到状态 1 的自发跃迁来说,留在状态 2 的原子的平均寿命等于跃迁概率的倒数,这两个数值是表征这个原子态的常数.平均寿命长,表示状态稳定,不容易发生跃迁,所以跃迁概率小,反过来,寿命短,跃迁概率大.

原子态的平均寿命可以从实验测定.这里不具体描述实验方法了,只举几个测量的结果.氢的巴耳末系第一条线是 $n=3$ 到 $n=2$ 的跃迁,波长是 6 562 Å.测得这个跃迁原子在 $n=3$ 状态的平均寿命是 $\tau=1.5\times10^{-8}$ s,这个数值的倒数就是单位时间内发生这个跃迁的概率.从实验也测得产生汞的 2 537 Å 线的第一激发态的平均寿命 $\tau=9.8\times10^{-8}$ s.

这里讨论的问题直接联系着原子所发光谱线的强度.由状态 2 跃迁到状态 1 所发光谱线的强度显然与$\frac{\mathrm{d}N_{21}}{\mathrm{d}t}$成正比,由(2.9.3)式就是与 $A_{21}N_2$ 成正比.这就是说,光谱线的强度与初态的原子数和跃迁概率成正比.

4. 受激发射与吸收

当原子处在电磁辐射的场中时,原子和辐射场就要发生相互作用.现在再考虑原子的两个状态 2 和 1,2 的能量 E_2 高于 1 的能量 E_1.如果辐射场中辐射的频率 ν 满足 $h\nu=E_2-E_1$ 的关系,那么原子和这个场发生相互作用时,有些原在状态 1 的原子会吸收一个光子的能量 $h\nu=E_2-E_1$,跃迁到状态 2.这可以称作场致激发或称光致激发,与上文所说的碰撞激发不同.另一些原在状态 2 的原子会受场的激动跃迁到状态 1,而以辐射形式放出能量 $h\nu=E_2-E_1$.只要状态 1 和状态 2 有原子存在,这里所说受辐射场的激动而吸收或发射的过程都会发生.

这里可以作一个简单的经典说明.一个作简谐振动的物体如果处在一个频率与它相同的外力的作用下,当外力的相位和物体的振动相位相同时,外力帮助物体振动,振动就加强,物体吸收了能量;当外力的相位同物体的振动相位相反时,外力反抗物体的振动,振动就要减弱,物体放出能量.物体吸收或放出能量决定于它的振动相位同外力相位的关系.如果有很多振动的物体,彼此没有密切联系,那么它们的振动相位各种都有,是随机分布的.这样,在外力的作用下,有些振动增强,有些振动减弱,也就是说有些吸收能量,有些放出能量.原子的内部运动虽然不是简单的简谐振动,也可以大体上这样看:大量原子处在电磁辐射的场中,由于原子内部运动的相位随机分布,在辐射场的作用下,有些会从辐射场吸收能量,从低能级向高能级跃迁,有些从高能级向低能级跃迁而放出辐射.

在辐射场的作用下,原子吸收能量从状态 1 跃迁到状态 2 的概率必定与具有频率 $\nu[=(E_2-E_1)/h]$ 的辐射密度 ρ_ν 成正比.在 $\mathrm{d}t$ 时间内,发生这样跃迁的原子数 $\mathrm{d}N_{12}$ 应由下式所示:

$$\mathrm{d}N_{12}=B_{12}\rho_\nu N_1\mathrm{d}t, \tag{2.9.7}$$

这里 B_{12} 称为吸收系数,$B_{12}\rho_\nu$ 是一个原子在单位时间内从状态 1 跃迁到状态 2 的概率.N_1 是当时在状态 1 的原子数.

同样,一个原子在辐射场的作用下,从状态 2 跃迁到状态 1 而放出辐射的概率是 $B_{21}\rho_\nu$.B_{21} 称为发射系数.在 $\mathrm{d}t$ 时间内发生这样受激辐射的原子数 $\mathrm{d}N_{21}$ 应如下式所示:

$$\mathrm{d}N_{21}=B_{21}\rho_\nu N_2\mathrm{d}t. \tag{2.9.8}$$

在状态 2 的原子,除刚才所说受辐射场的激动发生受激辐射外,还有可能发生自发辐射.这个过程的原子数如(2.9.3)式所示.所以从状态 2 跃迁到状态 1 的原子总数是(2.9.3)和(2.9.8)二式之和,即

$$\mathrm{d}N_{21}=(A_{21}+B_{21}\rho_\nu)N_2\mathrm{d}t. \tag{2.9.9}$$

以上所述原子在辐射场的作用下被激发和受激发射及自发辐射过程,最早是爱因斯坦(A. Einstein)在 1917 年提出的,他很成功地从这些考虑出发推导出普朗克的黑体辐射公式.这说明这些考虑是与事实符合的.

*下面我们简要地叙述一下爱因斯坦的推导过程,目的不是要讨论黑体辐射,只是作为上述原子和辐射相互作用过程的一个有力证据.因为黑体辐射公式已经由普朗克用别的步骤推得并证明是正确的.

在一个空腔的壁上开一小孔,从小孔放出的辐射很接近黑体辐射(多年来都是这样研究黑体辐射问题的).现在设在这空腔内,辐射与原子的相互作用达到平衡状态,各个状态的原子数不再增减,也就是从高能级向下跃迁的原子数等于从低能级向上跃迁的原子数.那么(2.9.7)与(2.9.9)两式应相等

$$B_{12}\rho_\nu N_1=(A_{21}+B_{21}\rho_\nu)N_2, \tag{2.9.10}$$

$$\rho_\nu=\frac{A_{21}}{B_{12}\dfrac{N_1}{N_2}-B_{21}}. \tag{2.9.11}$$

把上面的(2.9.2)式代入,

$$\rho_\nu = \frac{A_{21}}{\dfrac{B_{12}g_1}{g_2}e^{\frac{E_2-E_1}{kT}} - B_{21}}.$$

但 $E_2-E_1=h\nu$,ν 是辐射频率,由此

$$\rho_\nu = \frac{A_{21}g_2}{B_{12}g_1 e^{\frac{h\nu}{kT}} - B_{21}g_2}. \qquad (2.9.12)$$

为了决定 A 与 B,考虑 T 很大时的情形.这时瑞利-金斯(Rayleigh-Jeans)公式是符合实验的结果的,这公式是

$$\rho_\nu = \frac{8\pi\nu^2}{c^3}kT. \qquad (2.9.13)$$

现在由于 T 很大,(2.9.12)式分母中的指数很小,$h\nu \ll kT$,指数项可以展开,(2.9.12)式成为

$$\rho_\nu = \frac{A_{21}g_2}{(B_{12}g_1 - B_{21}g_2) + B_{12}g_1\left(\dfrac{h\nu}{kT}+\cdots\right)} \qquad (2.9.14)$$

要(2.9.14)式与(2.9.13)式一致,下列关系应成立:

$$B_{12}g_1 = B_{21}g_2, \qquad (2.9.15)$$

$$\frac{A_{21}}{B_{21}} = \frac{8\pi h\nu^3}{c^3} = \frac{8\pi h}{\lambda^3} \qquad (2.9.16)$$

把(2.9.15)和(2.9.16)两式代入(2.9.12)式,就有

$$\rho_\nu = \frac{8\pi h\nu^3}{c^3}\frac{1}{e^{\frac{h\nu}{kT}}-1} \qquad (2.9.17)$$

这就是普朗克推得的黑体辐射公式.ρ_ν 作为 ν 的函数是辐射密度.

关于辐射与原子的相互作用使原子吸收能量而被激发或受激而发射能量这些过程,目前已经有了大量的直接实验研究.

5. 激光原理

上文说到原子受到辐射场的作用时,如果辐射的频率符合原子的玻尔频率条件,原子会吸收能量而被激发,有些也会受激而发出辐射.这两种过程中发生跃迁的原子数都与辐射密度 ρ_ν 成正比,与起始状态的原子数成正比,如(2.9.7)和(2.9.8)两式所示.又系数 B_{12} 和 B_{21} 有(2.9.15)式的关系,在 $g_1=g_2$ 的情况下,$B_{12}=B_{21}$.如果状态 2 的能量 E_2 大于状态 1 的能量 E_1,那么按照(2.9.2)式,

N_1 大于 N_2，低能级的原子数多于高能级的原子数，所以一般在辐射作用下，原子由低能级向高能级跃迁的数目多于由高能级向低能级跃迁，也就是吸收大于受激辐射.现在要求在能级 2 和 1 之间，辐射量大于吸收量，要达到这个效果，由上面的讨论可知，必须使 N_2 和 N_1 的大小反转，也就是使 $N_2>N_1$.这相当于把能量贮存在原子体系中，然后以相当于所说两能级差的辐射触发原子体系，使较多的原子从两能级中的高能级跃迁到较低能级而再发出辐射，只有较少的原子吸收能量向较高能级跃迁.总的效果是有强的辐射输出.如果把一个原子体系的原子数在能级上的分布反转，而且它自己所发的辐射（开始时可能是自发辐射）足够强的话，就可以自己触发受激发射，成为一个强的辐射源，这就是一种激光器.

激光器的工作材料除原子外也可以是分子或晶体.按材料之不同，使粒子的能级分布反转的方法也不同.现在已经知道有几种使粒子数反转的方法.我们在这里只简单地说一下三能级方法的原理.

设有三能级，E_1，E_2 和 E_3.这上面的粒子数在平衡状况下与 $e^{-\frac{E_i}{kT}}$ 成正比，(2.9.2)式中的 g_i 暂假定为 1.那么三能级的粒子数 N_1，N_2 和 N_3 就如图 2.24 所示.现在如果有频率等于 $\nu_{31}=\frac{(E_3-E_1)}{h}$ 的强辐射照射在粒子上，使一部分原在 E_1 能级的粒子跃迁到 E_3 能级，就能做到这两能级上的粒子数几乎相等，都等于 $N=(N_1+N_3)/2$.如果 E_2 比较靠近 E_3，这时 E_3 能级的粒子数 N 会大于 E_2 能级上的粒子数 N_2.

$$N=\frac{N_1+N_3}{2}>N_2$$

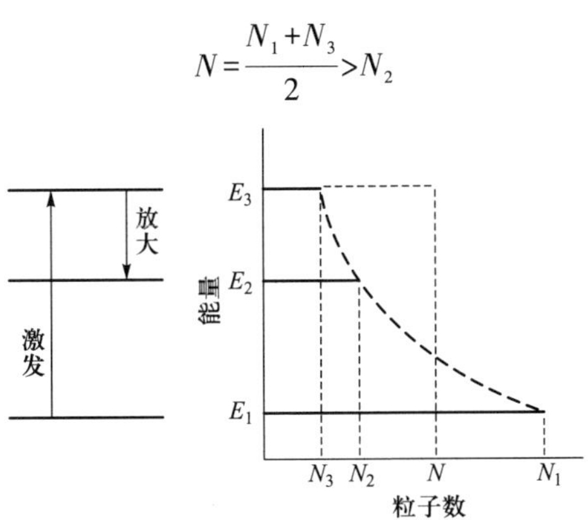

图 2.24 三能级量子放大原理(甲)

于是 E_3 和 E_2 间的粒子数已经反转.如果以 $\nu=\frac{(E_3-E_2)}{h}$ 的辐射触发这两能级间的跃迁，并继续自激发射，就会发出强的激光.假设 E_2 靠近 E_1，如图 2.25 所示.能级 E_2 上的粒子数 N_2 可能大于能级 E_1 上的粒子数 N,那么放大或自激发射可在 E_2 和 E_1 间进行.

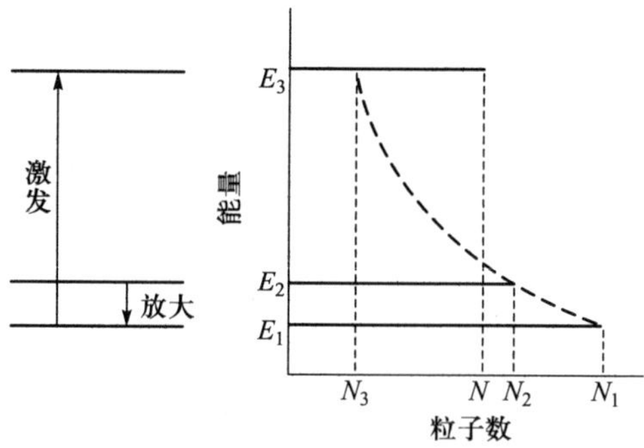

图 2.25 三能级量子放大原理(乙)

$$N_2>N=\frac{N_1+N_2}{2}$$

激光是很强的单色平行光,其应用很广,现在还在发展中.

2.10 对应原理和玻尔理论的地位

玻尔提出的关于原子的量子规律同经典物理的规律的差别显然很大.但两者有对应关系,在极限条件下,彼此趋于一致.

量子规律的特点是物理量的不连续性.例如原子的内部能量具有间隔的数值,

$$E_n=-\frac{2\pi^2me^4Z^2}{(4\pi\varepsilon_0)^2n^2h^2}=-\frac{RhcZ^2}{n^2}. \tag{2.10.1}$$

能量的改变只能是相互间隔的能级间的跃迁.原子在定态时无辐射.按照经典电动力学原理,原子中电子作轨道运动有加速度,应不断辐射,原子的能量应连续减少,电子就要沿螺线形轨道向原子核接近.这显然是两幅不同的图画.但如果由(2.10.1)式求两能级差

$$\Delta E_{n,m}=RhcZ^2\left[\frac{1}{m^2}-\frac{1}{n^2}\right]=RhcZ^2\frac{(n-m)(n+m)}{m^2n^2}, \tag{2.10.2}$$

可以看出当 n 很大,$\Delta n=n-m\ll n$ 时,

$$\Delta E=2RhcZ^2\frac{\Delta n}{n^3}, \tag{2.10.3}$$

ΔE 很小,随着 $n\to\infty$,ΔE 趋近于零.如果 $\Delta n=1$,ΔE 就是两邻近能级之差.可见 n

极大时，能级可以说是连续的，量子化的特性就消失了．这时，如果原子的能级逐级下降并发出辐射，岂不是同经典物理所要求的连续辐射，能量连续减少的描述一致吗？

还有，按照经典理论，带电粒子作周期运动时，连续发出辐射的频率等于粒子的周期运动的频率．而玻尔理论中，原子所发辐射的频率不等于电子轨道运动的频率．但可以证明，当量子数 n 很大时，这两种频率又趋于一致．同经典理论的要求符合．下面作这问题的计算．

电子的轨道运动频率 f 可如下算出

$$f=\frac{v}{2\pi r}=\frac{p_{\phi}}{2\pi mr^{2}}, \tag{2.10.4}$$

式中 v 是轨道运动的速度，r 是轨道半径，p_{ϕ} 是轨道运动的角动量．从玻尔的推导中，知道

$$p_{\phi}=n\frac{h}{2\pi},$$

$$r=\frac{4\pi\varepsilon_0 n^2h^2}{4\pi^2me^2Z},$$

代入(2.10.4)式，即得

$$f=\frac{4\pi^2me^4Z^2}{(4\pi\varepsilon_0)^2n^3h^3}=\frac{2RcZ^2}{n^3} \tag{2.10.5}$$

这是轨道运动的频率，因而也是经典理论中辐射的频率．

玻尔理论中同实际观测一致的辐射频率是

$$\nu=RcZ^2\left[\frac{1}{n^2}-\frac{1}{m^2}\right]=RcZ^2\ \frac{(m-n)(m+n)}{m^2n^2}. \tag{2.10.6}$$

这显然同(2.10.5)式的轨道运动频率不同．但当 n 很大时，$\Delta n=m-n\ll n$，那就有

$$\nu=\frac{2RcZ^2}{n^3}\Delta n, \tag{2.10.7}$$

$\Delta n=1,2,3,\cdots=\tau$，是整数，所以

$$\nu=\tau f. \tag{2.10.8}$$

这式的意义是辐射的频率等于发射体周期运动的频率及其高次谐频，这完全同经典理论一致．当 n 不大时，量子频率，也就是实际测得的辐射频率，同经典理论的频率不符合，但它们之间有一一对应关系．

周期运动体的经典频率和它的辐射的量子频率的相关性可作一般性的说明如下：设有具有一个自由度的体系，它的辐射频率按照玻尔频率条件等于

$$\nu=\frac{E-E'}{h}=\frac{\Delta E}{h}, \tag{2.10.9}$$

但一个定态必满足量子条件

$$J=\oint p\mathrm{d}q=nh, \tag{2.10.10}$$

状态如果有改变，作用量 J 也要改变：

$$\Delta J=\Delta n\cdot h=\tau h, \tag{2.10.11}$$

$\Delta n=\tau$ 为整数.把(2.10.11)式归并于(2.10.9)式，即有

$$\nu=\tau\frac{\Delta E}{\Delta J}. \tag{2.10.12}$$

这是具有一个自由度的体系的辐射频率的一般表达式.

按照经典理论，辐射频率应等于辐射体的运动频率，现在举简谐振子为例推导这频率的一般表达式.振子的能量等于

$$E=\frac{1}{2}mv^2+U=\frac{p^2}{2m}+U.$$

由此一周期的作用量等于

$$J=\oint p\mathrm{d}x=\oint\sqrt{2m(E-U)}\,\mathrm{d}x. \tag{2.10.13}$$

在经典理论中 E 可以连续变化，求 J 对 E 的导数，

$$\begin{aligned}\frac{\mathrm{d}J}{\mathrm{d}E}&=\oint\frac{m}{\sqrt{2m(E-U)}}\mathrm{d}x=\oint\frac{m}{p}\mathrm{d}x\\&=\oint\frac{\mathrm{d}x}{v}=\oint\frac{\mathrm{d}x}{\left(\frac{\mathrm{d}x}{\mathrm{d}t}\right)}=\oint\mathrm{d}t=T.\end{aligned} \tag{2.10.14}$$

这是振子运动的周期，所以运动的频率等于

$$f_1=\frac{1}{T}=\frac{\mathrm{d}E}{\mathrm{d}J}. \tag{2.10.15}$$

可以证明这式子是任何具有一个自由度体系的频率表达式.更一般地说，一个复杂的振动，按照傅里叶分析法，可以看作是许多谐振的叠加，这些振动的频率是一个基频的整倍数，

$$f=\tau f_1=\tau\frac{\mathrm{d}E}{\mathrm{d}J}. \tag{2.10.16}$$

按照经典理论，辐射的频率应等于此式表达的数值.

表达辐射的量子频率的(2.10.12)式和表达辐射的经典频率的(2.10.16)式很相似，都表示频率是能量的增加量和相应的作用量增加量的比值的整倍数.两者

有对应关系，但不相等.(2.10.12)式表示，增加只能取有限值，而(2.10.16)式表示，增加可以无限小.现在考虑，如果(2.10.10)式中的 n 很大，那么 J 就很大，相应的 E 也很大；如果 $\Delta n=\tau$ 不大，那么(2.10.12)式中有限值之比也就趋近(2.10.16)式.辐射的量子频率和经典频率趋于一致.

量子理论和经典理论之间的对应关系不仅表现在辐射频率上而且也表现在其他的物理量上.量子论与经典理论的出入总括起来可以这样说：一个微观体系的作用量总等于普朗克常量 $h=6.626\times10^{-34}$ J·s 的倍数，h 是作用量最小单元；如果体系的总作用量不大，是可以同 h 比较的大小，那么量子特征就显著的表现出来；如果体系的总作用量很大，比 h 大得多，以致 h 可以看作接近于零的一个数值，那么有关的物理量表现出连续性，经典理论就适用了.

经典理论和非经典理论的对应关系是普遍原理.除存在于上述经典理论和量子理论之间外，还存在于例如牛顿力学和相对论力学之间，当物体的速度大到可以和光速相比较时，就必须用相对论力学来处理.但如果物体的速度不大，以致同光速比较时，后者可以看作无限大，那么相对论力学公式就可以简化为牛顿力学公式.两者有一一对应关系，在一定条件下趋于一致.

由以上的讨论可知，非经典理论和经典理论不是互不相容的，或绝无联系的，也不存在哪个正确或不正确问题.它们在各自适用的领域内都是正确的.彼此有对应关系.非经典理论在适当的极限条件下就过渡到经典理论.

* * *

玻尔理论第一次把光谱的事实纳入一个理论体系中，在原子核式模型的基础上进一步提出了一个动态的原子结构轮廓.这个理论指出了经典物理的规律不能完全适用于原子内部，提出了微观体系特有的量子规律.玻尔理论启发了当时原子物理向前发展的途径，推动了新的实验和理论工作.这个理论承前启后，是原子物理学中的一个重要的进展.

玻尔理论虽然有很大的成就，居重要地位，但也有很大的局限性.这理论只能计算氢原子和类氢原子的光谱频率.对于稍复杂一些的原子，例如只由一个原子核和两个电子构成的氦原子，这理论就不能算出能级和光谱的频率.玻尔理论还不包括对光谱线强度的处理.

玻尔理论的问题在于理论结构本身.这理论作了一些在经典规律中所没有的假定，例如说原子处在定态时不辐射，原子的能量是量子化的，不能连续变化，这都是同经典理论不符的.但这理论又是建立在经典力学的基础上的.而引进了量子条件又没有理论的根据.玻尔理论是经典理论和量子条件并放在一起的一个结构，似乎缺乏逻辑的统一性.

更完整的，更准确的，应用面更广的关于原子的理论是 1925 年发表的一个新的理论体系——量子力学.那么我们怎样看待玻尔理论呢？玻尔理论有成功的一面,也有它的局限性和缺点.就其成功的方面说,它准确地表达了部分的客观事实.玻尔理论阐述的基本规律一直是正确的.这理论对原子的结构按电子的轨道运动的描述,从它在适用范围内同实验的一致性来看,确实是对客观情况的描述,具有一定的真实性.但这样的描述是很不完善的,简单化了的.原子的实际情况不应看作像玻尔理论所描述的那样简单.有了这个了解,就能恰当地发挥玻尔理论的效用.这理论供给一幅简单的原子结构图画,可用来考虑有关的问题.即使不能用来作准确的计算,也可作定性的推究,或作粗糙的估计.有时对于一个关于原子的复杂问题,可用玻尔理论的概念作初步的分析.现在用玻尔理论的术语讨论新发展的科学问题是常见的.玻尔理论,如上文所说,在原子物理中曾发挥承前启后的作用,它代表这方面发展的一个重要跃进.对初学的人,学习这个理论是为了要按照认识发展的历史过程,由浅入深地逐步了解微观体系的情况和规律,而这个理论到目前仍然是在物理学中有用的.

习　题

自测

1. 试计算氢原子的第一玻尔轨道上电子绕核转动的频率、线速度和加速度.

2. 试由氢原子的里德伯常量计算基态氢原子的电离电势和第一激发电势.

3. 用一能量为 12.5 eV 的电子去激发基态氢原子.问受激发的氢原子向低能级跃迁时,会出现哪些波长的光谱线?

4. 试估算一次电离的氦离子 He^+、二次电离的锂离子 Li^{++} 的第一玻尔轨道半径、电离电势、第一激发电势和莱曼系第一条谱线波长分别与氢原子的上述物理量之比值.

5. 试问二次电离的锂离子 Li^{++} 从其第一激发态向基态跃迁时发出的光子,是否有可能使处于基态的一次电离的氦离子 He^+ 的电子电离掉?

6. 氢与其同位素,氘(质量数为 2)混在同一放电管中,摄下两种原子的光谱线.试问其巴耳末系的第一条(H_α)光谱线之间的波长差 $\Delta\lambda$ 有多大?已知氢的里德伯常量 $R_H = 1.096\,775\,8\times10^7\ m^{-1}$,氘的里德伯常量 $R_D = 1.097\,074\,2\times10^7\ m^{-1}$.

7. 已知一对正负电子绕其共同的质心转动会暂时形成类似于氢原子结构的"电子偶素".试计算"电子偶素"由第一激发态向基态跃迁发射光谱的波长 λ 为多少?

8. 试证明氢原子中的电子从 $n+1$ 轨道跃迁到 n 轨道,发射光子的频率为 σ_n.当 $n\gg1$ 时光子频率即为电子绕第 n 玻尔轨道转动的频率.

9. Li 原子序数 $Z=3$,其光谱的主线系可用下式表示:$\sigma = \dfrac{R}{(2-0.404\,9)^2} - \dfrac{R}{(n-0.040\,1)^2}$.已知 Li 原子电离成 Li^{+++} 离子需要做 203.44 eV 的功.问如要把 Li^+ 离子电离为 Li^{++} 离子,需

(3.1.1)式和(3.1.3)式表示了光的微粒性.但是这两公式中又含有与其波动性有关的二物理量,即频率 ν 和波长 λ 或波数 k.

微粒的波动性　德布罗意推想,光既在某些情况下具有波动性,在另一些情况下又具有微粒性,那么实物粒子,如电子、质子等,是否也具有波动性.他在1924年提出了这个设想:如果实物粒子也具有二象性,那么关于光的两公式(3.1.1)和(3.1.3)也能用于实物粒子.但实物粒子的动量等于 mv,由上述(3.1.3)式,同实物粒子联系着的波应该具有波长

$$\lambda=\frac{h}{p}=\frac{h}{mv}. \tag{3.1.4}$$

人们称同实物粒子联系着的波为德布罗意波,(3.1.4)式表示这波的波长.

德布罗意波的实验验证　实物粒子的波动性已由实验证实.戴维孙(C. J. Davisson)和孔斯曼(Kunsman)在德布罗意的建议提出以前,在1921年到1923年就观察到,电子被多晶体的金属表面散射时,在某几个角度上散射较强,当时未有合适的解释,其实这已经显示了电子的波动性.

戴维孙和革末(L. S. Germer)继续进行了电子在晶体上散射的实验,到1927年发表了较准确的测量结果,证实了德布罗意的设想.他们的仪器如图3.1所示,在抽空的金属盒中有电子源G,由热金属丝发射的电子,加速后经过前后几个小孔,形成一道电子束,打在晶体T上.T可以绕一平行于电子束的轴转动.C是接收器,同一个灵敏电流计相接,用以测量收到的电子的数量.C可以在一圆弧上移动,圆弧的圆心在晶体T上,所以C可以在不同角度接受从T散射出来的电子.

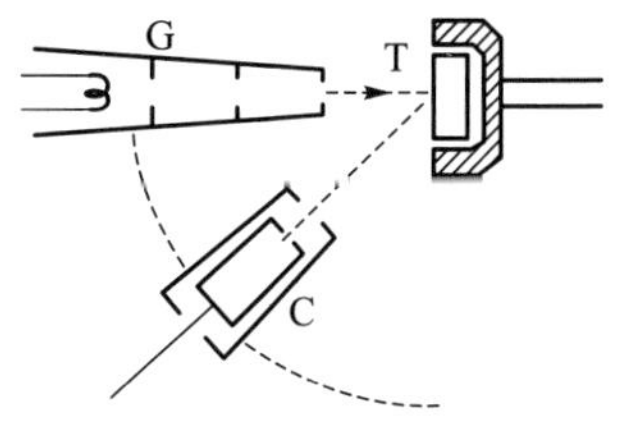

图3.1　电子衍射器示意图

电子的波长决定于加速电压.电子加速后,它的动能等于

$$\frac{1}{2}mv^2=eV, \tag{3.1.5}$$

V 是加速电压,e 是电子电荷量绝对值.由此式得到

$$v=\sqrt{\frac{2eV}{m}}, \tag{3.1.6}$$

代入(3.1.4)式,就得

$$\begin{aligned}\lambda&=\frac{h}{m}\sqrt{\frac{m}{2eV}}=\frac{h}{\sqrt{2meV}}\\&\approx\frac{12.25}{\sqrt{V}}\ \text{Å}(V\text{用 V 表示}).\end{aligned} \tag{3.1.7}$$

由加在仪器上的加速电压可以算出波长.

电子如果确有波动性,那么电子束射在晶体上就像光一样会有衍射发生.原子在晶体中是作有规则排列的,形成各种方向的平行面.现在考虑电子波射在原子构成的一组平行面上,如图 3.2 所示.入射波束和平面之间的夹角是 θ.如果要求如图中所示 θ 的方向上有强的出射波束,由二邻近平面衍射的波应该有相同的相位,这就是说图中的 1 和 2 两道路径的波程差应该等于波长的整倍数.由图可知,如果两邻近平面的距离是 d,波程差是 $2d\sin\theta$.强波束射出的条件是

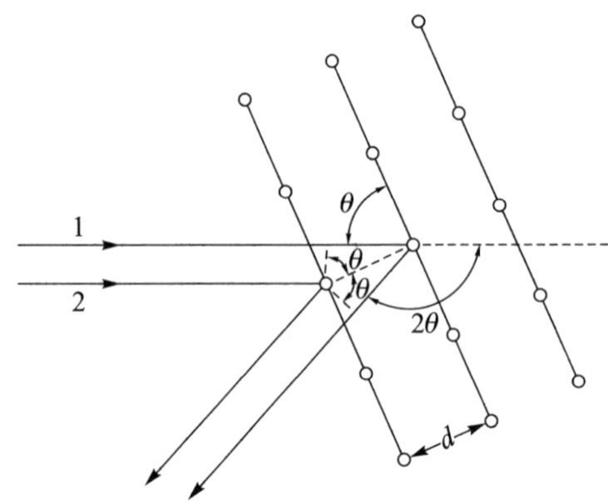

图 3.2 在晶体中电子波的衍射

$$n\lambda = 2d\sin\theta, \tag{3.1.8}$$

对晶体的某一组平行面,d 是一定的.这公式表示,λ 和 θ 至少有一个必须逐渐变化,直到(3.1.8)式满足,才能得到射出的强波束.

在戴维孙和革末的实验中,d 和 θ 是固定的,使 λ 渐变,观察强出射波束的出现.λ 决定于加速电压.把(3.1.7)式的关系代入(3.1.8)式,即有

$$n\frac{12.25}{\sqrt{V}} = 2d\sin\theta,$$

$$V^{\frac{1}{2}} = n\frac{12.25}{2d\sin\theta} = nk. \tag{3.1.9}$$

实验中 d 和 θ 是不变的,所以(3.1.9)式右边是一个常数的整倍数,把它写成 nk.这式子表示,当 V 值逐渐变化,其平方根值等于一个常数的整倍数时,接收器收到的电子数量应增加.

图 3.3 是电子在镍的单晶上衍射的结果.当时取 $\theta = 80°$,d 是 2.03 Å.曲线表示在不同加速电压下出射电子束的强度.横坐标是加速电压的平方根.按(3.1.9)式,这些峰值应该是等距离的,相隔 3.06,落在标明 1,2,3,…那些线的

位置，实际所得稍有差别.当 n 大时，(3.1.9)式的值与实验很符合，n 较小时，实验峰值同(3.1.9)式的值差别较明显.推究原因，可以知道(3.1.9)式根据(3.1.8)式推来，是在晶体内部满足的公式，θ 是在晶体内部射线同晶面所成的角，而实际观察的 θ 是在晶体外边测量的.由于射线进出晶体时在晶体表面上有折射，测得的 θ 值不等于晶体内部的 θ 值.折射率是随波长变化的，所以也随加速电压变化.这就说明为什么实验峰值与(3.1.9)式的计算值稍有出入，且当 n 小时差别较大.如果推导公式时把折射考虑进去，那就可以做到理论值与实验很一致.但这里不再进行这样的推导了.上述实验的结果与(3.1.9)式的结论那么接近已经足够证实电子的波动性了.

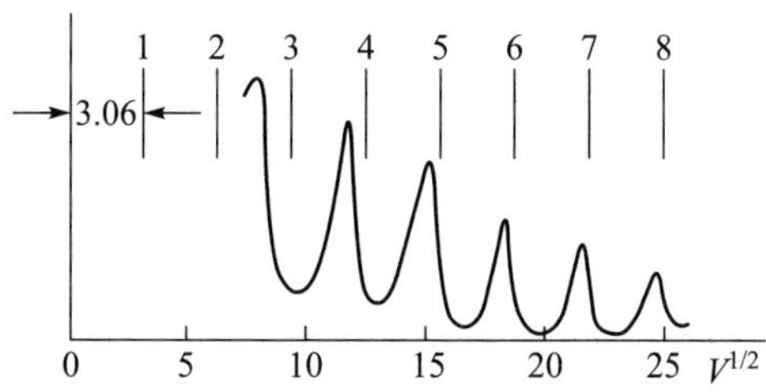

图 3.3 电子在镍单晶上的衍射

菊池正士在 1928 年把电子束射在云母薄片上，使发生衍射，在云母片的后面一段距离处用一张照相底片接受电子，获得了衍射图样.这是单晶体上的透射衍射图样.同年 G. P. 汤姆孙(G. P. Thomson)和塔尔塔科夫斯基(П.С. Тартаковский)也分别把电子射过金箔或其他金属箔，并在后面一段距离处用一张照相底片接受电子，获得了同心圆构成的衍射图样.这是多晶体的衍射图样.这两种实验也证实了电子的波动性.

3.2 不确定关系

在经典力学的概念中，一个粒子的位置和动量是可以同时精确测定的.在量子理论发展后，揭示出，要同时测出微观物体的位置和动量，其精密度是有一定限制的.这个限制来源于物质的二象性.海森伯推得，测量一个微粒的位置时，如果不确定范围是 Δq，那么同时测得其动量也有一个不确定范围 Δp，Δp 和 Δq 的乘积总是大于一定的数值，即

$$\Delta p \Delta q \geqslant \frac{\hbar}{2}, \tag{3.2.1}$$

这里约化普朗克常量 $\hbar = h/2\pi$，h 为普朗克常量，等于 6.626×10^{-34} J · s.这公式表

示出同时测定一个微粒的位置和动量的精密度的极限.

这个规律直接来源于物质具有的微粒和波动的二象性.设有电子通过一窄缝后落于缝后的屏幕上,如图 3.4 所示.设缝宽为 Δq,那么电子作为一个微粒,通过这窄缝的哪一点是不能确定的,不确定范围是 Δq.电子又具有波动性,经过窄缝的波会发生衍射,落在屏幕上会显示衍射图样,其强弱的变化如图 3.4 所示.这就是说,每粒电子经窄缝后,进行方向可能偏离原方向,可以用 α 表示偏离角.这样,就在垂直于原前进方向即 Δq 的方向产生了一个动量 $\Delta p = p\sin\alpha \simeq p\alpha$.如果我们只考虑衍射图样中间一段的效应,以 α_0 表示电子达到中段强带两边的最弱点的路径的偏转角,那么 Δp 的最大值是 $\Delta p \sim p\alpha_0$,α_0 根据衍射原理大约等于 $\lambda/\Delta q$.这里 λ 是德布罗意波长,$\lambda = h/p$,因此

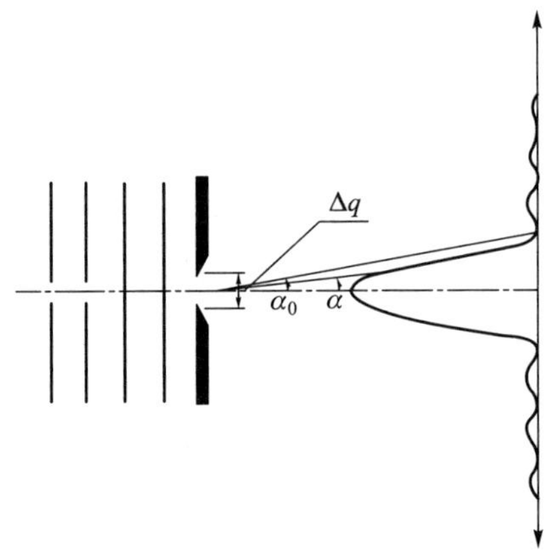

图 3.4 窄缝上电子衍射

$$\Delta p \sim p\alpha_0 = p\frac{\lambda}{\Delta q} = \frac{h}{\Delta q},$$

$$\Delta p\Delta q \sim h.$$

这是从最大偏转角 α_0 算得的结果.平均的偏转角要小于 α_0,因此 $\Delta p\Delta q$ 的不确值还要小一些.海森伯严密推得的是(3.2.1)式的关系.

这个不确定关系表明,如果要把粒子的动量非常精密地测定,即 $\Delta p \to 0$,那么位置就非常不确定,即 $\Delta q \to \infty$.反之,要位置精确测定,动量就非常不确定.

不确定关系也存在于能量与时间之间.一个体系处于某一状态,如果时间有一段 Δt 不确定,那么它的能量也有一个范围 ΔE 不确定,两者的乘积有如下关系:

$$\Delta E\Delta t \geqslant \frac{\hbar}{2}. \tag{3.2.2}$$

这可以推得如下.

为了使推得的关系具有普遍性,用具有普遍性的相对论性能量公式:

$$E=mc^2=[p^2c^2+m_0^2c^4]^{\frac{1}{2}} \tag{3.2.3}$$

式中 E 是总能量,m 是总质量,p 是动量,m_0 是静质量,c 是光速.由上式,

$$\begin{aligned}\mathrm{d}E&=\frac{1}{2}[p^2c^2+m_0^2c^4]^{-\frac{1}{2}}\cdot 2c^2p\mathrm{d}p\\&=\frac{c^2p\mathrm{d}p}{E}=\frac{p\mathrm{d}p}{m}=v\mathrm{d}p.\end{aligned}$$

所以

$$\Delta E=v\Delta p.$$

乘以 Δt

$$\begin{aligned}\Delta E\Delta t&=\Delta pv\Delta t\\&=\Delta p\Delta q\geqslant\frac{\hbar}{2}\end{aligned}$$

这就是(3.2.2)式.这与位置和动量的不确定关系有相似形式.

不确定关系是普遍原理.凡是经典力学中共轭的动力变量之间都有这个关系.除上面说到的两式外,还有角动量和角移之间的不确定关系.现将各种不确定关系开列在下面,其中动量和位置的关系分为三维的形式:

$$\begin{aligned}&\Delta p_x\Delta x\geqslant\hbar/2,\\&\Delta p_y\Delta y\geqslant\hbar/2,\\&\Delta p_z\Delta z\geqslant\hbar/2,\\&\Delta p_\phi\Delta\phi\geqslant\hbar/2,\\&\Delta E\Delta t\geqslant\hbar/2,\end{aligned}$$

在本节开始时说到,不确定原理来源于物质的二象性.既是微粒,又是波,这是微观物体表现出来的性质.所以不确定原理是物质的客观规律,不是测量技术和主观能力的问题.对微粒不可能如经典力学的要求,既可以知道它的精确位置,又同时知道它的动量的确定值.因此对微观物体位置的恰当描述是说它处于某一位置的概率,而在它可能出现的空间中有一个位置概率的分布.在下一节描述原子中电子的情况时就要用到这个概念.

关于能量和时间联系着的不确定性就存在于上一章说过的原子能级情况中.实际能级都不是单一值,而是有一定的宽度 ΔE.也就是说电子处在某能级时,实际的能量有一不确定的范围,即 ΔE.在同类大量原子中,停留在相同能级上的电子有的停留时间长,有的停留时间短.可以用一个平均寿命 Δt 来表示.根据 $\Delta E\Delta t$ 的不确定关系,Δt 长的 ΔE 小,这就是说,平均寿命长的能级,它的宽度

小,这样的能级我们说比较稳定.反之,平均寿命 Δt 短的,能级宽度 ΔE 就大.能级宽度可以通过实验测出,从而可以推知能级的平均寿命.这个原理不但适用于原子中核外电子的能级,也适用于原子核状态,又适用于基本粒子问题,本书第十、十一章中将接触到这类问题,并有从而推得重要结论的例子.

3.3　波函数及其物理意义

3.1 节中叙述的那些实验显示了电子的波动性.波的前进方向就是电子的前进方向.那么究竟这是什么一种波呢?在弹性物质中的波动是物质的位移构成的,电磁波是电场与磁场的变化.这些都可以用公式表示出来.同样,实物粒子的德布罗意波也可以用公式表达,相当于弹性波的位移或电磁波的电场强度或磁场强度的一个量,我们用一个符号 ψ 代表,称为波函数.

现在考虑一个自由粒子的波.自由粒子不受力,动量不变,所以同它联系的波长也不变,是单色波.代表平面单色波的公式可以写成:

$$\psi=\psi_0\cos\,\omega\left(t-\frac{r_n}{v}\right)=\psi_0\cos\,2\pi\left(\nu t-\frac{r\cos\,\theta}{\lambda}\right)\tag{3.3.1}$$

式中 ω 是角频,v 是波的速度,t 是时间,r_n 是从原点到考虑中的波面的垂直距离,r 是原点到这波面任何一点的距离,θ 是 r 和 r_n 的夹角,如图 3.5 所示.

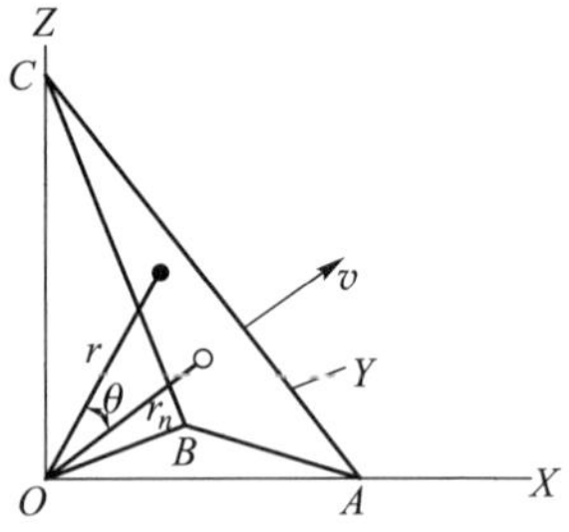

把(3.3.1)式改成复数形式更方便,

$$\psi=\psi_0\mathrm{e}^{2\pi\mathrm{i}\left(\nu t-\frac{r\cos\,\theta}{\lambda}\right)}.\tag{3.3.2}$$

(3.3.1)式是(3.3.2)式的实数部分,如果用矢量 k 代表波长倒数的数值和波的前进方向,(3.3.2)式又可以写成

$$\psi=\psi_0\mathrm{e}^{2\pi\mathrm{i}(\nu t-k\cdot r)}.\tag{3.3.3}$$

图 3.5　有关平面波诸量的关系

量子力学的文献中一般用下列形式,

$$\psi=\psi_0\mathrm{e}^{2\pi\mathrm{i}(k\cdot r-\nu t)}.\tag{3.3.4}$$

把表示微粒性的能量和动量关系,即 $E=h\nu$ 和 $p=hk$,代入,

$$\psi=\psi_0\mathrm{e}^{\frac{2\pi\mathrm{i}}{h}(p\cdot r-Et)}.\tag{3.3.5}$$

(3.3.1)到(3.3.5)诸式所代表的是振幅恒定的波,而且在时间和空间上是无限展延的.一粒自由粒子怎样和这样一个波联系着呢?波函数 ψ 究竟代表什么呢?

曾有人设想波是基本的,粒子只是许多波组合起来的一个波包,波包的速度也就是粒子的速度,波包的活动表现出粒子的性质.但这样一幅图画被实验否定了.波包是不同频率的波组成的,不同频率的波在介质中的速度不同,这样一个波包在介质中会逐渐扩展而消灭.但实验中观察到的电子不会在介质中扩展而消灭.又波在两介质的界面上可分为反射和折射两部分,而一粒电子是不可分的.

另一个设想是,粒子是基本的,波只是大量粒子分布密度的变化.但从下述实验可看到,这想法也不完全恰当.光通过双缝可以发生干涉现象.电子也可以产生相仿的现象,显出它的波动性.设如图 3.6 所示,电子束射过双缝 1 和 2.后面的相片上显像后会显出干涉条纹,如果把电子束的强度减弱,而相片受照射的时间足够长的话,仍会出现干涉条纹.如果电子是粒子,通过窄缝 1 的电子,就不会通过窄缝 2,如果电子束很弱,有电子过窄缝 1 那时刻,也许没有电子过窄缝 2,可是相片受长时间的照射仍会有干涉现象.足见波动现象不是和很多粒子同时存在相联系的.似乎波动性是各个粒子具有的性质.

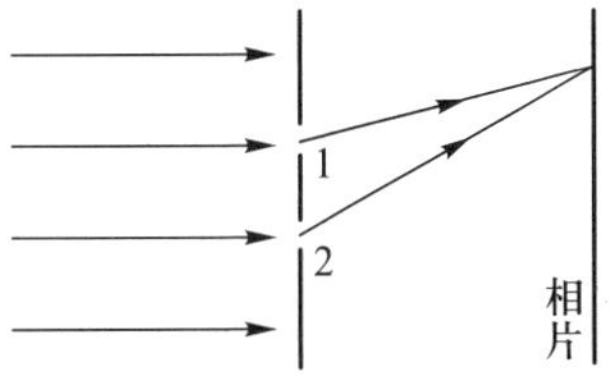

图 3.6 电子干涉实验示意图

玻恩(M. Born)提出了德布罗意波的统计意义,认为波函数代表发现粒子的概率,这是每个粒子在它所处环境中所具有的性质.如果有大量的粒子,那么在某处粒子的密度就与此处发现一个粒子的概率成正比.把这情况同光来对比,光的强弱同光子的数目成正比,而在某一处的光子数同该处发现一个光子的概率成正比,但我们知道光的强弱是同光波的电场或磁场强度的平方成正比的,足见在某处发现一个光子的概率同光波的电场或磁场强度的平方成正比.这样来类比,可见在某处发现一个实物粒子的概率同德布罗意波的波函数平方 ψ^2 成正比,如果 ψ 是复数,就用 $\psi\psi^*$ 代替 ψ^2,这里 ψ^* 是 ψ 的共轭复数.我们可以把在体积 $d\tau$ 中发现一个粒子的概率表达为

$$dw=\psi\psi^*\,d\tau. \tag{3.3.6}$$

由此,$\psi\psi^*$ 代表在单位体积内发现一个粒子的概率,因而称概率密度.这就是德布罗意波函数的物理意义.

ψ 函数既具有这样的物理意义,必须满足一些条件,就是,它必须是连续的、单值的、有限的.概率不会在某处发生突变,所以函数必须随处连续.在任何处,只能有一个概率,所以函数在任何处是单值的.概率不能无限大,所以函数必须有限.不符合这三个条件的 ψ 函数是没有物理意义的,它就不代表物理实在.另外,由于粒子必定要在空间中的某一点出现,所以粒子在空间各点出现的概率总和等于 1,也就是(3.3.6)式对全部空间的积分应等于 1(如果这一积分值有限但不为一,则可以选择波函数的常数,令这一积分值为一,这一过程称为波函数的归一化).

当初曾从波函数的上述条件之一对玻尔轨道作了一个简单说明.一电子在玻尔轨道中运动同这电子的德布罗意波沿轨道传播相联系.对一个可能的轨道,波函数必须是单值的,这就要求轨道的一周等于波长的整倍数:

$$2\pi r = n\lambda. \tag{3.3.7}$$

代入 $\lambda = \dfrac{h}{mv}$,即有

$$mvr = p = n\left(\frac{h}{2\pi}\right). \tag{3.3.8}$$

这正是玻尔提出的可能轨道的量子条件,只有满足这条件的轨道才有可能.同样可以证明,可能的椭圆轨道的一周也等于德布罗意波长的整倍数.

3.4 薛定谔波动方程

上节关于自由粒子的波函数(3.3.5)式可列成下式:

$$\psi = \psi_0 e^{\frac{2\pi i}{h}(p \cdot r - Et)} = \psi_0 e^{\frac{i}{\hbar}(p_x x + p_y y + p_z z - Et)}, \tag{3.4.1}$$

式中用符号 $\hbar$ 代替了$\dfrac{h}{2\pi}$.现在对 x,y,z 取二阶偏微商,得到

$$\frac{\partial^2\psi}{\partial x^2} = -\frac{p_x^2}{\hbar^2}\psi, \quad \frac{\partial^2\psi}{\partial y^2} = -\frac{p_y^2}{\hbar^2}\psi, \quad \frac{\partial^2\psi}{\partial z^2} = -\frac{p_z^2}{\hbar^2}\psi, \tag{3.4.2}$$

相加,即有

$$\nabla^2\psi = -\frac{p^2}{\hbar^2}\psi. \tag{3.4.3}$$

其中∇^2 为拉普拉斯算符,定义为

$$\nabla^2 \equiv \frac{\partial^2}{\partial x^2} + \frac{\partial^2}{\partial y^2} + \frac{\partial^2}{\partial z^2},$$

把(3.4.1)式对 t 取一阶偏微商,

$$\frac{\partial\psi}{\partial t} = -\frac{i}{\hbar}E\psi. \tag{3.4.4}$$

如果自由粒子的速度较光速小得多,它的能量公式是$\dfrac{p^2}{2m}=E$,两边乘以 ψ,即得

$$\frac{p^2}{2m}\psi = E\psi. \tag{3.4.5}$$

把(3.4.3)式和(3.4.4)式代入(3.4.5)式,

$$-\frac{\hbar^2}{2m}\nabla^2\psi=\mathrm{i}\hbar\frac{\partial\psi}{\partial t}. \tag{3.4.6}$$

这是一个自由粒子的薛定谔方程.

对于一个处在力场中的非自由粒子,它的总能量等于动能加势能:

$$\frac{p^2}{2m}+V=E. \tag{3.4.7}$$

两边乘以 ψ,

$$\frac{p^2}{2m}\psi+V\psi=E\psi. \tag{3.4.8}$$

于是(3.4.6)式可以按此式推广成

$$-\frac{\hbar^2}{2m}\nabla^2\psi+V\psi=\mathrm{i}\hbar\frac{\partial\psi}{\partial t}. \tag{3.4.9}$$

这是薛定谔一般方程,是描述一个在力场中的粒子的微分方程,这方程的正确性要看它对具体问题的结论是否同实验符合.

定态　在玻尔理论的讨论中曾提到能量不随时间变化的状态为定态.现在从薛定谔方程讨论这状态.设(3.4.9)式中的 V 只是坐标的函数,与时间无关,那么(3.4.9)式的解可以表达为坐标的函数和时间的函数的乘积,

$$\psi(xyz,t)=u(xyz)f(t), \tag{3.4.10}$$

代入(3.4.9)式,并且把坐标函数和时间的函数分在等号的两侧,就有

$$\frac{1}{u}\left[-\frac{\hbar^2}{2m}\nabla^2u+Vu\right]=\frac{\mathrm{i}\hbar}{f}\frac{\mathrm{d}f}{\mathrm{d}t}. \tag{3.4.11}$$

此式等号左边是坐标的函数,等号右边是时间的函数,彼此无关.现在要求它们相等,那就必须都等于同一个与坐标和时间都无关的常量.把这常量称为 E,那么(3.4.11)式右边是

$$\frac{\mathrm{i}\hbar}{f}\frac{\mathrm{d}f}{\mathrm{d}t}=E. \tag{3.4.12}$$

这方程的解是

$$f=k\mathrm{e}^{-\frac{\mathrm{i}E}{\hbar}t}. \tag{3.4.13}$$

由此(3.4.10)式成为

$$\psi=u(xyz)\mathrm{e}^{-\frac{\mathrm{i}E}{\hbar}t}. \tag{3.4.14}$$

这式同(3.4.1)式比较,可知常量 E 就是能量.能量不随时间变化的状态称为定态.这里看到定态的波函数可以写成(3.4.14)式的形式,从(3.4.14)式可知,定态的 $\psi\psi^*$ 等于 uu^*,发现粒子的概率密度也与时间无关.

(3.4.11)式的左边也等于同一个常量 E,于是就有

$$-\frac{\hbar^2}{2m}\nabla^2 u+Vu=Eu. \tag{3.4.15}$$

u 只是坐标的函数,这方程不含时间.这是定态的薛定谔方程.处理具体问题时,把那问题中作为坐标的函数的势能 V 代入这方程,然后求方程的解.但只有满足上节所述条件的波函数,才代表物理上可以存在的状况.但要 u 满足那些条件,E 必须取某些数值.这些数值是这体系在各定态时所能具有的能量.u 是坐标的函数,uu^* 或 u^2 表达在定态时粒子的坐标分布概率,也就是说在不同位置上单位体积中出现粒子的概率.

代表力学量的算符,现在我们根据以上的讨论来说明每一个力学量可以用一个算符来代表.下面介绍薛定谔方法中几个常用的算符.

把(3.4.1)式对 x 取一阶微商,即得

$$\frac{\partial\psi}{\partial x}=\frac{\mathrm{i}}{\hbar}p_x\psi,$$

改写为

$$p_x\psi=-\mathrm{i}\hbar\frac{\partial\psi}{\partial x}.$$

所以动量 p_x 可以用算符 $-\mathrm{i}\hbar\dfrac{\partial}{\partial x}$ 代表.同理,我们可以写出代表动量 p_y 和 p_z 的算符,以及代表总动量平方 $p^2=p_x^2+p_y^2+p_z^2$ 的算符如下:

$$p_x=-\mathrm{i}\hbar\frac{\partial}{\partial x},\quad p_y=-\mathrm{i}\hbar\frac{\partial}{\partial y},\quad p_z=-\mathrm{i}\hbar\frac{\partial}{\partial z},$$

$$p^2=p_x^2+p_y^2+p_z^2=-\hbar^2\left[\frac{\partial^2}{\partial x^2}+\frac{\partial^2}{\partial y^2}+\frac{\partial^2}{\partial z^2}\right]=-\hbar^2\nabla^2.$$

以上是代表动量的微分算符.

代表位置 $\boldsymbol{r}$ 的算符就是 $\boldsymbol{r}$ 本身,运算于一个函数 ψ 时就是 $\boldsymbol{r}$ 乘 ψ,所以只与坐标有关的势能 $V(\boldsymbol{r})$,其算符就是本身,运算于一个函数 ψ 就是 $V(\boldsymbol{r})$ 乘 ψ.

把(3.4.1)式对时间 t 取一阶微商,即得

$$\frac{\partial\psi}{\partial t}=-\frac{\mathrm{i}}{\hbar}E\psi.$$

所以代表能量 E 的算符是

$$E=\mathrm{i}\hbar\frac{\partial}{\partial t}.$$

另外,由(3.4.7)式

$$E=\frac{p^2}{2m}+V$$

将代表 p^2、V 的算符代入上式，得

$$E=-\frac{\hbar^2}{2m}\nabla^2+V.$$

所以算符 $\mathrm{i}\hbar\frac{\partial}{\partial t}$ 与 $-\frac{\hbar^2}{2m}\nabla^2+V(\boldsymbol{r})$ 是完全相当的，都是能量算符.我们知道：在经典力学中，能量以动量和坐标表示的式子 $\left(\frac{p^2}{2m}+V\right)$ 称为哈密顿函数，所以在量子力学中把 $-\frac{\hbar^2}{2m}\nabla^2+V(\boldsymbol{r})$ 称为哈密顿算符，并记作 H，即

$$H=-\frac{\hbar^2}{2m}\nabla^2+V(\boldsymbol{r}).$$

这个算符只包括空间变量，不包括时间.把它运算于 $u(r)$，即有

$$Hu=Eu,$$

这就是(3.4.15)式，即与时间无关的薛定谔方程.这类方程称为本征值方程，由此求出的 u 称为能量算符的本征函数，同每个本征函数 u 对应的 E 值，称为能量算符的本征值.

知道了代表力学量的算符，就可以很方便地列出关于这个力学量的薛定谔方程，也就是关于这个力学量的本征值方程.例如要计算某一具体体系的能量，就把代表能量的哈密顿算符运算于一个待定的波函数，列出需要的方程 $Hu=Eu$，然后解这个方程，这时必须引用前面提到的波函数的条件.这样解得的 u 就是能量算符的本征函数.为了得到符合条件的本征函数，在解方程过程中会知道 E 只能取某些值，这些 E 值就是这个方程的本征函数所从属的本征值.

对于其他力学量，如动量、角动量等，也可以用力学量的算符 Ω 运算于一个待解的波函数 u_ω，列出本征值方程 $\Omega u_\omega=\omega u_\omega$，然后解这个方程，求出本征函数 u_ω 和本征值 ω.

用算符 Ω 代表的力学量的本征值是对这个力学量进行精密测量可能获得的仅有结果.

3.5 量子力学问题的几个简例

上一节的讨论是原则性的，比较抽象的.为了更具体地了解量子力学处理问题的方法和步骤，本节将讨论三个例子.第一个例子最简单，将讨论得详细一些.

后两个例子同本书以后要讨论的某些问题有关，只说明处理的步骤和结论，不进行详细计算.

1. 无限高势垒之间的一维运动（一维箱）

一个粒子在两个势垒之间运动.势垒位于 $x=+\frac{a}{2}$ 和 $-\frac{a}{2}$.在无限高势垒之间（图 3.7 中的 Ⅰ 区），势能 $V=0$，在势垒之外，$x>\frac{a}{2}$ 和 $x<-\frac{a}{2}$（图中的Ⅱ区），$V=\infty$.一个具有有限能量的粒子，按照经典力学，只能在Ⅰ区运动，它的能量可以取任何值.量子力学对这个问题怎样看呢？

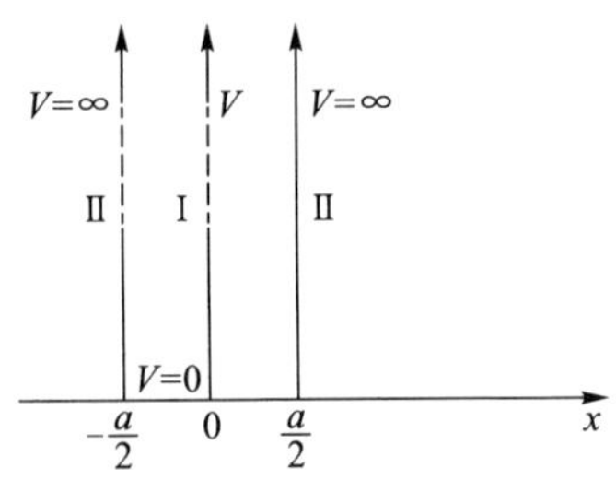

图 3.7　一维箱

我们进行如下计算：先列出薛定谔方程

$$Hu=Eu,$$

$$-\frac{\hbar^2}{2m}\frac{\mathrm{d}^2u}{\mathrm{d}x^2}+Vu=Eu, \tag{3.5.1}$$

在图中Ⅰ区，$-\frac{a}{2}<x<\frac{a}{2}$，式中的 $V=0$；在图中Ⅱ区，$x<-\frac{a}{2}$ 和 $x>\frac{a}{2}$，$V=\infty$.

现在解Ⅰ区情况的方程，$V=0$，(3.5.1)式成为

$$\frac{\mathrm{d}^2u}{\mathrm{d}x^2}=-\frac{2mE}{\hbar^2}u=-k^2u,\quad k=\frac{\sqrt{2mE}}{\hbar}.$$

设 $u=\mathrm{e}^{\alpha x}$，那么 $u''=\alpha^2u$，代入上式，

$$\alpha^2u=-k^2u$$

$$\alpha=\pm\mathrm{i}k$$

所以

$$u=A\mathrm{e}^{+\mathrm{i}kx}+B\mathrm{e}^{-\mathrm{i}kx}$$

$$u=C\cos kx+D\sin kx \tag{3.5.2}$$

(3.5.2)式是Ⅰ区的通解.

在Ⅱ区，$V=\infty$，(3.5.1)式改列为

$$\frac{\mathrm{d}^2u}{\mathrm{d}x^2}=\frac{2m}{\hbar^2}(V-E)u=\lambda^2u,\quad \lambda=\infty.$$

设 $u=\mathrm{e}^{\beta x}$，$u''=\beta^2u$，代入上式，

$$\beta^2u=\lambda^2u,$$

$$\beta=\pm\lambda=\pm\infty,$$

因此

$$u_{\text{II}}=A_1\mathrm{e}^{+\lambda x}+B_1\mathrm{e}^{-\lambda x}.$$

当 $x>\frac{a}{2}$

$$u_{\text{II}}=A_1\cdot\infty+B_1\cdot 0$$

第一项无限大，不符合波函数条件，应弃去.第二项是零，所以 $u_{\text{II}}=0$，当 $x<-\frac{a}{2}$，x 是负值，代入 u_{II} 的通解，就有

$$u_{\text{II}}=A\cdot 0+B_1\cdot\infty$$

第二项与波函数条件不符，应弃去.那么还是 $u_{\text{II}}=0$.所以在两个Ⅱ区的 u_{II} 都等于零.

现在再来考虑Ⅰ区的(3.5.2)式.根据波函数必须连续的条件，在 $x=\pm\frac{a}{2}$ 处，Ⅰ区的 u 同Ⅱ区的 u_{II} 应相等，但Ⅱ区的 $u_{\text{II}}=0$，所以要求在 $x=\pm\frac{a}{2}$ 处，Ⅰ区的 u 必须等于零，由(3.5.2)式，当 $x=+\frac{a}{2}$ 时，

$$u=C\cos\frac{ka}{2}+D\sin\frac{ka}{2}=0;\tag{3.5.3}$$

当 $x=-\frac{a}{2}$ 时，

$$u=C\cos\frac{-ka}{2}+D\sin\frac{-ka}{2}=0.$$

此式可改写为

$$u=C\cos\frac{ka}{2}-D\sin\frac{ka}{2}=0.\tag{3.5.4}$$

(3.5.3)式+(3.5.4)式为

$$2u=2C\cos\frac{ka}{2}=0,\quad \frac{ka}{2}=\frac{\pi}{2}(1,3,5,\cdots),$$

所以

$$k=\frac{\pi}{a}(1,3,5,\cdots).\tag{3.5.5}$$

(3.5.3)式-(3.5.4)式

$$2D\sin\frac{ka}{2}=0,\quad \frac{ka}{2}=\pi(0,1,2,\cdots),$$

所以

$$k=\frac{\pi}{a}(0,2,4,\cdots).\tag{3.5.6}$$

把(3.5.5)和(3.5.6)两式合并,

$$k=\frac{\sqrt{2mE}}{\hbar}=\frac{\pi}{a}n,\quad n=0,1,2,\cdots.$$

$$E=\frac{\pi^2\hbar^2}{2ma^2}n^2,\quad n=1,2,3,\cdots. \tag{3.5.7}$$

这是粒子在Ⅰ区所能具有的能量.这能量由(3.5.7)式看到是量子化的.这与经典力学的结论不同[在(3.5.7)式中,$n=0$除去了,因为在Ⅰ区,$V=0$,E也就是动能,$n=0$就是动能等于零,粒子也就不动了,所以能够运动的状态从$n=1$起].从(3.5.7)式我们可以看到,能级的间隔决定于式中的m和a,m是粒子的质量,a是两势垒的距离.式中的$\hbar$值是很小的常量,只当m和a同$\hbar$有相仿的数量级时,能量的量子化才显示出来.如果m是宏观物体的质量,a如果也是宏观距离,那么能级间隔就非常小,能级间就好像是连续的.所以对宏观物体,这个问题中的能量就不明显显示量子化了.这里也可以看到,为什么量子化是微观体系中常见的情况.(3.5.7)式是这个问题中能量算符的本征值

现在要推出对应于本征值的本征函数.把(3.5.5)式和(3.5.6)式的k值代入(3.5.2)式,就有

$$u=C\cos\frac{n\pi}{a}x+D\sin\frac{n\pi}{a}x\begin{cases}n=1,3,5,\cdots;\\n=2,4,6,\cdots,\end{cases} \tag{3.5.8}$$

当$x\to\pm\frac{a}{2}$时,此式成为

$$u=C\cos\left(\frac{n\pi}{2}\right)+D\sin\left(\pm\frac{n\pi}{2}\right)$$

$$=\begin{cases}C\cdot0+D\cdot(\pm1),&\text{当 } n=1,3,5,\cdots;\\C\cdot(\pm1)+D\cdot0,&\text{当 } n=2,4,6,\cdots.\end{cases}$$

u应该趋于0.但当n为奇数时,第二项不符合要求,所以D应等于零;当n为偶数时,第一项不符合要求,所以C应等于零.这样由(3.5.8)式就得到

$$u=C\cos\frac{n\pi}{a}x,\quad \text{当 } n=1,3,5,\cdots; \tag{3.5.9}$$

$$u=D\sin\frac{n\pi}{a}x,\quad \text{当 } n=2,4,6,\cdots. \tag{3.5.10}$$

(3.5.9)和(3.5.10)两式是这个问题中的本征函数.

宇称　(3.5.9)式那些函数具有这样的性质:

$$u(-x)=u(x)$$

这表示相对于原点，左右两个对称位置上的 u 是相等的，而且符号相同．这样的空间对称性称为偶性．简短地说，宇称是偶性的．(3.5.10)式那些函数具有不同的对称性：

$$u(-x)=-u(x),$$

相对于原点，左右两个对称位置上的 u 数值相等，但符号相反．(3.5.10)式函数的宇称是奇性的．宇称不仅是函数的性质，在物理学中也是函数所代表的物理状态的性质．

归一化　在(3.5.9)和(3.5.10)两式中的 C 和 D 两个常数还没有确定，现在我们就通过归一化步骤来确定这两个常数．以前说过，u^2 代表粒子出现的概率密度．在三维空间中，概率密度指单位体积中的概率．现在讨论的问题是一维的．所以概率密度也就是单位距离中的概率，因此在距离为 $\mathrm{d}x$ 中的概率是 $u^2\mathrm{d}x$．前面解出，在全部Ⅱ区，$u=0$，只在Ⅰ区，u 不等于零，所以粒子只能存在于Ⅰ区，也就是说，粒子在Ⅰ区各点出现的概率总和等于1，即

$$\int_{-a/2}^{+a/2}u^2\mathrm{d}x=1.$$

把(3.5.9)式和(3.5.10)式代入，

$$C^2\int_{-a/2}^{+a/2}\cos^2\frac{n\pi}{a}x\mathrm{d}x=1,\quad D^2\int_{-a/2}^{+a/2}\sin^2\frac{n\pi}{a}x\mathrm{d}x=1.$$

由此算出

$$C=D=\sqrt{\frac{2}{a}}.$$

代入(3.5.9)、(3.5.10)两式，这个问题中能量算符的本征函数全部算出：

$$u=\sqrt{\frac{2}{a}}\cos\frac{n\pi}{a}x,\quad n=1,3,5,\cdots;\tag{3.5.11}$$

$$u=\sqrt{\frac{2}{a}}\sin\frac{n\pi}{a}x,\quad n=2,4,6,\cdots.\tag{3.5.12}$$

2. 简谐振子

一个作简谐运动的物体所受的力是与它的位移 x 成正比而方向相反的．即 $F=-kx$，它的势能因此是 $V=-\int_0^x F\mathrm{d}x=k\int_0^x x\mathrm{d}x=\frac{1}{2}kx^2$．所以哈密顿函数是

$$H=\frac{p^2}{2m}+\frac{kx^2}{2}=E.$$

薛定谔方程可以列出如下：

$$-\frac{\hbar^2}{2m}\frac{\mathrm{d}^2u}{\mathrm{d}x^2}+\frac{1}{2}kx^2u=Eu. \tag{3.5.13}$$

要解出这个方程,需要作一些调整.令 $\xi=\alpha x$,(3.5.13)式就改成

$$\frac{\mathrm{d}^2u}{\mathrm{d}\xi^2}+\left[\frac{2mE}{\hbar^2\alpha^2}-\frac{mk}{\hbar^2\alpha^4}\xi^2\right]u=0. \tag{3.5.14}$$

如果令(3.5.14)式括号内第二项的常数部分等于 1,并用 λ 代表括号内第一项,(3.5.14)式就简化为

$$\frac{\mathrm{d}^2u}{\mathrm{d}\xi^2}+(\lambda-\xi^2)u=0, \tag{3.5.15}$$

并且有下列常数的关系:

$$\alpha^4=\frac{mk}{\hbar^2},\quad \lambda=\frac{2mE}{\hbar^2\alpha^2}=\frac{2E}{\hbar}\sqrt{\frac{m}{k}}=\frac{2E}{\hbar\omega}. \tag{3.5.16}$$

(3.5.16)式中的 $\omega=\sqrt{k/m}=2\pi\nu$ 是简谐振子的角频,$\nu=\omega/2\pi$ 是振动频率.

方程式(3.5.15)的解必须满足波函数的条件.解这个方程的过程中,需要注意函数必须有限的问题.算得合乎条件的函数是

$$u(\xi)=\mathrm{H}_n(\xi)\mathrm{e}^{-\frac{1}{2}\xi^2}. \tag{3.5.17}$$

式中 $\mathrm{H}_n(\xi)$ 是厄米(Hermite)多项式,可以按下式计算出来,

$$\mathrm{H}_n(\xi)=(-1)^n\mathrm{e}^{\xi^2}\frac{\mathrm{d}^n}{\mathrm{d}\xi^n}\mathrm{e}^{-\xi^2} \tag{3.5.18}$$

表 3.1 中列出了头几个 $\mathrm{H}_n(\xi)$.

表 3.1 $\mathrm{H}_n(\xi)$

n	$\mathrm{H}_n(\xi)$
0	A_0
1	$A_1\xi$
2	$A_2(1-2\xi^2)$
3	$A_3(3\xi-2\xi^3)$
4	$A_4(3-12\xi^2+4\xi^4)$
5	$A_5(15\xi-20\xi^3+4\xi^5)$

(3.5.17)式是满足波函数条件的本征函数 为了使函数满足有限这个条件,在演算中必须使 $\lambda=2n+1$,n 是整数.由(3.5.16)式,

$$\lambda=\frac{2E}{\hbar\omega}=2n+1,$$

$$E=\left(n+\frac{1}{2}\right)\hbar\omega=\left(n+\frac{1}{2}\right)h\nu,\quad n=0,1,2,\cdots \tag{3.5.19}$$

(3.5.19)式给出能量算符 H 的本征值,是简谐振子的量子化能量当 $n=0,1,2,\cdots$ 时,$E=\frac{1}{2}h\nu,\left(1+\frac{1}{2}\right)h\nu,\left(2+\frac{1}{2}\right)h\nu,\cdots$.二邻近能级之差是 $\Delta E=h\nu$.最低能级的 $n=0$ 时 $E=\frac{1}{2}h\nu$,所以简谐振子的最低能级的能量不是零,还具有能量,还在运动.按照量子力学,没有静止的简谐振子.

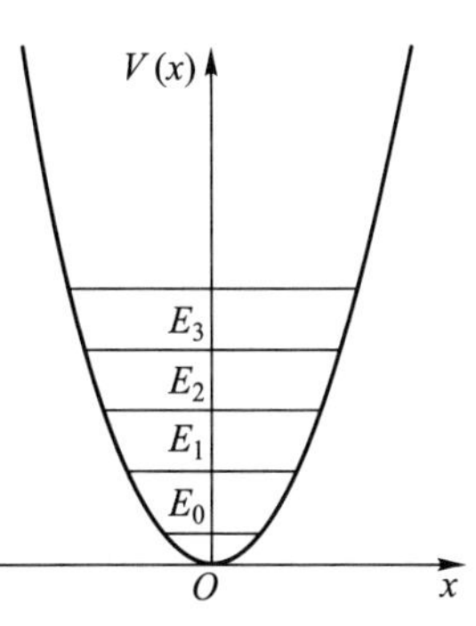

图 3.8 简谐振子的能级

图 3.8 是简谐振子的能级图.图 3.9 显示简谐振子的几个本征函数.每图中有一横直线,代表 $E\geqslant V$ 那一段 x 范围.从图中可以看到,当 n 是偶数时,函数的宇称是偶性的,n 是奇数时,宇称是奇性的.

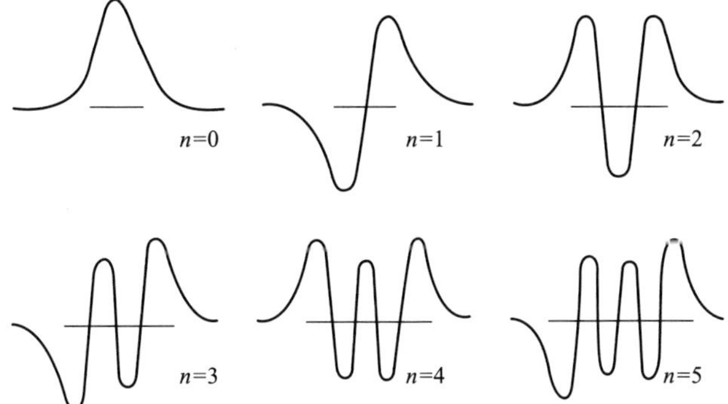

图 3.9 简谐振子的本征函数

3. 势垒

设在(图 3.10)$0<x<x_1$(Ⅰ区),$V=0$,粒子原在Ⅰ区,具有能量 E,$E>0$;$x_1<x<x_2$(Ⅱ区),$V=V_2>E$,$x>x_2$(Ⅲ区),$V=0$.要求计算粒子在三个区出现的概率变化情况.先列出薛定谔方程如下:

$$-\frac{\hbar^2}{2m}\frac{\mathrm{d}^2u}{\mathrm{d}x^2}+V(x)u=Eu,$$

$$\frac{\mathrm{d}^2u}{\mathrm{d}x^2}=\frac{2m}{\hbar^2}(V-E)u. \tag{3.5.20}$$

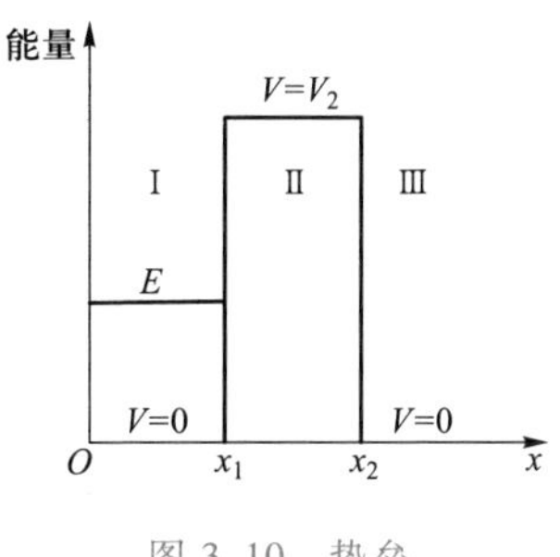

图 3.10 势垒

在Ⅰ区，$V=0$，由(1)式

$$\frac{\mathrm{d}^2u}{\mathrm{d}x^2}=-\frac{2mE}{\hbar^2}u=-k_1^2u,$$

$$k_1=\frac{\sqrt{2mE}}{\hbar}. \tag{3.5.21}$$

设 $u=\mathrm{e}^{\alpha x}$，则 $u''=\alpha^2u$，所以

$$\alpha^2u=-k_1^2u,$$

$$\alpha=\pm\mathrm{i}k_1.$$

$$u_1=A\mathrm{e}^{\mathrm{i}k_1x}+B\mathrm{e}^{-\mathrm{i}k_1x}. \tag{3.5.22}$$

在Ⅱ区，$V=V_2>E$，由(3.5.20)式

$$\frac{\mathrm{d}^2u}{\mathrm{d}x^2}=\frac{2m}{\hbar^2}(V-E)u=k_2^2u,\quad k_2=\frac{\sqrt{2m(V-E)}}{\hbar}.$$

设 $u=\mathrm{e}^{\beta x}$，则 $u''=\beta^2u$，所以

$$\beta^2u=k_2^2u,$$

$$\beta=\pm k_2,$$

$$u_2=A_2\mathrm{e}^{+k_2x}+B_2\mathrm{e}^{-k_2x}. \tag{3.5.23}$$

(3.5.22)、(3.5.23)两式中的第一项代表由左向右运动的粒子，第二项代表经边界反射由右向左运动的粒子.

在Ⅲ区，$V=0$，由(3.5.20)式，薛定谔方程是

$$\frac{\mathrm{d}^2u}{\mathrm{d}x^2}=-\frac{2mE}{\hbar^2}u=-k_3^2u,\quad k_3=\frac{\sqrt{2mE}}{\hbar}=k_1,$$

此式与Ⅰ区的微分方程相同，所以它的解可以写成

$$u_3=A_3\mathrm{e}^{+\mathrm{i}k_3x}+A_4\mathrm{e}^{-\mathrm{i}k_3x} \tag{3.5.24}$$

在Ⅲ区，没有反射粒子，所以 $B_3=0$，(3.5.24)式成为

$$u_3=A_3\mathrm{e}^{+\mathrm{i}k_3x} \tag{3.5.25}$$

(3.5.22)、(3.5.23)、(3.5.25)三式是分别在Ⅰ、Ⅱ、Ⅲ三区算得的波函数.它们各自在本区已经是单值、有限、连续的函数.现在要找出它们的联系.联系在于两区的边界上两边的函数应该是连续的，这就是在边界上两边的函数和函数的一阶微商应相等，即

$$\text{在 } x_1 \text{ 处},\quad u_1=u_2,\quad \frac{\mathrm{d}u_1}{\mathrm{d}x}=\frac{\mathrm{d}u_2}{\mathrm{d}x};$$

$$\text{在 } x_2 \text{ 处},\quad u_2=u_3,\quad \frac{\mathrm{d}u_2}{\mathrm{d}x}=\frac{\mathrm{d}u_3}{\mathrm{d}x}.$$

进行演算可得 A_3/A 和 B/A 的表达式，画出图来如图 3.11 所示.

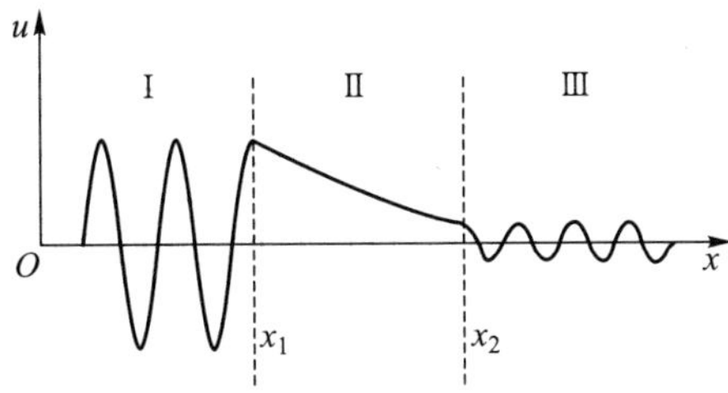

图 3.11　势垒中和两侧区域的波函数

这里可以看到，原在Ⅰ区的粒子有透过Ⅱ区进入Ⅲ区的可能.根据经典力学，在Ⅰ区的粒子不可能进入Ⅱ区，更不可能透过Ⅱ区进入Ⅲ区了，因为在Ⅱ区，$V>E$，动能要成为负值，在经典力学中是不可能的.但在量子力学中，从函数不等于零来看，粒子通过Ⅱ区，进入Ⅲ区是可能的.

在量子力学中，用概率流密度 J(如下式)表示粒子流量，

$$J=\frac{\mathrm{i}\hbar}{2m}(u\nabla u^{*}-u^{*}\nabla u).$$

对一维问题，简化为

$$J=\frac{\mathrm{i}\hbar}{2m}\left(u\frac{\mathrm{d}u^{*}}{\mathrm{d}x}-u^{*}\frac{\mathrm{d}u}{\mathrm{d}x}\right).$$

由此可以分别算出入射波 $A\mathrm{e}^{+\mathrm{i}k_1x}$、反射波 $B\mathrm{e}^{-\mathrm{i}k_1x}$ 和透射波 $A_3\mathrm{e}^{+k_3x}$ 的概率流密度如下：

$$J=\frac{\hbar k}{m}|A|^2,\quad J_R=\frac{\hbar k}{m}|B|^2,\quad J_D=\frac{\hbar k}{m}|A_3|^2.$$

前已说明 $k_1=k_3=\frac{\sqrt{2mE}}{\hbar}$，这里都用 k 表示.那么，原在Ⅰ区进行的粒子的一部分会透入Ⅲ区.透入Ⅲ区部分同原在Ⅰ区前进的粒子流之比称为透射系数 D，

$$D=\frac{J_D}{J}=\frac{|A_3|^2}{|A|^2}=D_0\mathrm{e}^{-\frac{2}{\hbar}\sqrt{2m(V-E)}a}.\qquad(3.5.26)$$

从(3.5.26)式可以看到，势垒的厚度 $a=x_2-x_1$ 越大，通过的概率越小.又势垒高度 V 超过粒子的能量 E，$(V-E)$越大，粒子透过势垒的概率也越小.

3.6　量子力学对氢原子的描述

关于氢原子的处理，这里只简略地介绍一些步骤和结论，初步了解一下量子力学对这个简单的原子的描述.

1. 波函数

在氢原子中，电子在原子核的库仑场中运动，这体系的势能是 $V=-\dfrac{1}{4\pi\varepsilon_0}\dfrac{Ze^2}{r}$，与时间无关，可以求出定态的波函数 ψ，它将取 3.4 节(3.4.14)式的形式.这里我们仍简单地假设原子核不动，位在坐标的原点上，电子对它作相对运动.这样，3.4 节(3.4.15)式就可以用来求出波函数的 u 部分.把这里 V 的具体形式代入 3.4 节(3.4.15)式，就得

$$\nabla^2 u+\frac{2m}{\hbar^2}\left(E+\frac{Ze^2}{4\pi\varepsilon_0 r}\right)u=0. \tag{3.6.1}$$

对有心力场中的运动，采用极坐标比较方便.电子的坐标 r,θ,ϕ 如图 3.12 所示.(3.6.1)式按极坐标列出，就成为

$$\frac{1}{r^2}\frac{\partial}{\partial r}\left(r^2\frac{\partial u}{\partial r}\right)+\frac{1}{r^2\sin\theta}\frac{\partial}{\partial\theta}\left(\sin\theta\frac{\partial u}{\partial\theta}\right)+\frac{1}{r^2\sin^2\theta}\frac{\partial^2 u}{\partial\phi^2}+\frac{2m}{\hbar^2}\left(E+\frac{Ze^2}{4\pi\varepsilon_0 r}\right)u=0. \tag{3.6.2}$$

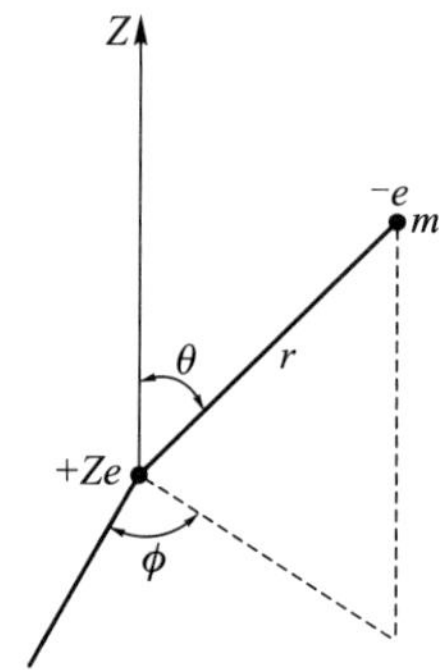

图 3.12　电子的极坐标

这个微分方程的解可以表达为三个函数的乘积：r 的函数 R，θ 的函数 Θ 和 ϕ 的函数 Φ，即

$$u=R(r)\Theta(\theta)\Phi(\phi). \tag{3.6.3}$$

这样可以把微分方程分成三个而分别求解.把(3.6.3)式代入(3.6.2)式，并除以 u，可得

$$\frac{1}{R}\frac{\mathrm{d}}{\mathrm{d}r}\left(r^2\frac{\mathrm{d}R}{\mathrm{d}r}\right)+\frac{2mr^2}{\hbar^2}\left[E+\frac{Ze^2}{4\pi\varepsilon_0 r}\right]=-\frac{1}{\Theta\sin\theta}\frac{\mathrm{d}}{\mathrm{d}\theta}\left(\sin\theta\frac{\mathrm{d}\Theta}{\mathrm{d}\theta}\right)-\frac{1}{\Phi\sin^2\theta}\frac{\mathrm{d}^2\Phi}{\mathrm{d}\phi^2}. \tag{3.6.4}$$

(3.6.4)式左侧只同变数 r 有关，右侧只同 θ 和 ϕ 有关，同 r 无关，要两侧相等，只能都等于一个常数，我们暂称它为 λ.这样，(3.6.4)式就分为两式：由左侧可得

$$\frac{1}{r^2}\frac{\mathrm{d}}{\mathrm{d}r}\left(r^2\frac{\mathrm{d}R}{\mathrm{d}r}\right)+\left[\frac{2m}{\hbar^2}\left(E+\frac{Ze^2}{4\pi\varepsilon_0 r}\right)-\frac{\lambda}{r^2}\right]R=0, \tag{3.6.5}$$

由右侧可得

$$\frac{\sin\theta}{\Theta}\frac{\mathrm{d}}{\mathrm{d}\theta}\left(\sin\theta\frac{\mathrm{d}\Theta}{\mathrm{d}\theta}\right)+\lambda\sin^2\theta=-\frac{1}{\Phi}\frac{\mathrm{d}^2\Phi}{\mathrm{d}\phi^2}. \tag{3.6.6}$$

(3.6.6)式两侧,同上述理由,也应等于同一个常数,我们暂称它为 ν.把左右两侧分别整理出来,就有

$$\frac{1}{\sin\theta}\frac{\mathrm{d}}{\mathrm{d}\theta}\left(\sin\theta\frac{\mathrm{d}\Theta}{\mathrm{d}\theta}\right)+\left(\lambda-\frac{\nu}{\sin^2\theta}\right)\Theta=0, \tag{3.6.7}$$

$$\frac{\mathrm{d}^2\Phi}{\mathrm{d}\phi^2}+\nu\Phi=0. \tag{3.6.8}$$

(3.6.5),(3.6.7),(3.6.8)三式分别是 R,Θ,Φ 的微分方程,可以分别解出.

(3.6.8)式的解是

$$\Phi=A\mathrm{e}^{\pm\mathrm{i}\sqrt{\nu}\phi}$$

此式的 Φ 要求是单值的,也就是 $\Phi(\phi)=\Phi(\phi+2\pi N)$,$N$ 等于整数.这就要求式中的$\sqrt{\nu}$等于整数,我们改用 m 表示.

$$\Phi=A\mathrm{e}^{\pm\mathrm{i}m\phi} \tag{3.6.9}$$

这样,(3.6.7)式就要改写为

$$\frac{1}{\sin\theta}\frac{\mathrm{d}}{\mathrm{d}\theta}\left(\sin\theta\frac{\mathrm{d}\Theta}{\mathrm{d}\theta}\right)+\left(\lambda-\frac{m^2}{\sin^2\theta}\right)\Theta=0. \tag{3.6.10}$$

这是二阶微分方程,有两个线性无关的解.在推算中可以知道,除非常数 λ 取特殊数值,否则这两个解在 $\theta=n\pi$ 时要等于无限大,这不符合要求.但当 $\lambda=l(l+1)$,l 为正整数,或为零,而且 $|m|\leqslant l$,那么其中一个解就有限了.这样解得合乎要求的 Θ 是

$$\Theta=B\mathrm{P}_l^m(\cos\theta),\quad l=0,1,2,\cdots, \tag{3.6.11}$$

$$m=l,l-1,\cdots,-l.$$

这里,$\mathrm{P}_l^m(\cos\theta)$是连带的勒让德(Legendre)函数,可以按下式算得,

$$\mathrm{P}_l^m(\omega)=\frac{1}{2^l l!}(1-\omega^2)^{\frac{|m|}{2}}\frac{\mathrm{d}^{l+|m|}}{\mathrm{d}\omega^{l+|m|}}(\omega^2-1)^l. \tag{3.6.12}$$

$$(\omega=\cos\theta)$$

现在讨论(3.6.5)式的解.解(3.6.7)式时要求 λ 取特殊值 $l(l+1)$,$l=0,1,2,\cdots$.那么(3.6.5)式必须改为

$$\frac{1}{r^2}\frac{\mathrm{d}}{\mathrm{d}r}\left(r^2\frac{\mathrm{d}R}{\mathrm{d}r}\right)+\left[\frac{2m}{\hbar^2}\left(E+\frac{Ze^2}{4\pi\varepsilon_0 r}\right)-\frac{l(l+1)}{r^2}\right]R=0 \tag{3.6.13}$$

此式合乎波函数条件的解是

$$R=C\rho^l\mathrm{e}^{-\frac{\rho}{2}}\mathrm{L}_{n+l}^{2l+1}(\rho),\quad \rho=\frac{2Zr}{na_1}. \tag{3.6.14}$$

式中 a_1 是玻尔最小轨道半径.式中的 $\mathrm{L}_{n+l}^{2l+1}(\rho)$是连带的拉盖尔(Laguerre)多项式,它的具体形式决定于参数 n 和 l,可以按照下式算出,

$$\mathrm{L}_{n+l}^{2l+1}(\rho)=\sum_{k=0}^{n-l-1}(-1)^{k+1}\frac{[(n+l)!]^{2}\rho^{k}}{(n-l-1-k)!(2l+1+k)!k!}\tag{3.6.15}$$

在推算 R 的过程中，可以知道(3.6.14)和(3.6.15)式中的 n 必须等于 1,2,3,…等正整数；对每一个 n，可以有 n 个 l：

$$l=0,1,2,\cdots,n-1.\tag{3.6.16}$$

(3.6.9)，(3.6.11)和(3.6.14)三式给出了 Φ,Θ 和 R 三个符合波函数要求的函数.通过归一化步骤分别把 A,B,C 三个常数算出后，$u=R(r)\Theta(\theta)\Phi(\phi)$ 就全部算出了，这是氢原子各定态的本征函数.n,l,m 三个量子数是原子态的标志.下面还要讨论它们的物理意义.

2. 能量和角动量

能量　在推算函数 $R(r)$ 的过程中，可以知道微分方程中的能量 E 必须等于某些值，R 才会有限，也就是说，只有这些状态能在物理上实现.这样算得，在 $E<0$ 的范围，E 只能等于下式的数值：

$$E=-\frac{2\pi^{2}me^{4}Z^{2}}{(4\pi\varepsilon_{0})^{2}n^{2}h^{2}},\quad n=1,2,3,\cdots.\tag{3.6.17}$$

这同玻尔理论的结论完全一致，但这里得出能量的量子化比较自然.

在 $E>0$ 范围，E 取任何值都能使 R 有限，所以正值的能量是连续分布的.

角动量　按照经典力学，电子作轨道运动的角动量等于 $\boldsymbol{L}=\boldsymbol{r}\times\boldsymbol{p}$，这里 $\boldsymbol{p}$ 是电子的线动量.把角动量 $\boldsymbol{L}$ 的三个正交分量写出量子力学中的算符，就有

$$\left.\begin{aligned}L_{x}&=yp_{z}-zp_{y}=-\mathrm{i}\hbar\left(y\frac{\partial}{\partial z}-z\frac{\partial}{\partial y}\right),\\L_{y}&=zp_{x}-xp_{z}=-\mathrm{i}\hbar\left(z\frac{\partial}{\partial x}-x\frac{\partial}{\partial z}\right),\\L_{z}&=xp_{y}-yp_{x}=-\mathrm{i}\hbar\left(x\frac{\partial}{\partial y}-y\frac{\partial}{\partial x}\right).\end{aligned}\right\}\tag{3.6.18}$$

把这三式换成球极坐标，得到

$$\left.\begin{aligned}L_{x}&=\mathrm{i}\hbar\left(\sin\phi\frac{\partial}{\partial\theta}+\cot\theta\cos\phi\frac{\partial}{\partial\phi}\right),\\L_{y}&=\mathrm{i}\hbar\left(-\cos\phi\frac{\partial}{\partial\theta}+\cot\theta\sin\phi\frac{\partial}{\partial\phi}\right),\\L_{z}&=-\mathrm{i}\hbar\frac{\partial}{\partial\phi}.\end{aligned}\right\}\tag{3.6.18$'$}$$

把这三式归并为总角动量的平方，

$$L^2 = L_x^2 + L_y^2 + L_z^2$$
$$= -\hbar^2 \left[\frac{1}{\sin\theta} \frac{\partial}{\partial\theta} \left(\sin\theta \frac{\partial}{\partial\theta} \right) + \frac{1}{\sin^2\theta} \frac{\partial^2}{\partial\phi^2} \right]. \qquad (3.6.19)$$

把前面(3.6.6)式除以 $\sin^2\theta$,并移项,即得

$$-\frac{1}{\Theta\sin\theta}\frac{d}{d\theta}\left(\sin\theta\frac{d\Theta}{d\theta}\right) - \frac{1}{\Phi\sin^2\theta}\frac{d^2\Phi}{d\phi^2} = \lambda.$$

再乘以 $\hbar^2 Y = \hbar^2 \Theta\Phi$,

$$-\hbar^2\left[\frac{\Phi}{\sin\theta}\frac{d}{d\theta}\left(\sin\theta\frac{d\Theta}{d\theta}\right) + \frac{\Theta}{\sin^2\theta}\frac{d^2\Phi}{d\phi^2}\right] = \lambda\hbar^2 Y,$$
$$-\hbar^2\left[\frac{1}{\sin\theta}\frac{\partial}{\partial\theta}\left(\sin\theta\frac{\partial Y}{\partial\theta}\right) + \frac{1}{\sin^2\theta}\frac{\partial^2 Y}{\partial\phi^2}\right] = \lambda\hbar^2 Y.$$

此式同(3.6.19)式比较,可以写成

$$L^2 Y = \lambda\hbar^2 Y,$$
$$L^2 = \lambda\hbar^2.$$

但前面说到,求本征函数 Θ 时,得知 λ 必须等于 $l(l+1)$,l 为正整数 0,1,2,…,所以

$$L^2 = l(l+1)\hbar^2,$$
$$L = \sqrt{l(l+1)}\,\hbar. \qquad (3.6.20)$$

(3.6.20)式是总角动量的本征值.$Y(\theta,\phi) = \Theta(\theta)\Phi(\phi)$ 是 L^2 的本征函数.

把(3.6.18′)式的 L_z 算符对前面(3.6.9)式的函数运算,

$$L_z\Phi = -i\hbar\frac{\partial}{\partial\phi}Ae^{\pm im\phi}$$
$$= \pm m\hbar Ae^{\pm im\phi} = \pm m\hbar\Phi,$$
$$L_z = \pm m\hbar. \qquad (3.6.21)$$

L_z 是 z 轴方向的角动量.前面说到 $m = l, l-1, \cdots, -l$,所以 L_z 是总角动量 L 在 z 轴方向的分量.这样,可知 L 和 L_z 都是量子化的.l 和 m 是联系着总角动量及其在 z 轴上的分量的两个量子数.

对每一个 l 值,有 $2l+1$ 个 m 值.这就是说角动量 L_l 可以有 $2l+1$ 个取向,因而在 z 轴上有 $2l+1$ 个分量.但需要注意 L_l 的数值是 $\sqrt{l(l+1)}\,\hbar$,而 z 轴上最大分量是最大的 m 乘 $\hbar$,即 $l\hbar$.例如 $l=1$,$L_l = \sqrt{1(1+1)}\,\hbar = \sqrt{2}\,\hbar = 1.4\hbar$,而 $L_m = +\hbar, 0, -\hbar$,最大分量不等于 L_l.图 3.13 表示 $l=1$ 和 $l=2$ 两种情况的 L_l 取向和在 z 轴的分量.关于对一个 l

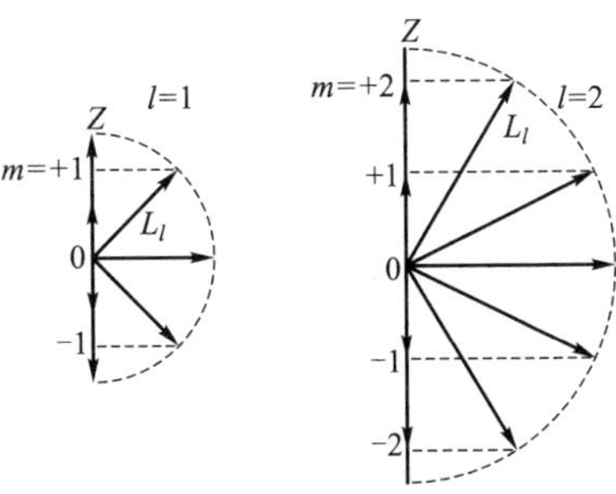

图 3.13 L_l 的空间取向

值，有 $2l+1$ 个取向以及 z 轴上的最大分量 $L_m=l\hbar$，这都是经实验证明了的.

3. 电子被发现的概率的分布

单位体积中发现电子的概率等于

$$\begin{aligned}\psi\psi^* &= u\mathrm{e}^{-\frac{\mathrm{i}E}{\hbar}t}\cdot u^*\mathrm{e}^{+\frac{\mathrm{i}E}{\hbar}t}=uu^*\\ &=R^2\cdot\Theta^2\cdot\Phi\Phi^*.\end{aligned}\tag{3.6.22}$$

此式中 Φ 为复数，所以乘以共轭复数. R 和 Θ 都是实数，所以列出它们的平方.这里 $\Phi\Phi^*$ 代表概率密度随 ϕ 的分布，Θ^2 代表概率密度随 θ 的分布，R^2 代表概率密度随 r 的分布

在全部空间中发现电子是必然的.这可以表达为

$$\int\psi\psi^*\,\mathrm{d}\tau=\int uu^*\,\mathrm{d}\tau=1.\tag{3.6.23}$$

在极坐标中 $\mathrm{d}\tau=\mathrm{d}r\cdot r\mathrm{d}\theta\cdot r\sin\theta\mathrm{d}\phi=r^2\mathrm{d}r\cdot\sin\theta\mathrm{d}\theta\cdot\mathrm{d}\phi$.代入(3.6.23)式，并把 u 写成 $R\Theta\Phi$，得到

$$\int uu^*\,\mathrm{d}\tau=\int_0^\infty R^2r^2\mathrm{d}r\int_0^\pi\Theta^2\sin\theta\mathrm{d}\theta\int_0^{2\pi}\Phi\Phi^*\,\mathrm{d}\phi=1.\tag{3.6.24}$$

上式中三个积分应分别等于1，因在全部 r 范围，或全部 θ 范围，或全部 ϕ 范围发现电子是必然的，当把(3.6.9)、(3.6.11)、(3.6.14)三式的函数分别代入三个积分，分别进行积分并令等于1，就可以求出函数中的常数 A、B 和 C.例如从对 ϕ 的积分，很容易看出常数 $A=\dfrac{1}{\sqrt{2\pi}}$.这样，函数就归一化了.

(3.6.24)式中的 $\Phi\Phi^*\mathrm{d}\phi$ 表示 ϕ 和 $\phi+\mathrm{d}\phi$ 之间发现电子的概率(这样考虑时，r 和 θ 包括全部范围)，$\Theta^2\sin\theta\mathrm{d}\theta$ 代表在 θ 和 $\theta+\mathrm{d}\theta$ 之间发现电子的概率(r 和 ϕ 取全部范围)，$R^2r^2\mathrm{d}r$ 代表在 r 和 $r+\mathrm{d}r$ 之间发现电子的概率(θ 和 ϕ 取全部范围).

从(3.6.9)式，$\Phi\Phi^*=A^2=\dfrac{1}{2\pi}$，实际与 ϕ 无关，这就是说在不同的 ϕ 角，在单位体积中发现电子的概率是相同的(如果在同一个 r 和 θ 上).

现在再考虑在单位体积中发现电子的概率随 θ 的分布.这由 Θ^2 代表.现在把 $\Theta^2=[B\mathrm{P}_l^m(\cos\theta)]^2$ 按不同的 l 和 m 值举例开列在表3.2中.不同的 l 和 m 值表示不同状态，各状态的 Θ^2 所代表的概率分布也不同.图3.14表示这些 Θ^2 随 θ 的分布，从原点到曲线的距离代表 Θ^2 的大小.由于上文所说 $\Phi\Phi^*$ 对 ϕ 是常数，概率的角分布对 z 轴是对称的.由此可知 $l=0$ 的概率分布是球形对称的.对其他状态，也可以把图3.14的分布图以 z 轴为轴旋转，构成立体的概率角分布.从 Θ^2 函数表中可以看到，同一 l 的那些 Θ^2 相加都等于一个与 θ 无关的常数.足见对一个 l，发现电子的总概率密度是球形对称的.

表 3.2　几种 Θ^2

l	m	Θ^2	$\sum_{m=-l}^{+l}\Theta^2$
0	0	$\frac{1}{2}$	$\frac{1}{2}$
1	0	$\frac{3}{2}\cos^2\theta$	$\frac{3}{2}$
	±1	$\frac{3}{4}\sin^2\theta$	
2	0	$\frac{5}{8}(3\cos^2\theta-1)^2$	$\frac{5}{2}$
	±1	$\frac{15}{4}\sin^2\theta\cos^2\theta$	
	±2	$\frac{15}{16}\sin^4\theta$	

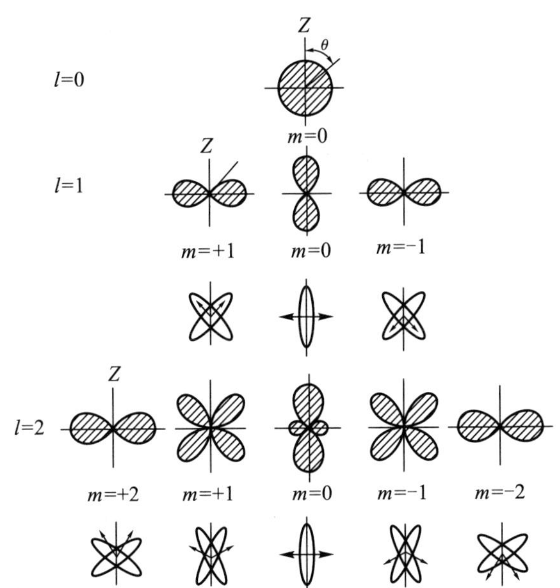

图 3.14　Θ^2 作为 θ 的函数和对应的轨道

在图 3.14 中，把不同 m 值的电子轨道图按照 m 值所代表的轨道角动量的取向，画在概率分布图的下面，作为比较，可以看到它们之间很有相仿之处.

现在再考虑发现电子的概率随 r 变化的情况.R^2 代表单位体积中发现电子的概率随 r 的分布.这从(3.6.14)式可以具体列出.把这函数乘以离原点距离为 r 的一个球面面积,就等于 $4\pi r^2R^2$,这代表半径为 r 的一个球形壳层中发现电子的相对概率.表 3.3 中开列的是对几个 n 和 l 值的拉盖尔多项式 $L_{n+l}^{2l+1}(\rho)$.知道这函数后,就可以按照(3.6.14)式算出 R,因而也可以算出 $4\pi r^2R^2$.

表 3.3　几种 $L_{n+l}^{2l+1}(\rho)$

n	l	$L_{n+l}^{2l+1}(\rho)$
1	0	$-1!$
2	0	$2\rho-4$
	1	$-3!$
3	0	$-3\rho^2+18\rho-18$
	1	$24\rho-96$
	2	$-5!$

图 3.15 是 $4\pi r^2R^2$ 对 r 的标绘.这代表不同 r 处发现电子的相对概率.当 $n=1$,只有一个 l 值,$l=0$.这相当于玻尔理论中最小圆形轨道.$n=2$,有两种状态,相当于轨道理论中两种形状的轨道,其中 $l=1$ 的状态相当于玻尔第二圆形轨道.$n=3$,有三种状态,相当于三种形状的轨道,其中 $l=2$ 的状态相当于玻尔第三圆形轨道.我们注意到在上述那些状态中,相当于圆形轨道那三种状态的概率变化比较简单,都只有一个最大值,分别落在 $r=a_1$,$4a_1$ 和 $9a_1$.这同玻尔理论中轨道

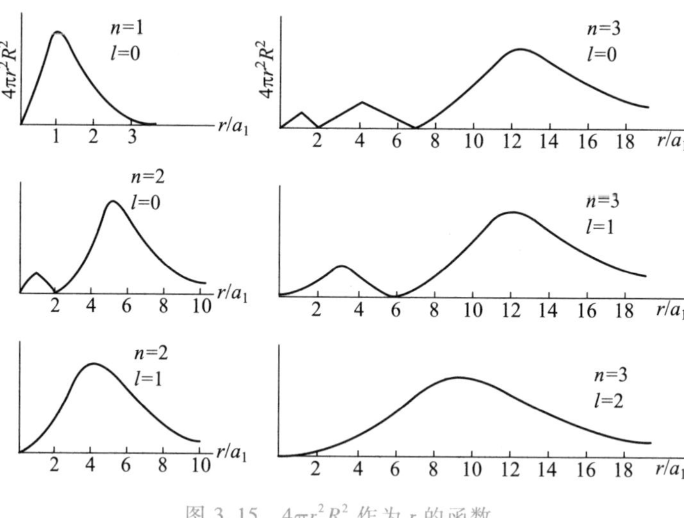

图 3.15　$4\pi r^2R^2$ 作为 r 的函数

半径的数值符合.但这里还是有差别的.按圆形轨道的描述,电子出现地点,只在那个圆上,其他地点不会出现.而量子力学的结论是在相当圆形轨道那些地点发现电子的概率只是最大,其他地点也有发现电子的概率.

从以上的讨论可以看到量子力学的结论和轨道理论有相仿之处,但又不完全相同.从量子力学的结论同实验比较符合来判断,我们认为这种理论反映原子的情况是更接近事实的.轨道理论经实验考验有其成功之处,同量子力学也有对应关系,足见在一定程度上也反映了客观事实,但比较简单化.从轨道理论到量子力学是一个认识发展的过程.现在对原子物理的问题,较准确的处理需要量子力学的方法,如果只需要定性的或近似的描述有时仍可用轨道的概念.

习　题

自测

1. 一波长为 1 Å 的 X 射线的光子的动量和能量各为多少?

2. 经过 10 000 V 的电势差加速的电子束的德布罗意波波长 $\lambda=$? 用上述电压加速的质子束,其德布罗意波波长是多少Å?

3. 电子被加速后的速度很大,必须考虑相对论修正.因而原来 $\lambda=\frac{12.25}{\sqrt{V}}$(Å)的电子德布罗意波长与加速电压的关系式应改为

$$\lambda=\frac{12.25}{\sqrt{V}}(1-0.489\times10^{-6}V)(\text{Å}).$$

其中 V 为以 V 为单位的电子加速电压.试证明之.

4. 试证明氢原子稳定轨道上正好能容纳下整数个电子的德布罗意波波长(习题图 3.1).上述结果不但适用于圆轨道,同样适用于椭圆轨道.试证明之.

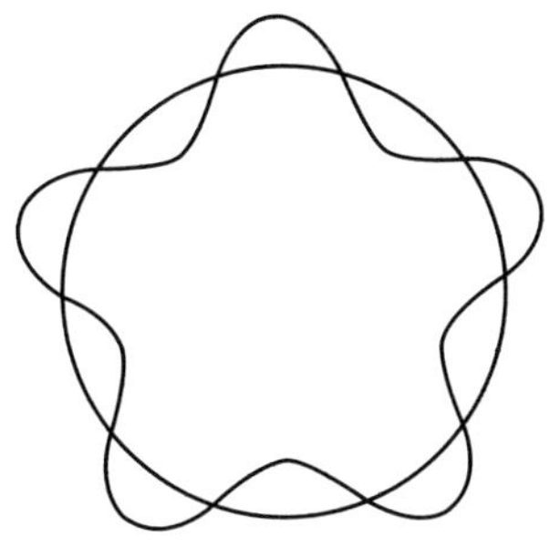

习题图 3.1

5. 带电粒子在威耳孙云室(一种径迹探测器)中的轨迹是一串小雾滴、雾滴的线度约为1 μm.当观察能量为 1 000 eV 的电子径迹时其动量与经典力学动量的相对偏差不小于

多少？

6. 试证明自由运动的粒子(势能 $V=0$)的能量可以有连续的值.

7. 粒子位于一维对称势场中,势场形式如习题图 3.2 所示,即

$$\begin{cases} 0<x<L, & V=0, \\ x<0, \quad x>L, & V=V_0. \end{cases}$$

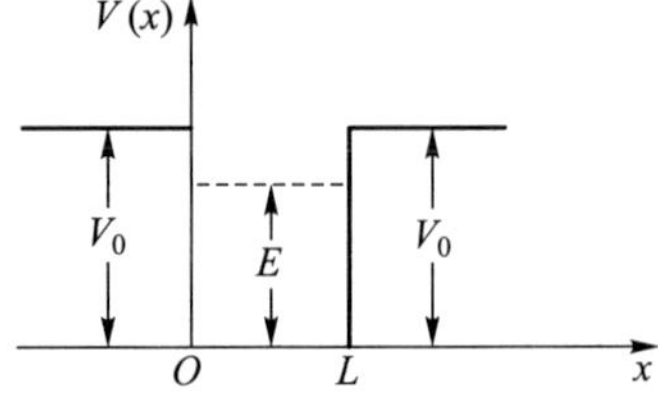

习题图 3.2

(1) 试推导粒子在 $E<V_0$ 情况下其总能量 E 满足的关系式.

(2) 试利用上述关系式,以图解法证明,粒子的能量只能是一些不连续的值.

8. 有一粒子,其质量为 m,在一个三维势箱中运动.势箱的长、宽、高分别为 a,b,c.在势箱外,势能 $V=\infty$;在势箱内,$V=0$,试算出粒子可能具有的能量.

第四章　碱金属原子和电子自旋

数字资源

碱金属元素是锂 Li、钠 Na、钾 K、铷 Rb、铯 Cs 和钫 Fr.它们的原子序数分别为 3、11、19、37、55 和 87.这些元素在周期表中属于同一族,具有相仿的化学性质,都是一价的.它们的电离电势都比较小,容易被电离,它们具有金属的一般性质.

从这些元素的化学性质和物理性质及有关资料可以推究它们的原子结构.以后我们会知道它们有相仿的结构.它们的结构比单电子的氢原子和类氢离子要复杂些,但同其他原子比较还不是很复杂的.在讨论了氢原子和类氢离子的光谱和这类体系的结构以后,把建立起来的方法推广到略复杂一些的碱金属原子,从而研究它们的结构,是一个很自然的进展.

4.1　碱金属原子的光谱

几种碱金属元素的原子光谱具有相仿的结构.光谱线也明显地构成几个线系.一般观察到的四个线系称为主线系、第一辅线系(又称漫线系)、第二辅线系(又称锐线系)和伯格曼线系(又称基线系).图 4.1 显示锂的这四个线系,这是按波数的均匀标尺作图的,图中也附了波长标尺.从图中可以看到主线系的波长范围最广,第一条线是红色的,其余诸线在紫外.主线系的系限的波数是 43 484.4 cm^{-1},相当于波长 2 299.7 Å.第一辅线系在可见部分.第二辅线系的第一条线在红外,其余在可见部分.第二线系有同一线系限.伯格曼线系全在红外.

用摄谱仪把光谱摄成相片时,不同线系会同时出现.例如采用对可见光和紫外线灵敏的相片,可以把主线系和两个辅线系一次摄在一张相片上,他们重叠在一起.从谱线的粗细和强弱并参考它们的间隔,可以把属于不同线系的谱线分辨出来.从图 4.1,我们可以想象摄得的光谱相片上的图像.

其他碱金属元素也有相仿的光谱系,只是波长不同.例如钠主线系的第一条线就是很熟悉的黄色光,波长是 5 893 Å.而锂的主线系第一条线是红色的,如上文所述.图 4.2 是钠的主线系的吸收谱.每一个碱金属元素的光谱还不止上述几个线系,这些是比较容易观察到的,因而是较早发现的.

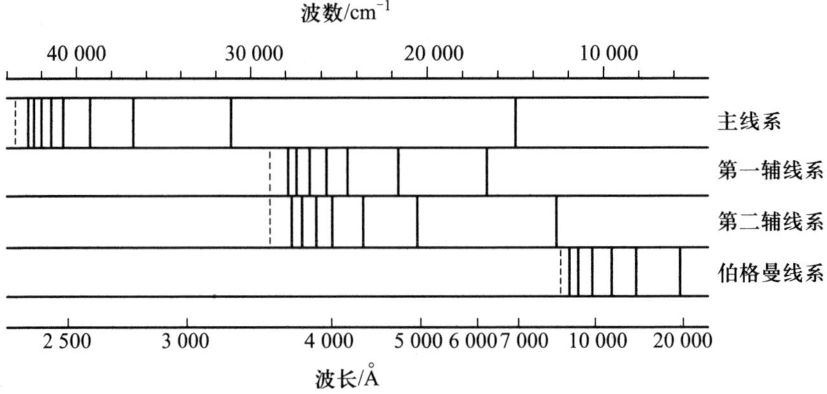

图 4.1 锂的光谱线系

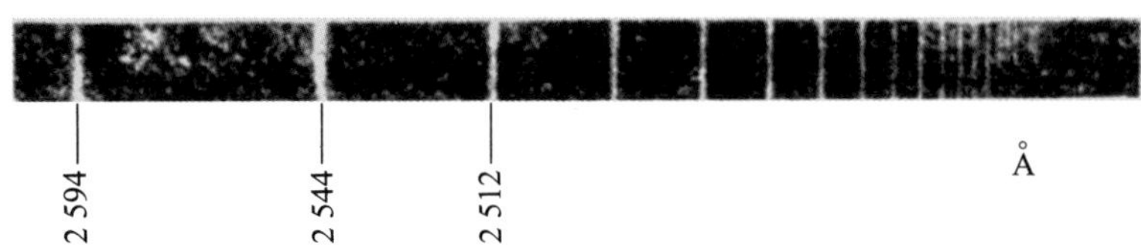

图 4.2 钠主线系的吸收谱,从第五条谱线起

正如氢光谱的情形,里德伯研究出碱金属原子光谱线的波数(波长的倒数)也可以表达为二项差,同氢原子光谱的公式相仿:

$$\sigma_n=\sigma_\infty-\frac{R}{n^{*2}} \tag{4.1.1}$$

式中 σ_n 是光谱线的波数.对不同的量子数 n^*,σ_n 有不同的值.R 是里德伯常量.当 n^* 无限大时,$\sigma_n=\sigma_\infty$,所以 σ_∞ 是线系限的波数.但从实验数据计算出来的 n^* 不是整数,这是碱金属同氢不同的一个情况.

对每一个谱线系,测出各谱线的波数后,用适当的数据处理方法可以比较准确地求得线系限的波数 σ_∞.把每一条谱线的波数 σ_n 代入(4.1.1)式.式中右边第二项的数值就可以求出.从这些数值再计算有效量子数 n^*.表 4.1 和表 4.2 分别开列了锂和钠的各线系的第二光谱项值 T[(4.1.1)式的右边第二项]和对应的 n^* 值(表中第二辅线系那一行的第一个数值,即锂的 43 484.4 和钠的 41 444.9,不是从那个线系求得的,下面要说明).

表 4.1 锂的光谱项值和有效量子数

数据来源	电子态		$n=2$	3	4	5	6	7	Δ
第二辅线系	s, $l=0$	T	43 484.4	16 280.5	8 474.1	5 186.9	3 499.6	2 535.3	0.40
		n^*	1.589	2.596	3.598	4.599	5.599	6.579	
主线系	p, $l=1$	T	28 581.4	12 559.9	7 017.0	4 472.8	3 094.4	2 268.9	0.05
		n^*	1.960	2.956	3.954	4.954	5.955	6.954	
第一辅线系	d, $l=2$	T		12 202.5	6 862.5	4 389.2	3 046.9	2 239.4	0.001
		n^*		2.999	3.999	5.000	6.001	7.000	
伯格曼线系	f, $l=3$	T			6 855.5	4 381.2	3 031.0		0.000
		n^*			4.000	5.004			
氢		T	27 419.4	12 186.4	6 854.8	4 387.1	3 046.6	2 238.3	

表 4.2 钠的光谱项值和有效量子数

数据来源	电子态		$n=3$	4	5	6	7	8	Δ
第二辅线系	s, $l=0$	T	41 444.9	15 706.5	8 245.8	5 073.7	3 434.9	2 481.9	1.35
		n^*	1.627	2.643	3.648	4.651	5.652	6.649	
主线系	p, $l=1$	T	24 492.7	11 181.9	6 408.9	4 152.9	2 908.9	2 150.7	0.86
		n^*	2.117	3.133	4.138	5.141	6.142	7.143	
第一辅线系	d, $l=2$	T	12 274.4	2 897.5	4 411.6	3 059.8	2 245.0	1 720.1	0.01
		n^*	2.990	3.989	4.987	5.989	6.991	7.987	
伯格曼线系	f, $l=3$	T		6 858.6	4 388.6	3 039.7	2 231.0	1 708.2	0.00
		n^*		4.000	5.001	6.008	7.012	8.015	
氢		T	12 186.4	6 854.8	4 387.1	3 046.6	2 238.3	1 713.7	

$$n^* = \sqrt{\frac{R_{\mathrm{Li}}}{T}} = \sqrt{\frac{109\ 729}{T}}.$$

表中的有效量子数 n^* 有些很接近整数，有些离整数远一些.对于锂的情况，从主线系、第一辅线系和伯格曼线系的数据可以看出，n^* 都比 n 略小或相等(个别的 n^* 略大于 n，是由于其他原因，不在这里考虑)，所以 n^* 可以写成 n 减去一个数值，也就是

$$n^* = \sqrt{\frac{R_{\mathrm{Na}}}{T}} = \sqrt{\frac{109\ 735}{T}}.$$

$n^*=n-\Delta$，Δ 就是两表中最后一列的数值，我们注意从同一个线系出来的那些 n^* 与主量子数 n 的差别 Δ 差不多相同，在下一节就要讨论产生这些情况的原因.那时就会了解为什么在表中第二列中指定了那些 l 值.这一列中 s、p、d、f 等字母是不同线系有关谱项的标记，也是相应的能级和电子态的标记.例如对应于主线系，(4.1.1)式中右边第二项都称 p 项，相应的能级是 p 能级，具有这样能级的电子态称 p 态.

在这些光谱线系的研究中又发现每一个线系的线系限的波数恰好是另一个线系的第二谱项值中最大的.以锂为例，两个辅线系的 σ_∞ 等于表中主线系的第二谱项值中最大那一个，即 28 581.4 cm^{-1}.伯格曼线系的 σ_∞ 等于第一辅线系的第二谱项值最大的那一个，即 12 202.5 cm^{-1}.主线系的 σ_∞ 等于表 4.1 中的 43 484.4 cm^{-1}.从这数值算出的 n^* 等于 1.589，从 1.589 与整数的差别来看，是同第二辅线系的第二光谱项同类的，所以把它列在那一类，成为其中数值最大的.从这些讨论，就可以把锂的四个光谱线系的数值关系总结为下列四个公式：

$$
\begin{aligned}
&\text{主线系} && {}_{\mathrm{p}}\sigma_n=\frac{R}{(2-\Delta_{\mathrm{s}})^2}-\frac{R}{(n-\Delta_{\mathrm{p}})^2}, && n=2,3,\cdots\\
&\text{第二辅线系} && {}_{\mathrm{s}}\sigma_n=\frac{R}{(2-\Delta_{\mathrm{p}})^2}-\frac{R}{(n-\Delta_{\mathrm{s}})^2}, && n=3,4,\cdots\\
&\text{第一辅线系} && {}_{\mathrm{d}}\sigma_n=\frac{R}{(2-\Delta_{\mathrm{p}})^2}-\frac{R}{(n-\Delta_{\mathrm{d}})^2}, && n=3,4,\cdots\\
&\text{伯格曼线系} && {}_{\mathrm{f}}\sigma_n=\frac{R}{(3-\Delta_{\mathrm{d}})^2}-\frac{R}{(n-\Delta_{\mathrm{f}})^2}, && n=4,5,\cdots
\end{aligned}
\tag{4.1.2}
$$

表达钠的四个线系的公式也是这个形式的，所不同的是前三式右边第一项分母中的主量子数应改作 3，第一式后边的 n 应等于 3，4，…，第二式后边的 n 应等于 4，5，…从表 4.2 中查对一下就可以了解这些关系.

这样看来，碱金属原子的光谱项可以表达为

$$
T=\frac{R}{n^{*2}}=\frac{R}{(n-\Delta)^2}. \tag{4.1.3}
$$

它与氢原子光谱项的差别在于有效量子数不是整数，而是主量子数减去一个数值 Δ.

表 4.1 中锂的数据可以画成能级图，如图 4.3 所示.图中把能级按 l 值分类，l 值相同的能级画在同一列上.右边附有氢原子能级图，作为比较.我们注意 n 相同而 l 不同的那些能级在锂的情形高低差别很显著，例如 $n=2$ 和 $n=3$ 那些能级的间隔颇大.在氢的情形中，n 相同而 l 不同的能级也微有差别，但差别很小，图中显不出来.图中也画出了产生各光谱线系的一些跃迁.

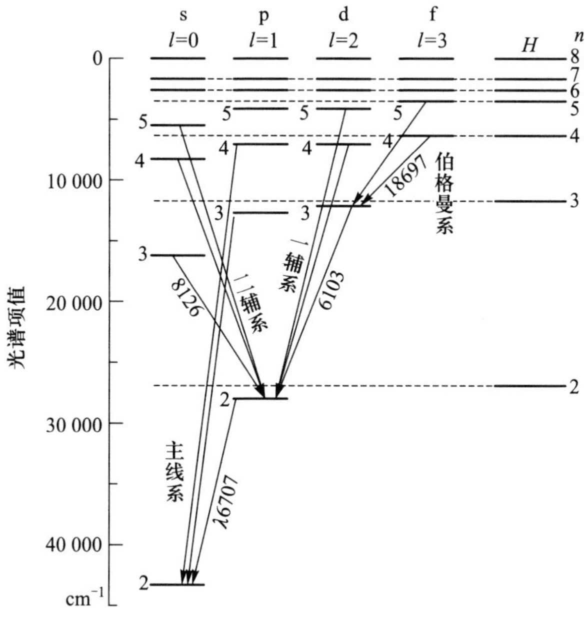

图 4.3 锂原子能级图

4.2 原子实的极化和轨道的贯穿

从上节的讨论我们看到，碱金属原子的光谱可以用同氢原子的公式相仿的公式来表达.这些原子的能级，当 n 较大时，很接近氢原子的能级，只当 n 小时差别较大.如果再考虑到碱金属原子化学上是一价的，它们容易电离成为带一个单位电荷的离子等情况，可以设想上节讨论过的那些光谱也是由于单电子的活动产生的.

碱金属元素锂、钠、钾、铷、铯、钫的原子序数分别是 3、11、19、37、55、87：这些数可以列成

$$3=2\times1^2+1,$$
$$11=2\times(1^2+2^2)+1,$$
$$19=2\times(1^2+2^2+2^2)+1,$$
$$37=2\times(1^2+2^2+3^2+2^2)+1,$$
$$55=2\times(1^2+2^2+3^2+3^2+2^2)+1,$$
$$87=2\times(1^2+2^2+3^2+4^2+3^2+2^2)+1.$$

原子序数等于原子中的电子数，现在可以列成这样整齐的形式，绝不是偶然

的，这代表着原子中电子有规则的组合.在这些组合中有一个共同点，就是在一个完整的结构之外，多余一个电子.这个完整而稳固的结构称为原子实.锂的原子实由原子核和两粒电子构成；钠的原子实由原子核和10粒电子构成；其余类推.

原子实外面的那个电子称作价电子.原子的化学性质以及上面描述的光谱都决定于这个电子.价电子在较大的轨道上运动，它同原子实之间的结合不很强固，容易脱离.它也可以从最小轨道被激发到能量高的轨道，从能量高的轨道跃迁到能量低的轨道时就发出辐射.碱金属原子中既有原子实的存在，有些较小的电子轨道已被原子实的电子占据，价电子的最小轨道不能是原子中最小的电子轨道.例如锂原子中原子实的两个电子占了 $n=1$ 的轨道，所以价电子只能处在 $n\geqslant2$ 的轨道上.上节中表4.1和图4.3都表示了这一情况.同理，钠原子中原子实的10个电子占了 $n=1$ 和 $n=2$ 的轨道，价电子的轨道只能从 $n=3$ 起（参考表4.2）.钾原子中价电子的轨道从 $n=4$ 起，铷从 $n=5$ 起，铯从 $n=6$ 起，钫从 $n=7$ 起.

价电子的轨道运动大体如图4.4所示.这里有两种情况是氢原子中所没有的，这都是由于原子实的存在而发生的.这就是（1）原子实的极化；（2）轨道在原子实中的贯穿，如图4.4（b）所示.这两种情况都影响原子的能量.现在分别讨论如下：

（1）原子实的极化　原子实原是一个球形对称的结构，它里边的原子核带有 Ze 正电荷，和 $Z-1$ 粒电子，所以共带 $(Z-1)e$ 负电荷.当价电子在它外边运动时，好像是处在一单位正电荷的库仑场中.但由于价电子的电场的作用，原子实中带正电的原子核和带负电的电子的中心会发生微小的相对位移，如图4.5中的实线圆所示.于是负电的中心不再在原子核上，形成一个电偶极子.这就是原子实的极化.极化而成的电偶极子的电场又作用于价电子，使它感受到除库仑场以外

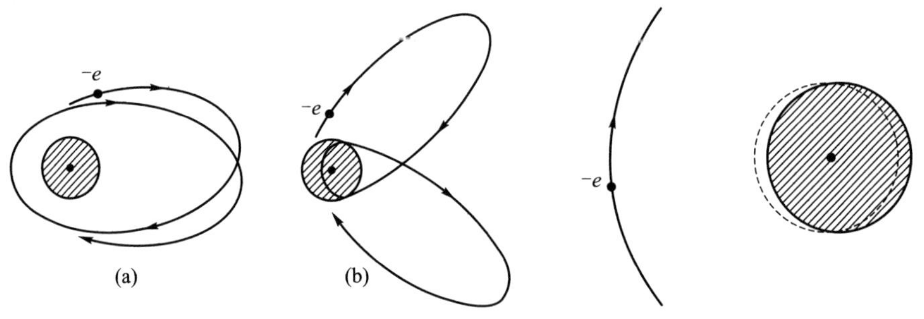

图4.4　价电子的轨道运动
（a）非贯穿轨道；（b）贯穿轨道

图4.5　原子实极化示意图

的另加的吸引力.这就要引起能量的降低.而且我们还可以看到在同一 n 值中,l 值较小的轨道是偏心率大的椭圆轨道,在一部分的轨道上电子离原子实很近,引起较强的极化,因而对能量的影响大.相反的情形是那些 l 值大的轨道,那些是圆形轨道,或是偏心率不大的椭圆轨道,因而电子离原子实比较远,引起极化弱,所以对能量的影响也小.

(2) 轨道的贯穿 从上节的表 4.1 和表 4.2 及图 4.3 可以看到锂的 s 能级及钠的 s 和 p 能级都比氢能级要低很多.这就说明除了原子实极化影响外,一定还有别的影响.s 和 p 都是相当于偏心率很大的轨道(当 $n\geqslant 2$),很可能接近原子实的那部分轨道会穿入原子实[如图 4.4(b)],从而影响了能量.

电子处在不穿入原子实的轨道时,它基本上是在原子实的库仑场中运动.原子实对外的作用好像是带单位正电荷的球体,对在它外边的电子,有效电荷数 Z^* 等于 1,所以能级很近氢能级,原子实的极化使能级下移,但不很多.

如电子处在穿过原子实的轨道时情形就不同了.当电子处在原子实外边那部分轨道时,原子实对它的有效电荷数 Z^* 是 1;当电子处在穿入原子实那部分轨道时,对它起作用的 Z^* 就要大于 1.例如锂的原子核的电荷数是 3,原子实有 2 个电子,对外起作用时,原子实的有效电荷数 Z^* 是 $3-2=1$.当价电子进入原子实时,如果在一部分轨道上离原子核比原子实中的两个电子还要接近,那么对它的有效电荷数 Z^* 可能就是原子核的电荷数 $Z=3$.在贯穿轨道上运动的电子有一部分时间处在 $Z^*=1$ 的电场中,另一部分时间处在 $Z^*>1$ 的电场中,所以平均的有效电荷数 $Z^*>1$.

现在采用玻尔理论中的光谱项公式,但用 Z^* 代替 Z,那么光谱项是

$$T=\frac{Z^{*2}R}{n^2}. \tag{4.2.1}$$

这公式可以改列如下:

$$T=\frac{R}{\left(\dfrac{n}{Z^*}\right)^2}=\frac{R}{n^{*2}}. \tag{4.2.2}$$

既有 $Z^*>1$,那么 $n^*=(n/Z^*)<n$.这说明为什么有效量子数 n^* 要比主量子数 n 小.(4.2.2)式与实验一致.(4.2.1)式的值比氢谱项$\dfrac{R}{n^2}$大,所以能量 $E=-hcT$ 也比氢原子的小,即相应的能级低.

轨道的贯穿只能发生在偏心率大的轨道,所以它的 l 值一定是较小的.从实验数据看出,碱金属的有些能级离相应的氢原子能级较远,这些能级的轨道必定

是贯穿的，l 一定较小.另一些比较接近氢原子能级，那些轨道大概不是贯穿的，l 一定较大.比较同氢能级差别的大小，可以按次序定出 l 值.表 4.1 和表 4.2 中的 l 值就是这样指定的.

原子实极化和轨道的贯穿的理论对碱金属原子能级同氢原子能级差别作了很好的说明.

4.3 碱金属原子光谱的精细结构

对碱金属原子的光谱，如果用分辨本领足够高的仪器进行观察，会发现每一条光谱线不是简单的一条线，而是由两条或三条线组成的，这称作光谱线的精细结构.所有碱金属原子的光谱有相仿的精细结构.主线系和第二辅线系的每一条光谱线是两条线构成的，第一辅线系及伯格曼线系是三条线构成的.大家熟悉的钠的黄色光就是它的主线系第一条线，这是由波长为 5 890 Å 和 5 896 Å 的两线组成的.图 4.6 是碱金属原子三个光谱线系头四条线的精细结构和线系限的示意图.竖直线代表光谱线的精细成分，这些竖直线的高低代表谱线的强度，它们的间隔代表谱线成分的波数差.

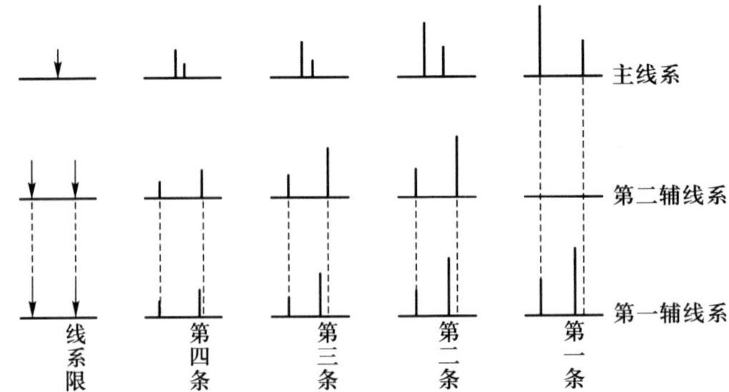

图 4.6 碱金属原子三个光谱线系的精细结构示意图

从图 4.6 可以看到，主线系每条线中的两个成分的间隔随着波数的增加而逐渐缩小，最后两成分并入一个线系限.第二辅线系的各线的成分具有相同的间隔，直到线系限也是这样.第一辅线系的每一条线由三条线构成，但最外两条的间隔同第二辅线系各条线中两成分的共同间隔，以及主线系第一条中两成分的间隔都是相等的.另外又可以注意到，第一辅线系每一条线中波数较小的（图中靠右的）两条成分间的距离随着波数的增加而缩小，最后这两成分并入一个线系限.所以这线系每条虽有三个成分，线系限却只有两个.

从上述事实可以得到什么结论呢？这可以推出能级的情况.第二辅线系的每一条线中两成分的间隔既相同，那就必然由于同一原因.参考图 4.3，知道这个线系是诸 s 能级到最低 p 能级（在锂的情形是 2p）的跃迁产生的.最低 p 能级是这线系中诸线共同有关的.如果我们设想这个 p 能级是双层的，而 s 能级都是单层的，就会得到线系的每一条线都是双线，而且波数差是相等的情况.再看主线系的每条线中两成分的波数差随着波数的增加逐渐减少，足见不是同一个来源.参考图 4.3，主线系是诸 p 能级跃迁到最低 s 能级的结果.从第二辅线系的情况已推得 s 能级是单层的，最低 p 能级是双层的，那么是否就可以推想所有 p 能级都是双层的，而且这双层的间隔随 n 量子数的增加而逐渐缩小，这个推论完全符合主线系的情况.这就是说，主线系每条线两成分的形成是由于有关 p 能级的双层结构.由此可以推想 d 能级，f 能级都是双层的，而且双层的间隔也随 n 增加而缩小.那么怎样说明第一辅线系的三线结构呢？如果 d 能级是双层的，而最低 p 能级也是双层的，好像每线应有四成分.现在只出现三成分，从这三成分的间隔情况可推得是图 4.7 所示的跃迁结果.从图 4.7 可以看出，左右两成分的间隔是由于最低双层 p 能级的间隔，这是为第一辅线系诸线所共有的，而且也是为第二辅线系所共有的，因而是相同的.至于图 4.7 中右边二线的间隔是由于双层 d 能级的间隔，而第一辅线系诸线联系着不同 d 能级，因而这里所说两线的间隔随波数的增加而缩小.这样，第一辅线系又获得合理的说明.至于双层 d 能级中的较高一级为什么没有跃迁到双层 p 能级的较低一级，这在下一节要说明.

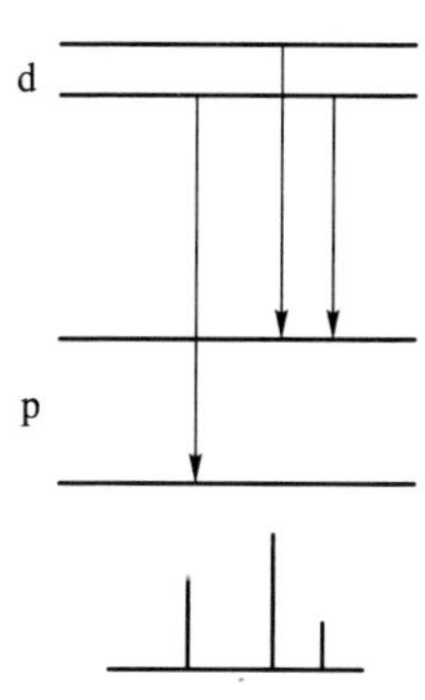

图 4.7　d→p 的跃迁和相应谱线结构

从上面的讨论，我们得到这样一个结论，碱金属原子的 s 能级是单层的，其余所有 p、d、f 等能级都是双层的.对同一 l 值，例如 $l=1$（p 能级），双层能级间隔随量子数 n 增加而渐减.从光谱线结构也可以认出，对同一 n 值，双层能级的间隔随 l 值的增加而渐减，例如 $n=4$，4d 的双层间隔小于 4p 的，而 4f 的又小于 4d 的.总之碱金属原子的能级是一个双层结构的能级，只 s 能级是单层的.

4.4　电子自旋同轨道运动的相互作用

（1）电子自旋与能级的分裂　为了说明碱金属原子能级的双层结构，乌伦贝克（G.Uhlenbeck）和古兹密特（S. A. Goudsmit）在 1925 年首先提出，可以设想电子具有某种方式的自旋，其角动量等于(1/2)($h/2\pi$).这个自旋角动量是不变的,是电子的属性之一,所以也称为电子的固有矩.电子既有某种方式的转动而电子是带负电的,因而它也具有磁矩,这磁矩的方向同上述角动量的方向相反.

价电子绕原子实运动.在固定于电子上的一个坐标系中,也就是说从电子的观点,带正电的原子实是绕着电子运动的.电子会感受到一个磁场的存在.这磁场的方向就是原子实绕着电子的角动量方向,因而也就是电子轨道运动角动量的方向.电子既感受到这个磁场,它的自旋取向就要量子化.下面要讨论到,不同的取向具有不同的能量,这就是为什么出现了微小差别的多层能级.从实验的分析已经知道碱金属原子的能级是双层的,足见电子自旋只有两个取向,在讨论角动量的方向量子化的一节中曾提到可能取向的数目决定于角动量在磁场方向上可能的分量有几个.这些分量依次相差 $h/2\pi$.从这个考虑,曾得到轨道角动量的取向共有 $2n_\phi+1$ 个,后来按照量子力学的结论改为 $2l+1$ 个.现在可以先设自旋角动量等于$s(h/2\pi)$,s 是待定的自旋量子数,按照上述关于轨道角动量取向的考虑,自旋角动量的取向也应该有 $2s+1$ 个.实验观察的能级是双层的,所以自旋取向只有两个,$2s+1=2$,因此知道 $s=1/2$.这就是为什么当初把自旋角动量定为$(1/2)(h/2\pi)$.

电子自旋的两个取向是一个顺着磁场,一个反着磁场,如图 4.8(a),(b)所示.这可以说,在磁场方向上一个角动量是$(1/2)(h/2\pi)$,另一个是$(-1/2)(h/2\pi)$它们相差 $h/2\pi$,正符合上文所说在磁场方向角动量分量依次相差的要求.电子的轨道角动量和自旋角动量合成一个总角动量,两种取向情况的电子总角动量如下式所示:

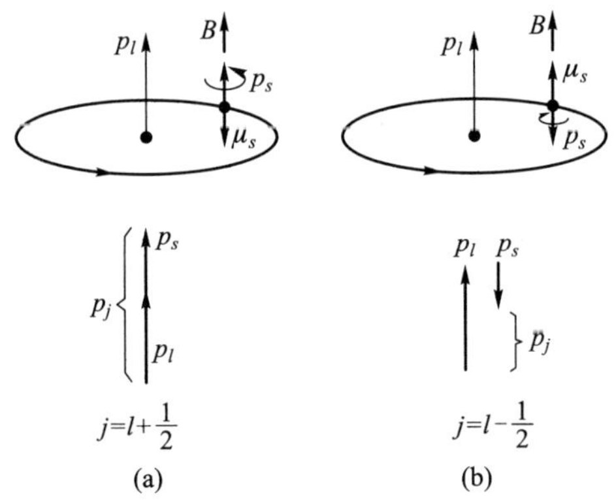

图 4.8 电子自旋取向及总角动量的形成示意图

$$
\begin{aligned}
p_j &= p_l+p_s \text{ 或 } p_l-p_s \\
&= l\frac{h}{2\pi}+s\frac{h}{2\pi} \text{或 } l\frac{h}{2\pi}-s\frac{h}{2\pi}
\end{aligned}
$$

$$=(l+s)\frac{h}{2\pi}\text{或}(l-s)\frac{h}{2\pi}$$

$$=j\frac{h}{2\pi},\quad j=l+s\text{ 或 }l-s. \tag{4.4.1}$$

在这公式中轨道角动量的表达式仍用索末菲推得的形式,但量子数已改用 l.j 是电子的总角动量量子数,以后会了解,原子实的总角动量等于零(原子核的角动量暂不考虑),所以价电子的角动量就等于原子的总角动量.

按照电磁学的理论,一个磁性物体在磁场中的能量是 $-\mu B\cos\theta$,μ 是这物体的磁矩,θ 是 μ 和 $\boldsymbol{B}$ 的夹角.目前所考虑的是具有自旋磁矩 μ_s 的电子处在由于轨道运动而感受的磁场中,这样附加的能量可以表达为

$$\Delta E_{ls}=-\mu_s B\cos\theta. \tag{4.4.2}$$

图 4.8(a)代表 $\theta=180°$ 的情况,图 4.8(b)代表 $\theta=0°$ 的情况.由(4.4.2)式可知,图(a)情况的能量比图(b)情况的能量大.这能量加在未考虑自旋的原子能级上,就形成双层能级.注意图(a) $j=l+\frac{1}{2}$,图(b) $j=l-\frac{1}{2}$,足见具有较大 j 值的能级高于较小 j 值的能级.

较准确的角动量表达式是量子力学的公式:

$$p_l=\sqrt{l(l+1)}\frac{h}{2\pi}=l^*\frac{h}{2\pi}, \tag{4.4.3}$$

$$p_s=\sqrt{s(s+1)}\frac{h}{2\pi}=s^*\frac{h}{2\pi},\quad \left(s=\frac{1}{2}\right) \tag{4.4.4}$$

$$p_j=\sqrt{j(j+1)}\frac{h}{2\pi}=j^*\frac{h}{2\pi},\quad j=l+s\text{ 或 }l-s, \tag{4.4.5}$$

这里 l^* 等是 $\sqrt{l(l+1)}$ 等的简短符号,要满足这些式子的数值关系,$\boldsymbol{p}_s$ 就不能同 $\boldsymbol{p}_l$ 平行或反平行.图 4.8 中代表 $\boldsymbol{p}_j$ 形成的矢量图需要改变.例如 $l=1$,$j=1+\frac{1}{2}=\frac{3}{2}$,或 $1-\frac{1}{2}=\frac{1}{2}$;

$$p_l=\sqrt{2}\frac{h}{2\pi}=1.41\frac{h}{2\pi},$$

$$p_s=\sqrt{\frac{1}{2}\times\frac{3}{2}}\frac{h}{2\pi}=0.87\frac{h}{2\pi},$$

$$p_j=\sqrt{\frac{3}{2}\times\frac{5}{2}}\frac{h}{2\pi}=1.94\frac{h}{2\pi}$$

或

$$p_j=\sqrt{\frac{1}{2}\times\frac{3}{2}}\frac{h}{2\pi}=0.87\ \frac{h}{2\pi}.$$

这三个角动量,用矢量表示,就有如图 4.9 的关系.这里自旋仍有两个取向.由图可见,一个 θ 大于 90°,一个小于 90°.相当于这两个取向,按照(4.4.2)式有两个能量,构成两层能级.

电子自旋磁矩,在轨道运动的磁场作用下,按照力学应该绕着磁场的方向进动.但这不是固定方向的磁场.轨道运动也可以说受着自旋磁场的作用,应该绕着自旋进动.实际是自旋与轨道运动相互起作用.按照角动量守恒原理,在某一状态中总角动量 $\boldsymbol{p}_j$ 的方向是不变的,因而 $\boldsymbol{p}_l$ 和 $\boldsymbol{p}_s$ 都绕着 $\boldsymbol{p}_j$ 进动,如图 4.10 所示.又按守恒原理,在某一状态时 $\boldsymbol{p}_j$ 的值也不变,因而 $\boldsymbol{p}_l$ 和 $\boldsymbol{p}_s$ 的夹角也是常数,亦即 θ 是不变量.电子自旋同轨道运动相互作用引起了进动.有了附加的运动就有附加的能量.这是从运动的观点来理解能级的精细结构的.但能量的计算,采用简单的公式(4.4.2)就可以了.

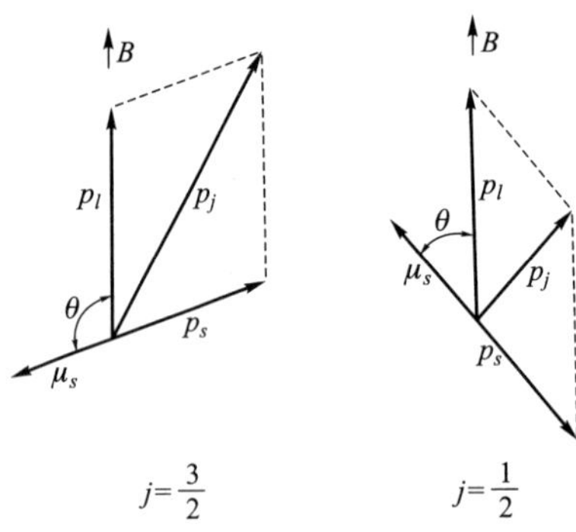

图 4.9　电子角动量的矢量图

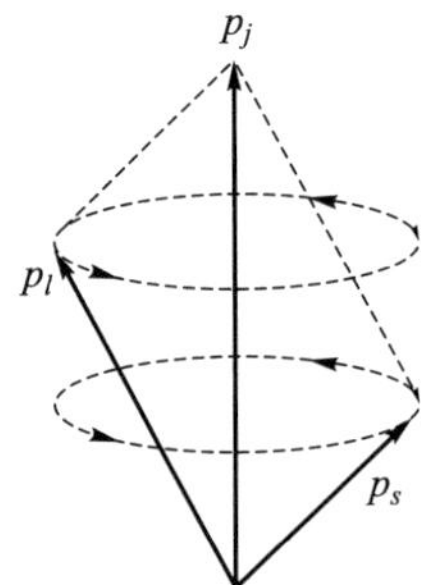

图 4.10　电子自旋角动量和轨道角动量绕总角动量的进动

(2) 电子自旋与轨道运动相互作用能量的计算　现在把(4.4.2)式表示的能量作进一步的推算.这需要把式中的 μ_s、B 和 θ 具体列出.

至于电子自旋磁矩 μ_s 应该具有什么数值,可由有关实验的结果推得,求出是

$$\mu_s=\frac{e}{m}p_s. \tag{4.4.6}$$

把 p_s 值代入,

$$\begin{aligned}\mu_s&=\frac{e}{m}\sqrt{\frac{1}{2}\left(\frac{1}{2}+1\right)}\frac{h}{2\pi}\\&=\sqrt{3}\frac{he}{4\pi m}=1.7\mu_{\rm B}\end{aligned} \tag{4.4.6$'$}$$

μ_B 是玻尔磁子.

由于轨道运动,电子感受到的磁场可以从如下的考虑求出.在电子的坐标中,原子实绕电子运动,构成一个等效电流,如图 4.11(b)所示.令 Z^* 代表原子实的有效电荷数,v 代表原子实对电子的相对速度,按照毕奥-萨伐尔定律,电子感受的磁感应强度应等于

$$B=\frac{\mu_0}{4\pi}\frac{Z^* ev}{r^2}\sin\alpha \tag{4.4.7}$$

式中的 r 和 α 如图 4.11(b)所示.但 v 也是电子相对于原子实的速度,由图 4.11(a)可知 $mrv\sin\alpha=p_l$,所以

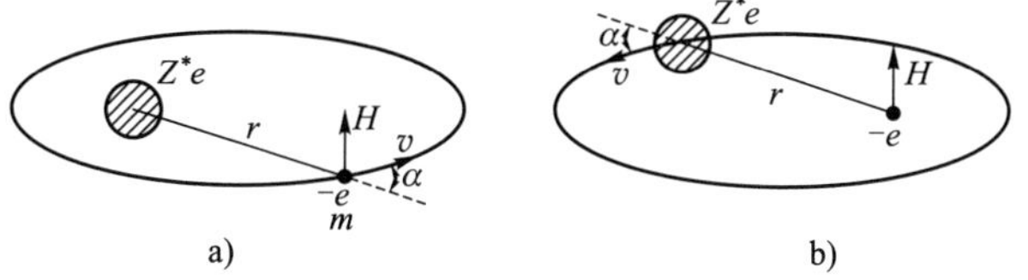

图 4.11 电子在轨道运动中如何感受磁场的示意图

$$B=\frac{1}{4\pi\varepsilon_0}\frac{Z^* e}{mc^2}\cdot\frac{1}{r^3}\cdot p_l,\left(\varepsilon_0\mu_0=\frac{1}{c^2}\right) \tag{4.4.8}$$

现在计算(4.4.2)式中的 $\cos\theta$,θ 是 $\boldsymbol{\mu}_s$ 和 $\boldsymbol{B}$ 间的夹角.由图 4.9 可得

$$p_j^2=p_l^2+p_s^2-2p_lp_s\cos\theta,$$

$$\cos\theta=-\frac{p_j^2-p_l^2-p_s^2}{2p_lp_s}. \tag{4.4.9}$$

把(4.4.6)、(4.4.8)、(4.4.9)三式代入(4.4.2)式,就得

$$\Delta E_{ls}=\frac{1}{4\pi\varepsilon_0}\cdot\frac{e}{m}\cdot\frac{Z^* e}{mc^2}\cdot\frac{1}{r^3}\cdot\frac{p_j^2-p_l^2-p_s^2}{2}. \tag{4.4.10}$$

根据托马斯在 1926 年按相对论处理的结果,ΔE_{ls} 值是上式的 $\frac{1}{2}$.再把(4.4.3)、(4.4.4)、(4.4.5)各式代入,

$$\Delta E_{ls}=\frac{1}{4\pi\varepsilon_0}\cdot\frac{Z^* e^2}{2m^2c^2}\cdot\frac{h^2}{4\pi^2}\cdot\frac{1}{r^3}\cdot\frac{j^{*2}-l^{*2}-s^{*2}}{2}. \tag{4.4.11}$$

上式中的 r 是电子到原子核的距离,它应该是 Z^*、n 和 l 的函数;而且在同一轨道上 r 是在一个范围内连续变化的,因而上式表示的电子自旋和轨道运动的相互作用能量也是在一个范围内连续变化的.但这能量在原子的总能量中是很小的,只要算出平均值就可以了.这就需要计算 $\frac{1}{r^3}$ 的平均值根据量子力学的计算,

$$\overline{\left(\frac{1}{r^3}\right)}=\frac{Z^{*3}}{a_1^3n^3l\left(l+\frac{1}{2}\right)(l+1)},\tag{4.4.12}$$

式中的 a_1 是玻尔第一轨道的半径，$a_1=\dfrac{4\pi\varepsilon_0h^2}{4\pi^2me^2}$，把(4.4.12)式代入(4.4.11)式，得

$$\overline{\Delta E_{ls}}=\frac{1}{4\pi\varepsilon_0}\frac{Z^*e^2}{2m^2c^2}\cdot\frac{h^2}{4\pi^2}\cdot\frac{Z^{*3}}{a_1^3n^3l\left(l+\frac{1}{2}\right)(l+1)}\cdot\frac{j^{*2}-l^{*2}-s^{*2}}{2}.\tag{4.4.13}$$

用里德伯常量 $R=\dfrac{2\pi^2me^4}{(4\pi\varepsilon_0)^2ch^3}$ 和精细结构常数

$$\alpha=\frac{2\pi e^2}{4\pi\varepsilon_0ch}$$

来表示，上式成为

$$\overline{\Delta E_{ls}}=\frac{Rch\alpha^2Z^{*4}}{n^3l\left(l+\frac{1}{2}\right)(l+1)}\cdot\frac{j^{*2}-l^{*2}-s^{*2}}{2}.\tag{4.4.14}$$

相应的光谱项改变是

$$\begin{aligned}\Delta T_{ls}&=-\frac{\overline{\Delta E_{ls}}}{hc}=-\frac{R\alpha^2Z^{*4}}{n^3l\left(l+\frac{1}{2}\right)(l+1)}\cdot\frac{j^{*2}-l^{*2}-s^{*2}}{2}\\&=-a\frac{j^{*2}-l^{*2}-s^{*2}}{2}.\end{aligned}\tag{4.4.15}$$

(4.4.14)和(4.4.15)两式表达了电子自旋和轨道运动相互作用能量和相应的光谱项改变.

从这两个公式可以立即算出碱金属能级双层结构的间隔.每一对双层能级的 n 和 l 是相同的，$s=\dfrac{1}{2}$ 是不变的，只有 j 不同，$j=l+\dfrac{1}{2}$ 和 $j=l-\dfrac{1}{2}$.

把这些数值代入(4.4.15)式，就有

$$\begin{aligned}\Delta T_{j=l+\frac{1}{2}}&=-a\frac{\left(l+\frac{1}{2}\right)\left(l+\frac{3}{2}\right)-l(l+1)-\frac{1}{2}\left(\frac{1}{2}+1\right)}{2}\\&=-a\frac{l}{2},\end{aligned}\tag{4.4.16}$$

$$\Delta T_{j=l-\frac{1}{2}}=-a\frac{\left(l-\frac{1}{2}\right)\left(l+\frac{1}{2}\right)-l(l+1)-\frac{1}{2}\left(\frac{1}{2}+1\right)}{2}$$

$$=+a\frac{l+1}{2}. \tag{4.4.17}$$

而双层能级的间隔,用波数差表示,就是

$$\Delta\sigma=|\Delta T_1-\Delta T_2|=a\left(l+\frac{1}{2}\right)=\frac{R\alpha^2Z^{*4}}{n^3l(l+1)}\ \mathrm{m}^{-1}. \tag{4.4.18}$$

(4.4.18)式表示双层能级的间隔同 n^3 和 $l(l+1)$ 成反比,同 Z^{*4} 成正比,都同实验观察符合.这样就说明了能级双层结构的原因.图 4.12 显示 $l=1,2,3$ 三种情况的双层能级间隔.

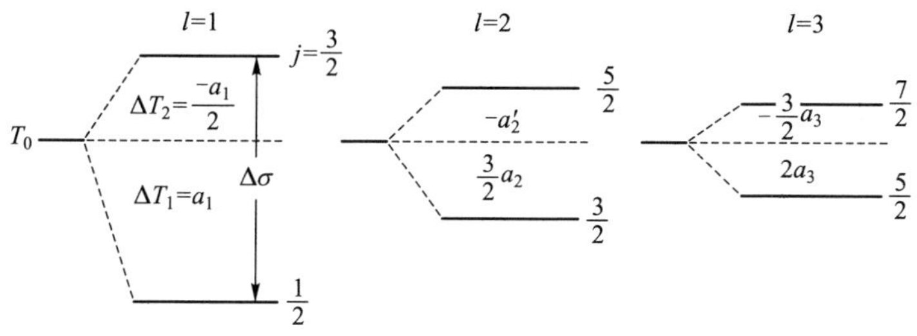

图 4.12 双层能级的相对间隔(n 相同)

碱金属原子的所有 S 能级都是单层的.这是因为 $l=0$,因此 $j=l+\frac{1}{2}=\frac{1}{2}$.至于 $j=l-\frac{1}{2}=-\frac{1}{2}$ 按(4.4.5)式会导致一个虚数的 p_j,这是不能存在的.所以只有一个 j 值,因而能级是单层的.

(3) 碱金属原子态的符号 以前已经说过,当电子的 $l=0,1,2,3,\cdots$,电子态分别用 s、p、d、f、…作标记.在这些字母前面再写出主量子数,就成为电子态的符号.又原子实的轨道角动量、自旋角动量和总角动量都等于零,而碱金属原子只有一个价电子,因而价电子的那些角动量也就等于整个原子的角动量,价电子的诸量子数也就可以用来描述整个原子.随着轨道量子数的不同,用大写的字母 S,P,D,F 等代表原子态,并在左上角写一个 2 字代表双重结构,在右下角标明 j 量子数.表 4.3 开列了碱金属原子一些较低状态的分类符号.S 态虽只有单层能级,仍用 ^{2}S 符号,这是因为它是属于双重体系的.能级结构的层数等于 $2s+1$,碱金属只有一个价电子,而电子的自旋量子数是不变的数值 $\frac{1}{2}$,所以能级层数一般是二层.S 能级也是单电子的能级,自旋量子数是$\frac{1}{2}$,所以说它属于双重态,仍用双重符号.

表 4.3　碱金属原子态的符号

n	l	j	价电子的状态符号	原子态符号	n	l	j	价电子的状态符号	原子态符号
1	0	$\frac{1}{2}$	1s	${}^2S_{\frac{1}{2}}$	3	0	$\frac{1}{2}$	3s	${}^2S_{\frac{1}{2}}$
2	0	$\frac{1}{2}$	2s	${}^2S_{\frac{1}{2}}$		1	$\frac{1}{2}$	3p	${}^2P_{\frac{1}{2}}$
	1	$\frac{1}{2}$	2p	${}^2P_{\frac{1}{2}}$			$\frac{3}{2}$		${}^2P_{\frac{3}{2}}$
		$\frac{3}{2}$		${}^2P_{\frac{3}{2}}$		2	$\frac{3}{2}$	3d	${}^2D_{\frac{3}{2}}$
							$\frac{5}{2}$		${}^2D_{\frac{5}{2}}$

4.5　单电子辐射跃迁的选择定则

从观察到的碱金属原子的光谱,可以得出这样一个结论,发出辐射或吸收辐射的跃迁只能在下列条件下发生:

$$\Delta l=\pm 1,\quad \Delta j=0,\quad \pm 1.$$

主量子数 n 的改变不受限制.可见产生辐射的跃迁是有选择性的.上述选择定则是经验的总结,在量子力学中有理论的推导.

现在我们可以用符号表示碱金属原子诸光谱线系产生时原子态的跃迁:

主线系　$\begin{matrix} {}^2P_{\frac{1}{2}} \searrow \\ {}^2P_{\frac{3}{2}} \nearrow \end{matrix} {}^2S_{\frac{1}{2}}$　$\Delta l=-1,\quad \Delta j=0,\quad -1$

第二辅线系　${}^2S_{\frac{1}{2}} \begin{matrix} \nearrow {}^2P_{\frac{1}{2}} \\ \searrow {}^2P_{\frac{3}{2}} \end{matrix}$　$\Delta l=+1,\quad \Delta j=0,\quad +1$

第一辅线系　$\begin{matrix} {}^2D_{\frac{3}{2}} \rightarrow {}^2P_{\frac{1}{2}} \\ {}^2D_{\frac{3}{2}} \searrow \\ {}^2D_{\frac{5}{2}} \rightarrow {}^2P_{\frac{3}{2}} \end{matrix}$　$\Delta l=-1,\quad \Delta j=0,\quad -1$

伯格曼线系 $\begin{matrix} {}^2F_{\frac{5}{2}} \rightarrow {}^2D_{\frac{3}{2}} \\ {}^2F_{\frac{7}{2}} \rightarrow {}^2D_{\frac{5}{2}} \end{matrix}$（$^2F_{\frac{5}{2}}$ 亦 $\rightarrow {}^2D_{\frac{5}{2}}$） $\Delta l=-1,\quad \Delta j=0,\quad -1$

这里看到为什么第一辅线系和伯格曼线系诸谱线都是三线结构，而$^2D_{\frac{5}{2}}$到$^2P_{\frac{1}{2}}$和$^2F_{\frac{7}{2}}$到$^2D_{\frac{3}{2}}$不会出现，因为这样j的改变为2，不符合选择定则，图4.13表示了上列四组跃迁.

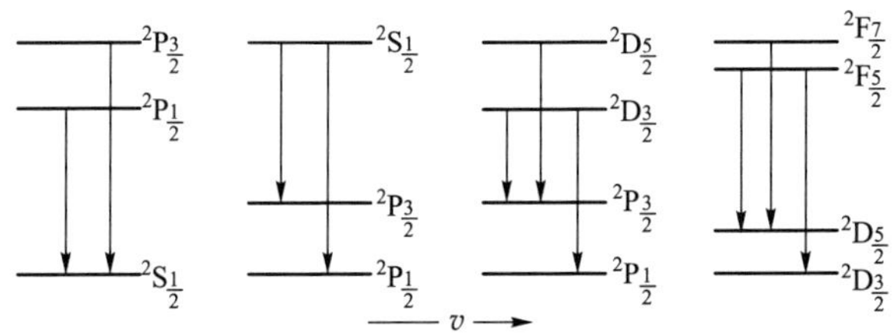

图 4.13 几种双层能级间的跃迁

4.6 氢原子光谱的精细结构与*兰姆移位

讨论了碱金属原子光谱的精细结构以后，就容易理解氢原子光谱的精细结构.由于氢原子能级有简并的情况，所以推迟到碱金属之后讨论才能清楚地说明.

(1) 氢原子能级精细结构的理论　原子的内部能量除玻尔理论中提出的主要部分外，还有索末菲提出的相对论效应和自旋同轨道运动的相互作用.至于在碱金属原子中发生重要影响的原子实极化和轨道的贯穿当然不存在于氢原子中.现在要把所有这些因素总括在一个一般的公式中.

能量的主要部分是

$$E_0=-\frac{Rhc(Z-\sigma)^2}{n^2}. \tag{4.6.1}$$

这里$Z-\sigma$就是以前用Z^*表示的有效电荷数.对氢，$Z-\sigma=Z=1$.式中仍保留有效电荷数$Z-\sigma$，作为一般的表达式.

在第二章中说到相对论效应，索末菲推得这个效应引起的能量增加是

$$\Delta E_r=-\frac{Rhc\alpha^2(Z-s)^4}{n^3}\left(\frac{1}{n_\phi}-\frac{3}{4n}\right). \tag{4.6.2}$$

后来海森伯和约丹按量子力学推得

$$\Delta E_r=-\frac{Rhc\alpha^2(Z-s)^4}{n^3}\left(\frac{1}{l+\frac{1}{2}}-\frac{3}{4n}\right). \tag{4.6.3}$$

这同索末菲的结论稍有出入.我们将采用量子力学的结论.

电子自旋与轨道运动的相互作用的能量,如本章所讨论,是

$$\Delta E_{ls}=-\frac{Rhc\alpha^2(Z-s)^4}{n^3 l\left(l+\frac{1}{2}\right)(l+1)}\frac{j^{*2}-l^{*2}-s^{*2}}{2}. \tag{4.6.4}$$

这里的 $Z-s$ 也是有效电荷数,但从实验测定的数值与(1)式中的 $Z-\sigma$ 不完全相同,所以用不同符号表示.对氢,这也等于 1.

把(4.6.1)、(4.6.3)、(4.6.4)三式相加就得到原子的总能量.至于碱金属原子中的原子实极化和轨道贯穿的效果,也都包括在有效电荷数的数值中,我们注意这数值是随着 l 改变的,它影响能量的主项,这就是极化和贯穿的主要效果,但它也在有关精细结构的(4.6.3)和(4.6.4)两式中出现,而且是四次方.足见碱金属原子的精细结构的能量改变比氢原子的大,因为前者的有效电荷数大于 1,后者的 Z 等于 1.

这里需要说明一下,在上节讨论碱金属原子的精细结构时,没有提到相对论效应,这是因为轨道贯穿和原子实极化使同一 n 而不同 l 的能级已差别很大,相对论效应也是对不同 l 引起的差别,但比较起来是很小的,所以就不特别提出了.在氢原子的情况不同,这里没有轨道贯穿和原子实极化引起的较大能量差别,而相对论效应和自旋同轨道运动相互作用的影响是有相同的数量级的,所以必须一并考虑.下面推得的公式,如果注意 $Z-\sigma$ 和 $Z-s$ 的作用,仍可用在碱金属原子上.所以仍是一般的公式.

现在把(4.6.1),(4.6.3),(4.6.4)式相加并简化,就有

$$\begin{aligned}E&=E_0+\Delta E_r+\Delta E_{ls}\\&=-\frac{Rhc(Z-\sigma)^2}{n^2}-\frac{Rhc\alpha^2(Z-s)^4}{n^3}\left(\frac{1}{l+1}-\frac{3}{4n}\right),\end{aligned}$$

当

$$j=l+\frac{1}{2}, \tag{4.6.5}$$

和

$$\begin{aligned}E&=E_0+\Delta E_r+\Delta E_{ls}\\&=-\frac{Rhc(Z-\sigma)^2}{n^2}-\frac{Rhc\alpha^2(Z-s)^4}{n^3}\left(\frac{1}{l}-\frac{3}{4n}\right),\end{aligned}$$

当

$$j=l-\frac{1}{2}. \tag{4.6.6}$$

这两式表示对同一 l 有两个 j,两式分别给出不同的能量,所以能级有双层结构.

如果上两式中的 l 改用各自的 j 表达出来,那就得到一个相同的公式

$$E=-\frac{Rhc(Z-\sigma)^2}{n^2}-\frac{Rhc\alpha^2(Z-s)^4}{n^3}\left(\frac{1}{j+\frac{1}{2}}-\frac{3}{4n}\right). \tag{4.6.7}$$

这公式也可以从狄拉克的相对论量子力学直接推得.式中的第一项还是玻尔理论中得到的能量的主要部分,第二项给出精细结构.我们注意第二项中每一个 j 联系着两个 l,即 $l=j-\frac{1}{2}$ 和 $j+\frac{1}{2}$.在氢原子的情形中,$Z-\sigma$ 和 $Z-s$ 都等于1,这个式中也未含有 l,可见两个不同的 l 而同一 j 的能级具有相同的能量,是简并的.在碱金属原子的情形中就不是这样,那里,式中的 $Z-\sigma$ 和 $Z-s$ 是随着 l 改变的.对具有不同 l 的两个状态,虽然 j 相同,因为 $Z-\sigma$ 和 $Z-s$ 不同,式中第一、第二两项都有差别,能量 E 不会相同,有时还可能差别很大.

(4.6.7)式又表示,能量的精细结构部分与 $(Z-s)^4$ 成正比,所以碱金属原子光谱的精细结构比氢原子光谱的精细结构容易观察.例如钠主线系第一条即黄色双线的波长差有 6 Å,氢的巴耳末系第一条的两个成分之差只有 0.14 Å.上式还表示,精细结构能量的变动与 n^3 成反比,也随 j 的增加而减小,因而也随 l 的增加而减小.对氢原子,把常数代入(4.6.7)式,就可算出能级.图 4.14 是氢原子能级的示意图,但间隔没有按比例画出.图中显示除 S 能级为单层外,其余都是双层结构.两邻近 l 值的能级而具有相同 j 的,是简并的.

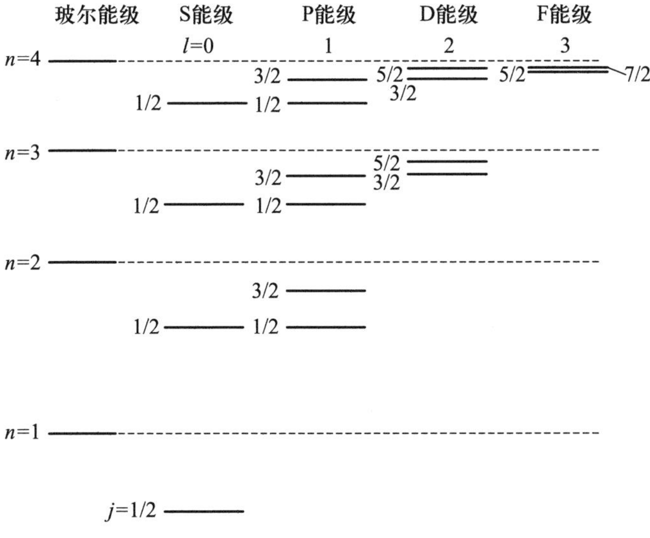

图 4.14 氢原子能级的精细结构(未按准确比例)

知道了能级，就可以按选择定则 $\Delta l=\pm1,\Delta j=0,\pm1$，考虑哪些可能的跃迁；从而知道应该有怎样的光谱结构.例如莱曼系是激发能级跃迁到 $n=1$ 能级而产生的，$n=1$ 只有单层的 S 能级，那么跃迁到这能级的只能从 P 能级，所以是 $n^2P_{\frac{1}{2},\frac{3}{2}}\longrightarrow 1^2S_{\frac{1}{2}}$ 的过程，每条是双线结构；谱线双线的间隔对应 P 能级双层的间隔.再看巴耳末系，这是较高能级跃迁到 $n=2$ 能级的过程.$n=2$ 有一个 S 能级，一个双层的 P 能级；由于简并，只显出两层.能够跃迁到这些能级的高能级只能是 S，P，D 三种.对每一个 n 值，这三个能级共有五级；由于简并，显出三层.在这些能级之间发生跃迁，情况要复杂些，我们举巴耳末系第一条（$\lambda=6\ 563$ Å）为例进行分析讨论.其余各条应有同样的结构.实际进行了详细测量的也是第一条.

图 4.15 是巴耳末系第一条各成分的能级跃迁图.图 4.16 表示这些跃迁产生的谱线精细结构，图中谱线的标记同 4.15 图中跃迁的标记是对应的.曲线是实验结果.

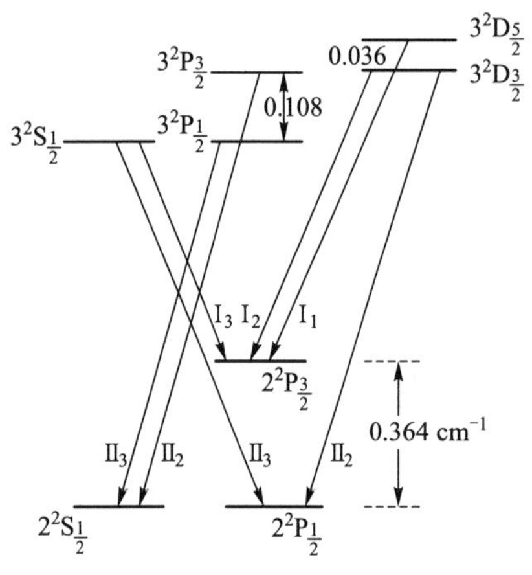

图 4.15　巴耳末线系第一谱线的能级跃迁图

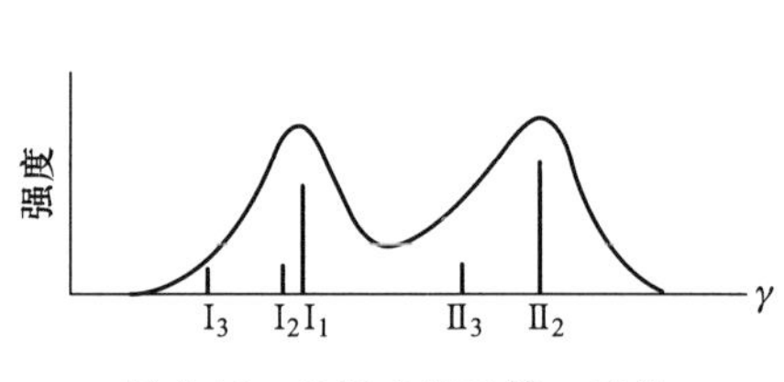

图 4.16　巴耳末线系第一线的精细结构

（2）氢原子光谱精细结构的观察　巴耳末系的第一线和第二线都进行过实验观察.现在对第一线观察的结果作简要的叙述.最早迈克耳孙和莫雷用干涉仪观察到这条线的双线结构.他们获得这条线的强度分布如图 4.16 所示.两高峰的波长差是 0.135 Å.由于这五个成分间隔很小，只能分解成两条.后来有好些人进行过这样的测量.胡斯登和谢玉铭精密测量了这双线的间隔，测得的数值肯定只是按上文（4.6.7）式算得的 96%.接着又有一些人获得相仿的结果，如表 4.4 所示.实验测得的 $\mathrm{II}_2-\mathrm{I}_1$ 间隔都比理论值大约小了 0.010 cm^{-1}.这不可能是由于实验的误差.

表 4.4 对 H_α 精细结构的测量

	II_2—I_1 间隔
胡登斯	0.317—0.320 cm^{-1}
威廉	0.319 cm^{-1}
德邻沃特	0.316 cm^{-1}
理论值	0.328 cm^{-1}

表中列出的理论值是 2^2P 双层的间隔同 3^2D 双层间隔的差数，即 0.364-0.036=0.328.但需要注意，II_2 是跃迁 $3^2D_{\frac{3}{2}}\longrightarrow 2^2P_{\frac{1}{2}}$ 和跃迁 $3^2P_{\frac{3}{2}}\longrightarrow 2^2S_{\frac{1}{2}}$ 重合的结果(参阅图 4.15).

上述那些实验观察可以说在很大程度上是同精细结构理论符合的.但实验值和理论值之间显著的差别也引出新的问题.帕斯特耐克曾指出，如果 $2^2S_{\frac{1}{2}}$ 比 $2^2P_{\frac{1}{2}}$ 高出 0.03 cm^{-1}，就可以说明这差别.

*(3) 兰姆移位　兰姆(W.E.Lamb)和李瑟福(Retherford)在 1947 年用射频波谱学方法测得 $2^2S_{\frac{1}{2}}$ 确比 $2^2P_{\frac{1}{2}}$ 高出 1 058 MHz，即 0.033 cm^{-1}.这就使 II_2 的两个跃迁之一 $3^2P_{\frac{3}{2}}\longrightarrow 2^2S_{\frac{1}{2}}$ 的波数较原有理论值要减 0.033 cm^{-1}.这和另一个未受影响的跃迁的平均效果足以说明早年光谱观察同理论的差别.

兰姆和李瑟福的实验装置如图 4.17 所示.氢气输入 2 500 K 的炉子 F 中.大约 64%的分子被离解.出射的氢原子的平均速度达 8×10^3 m · s^{-1}.原子经 B 处时，受横向电子束的撞击.电子先被加速到略高于 10.2 eV 的能量，使氢原子被激发到 $n=2$ 的状态，有些到 $2^2S_{\frac{1}{2}}$ 态，有些到 $2^2P_{\frac{1}{2},\frac{3}{2}}$ 态.当它们继续前进时，那些在 P 态的很快就自发跃迁到基态 $1^2S_{\frac{1}{2}}$.那些在 $2^2S_{\frac{1}{2}}$ 态的却不能自发跃迁到基态，这是选择定则所不许的.所以 $2^2S_{\frac{1}{2}}$ 是个亚稳态.那么不久只剩下亚稳态原子和基

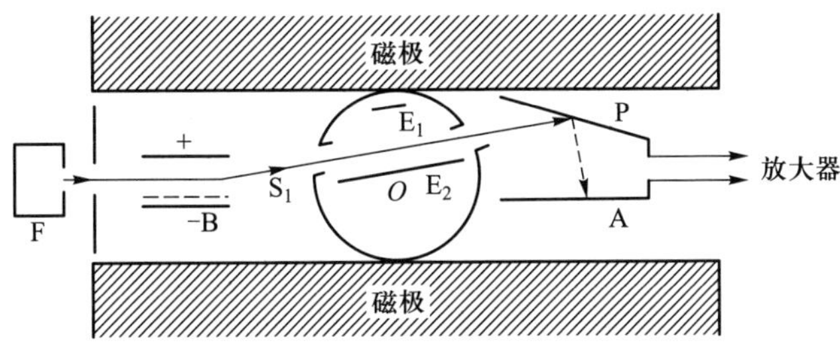

图 4.17　兰姆、李瑟福实验装置

态原子继续前进.当亚稳态原子撞在钨板 P 时原子把激发能量给了钨的电子.由于钨的逸出功小于 10.2 eV,电子就被放出而达另一金属板 A. 通过一放大器,PA 间电流可以测出.这电子流代表着亚稳态原子的数量,基态原子不能发生上述作用.

当亚稳原子经 S_1 进入同轴管时,平面板 E_2 送出平面射频电磁波.如果电波频率符合 $h\nu=\Delta E$ 的关系(ΔE 是 2S 态到 2P 态的能级差),原子会被激发从 2S 态跃迁到 2P 态.到了 2P 态,原子就会很快自发跃迁到基态.这样,达到 P 板而仍在激发态的原子数就要减少,因而 PA 间电流要降低.当调整电波频率,达到 PA 间电流突然下降时,表示电波频率已符合能级差的要求.

$2^2P_{\frac{3}{2}}\longrightarrow 2^2P_{\frac{1}{2}}$的间隔是 0.365 cm^{-1}.如果 $2^2S_{\frac{1}{2}}$同 $2^2P_{\frac{1}{2}}$重合,要从 $2^2S_{\frac{1}{2}}$跃迁到 $2^2P_{\frac{3}{2}}$就需要吸收波长是 2.74(0.365 的倒数)cm 的辐射.这辐射的频率等于 0.365 cm^{-1}×光速 c,即 10 950 MHz.兰姆和李瑟福测得发生这个吸收跃迁的频率不是 10 950 MHz,而是比此数少了 1 000 MHz.足见 $2^2S_{\frac{1}{2}}$在 $2^2P_{\frac{1}{2}}$之上.后来用电磁波使原子从 $2^2S_{\frac{1}{2}}$受激跃迁到 $2^2P_{\frac{1}{2}}$测得需要的频率也是 1 000 MHz.更精密测量的结果是 1 057.77±0. 10 MHz.现在对 $2^2S_{\frac{1}{2}}$较原来理论位置升高那么一个数值称为兰姆移位.

实际测量是利用磁场进行的.图 4. 17 中画出磁极的装置.把电场频率先后固定在几个不同的数值上,每次调整磁场强度直到 PA 电流出现最小值.然后由各个频率与磁场强度的关系外推到磁场强度等于零时的频率.这涉及将在第六章要讨论的问题,这里就不详细论述了.

兰姆和李瑟福又测得了 $3^2S_{\frac{1}{2}}$也比原来理论位置高 0.010 cm^{-1}(也就是比 $3^2P_{\frac{1}{2}}$高那么多).

既然肯定了$^2S_{\frac{1}{2}}$在$^2P_{\frac{1}{2}}$之上,就要引起一个问题:为什么$^2S_{\frac{1}{2}}$不自发跃迁到$^2P_{\frac{1}{2}}$,却仍有亚稳态的性质.这是因为自发跃迁的概率与所发辐射频率的立方成正比,这两个能级很靠近,所发辐射的频率从光的观点是很低的,因而自发跃迁的概率极小.

兰姆移位的实验事实同以前的理论显然有出入,这是由于理论中只考虑了电子受原子核的静电场的作用.后来按照量子电动力学的研究,认为作用在电子上的还有辐射场的力.电子和它自己发出的辐射(光子)之间存在着相互作用.还有,原子核的库仑场对电子的作用可以是间接的;库仑场产生一对在虚态的正负电子,湮没而成为一个虚光子,然后被电子吸收,这样使场对电子的作用比直接作用稍减弱.这里电子对的产生起了屏蔽作用,这称为真空极化.这些作用都影响电子态的能量,S 态受影响较大,所以能级显出微小的移动.兰姆移位这一实验事实是对量子电动力学理论的有力验证.

习　题

自测

1. 已知 Li 原子光谱主线系最长波长 $\lambda=6\ 707$ Å,辅线系系限波长 $\lambda_\infty=3\ 519$ Å.求 Li 原子第一激发电势和电离电势.

2. Na 原子的基态为 3S.已知其共振线波长为 5 893 Å,漫线系第一条的波长为 8 193 Å,基线系第一条的波长为 18 459 Å,主线系的系限波长为 2 413 Å.试求 3s、3P、3D、4F 各谱项的项值.

3. K 原子共振线波长为 7 665 Å,主线系系限波长为 2 858 Å.已知 K 原子基态为 4S.试求 4S、4P 谱项的量子数修正项 Δ_S、Δ_P 值各为多少?

4. Li 原子的基态项为 2S.当把 Li 原子激发到 3P 态后,问当 Li 从 3P 激发态向低能级跃迁时可能产生哪些谱线(不考虑精细结构)?

5. 为什么谱项 S 项的精细结构总是单层结构?试直接从碱金属光谱双线的规律性和从电子自旋与轨道相互作用的物理概念两方面分别说明之.

6. 试计算氢原子莱曼线系第一条的精细结构分裂的波长差.

7. Na 原子光谱中得知其 3D 项的项值 $T_{3D}=1.227\ 4\times10^6\ \mathrm{m^{-1}}$,试计算该谱项的精细结构裂距.

8. 原子在热平衡条件下处在各种不同能量激发态的原子的数目是按玻耳兹曼分布的,即能量为 E 的激发态原子数目 $N=N_0\dfrac{g}{g_0}\mathrm{e}^{-\left(\frac{E-E_0}{kT}\right)}$.其中 N_0 是能量为 E_0 的状态的原子数,g 和 g_0 是相应能量状态的统计权重.k 是玻耳兹曼常量.从高温铯原子气体光谱中测出其共振光谱双线 $\lambda_1=8\ 943.5$ Å、$\lambda_2=8\ 521.1$ Å 的强度比 $I_1:I_2=2:3$.试估算此气体的温度.已知相应能级的统计权重 $g_1=2$,$g_2=4$.

第五章　多电子原子

数字资源

在前几章中讨论了单电子原子和具有一个价电子的原子的光谱，从而推得这些原子的能级的情况，并说明了怎样出现双层结构.从那些讨论，我们对最简单原子的内部状况有了一个扼要的了解.这些知识也是进一步研究较复杂原子结构的基础.本章将讨论具有两个价电子的原子，并对三个及三个以上价电子的原子作概括性的论述.

5.1　氦及周期系第二族元素的光谱和能级

实验的观察发现氦及周期系第二族的元素，铍、镁、钙、锶、钡、镭、锌、镉、汞的光谱有相仿的结构.从这些元素的光谱，可以推得它们的能级都分成两套，一套是单层的，另一套是具有三层结构的.下面我们具体地讨论一下氦的光谱和能级，在第二族元素中我们也举镁作为例子进行一些比较和讨论.

氦的光谱和能级　氦的光谱，也如同碱金属光谱，形成谱线系.但氦有两套线系，这就是说有两个主线系，两个第一辅线系，两个第二辅线系等.这两套谱线的结构有显著的差别，一套谱线都是单线，另一套谱线却有复杂的结构.从光谱的分析研究，知道氦具有两套能级，一套是单层的，另一套是三层的.这两套能级之间没有相互跃迁的情况，它们各自内部的跃迁就产生了两套光谱.这样，单层能级间的跃迁当然产生单线的光谱，而三层能级间的跃迁所产生的光谱线当然有复杂的结构了.

由于氦出现了两套光谱，而彼此又好像没有关系，早年曾设想有两种氦，那产生有复杂结构的谱线的氦称为正氦，产生单线光谱的称为仲氦.现在知道并无两种氦，只是能级结构分为两套罢了.

氦的能级及跃迁如图 5.1 所示.从图中可以看到，氦的基态和第一激发态之间能量相差很大，有 19.77 eV.氦的单线主线系是诸^{1}P 态跃迁到基态^{1}S 的结果，处于远紫外部分.而三重态的主线系是诸^{3}P 到第一激发态^{3}S 的跃迁的结果，落在红外、可见区、直到紫外区.其余对应的两套线系所在的区域差别不大.

作为三重态谱线的例子，我们谈一下著名的黄色 D_3 线.1868 年 8 月 18 日在太阳日珥的光谱中观察到这条线，从而发现了氦.用高分辨本领的仪器，可以分

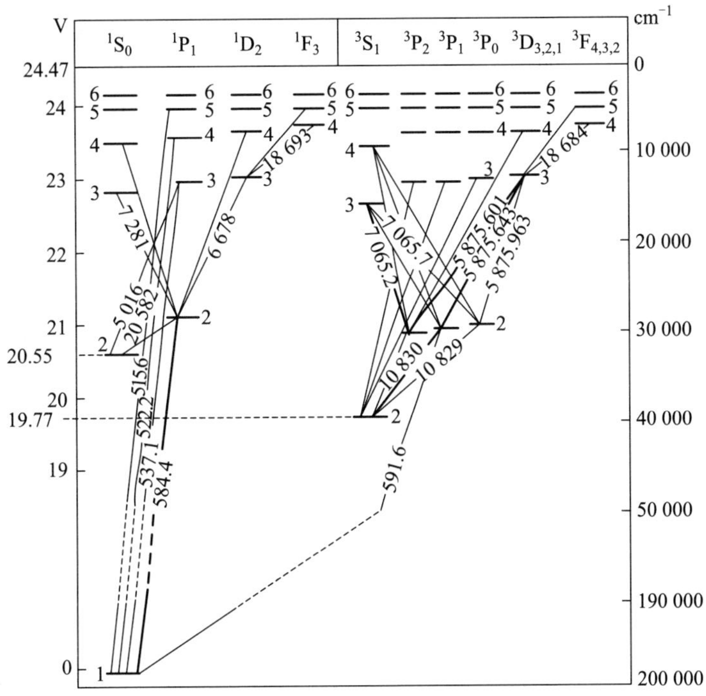

图 5.1 氦原子能级图

出这条线的三成分.这线是三重态的第一辅线系的第一条线,它的波长、强度和产生时的能级跃迁开列如下:

波长/Å	强度	跃迁
5 875.963	1	$^3D_1 \to {}^3P_0$
5 875.643	3	$^3D_{1,2} \to {}^3P_1$
5 875.601	5	$^3D_{1,2,3} \to {}^3P_2$

由于^3D 能级间隔很小 这条线的精细结构只反映了^3P 能级的间隔.根据一些理论可以认出这三线是哪些跃迁产生的.从波长的数值可以知道$^3P_0$ 能级高于$^3P_1$,后者又高于$^3P_2$.

从光谱的情况,知道三重态与单一态之间没有跃迁.有一条很弱的 $\lambda = 591.6$ Å 线起初以为是氦的三重态和单一态之间的跃迁,后来有人认为这是氖的谱线.

第一激发态$^3S_1$ 不可能自发跃迁到基态$^1S_0$,这是由于三重态不能跃迁到单一态,而且 S 态不能跃迁到 S 态.如果氦原子被激发到第一激发态,它会留在那状态较长一段时间.这样的状态称作亚稳态.还有在基态之上 20.55 eV 的$^1S_0$态也是一个亚稳态.

镁的光谱和能级　现在再看第二族元素的光谱和能级的情况.这些元素的光谱和能级有相仿的结构.我们举镁为例.镁也如同氦那样有两套光谱,把它的光谱加以分析研究,也获得两套能级,一套是单一结构,一套是三重结构,如图 5.2 所示.同图 5.1 比较一下,可以看出相似之处很多.基本上是同一类结构.氦具有两个电子.在基态时两个电子都在 1s 态.现在镁具有 12 个电子,而光谱结构同氦相仿,足见产生光谱的是两个价电子的作用,其余十个电子构成原子实,这就和钠原子中的原子实相仿.同样,所有第二族的原子都有两个价电子,这两个价电子是负责原子的化学性质和单一态与三重态光谱的产生的.

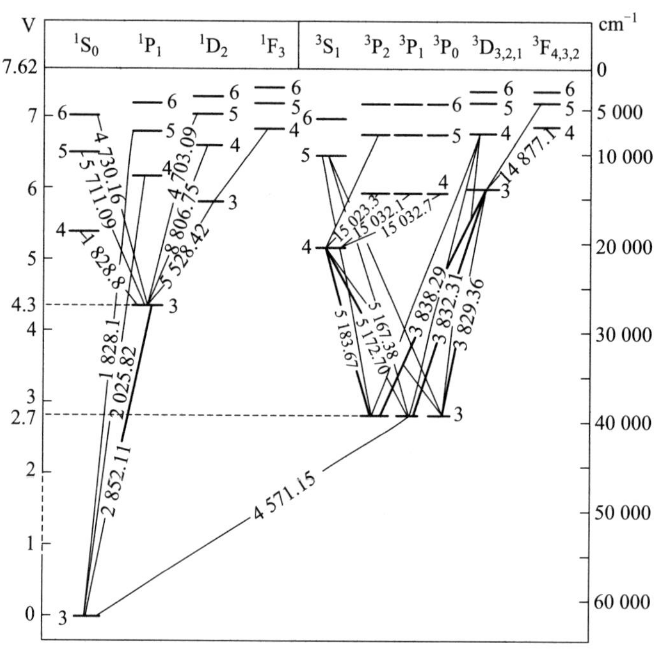

图 5.2　镁原子能级图

在镁的光谱中,单一态和三重态之间一般没有跃迁,但也有个例外,就是从第一激发态中的$^3P_1$到基态$^1S_0$,$\lambda=4571.15$ Å 那条线,关于这问题,以后再讨论.镁的单线主线系在紫外,它的三重态主线系在红外和可见区.三重态的第一、第二辅线系和主线系的谱线都显出三个成分,反映$^3P_{2,1,0}$的三个能级.^3D和^3F的间隔较小,在光谱中不能分辨出来.我们注意镁的^3P间隔较氦的大,因为这是同 Z 有关的.又这里三能级中$^3P_0$最低,同氦中的情况相反.

镁的电离电势只有 7.62 V,而氦是 24.47 V.镁的第一激发态是^{3}P;激发电势是 2.7 V,而氦的第一激发态是^{3}S,激发电势是 19.77 V.足见氦的基态是一个很稳固的结构.

氦和镁的光谱结构基本相同,因为都是二电子体系所产生的.它们之间的有些差异正反映了原子结构之间的差异.下面我们对具有两个价电子的原子(包括氦)作一般的讨论,并以说明这类原子能级的形成和光谱的产生.

5.2　具有两个价电子的原子态

氦原子有两个电子　周期系第二族元素的原子都有两个价电子,所以本节的讨论普遍适合于这些原子和具有相似结构的离子.

1. 不同的电子组态

原子中的原子实,如以前所说,是一个完整的结构,它的总角动量和总磁矩是零,因此关于原子态的形成,不需要考虑原子实,只要从价电子来考虑就可以了.现在考虑的是两个价电子的原子.这两个价电子可以处在各种状态,合称电子组态.例如氦原子在基态时,两个电子都在 1s 态,我们说这状态的电子组态是 1s1s.又例如镁在第一激发态时,一个电子留在 3s 态,另一个电子被激发到 3p 态,我们说这时的电子组态是 3s3p.镁的基态的电了组态是 3s3s.不同的电子组态具有不同的能量,有时差别很大.例如氦在第一激发态时,电子组态是 1s2s,它同基态 1s1s 的能量相差很大,这里因为有一个电子的主量子数不同,当然能量就差别大了.又例如镁的第一激发态的电子组态是 3s3p,这同基态的两个电子 3s3s 只有一个 l 量子数的差别,主量子数没有变.这也会引起能量的差别.主量子数如有不同,能量的主要部分就有差异.主量子数相同而 l 如果有差别,也会由于原子实的极化或轨道的贯穿等原因引起较大能量的差别.在具有两个价电子的原子中,这些情况是同以前讨论过的单个价电子的原子的情况相仿的.总之,大的能级差别是由于电子组态之不同.

在图 5.1 和图 5.2 所示的氦和镁原子的能级图中,除基态外,所有能级都是一个电子留在最低态,另一个电子被激发所形成的.例如氦的诸激发态是一个电子留在 1s 态,另一个被激发到 2s,2p,3s,3p,3d 等态形成的.镁的诸激发态也是一个电子留在 3s 态,另一个被激发到 3p,3d,4s 等态形成的.在那两幅图中,每一能级上注明的数码就是第二个电子的主量子数.图中最高能级是第二个电子被电离、剩下一个价电子在最低态时的能级.也有可能两个电子都被激发,但那样需要更大的能量,观察较困难.

2. 一种电子组态构成的不同原子态

一种组态中的两个电子由于相互作用可以形成不同的原子态.例如图 5.2 中镁的第一激发态$^3P_{2,1,0}$和略高的$^1P_1$ 是 3s3p 构成的.关于这个问题,我们作如下考虑.两个电子各有其轨道运动和自旋.这四种运动会相互起作用.每一种运动都产生磁场,因此对其他种运动都有影响.正如单电子原子中自旋同轨道运动的相互作用,现在四种运动之间可以有六种相互作用,代表这几种运动的量子数可以写成 l_1、l_2、s_1、s_2,那么它们之间的六种相互作用可用下列标记作代表:$G_1(s_1s_2)$、$G_2(l_1l_2)$、$G_3(l_1s_1)$、$G_4(l_2s_2)$、$G_5(l_1s_2)$、$G_6(l_2s_1)$;这里 G_1 代表两个电子的自旋的相互作用,G_3 是一个电子的轨道运动和它自己的自旋间的相互作用,余类推.这六种相互作用强弱是不同的,而且在各种原子中情况也不一样.一般说,G_5 和 G_6 是比较弱的,大多数情况可以不考虑.至于其余四种相互作用的强弱可以有各种程度的不同.现在考虑两种极端的情形.一种是 G_1 和 G_2 比较 G_3 和 G_4 要强得多.另一种是 G_3 和 G_4 比较 G_1 和 G_2 要强得多.下面将分别讨论这两种情况.

LS 耦合　如果 G_1 和 G_2 比 G_3 和 G_4 强,也就是说两个电子自旋之间作用很强,两个电子的轨道运动之间作用也很强,那么两个自旋运动就要合成一个总的自旋运动,两个自旋角动量 $\boldsymbol{p}_{s_1}$和 $\boldsymbol{p}_{s_2}$都绕着自旋总角动量 $\boldsymbol{P}_S$ 旋进.同样两个轨道角动量 $\boldsymbol{p}_{l_1}$和 $\boldsymbol{p}_{l_2}$也要合成一个轨道总角动量 $\boldsymbol{P}_L$,两个轨道角动量绕着它旋进.然后轨道总角动量再和自旋总角动量合成总角动量 $\boldsymbol{P}_J$.$\boldsymbol{P}_L$ 和 $\boldsymbol{P}_S$ 再绕着 $\boldsymbol{P}_J$ 旋进.由于最后是 $\boldsymbol{P}_L$ 和 $\boldsymbol{P}_S$ 合成 $\boldsymbol{P}_J$,所以称 *LS* 耦合.用矢量图表示这个关系就如图 5.3 所示.

现在说明合成自旋总角动量 $\boldsymbol{P}_S$ 的情况.每个电子的自旋角动量的数值是

$$p_s=\sqrt{s(s+1)}\frac{h}{2\pi},$$

$$s=\frac{1}{2}. \tag{5.2.1}$$

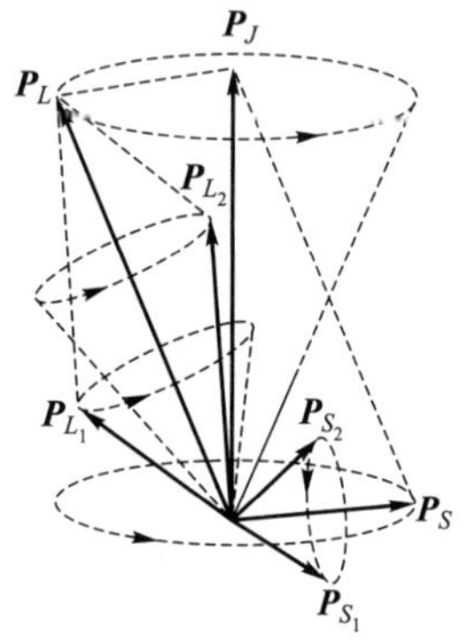

图 5.3 *LS* 耦合的矢量图

自旋总角动量是这样两个角动量的矢量和.但这两个角动量的相对取向是量子化的;这就是说,合成的自旋总角动量是量子化的,其数值等于

$$P_S=\sqrt{S(S+1)}\frac{h}{2\pi}, \tag{5.2.2}$$

而 $S=s_1+s_2$ 或 s_1-s_2,也就是 $S=1$ 或 0.所以两个电子的自旋角动量合成的自旋总角动量只能有两个可能

的数值，即相当于 $S=1$ 和 0 的两个数值：

$$P_S=\sqrt{2}\frac{h}{2\pi} \quad 或 \quad 0.$$

现在再看轨道角动量合成的情况.两个电子的轨道角动量的数值分别是

$$p_{l_1}=\sqrt{l_1(l_1+1)}\frac{h}{2\pi},$$

$$p_{l_2}=\sqrt{l_2(l_2+1)}\frac{h}{2\pi}. \tag{5.2.3}$$

轨道总角动量是这两角动量的矢量和，但两个轨道角动量之间的相对取向也是量子化的；这就是说，合成的轨道总角动量是量子化的，它的数值等于

$$P_L=\sqrt{L(L+1)}\frac{h}{2\pi},$$

而 L 只能有下列数值：

$$L=l_1+l_2, l_1+l_2-1, \cdots, |l_1-l_2|. \tag{5.2.4}$$

这是从 l_1+l_2 到 $|l_1-l_2|$ 邻近值相差 1 的一些数值.如果 $l_1>l_2$，共有 $2l_2+1$ 个数值.这样，对于两个电子，就有好几个可能的轨道总角动量.

例如，设有两个电子，它们的轨道角动量量子数分别为 $l_1=3$ 和 $l_2=2$ 那么各自的轨道角动量是

$$p_{l_1}=\sqrt{12}\frac{h}{2\pi} \quad 和 \quad p_{l_2}=\sqrt{6}\frac{h}{2\pi}.$$

由(5.2.4)式，

$$L=5,4,3,2,1.$$

所以

$$P_L=\sqrt{30}\frac{h}{2\pi}, \quad \sqrt{20}\frac{h}{2\pi}, \quad \sqrt{12}\frac{h}{2\pi}, \quad \sqrt{6}\frac{h}{2\pi}, \quad \sqrt{2}\frac{h}{2\pi}.$$

可以形成五种可能的轨道总角动量.

最后，轨道总角动量 P_L 和自旋总角动量 P_S 合成原子的总角动量 P_J，而 P_L 和 P_S 的相对取向是量子化的，所以 P_J 也是量子化的，它的数值等于

$$P_J=\sqrt{J(J+1)}\frac{h}{2\pi}, \tag{5.2.5}$$

J 只能有如下数值

$$J=L+S, L+S-1, \cdots, |L-S|. \tag{5.2.6}$$

如果 $L>S$，对每一对 L 和 S 共有 $2S+1$ 个值.

对具有两个价电子的原子，S 只有两个数值 0 或 1.在 $S=0$ 的情形，对每一个

L,按(5.2.6)式

$$J=L$$

那就是一个能级,是一个单一态.在 $S=1$ 的情形,对每一个 L,按(5.2.6)式

$$J=L+1,L,L-1,$$

共有三个 J 值,相当于三个能级,所以是三重态.这说明为什么具有两个价电子的原子都有单一和三重的能级结构.

现在举例说明一对电子在某一组态可能形成的不同原子态和相应的能级.设有一个 p 电子和一个 d 电子,那么 $s_1=s_2=\frac{1}{2}$,$l_1=1$,$l_2=2$,由此 $S=0,1$;$L=1,2,3$.对这三个 L 值的原子态分别称作 P、D、F 态.然后每一个 L 和 S 合成 J;例如 $L=1$,P 态,当 $S=0$ 时,$J=L=1$,是单一态;当 $S=1$ 时,$J=0,1,2$,是三重态.对 D 和 F 也同样形成单一态和三重态.求这些原子态时不需要计算角动量的数值.这样共有 12 个原子态如下表所示:

	$S=0$	1
$L=1$	$^1P_1$	$^3P_{0,1,2}$
2	$^1D_2$	$^3D_{1,2,3}$
3	$^1F_3$	$^3F_{2,3,4}$

原子态符号左上角的数码是重数,右下角是 J 值.这 12 个原子态的能级的彼此关系如图 5.4 所示.

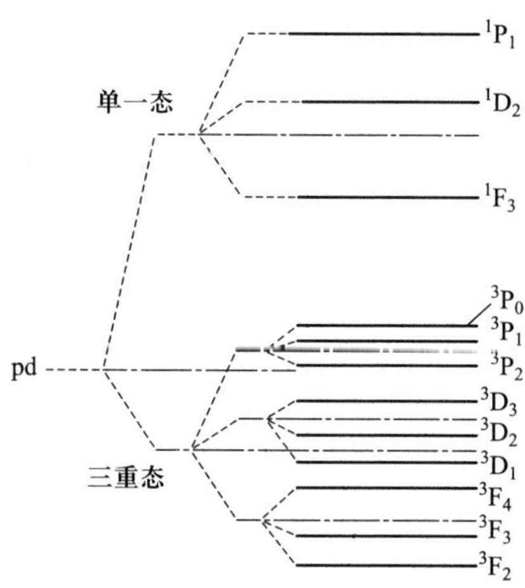

图 5.4　p 电子和 d 电子在 LS 耦合中形成的能级

上文提到在 LS 耦合中,六种相互作用的 G_1 和 G_2 比 G_3 和 G_4 强.图 5.4 表示两个电子的自旋和自旋的相互作用 G_1 很强,所以相当于 $S=0$ 和 1 的单一能级

和三重能级从未考虑相互作用时的能级上下分开很远.轨道运动的相互作用 G_2 又使不同 L 值的能级,即 P、D、F 能级再分开(在某些具体的情况中,G_1 比 G_2 强,也有些情况 G_2 比 G_1 强.对于后一情况,单一能级和三重能级交错在一起,P 和 D 的间隔大于 ^{1}P 和 ^{3}P 的间隔.),而较弱的作用 G_3 和 G_4 又使不同 J 值的能级又稍分开一些.

洪德定则 关于从一个电子组态形成诸能级的上下次序问题,洪德(F. Hund)曾提出一个一般的定则.这定则只适用于 LS 耦合,可陈述如下:从同一电子组态形成的级中,(1) 那重数最高的,亦即 S 值最大的能级位置最低;(2) 重数相同即具有相同 S 值的能级中,那具有最大 L 值的位置最低.

至于同一 L 值而有不同 J 值的诸能级的次序,就有两种情况.在有些能级结构中,具有最小 J 值的最低,这称作正常次序.在又有些能级结构中,具有最大 J 值的最低,称作倒转次序.关于这问题,也有一个规律以后将提及.现在只要知道,这决定于 G_3 和 G_4 的具体情况.有时 G_5 和 G_6 也有影响.也可能有其他特殊的影响.在图 5.4 中,^{3}P 就是倒的,这可以通过具体计算知道.

朗德间隔定则 关于能级的间隔,从相互作用的考虑可以进行理论的推算,我们不拟再作这方面讨论.这里只提出一个有用的结论,这就是朗德(Landé)间隔定则:在一个多重能级的结构中,能级的二相邻间隔同有关的二 J 值中较大那一值成正比.例如 $^3P_{0,1,2}$ 三个能级的两个间隔(能量差)之比等于 1 : 2;$^3D_{1,2,3}$ 三个能级的两个间隔之比等于 2 : 3.图 5.4 中的三重能级都显示了这个关系.

知道了以上讨论的关于 LS 耦合的法则,我们就很容易理解图 5.1 和图 5.2 所示氦和镁的能级结构.这些原子态都是 LS 耦合的.这里所示氦原子的诸状态中,一个电子一直留在 1s 态,另一个被激发.我们现在可以了解 1s2s 形成 $^1S_0$ 和 $^3S_1$ 原子态,1s2p 形成 $^1P_1$ 和 $^3P_{0,1,2}$ 等.图中可以看到同一组态的 ^{3}S 低于 ^{1}S,^{3}P 低于 ^{1}P.同样在图 5.2 中可以看到镁的第一激发态 3s3p 形成 $^3P_{0,1,2}$ 和 $^1P_1$,前者低于后者.

$^3S_1$ 实际是单层的,这是由于 $J=L+S,\cdots,|L-S|$,而 $L=0$,J 又必须是正值,所以 $J=S$,即 J 只有一值,也就是一个能级.

注意镁的 ^{3}P 三能级的次序是正的,间隔亦符合朗德定则,而氦的 ^{3}P 的次序是倒的,而且间隔也同朗德定则不符.海森伯曾研究过这问题,指出氦的这个情况是由于 s 电子的自旋同 p 电子的轨道运动的相互作用的强度同 p 电子本身的自旋-轨道作用强度有相仿的数量级的缘故,这里不像一般的情况,G_5 不能忽略.

jj 耦合 在上文所说六个相互作用中如果 G_3 和 G_4 比 G_1 和 G_2 强,也就是电子的自旋同自己的轨道运动的相互作用比两电子间的自旋或轨道运动相互作

用强，那么电子的自旋角动量和轨道角动量要合成各自的总角动量 $\boldsymbol{p}_j$，自旋角动量和轨道角动量都绕着各自的总角动量 $\boldsymbol{p}_j$ 旋进．然后两个电子的 $\boldsymbol{p}_j$ 又合成原子的总角动量 $\boldsymbol{P}_J$．这称为 *jj* 耦合．图 5.5 是 *jj* 耦合的矢量图．

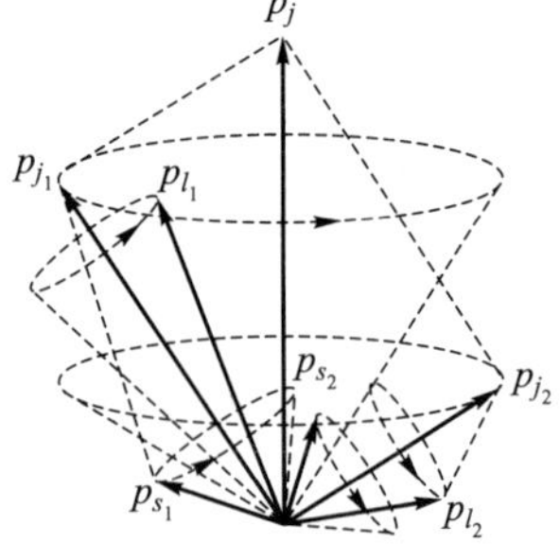

图 5.5　*jj* 耦合的矢量图

每个电子的自旋角动量的数值是

$$p_s = \sqrt{s(s+1)}\frac{h}{2\pi}, \quad s = \frac{1}{2}; \qquad (5.2.7)$$

轨道角动量的数值是

$$p_l = \sqrt{l(l+1)}\frac{h}{2\pi}. \qquad (5.2.8)$$

这两个角动量的矢量和是电子的总角动量 $\boldsymbol{p}_j$．这两个角动量的相对取向是量子化的，也就是说合成的 $\boldsymbol{p}_j$ 是量子化的，它的数值等于

$$p_j = \sqrt{j(j+1)}\frac{h}{2\pi}. \qquad (5.2.9)$$

式中的 j 等于下列可能的数值

$$j = l+s \text{ 或 } l-s, \quad \text{而 } s = \frac{1}{2}. \qquad (5.2.10)$$

每个电子有两个 j 值，也就是有两个 p_j 值．

最后，每个电子的 $\boldsymbol{p}_j$ 再和另一电子的 $\boldsymbol{p}_j$ 合成原子的总角动量 $\boldsymbol{P}_J$．$\boldsymbol{P}_J$ 是量子化的，它的数值是

$$P_J = \sqrt{J(J+1)}\frac{h}{2\pi}, \qquad (5.2.11)$$

J 只能有如下数值：

$$J = j_1+j_2,\ j_1+j_2-1, \cdots, |j_1-j_2|. \qquad (5.2.12)$$

现在举一例说明．考虑 ps 电子组态的 *jj* 耦合情况．这里 $l_1=1, l_2=0$．那么

$$j_1 = l_1 + \frac{1}{2} = \frac{3}{2} \quad \text{或} \quad l_1 - \frac{1}{2} = \frac{1}{2}$$

$$j_2 = l_2 + \frac{1}{2} = \frac{1}{2}.$$

然后每一个 j_1 和 j_2 合成 J：

$$j_1 = \frac{3}{2} \text{和 } j_2 = \frac{1}{2} \text{合成 } J = 2, 1$$

$$j_1 = \frac{1}{2} \text{和 } j_2 = \frac{1}{2} \text{合成 } J = 1, 0.$$

jj 耦合形成的原子态没有特别符号，现在的标记法可以用上述例子为例说明，四

个原子态标成$\left(\frac{3}{2}\ \frac{1}{2}\right)_2$，$\left(\frac{3}{2}\ \frac{1}{2}\right)_1$，$\left(\frac{1}{2}\ \frac{1}{2}\right)_1$，$\left(\frac{1}{2}\ \frac{1}{2}\right)_0$.括号内是$j_1$和$j_2$，括号外右下角是$J$.这四个能级的关系根据理论计算如图5.6所示.

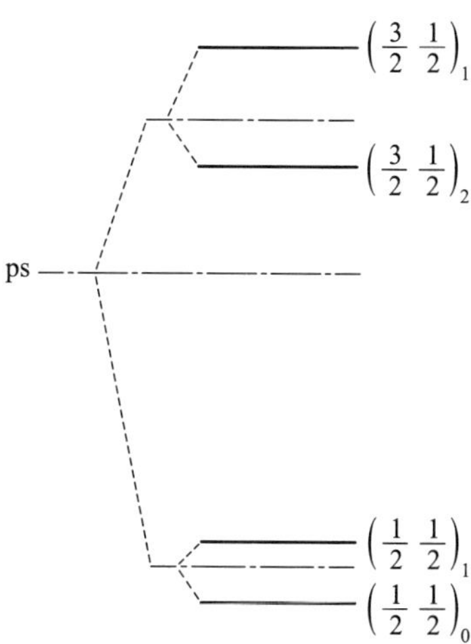

图5.6 两个价电子p和s在jj耦合中形成的能级

同一个电子组态在jj耦合中和在LS耦合中形成的原子态的数目是相同的，而且代表原子态的J值也相同.所不同的是能级的间隔，这反映几个相互作用的强弱对比之不同.例如刚才说过的p和s一对电子，如果是LS耦合，会形成$^1P_1$和$^3P_{2,1,0}$.这和jj耦合中得到的原子态数都是四个，而且J值都是1、2、1、0.

现在举具体例子看一下LS耦合和jj耦合对比和变化情况.碳族诸元素，碳C、硅Si、锗Ge、锡Sn、铅Pb在基态时最外层有两个p电子，其余电子构成完整的壳层.这些元素在基态时的价电子的组态如下：

C 2p2p，Si 3p3p，Ge 4p4p，Sn 5p5p，Pb 6p6p.

如果把这些元素在基态的一个p电子激发到高一级的s态，就得到如下的组态：

C 2p3s，Si 3p4s，Ge 4p5s，Sn 5p6s，Pb 6p7s.

这些元素在这些组态的能级的实际情况根据观察如图5.7所示，这些都是ps电子组态形成的原子态.我们可以看到在C中显然是LS耦合，在Pb中明显是jj耦合.中间三元素有逐渐变化的情况.

从能级间隔的情况可以辨别原子态属于哪一种耦合.图5.7中C的四个能级分为一个单能级和一个三重能级，而三重能级的间隔又符合朗德间隔定则，这些是LS耦合的特征.Pb的四个能级却分为两组，每组包含两个能级，这些能级的间隔同LS耦合的间隔规律不符，却可以很好地解释为不同jj值耦合的结果.

图中 Si 的能级显然是接近 *LS* 耦合型的.Sn 的能级接近 *jj* 耦合型.Ge 的能级是介乎两种类型之间的.原子能级的类型实质上是几个相互作用强弱不同的表现.*LS* 耦合和 *jj* 耦合是两个极端的情况.有些能级类型是介乎两者之间的,只有程度的差别,很难截然划分.*jj* 耦合一般出现在某些高激发态和较重的原子中.

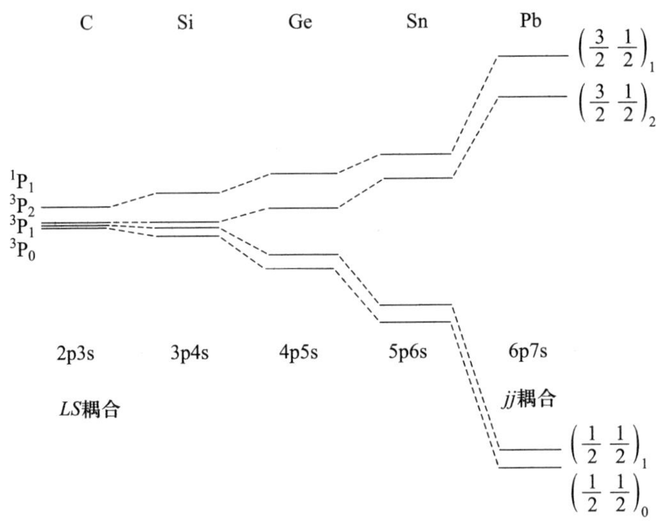

图 5.7 碳族元素在激发态 ps 的能级比较

5.3 泡利原理与*同科电子

在两个价电子的原子中,还有一种情况反映了一个普遍原则.氦在基态时的电子组态是 1s1s.按照 *LS* 耦合的法则.好像可以构成 $^1S_0$ 和 $^3S_1$ 两个原子态,但实验从来没有观察到那个电子组态中的 $^3S_1$ 态.同样,镁在基态时的电子组态 3s3s 也没有构成 $^3S_1$.这是什么原因呢? 泡利(W. Pauli)在 1925 年总结出一个原理:不能有两个电子处在同一状态.按照这个普遍原理,就很容易了解上述具体情况.

标志电子态的量子数有五个:n,l,s,m_l,m_s.前三个量子数代表的物理意义已很明确,不必再说.m_l 和 m_s 是分别代表轨道和自旋取向的量子数,在特定方向(例如足够强的磁场)上,轨道角动量的分量是 $m_l\frac{h}{2\pi}$,自旋角动量的分量是 $m_s\frac{h}{2\pi}$.所谓两个电子不能处在同一态就是说这五个量子数不能完全相同.由于

s 量子数是不变的,所以也只有四个量子数标志着每个电子的状态.

现在回到上述的具体情况.在氦的基态中,两个 1s 电子的 n 和 l 都相同,m_l 又都等于 0,根据泡利原理,m_s 就必须有差别.s 既等于$\frac{1}{2}$,m_s 只能有两个数值,就是$+\frac{1}{2}$和$-\frac{1}{2}$.这就是说两个电子的自旋必须相反.在没有外场时,它们的相对取向仍必须相反.因此自旋总角动量的量子数 S 只能是 0,不能等于 1.这就是为什么 1s1s 的电子组态只能形成$^1S_0$ 态而不能有$^3S_1$ 态的原因.镁的 3s3s 由于同样理由不能形成$^3S_1$ 态.

* n 和 l 二量子数相同的电子称为同科电子.同科电子形成的原子态比非同科而有相同 l 值的电子形成的原子态少.例如 1s1s 只能形成$^1S_0$,而 1s2s 可以形成$^1S_0$ 和$^3S_1$ 如图 5.1 和图 5.2 中所示.* 再举一例.两个 p 电子,如果 n 不同,按照 LS 耦合法则,会形成^1S,^1P,^1D,^3S,^3P,^3D 几种原子态.如果是同科的,就不能形成那么多原子态.现在按照泡利原理,推导一下可能有的状态.这两个电子可能有的 m_l 值是 1,0,-1;可能有的 m_s 值是$\frac{1}{2}$和$-\frac{1}{2}$.两个电子的 m_l 和 m_s 必须至少有一个不同.这样就可以列出可能的配合如表 5.1.

表 5.1 两个同科 p 电子可能的状态配合

m_{s_1}	m_{s_2}	m_{l_1}	m_{l_2}	M_S	M_L
$\frac{1}{2}$	$\frac{1}{2}$	1	0	1	1
$\frac{1}{2}$	$\frac{1}{2}$	1	-1	1	0
$\frac{1}{2}$	$\frac{1}{2}$	0	-1	1	-1
$\frac{1}{2}$	$-\frac{1}{2}$	1	1	0	2
$\frac{1}{2}$	$-\frac{1}{2}$	1	0	0	1
$\frac{1}{2}$	$-\frac{1}{2}$	1	-1	0	0
$\frac{1}{2}$	$-\frac{1}{2}$	0	1	0	1
$\frac{1}{2}$	$-\frac{1}{2}$	0	0	0	0

续表

m_{s_1}	m_{s_2}	m_{l_1}	m_{l_2}	M_S	M_L
$\frac{1}{2}$	$-\frac{1}{2}$	0	-1	0	-1
$\frac{1}{2}$	$-\frac{1}{2}$	-1	1	0	0
$\frac{1}{2}$	$-\frac{1}{2}$	-1	0	0	-1
$\frac{1}{2}$	$-\frac{1}{2}$	-1	-1	0	-2
$-\frac{1}{2}$	$-\frac{1}{2}$	1	0	-1	1
$-\frac{1}{2}$	$-\frac{1}{2}$	1	-1	-1	0
$-\frac{1}{2}$	$-\frac{1}{2}$	0	-1	-1	-1

表中共有 15 种可能的配合，右边 M_S 一行是 m_{s_1} 和 m_{s_2} 相加的数值，这代表 P_S 在特定方向的分量.M_L 是 m_{l_1} 和 m_{l_2} 相加的数值，这代表 P_L 在特定方向的分量.$M_L=2$ 和 -2 是 $L=2$ 的分量；$M_L=1$ 和 -1 是 $L=2$ 或 $L=1$ 的分量；$M_L=0$ 是 $L=2$、$L=1$ 或 $L=0$ 的分量.现在把 $L=2$ 的分量和相伴的 M_S 取出开列如下，并由此得出 S 和 L 值，从而定出态的性质：

$$M_S=0,0,0,0,0 \qquad M_L=2,1,0,-1,-2 \qquad \left.\begin{matrix}S=0\\L=2\end{matrix}\right\}{}^1\mathrm{D}$$

剩下的十组再分列如下

$$M_S=1,1,1;\quad 0,0,0;\quad -1,-1,-1, \qquad M_L=1,0,-1;\quad 1,0,-1;\quad 1,0,-1, \qquad \left.\begin{matrix}S=1\\L=1\end{matrix}\right\}{}^3\mathrm{P}$$

$$M_S=0, \qquad M_L=0, \qquad \left.\begin{matrix}S=0\\L=0\end{matrix}\right\}{}^1\mathrm{S}$$

结论是两个同科 p 电子形成的电子态是 ^{1}S、^{1}D 和 ^{3}P，比两个非同科的 p 电子形成的原子态少很多.

同理，两个同科 d 电子形成的原子态比两个非同科的 d 电子形成的原子态要少.f 电子也是这样.上面举的例子是 LS 耦合.当然在 jj 耦合中同科电子形成的原子态也要少一些.

5.4　复杂原子光谱的一般规律

三个或三个以上价电子的原子的光谱和能级比以前讨论过的情况还要复杂.本节将扼要地陈述一些情况和一般规律,不再对各类原子作详细的讨论.

光谱和能级的位移律　由实验观察到,具有原子序数 Z 的中性原子的光谱和能级,同具有原子序数 $Z+1$ 的原子一次电离后的光谱和能级很相似.例如 H 同 He^+,He 同 Li^+的光谱和能级结构相类似.对具有更多电子的原子也是这样.不难理解,这是由于所说的两个体系具有相同的电子数和组态.

多重性的交替律　又发现按周期表顺序的元素交替地具有偶数或奇数的多重态.表 5.2 中开列了周期系中一部分顺序元素的多重结构.表中除加括弧的还没有观察到,其余都是已证实了的.

表 5.2　交替的多重态

19K	20Ca	21Sc	22Ti	23V	24Cr	25Mn	26Fe	27Co	28Ni	29Cu
	单一		单一		(单一)		(单一)		单一	
双重		双重		双重		(双重)		双重		双重
	三重		三重		三重		三重		三重	
		四重		四重		四重		四重		四重
			五重		五重		五重		五重	
				六重		六重		六重		
					七重		七重			
						八重				

三个或三个以上价电子的原子态的推导　在 LS 耦合中,能级的重数决定于 S 值.以前讨论过,$S=0$ 是单一态,$\frac{1}{2}$是双重态,1 是三重态,可见能级的结构重数等于 $2S+1$.原子如果只有一个价电子,$S=\frac{1}{2}$,能级是双重的,如果有两个价电子,在原有$\frac{1}{2}$上再加或减一个$\frac{1}{2}$,成为 1 或 0,形成三重态和单一态.当有三个价电子时,可以考虑这是二电子的结构上再加一个电子.所以在二电子的 $S=1$ 上再加或减$\frac{1}{2}$,成为$\frac{3}{2}$或$\frac{1}{2}$;又在 $S=0$ 上加$\frac{1}{2}$,成$\frac{1}{2}$(不能减,因 S 不能是负值);所以三

电子的体系具有四重态和双重态.每加一个电子,由于 S 值加或减$\frac{1}{2}$,原有每一类能级的多重结构就转变成两类,一类的重数比原有的增 1,另一类减 1.例如原来如果是一个三重结构,加一电子就转成四重和二重的结构.

任何原子的状态,基态和激发态,可以看作它的一次电离离子加一个电子形成的.而它的一次电离离子的状态又同按周期表顺序前一个元素的状态相似.所以由前一元素的状态可以推断后继元素的状态.这可以按照对二电子体系推求状态的法则进行.把原有原子或离子的总轨道角动量量子数(用 L_p 表示)代替二电子体系中一个电子的 l,这个 L_p 同新加电子的 l 合成总的 L.然后 L 同 S 再合成总的 J.例如原有原子有一个^{3}P 态,现在要加一个 d 电子.原有的 L_p 等于 1,新加电子的 l 是 2,所以总的 L 是 1,2,3.又原有 S_p 等于 1,新加电子的 s 是$\frac{1}{2}$,所以总 S 等于$\frac{1}{2}$和$\frac{3}{2}$.由此形成的原子态是^{2}P,^{2}D,^{2}F,^{4}P,^{4}D,^{4}F.这符号上的重数是按 $2S+1$ 标记的,这里一种是双重态,另一种是四重态.但在 $S>L$ 的情况中,实际能级数只有 $2L+1$ 层;例如以前遇到的^{2}S 都只有一层,现在推得^{4}P 实际只有三层.

Jj 耦合也发生在三个或三个以上价电子的体系中.这样的原子态也可以按一次电离的离子或按周期表顺序前一个原子加一个电子来推求.用二电子体系的法则,把原有原子的总 J_p 代替二电子体系中一个电子的 j,这个 J_p 同新加电子的 j 合成总的 J.原有原子的 J_p 可以由 LS 耦合或 Jj 耦合形成.这里也举一例,设原有原子的 J_p 是 1,现在要加一个 p 电子.p 电子的 j 等于$\frac{1}{2}$或$\frac{3}{2}$,这些同 J_p 耦合,构成 $J=\frac{1}{2},\frac{3}{2}$和 $J=\frac{1}{2},\frac{3}{2},\frac{5}{2}$两组能级.

对同科电子仍需考虑泡利原理.

洪德定则 在上一节陈述的关于能级高低的洪德定则对具有三个及三个以上价电子的原子仍有效.

朗德间隔定则 在多电子的原子中这定则同样适用.

能级的正常次序和倒转次序问题 原子内部的那些电子构成壳层,每一壳层又分为次壳层.这在第七章中将讨论.现在需要知道的是每一个次壳层由同科电子构成,能容纳的电子数有一个限度:同科 s 电子最多只能有两个,同科 p 电子最多六个,同科 d 电子最多十个.关于能级的次序,得到一个规律:由一个次壳层满额的半数以上的电子(但还没有满)构成的能级一般具有倒转次序;少于满额半数的电子构成的能级一般具有正常次序.其他因素对能级次序的影响,又作别论.

以上所述是多电子原子的光谱和能级的一般情况.

5.5 辐射跃迁的普适选择定则

在第四章中曾讨论到,单电子原子在发射或吸收辐射时的跃迁只能发生在有一定关系的状态之间,这情况曾用简单的选择定则表达出来.在具有两个或两个以上电子的原子中,状态的辐射跃迁也具有选择性.本节将陈述一套概括的选择定则,适用于多电子原子也适用于单电子原子的辐射跃迁,因此包括了第四章中讨论的情况.这些定则起初是从光谱的观察和分析研究中总结出来的.经量子力学的理论阐述,人们更了解到它的物理意义.

现在先说明一条普遍的定则.从原子中电子的空间分布有关的性质来考虑,它的状态可以分为偶性和奇性两类;这性质称作"宇称".有一个简便方法,可以从原子在某一状态的电子组态判别它的宇称:把原子中各电子的 l 量子数相加,如果得到偶数,原子的状态是偶性的;如果是奇数,状态是奇性的.普遍的选择定则是,跃迁只能发生在不同宇称的状态间,偶性到奇性,或奇性到偶性.在多电子的原子中,每次跃迁不论有几个电子变动,都得符合这条规律.用符号表达,可以写成

$$偶性态(\sum l_i=偶数)\rightleftharpoons 奇性态(\sum l_i=奇数)$$

这条是关于电子组态变动的定则.不同状态间能否有跃迁首先考虑这一条.然后按照耦合的类型再有如下的定则.

(1) LS 耦合

$\Delta S=0$

$\Delta L=0,\pm1$

$\Delta J=0,\pm1(0\to0$ 除外)

(2) Jj 耦合

$$\left.\begin{array}{l}\Delta J_p=0\\ \Delta j=0,\pm1\end{array}\right\}\text{或对换}$$

$\Delta J=0,\pm1(0\to0$ 除外).

在第四章中提到的选择定则,除 J 的改变同这里的要求相同外,未提 $\Delta S=0$,Δl 只写±1 而奇偶性问题未提出.因那里涉及的是一个电子,S 不会变,又满足了奇偶性的改变就不可能有 $\Delta L=0$,而满足了 $\Delta l=\pm1$ 就已满足了奇偶性的改变,所以那时简单地提出就可以了.

从发射或吸收光谱中观察到的谱线一般都是上述选择定则范围的跃迁产生的.但在适当的条件下,有时不符合上述定则的很弱的谱线也会出现.从理论的推究,知道上述选择定则是电偶极辐射的规律,可知观察到的一般光谱线是属于电偶极型的辐射,那些在适当条件下才出现的较弱的谱线是电四极、磁偶极等其他类型的辐射.这些跃迁的概率很小,也有不同的规律,这里不再论述.所谓电偶极、电四极、磁偶极等可以理解为原子中电子的不同分布和运动的描述.

5.6 原子的激发和辐射跃迁的一个实例——氦氖激光器

本章讨论了多电子原子的能态和辐射跃迁,着重谈到二电子原子.近年来激光及其应用有很大的发展.氦氖激光器是许多人所熟悉的.这是氦和氖混合气体所成的激光光源.氦原子具有两个电子,其能级本章已经讨论.氖原子具有 10 个电子,它的能级状况按照本章已经谈过的各项原则也是容易了解的.讨论这种激光器是为本章述及的一些原则和规律再举一个实例.

氦氖激光器中把氦气和氖气按适当比例和气压封入玻璃管或石英管中.通常用的气压和比例是 1 mm 汞高的氦和 0.1 mm 汞高的氖混合.用气体放电的方式,通过电子碰撞,使氦原子激发到 1s2s 的两个亚稳态 $^1S_0$ 和 $^3S_1$.氦原子在这两个能级会停留较长时间,不会经辐射跃迁回到基态.这些氦原子会同氖原子发生碰撞,把能量传递给后者,使它被激发到两个能级,其高度恰好同氦的两个亚稳态很接近.这样就造成氖原子这两个能级的原子数超过下面能级的原子数,从而可能产生很强的辐射.

图 5.8 把氦原子的能级和氖原子的能级画在一起,用同一标尺表示两套能级的高低.图中把基态的能量作为零.纵坐标用波数表示基态以上各能级的高度.氦的亚稳态是 1s2s 的 $^1S_0$ 和 $^3S_1$,同这两个能级的高度接近的氖能级是两组由它的 $2p^5 4s$ 和 $2p^5 5s$ 电子组态分别组成的.下面讨论这种激光器中氖原子的有关能级.

氖原子中有 10 个电子,其基态的电子组态是 $1s^2 2s^2 2p^6$,组成原子态 $^1S_0$.基态以上的激发态是由一个 2p 电子受激发形成的.在原壳层留下五个 2p 电子.这样,氖原子就有下列几个可能的电子激发组态:$1s^2 2s^2 2p^5 3s$, $1s^2 2s^2 2p^5 3p$, $1s^2 2s^2 2p^5 4s$, $1s^2 2s^2 2p^5 5s$ 等,同氦氖激光器有关的就是这几个较低的激发态.这些电子组态的内部满壳层 $1s^2 2s^2$ 不影响原子态的形成.我们只需考虑外面的不满壳层.上述四个电子组态中有三个是同类型的,即 $2p^5 ns(n=3,4,5)$.p^5 是满壳

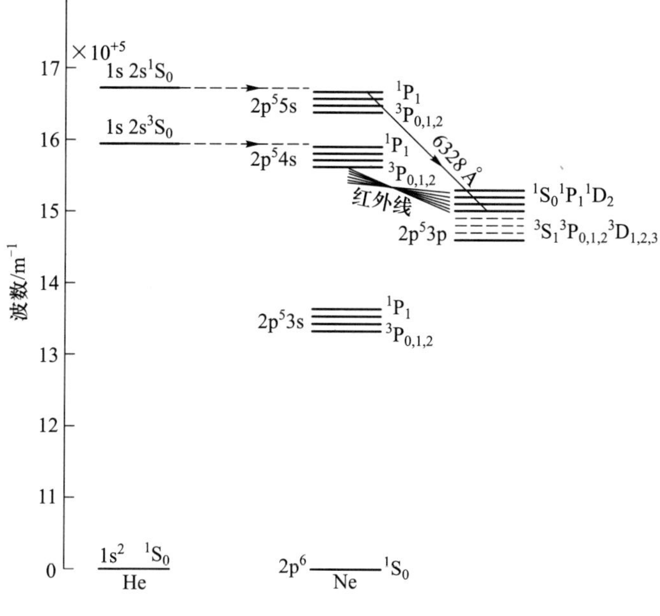

图 5.8 氦氖能级

层失去了 1 个电子.5 个同科 p 电子只组成一个^{2}P 态,相当于 1 个电子所形成的.这个 P 态又和外面的 s 电子耦合;那么 $l_1=1,l_2=0,s_1=s_2=\frac{1}{2}$;合成 $L=1,S=0,1$;即组成$^1P_1$ 和$^3P_{0,1,2}$这四个原子态.三个同类型组态都是这样.同氦的亚稳态高度接近的是 2p^{5}4s 和 2p^{5}5s 两个组态.每个组成四个能级,就是上面推得的.能级的次序如上面所写的,^{1}P 最高.

氖的另一个电子组态 2p^{5}3p 中,p^5 构成的^{2}P 同一个 p 电子耦合,那么 $l_1=l_2=1,s_1=s_2=\frac{1}{2}$;合成 $L=0,1,2$;$S=0,1$.这样就组成共 10 个原子态$^1S_0$,$^1P_1$,$^1D_2$,$^3S_1$,$^3P_{0,1,2}$,$^3D_{1,2,3}$.能级的次序就如这里开列的,$^1S_0$ 最高,可能有交叉情况.

氖原子受氦原子的亚稳态能量激发,到达 2p^{5}4s 和 2p^{5}5s 两个组态的数目很多,以致在这两个组态的原子数超过下面一个组态 2p^{5}3p 的原子数,形成原子数的反转.这样就会发生很多原子向下跃迁所发的强辐射.我们可以按选择定则查看一下有哪些可能的跃迁.据说有破例的情况,氦氖激光器发出的可见的红光,波长 6 328 Å,是从 2p^{5}5s$^1P_1$ 跃迁到 2p^{5}3p 那一组中某一能级所发的.从另一组态 2p^{5}4s 那一组到 2p^{5}3p 那一组的跃迁中,在不同气压和混合比例下,观察到共计 14 条谱线,波长分布在 0.6 到 1.5 μm 之间,这是近红外区.其中 1.152 3 μm

那一条最强.

从以上的叙述可知,光是从氖原子发出的.氦原子起着传递能量,使氖原子被激发,造成它的能级的原子数反转的作用.

激光管两端装有反射镜,调整到互相平行,并垂直于管轴.这使发射出的光在管中往返多次被反射,造成一个强度很高的平行光区域.在激发态的氖原子在强光区就会发出受激辐射,上述两个反射镜中有一个可使光部分透过.透过的光就是输出的激光,是很强的一束平行光.

既有能量输出,就需要补充才能维持连续输出.氦传递的能量,既供给氖作初始的激发,也连续作补充的激发,再加在放电过程中,基态氖原子也会受电子碰撞得到激发,氖的激发态就能维持足够的原子数量,这样,激光就能够稳定地连续输出.

习 题

自测

1. He 原子的两个电子处在 2p3d 电子组态.问可能组成哪几种原子态?用原子态的符号表示之.已知电子间是 LS 耦合.

2. 已知 He 原子两电子被分别激发到 2p 和 3d 轨道,其所构成的原子态为^{3}D,问这两电子的轨道角动量 p_{l_1} 与 p_{l_2} 之间的夹角,自旋角动量 p_{s_1} 与 p_{s_2} 之间夹角分别是多少?

3. 锌原子($Z=30$)的最外层电子有两个基态时的组态是 4s4s.当其中有一个被激发,考虑两种情况:

(1) 那电子被激发到 5s 态.

(2) 它被激发到 4p 态.

试求出在 LS 耦合情况下这两种电子组态分别组成的原子状态.画出相应的能级图.从(1)和(2)情况形成的激发态向低能级跃迁分别各有几种光谱跃迁?

4. 试以两个价电子 $l_1=2$ 和 $l_2=3$ 为例证明,不论是 LS 耦合还是 jj 耦合都给出同样数目的可能状态.

*5. 利用 LS 耦合、泡利原理和洪德定则来确定碳 $Z=6$、氮 $Z=7$ 原子的基态.

6. 已知 He 原子的一个电子被激发到 2p 轨道,而另一个电子还在 1s 轨道,试作出能级跃迁图来说明可能出现哪些光谱线的跃迁.

7. Ca 原子的能级是单层和三重结构,三重结构中 J 大的能级高.其锐线系的三重线的频率 $\nu_2>\nu_1>\nu_0$,其频率间隔为 $\Delta\nu_1=\nu_1-\nu_0$,$\Delta\nu_2=\nu_2-\nu_1$.试求其频率间隔比值$\dfrac{\Delta\nu_2}{\Delta\nu_1}$.

8. Pb 原子基态的两个价电子都在 6p 轨道.若其中一个价电子被激发到 7s 轨道,而其价电子间相互作用属于 jj 耦合.问此时 Pb 原子可能有哪些状态?

第六章　在磁场中的原子

数字资源

本章综合讨论原子处在磁场中所发生的一些现象和有关理论.1896年开始,塞曼(P. Zeeman)逐步发现,当光源放在足够强的磁场中时,所发的光谱线都分裂成几条,条数随能级的类别而不同,而分裂后的谱线成分是偏振的.后人称这现象为塞曼效应.这现象反映原子结构的情况,到现在仍用来研究有关原子的问题.1944年扎佛依斯基发现了磁共振现象,随后数年中发展了这方面的实验.基本内容是,在稳定的磁场中放置要研究的材料样品,再加交变磁场,如果后者的频率合适,样品会从交变场吸收能量.这类实验在科学上有重要的应用.它的基础也是原子的磁性问题.还有,大家早已知道的关于物质磁化的事实:有一类物质,放在磁场中磁化后,它的磁矩的方向同磁场的方向相同;另一类物质,放在磁场中磁化后,它的磁矩的方向同磁场的方向相反;前一类称作顺磁性物质,后一类称作抗磁性物质.经研究,知道这也是原子结构的反映.

上述那些事实将在下几节中分别详细讨论.这样做,一方面是要说明产生这些现象的缘由,另一方面也要说明怎样通过这些现象又可以窥见原子的结构.这些问题有其共同性,可以统一在一套理论中.因此下面先进行磁场对原子所起作用的一般讨论,然后分别进入具体问题.

6.1　原子的磁矩

原子磁性问题的关键是原子的磁矩.在第二章中讨论到原子中的电子,由于轨道运动,具有轨道磁矩,它的数值是

$$\mu_l=\frac{e}{2m_e}p_l,\tag{6.1.1}$$

方向同 p_l 相反.用量子力学的 p_l 值,即

$$\mu_l=\sqrt{l(l+1)}\frac{he}{4\pi m_e}=\sqrt{l(l+1)}\mu_B\tag{6.1.2}$$

$\mu_B=\dfrac{he}{4\pi m_e}=0.927\times10^{-23}\ \mathrm{A\cdot m^2}$,称为玻尔磁子.

在第四章讨论光谱的精细结构时提出了电子的自旋,电子还具有自旋磁矩,它的数值是

$$\mu_s=\frac{e}{m_e}p_s. \tag{6.1.3}$$

方向同 p_s 相反.代入 p_s 值,得

$$\mu_s=\sqrt{\frac{1}{2}\left(\frac{1}{2}+1\right)}\frac{he}{2\pi m_e}=\sqrt{3}\mu_B. \tag{6.1.4}$$

原子中电子的轨道磁矩和自旋磁矩合成原子的总磁矩.原子核也有磁矩,表达它的公式也具有$\frac{he}{4\pi m_p}$的倍数的形式,但分母中的质量 m_p 是质子的质量,大于电子质量 1 836 倍,所以原子核的磁矩比电子的磁矩要小三个数量级,计算原子总磁矩时可暂不考虑.下面进行原子总磁矩的计算.

1. 单电子原子的总磁矩

磁矩的计算可以利用矢量图来进行.图 6.1 表示电子的轨道角动量、自旋角动量、总角动量同有关磁矩的关系.由于 μ_l 同 p_l 的比值不同于 μ_s 同 p_s 的比值[见(6.1.1)和(6.1.3)式],μ_l 和 μ_s 合成的总磁矩 μ 不在总角动量 p_j 的延线上.但 p_l 和 p_s 是绕 p_j 进动的,因此 μ_l、μ_s 和 μ 都绕 p_j 的延线进动.μ 不是一个有定向的量,把它分解成两个分量:一个沿 p_j 的延线,称作 μ_j,这是有定向的常量;另一个是垂直于 p_j 的,它绕着 p_j 转动,对外平均效果全抵消了.因此对外发生效果的是 μ_j,我们把它称作原子总磁矩.

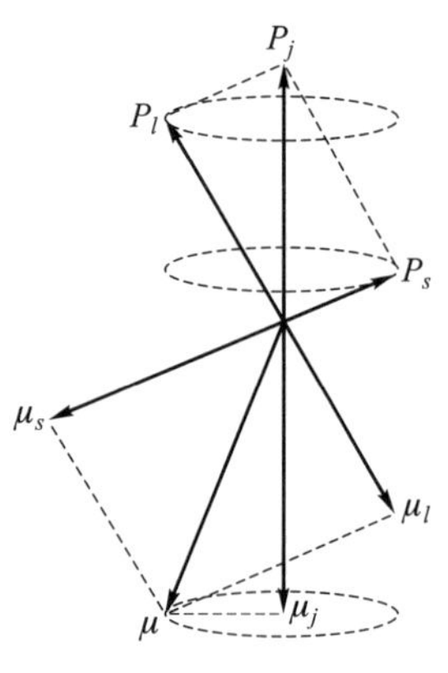

图 6.1 电子磁矩同角动量的关系

要计算 μ_j,只需把 μ_l 和 μ_s 在 p_j 延线上的分量相加就可以.所以

$$\mu_j=\mu_l\cos(lj)+\mu_s\cos(sj), \tag{6.1.5}$$

(lj)和(sj)分别代表 μ_l 和 μ_j 之间和 μ_s 和 μ_j 之间的夹角,代入(6.1.1)式和(6.1.3)式,

$$\mu_j=[p_l\cos(lj)+2p_s\cos(sj)]\frac{e}{2m_e}, \tag{6.1.6}$$

这里(lj)和(sj)也是 p_l 和 p_j 之间和 p_s 和 p_j 之间的夹角.由 p_l,p_s 和 p_j 构成的三角形中,可得

$$p_s^2=p_l^2+p_j^2-2p_lp_j\cos(lj),$$

由此

$$p_l\cos(lj)=\frac{p_j^2+p_l^2-p_s^2}{2p_j}. \tag{6.1.7}$$

又

$$p_l^2=p_s^2+p_j^2-2p_sp_j\cos(sj),$$

因此

$$p_s\cos(sj)=\frac{p_j^2-p_l^2+p_s^2}{2p_j} \tag{6.1.8}$$

把(6.1.7)和(6.1.8)式代入(6.1.6)式并简化,就有

$$\mu_j=\left[1+\frac{p_j^2-p_l^2+p_s^2}{2p_j^2}\right]\frac{e}{2m_e}p_j=g\frac{e}{2m_e}p_j, \tag{6.1.9}$$

其中

$$\begin{aligned}g&=\left[1+\frac{p_j^2-p_l^2+p_s^2}{2p_j^2}\right]\\&=1+\frac{j(j+1)-l(l+1)+s(s+1)}{2j(j+1)},\end{aligned} \tag{6.1.10}$$

称为朗德 g 因子.(6.1.9)和(6.1.10)式表达了单电子原子总磁矩的数值同 p_j 值的关系.

2. 具有两个或两个以上电子的原子的磁矩

对两个或两个以上电子的原子,可以证明磁矩的表达式是

$$\mu_J=g\frac{e}{2m_e}P_J, \tag{6.1.11}$$

同(6.1.9)式相仿,这里 P_J 是原子的总角动量.但 g 因子随着耦合类型之不同有两种计算法:

(1) 对 LS 耦合,

$$g=1+\frac{J(J+1)-L(L+1)+S(S+1)}{2J(J+1)}. \tag{6.1.12}$$

这同关于单电子原子的(6.1.10)式有相同的形式,只是 L、S 和 J 是各电子耦合后的数值.

(2) 对 Jj 耦合,

$$\begin{aligned}g=&g_i\frac{J(J+1)+j_i(j_i+1)-J_p(J_p+1)}{2J(J+1)}+\\&g_p\frac{J(J+1)+J_p(J_p+1)-j_i(j_i+1)}{2J(J+1)}\end{aligned} \tag{6.1.13}$$

这里需要说明一下,如果是两个电子,J_p 和 j_i 就分别是每个电子的 j 量子数,g_p 和 g_i 分别是每个电子的 g 因子.如果有 n 个电子,原子态的形成,如第五章中所述,可以看作电子按一定的次序逐个增加的结果.最后如果 $n-1$ 个电子构成的集体同单个电子成为 Jj 耦合,这时 J_p 和 g_p 是属于 $(n-1)$ 个电子构成的集体的数值,而 j_i 和 g_i 是最后加的那个电子的数值.至于 g_p 的计算,又按那个集体形成的方式是 Jj 耦合还是 LS 耦合而分别用(6.1.13)或(6.1.12)式逐步算得;J_p 按不同耦合 J 值的计算法算得.

有了(6.1.9)、(6.1.10)、(6.1.11)、(6.1.12)、(6.1.13)诸式后,如果知道原子态的性质,它的磁矩就可以算出来.反过来,从原子的磁性的研究也可提供它所处状态的线索.

6.2 外磁场对原子的作用

1. 拉莫尔旋进

原子既有总磁矩 μ_J,处在磁场中就要受场的作用,其效果是磁矩绕磁场的方向作进动,这也就是总角动量 $\boldsymbol{P}_J$ 绕磁场方向进动.现在对这个进动的转向和速度作简单的说明.图 6.2 是进动的示意图.

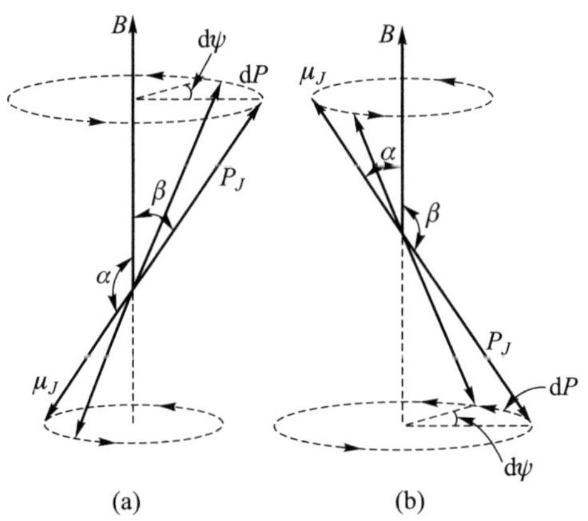

图 6.2 原子总磁矩受磁场作用发生的进动

磁场对 μ_J 的力矩是

$$\boldsymbol{L}=\mu_0\mu_J\boldsymbol{H}=\mu_J\boldsymbol{B}. \tag{6.2.1}$$

式中 μ_0 是一个常量,称作真空磁导率.这就要产生角动量的改变.角动量改变的

方向就是力矩的方向.如果单位合适,角动量改变的时间率数值上等于力矩,所以

$$\boldsymbol{L}=\frac{\mathrm{d}\boldsymbol{P}}{\mathrm{d}t}. \tag{6.2.2}$$

从图 6.2 中可以看出,$\boldsymbol{L}$ 和 $\mathrm{d}\boldsymbol{P}$ 的方向在这个顷刻都是垂直并进入纸面的.由于力矩 $\boldsymbol{L}$ 的存在,角动量的改变 $\mathrm{d}\boldsymbol{P}$ 连续发生.但 $\mathrm{d}\boldsymbol{P}$ 一直是垂直于 $\boldsymbol{P}_J$ 的,所以 $\boldsymbol{P}_J$ 只改变方向,而不改变数值.这就造成 $\boldsymbol{P}_J$ 在图所示的方向连续的进动.

由图又可以看出

$$\mathrm{d}P=P_J\sin\beta\cdot\mathrm{d}\psi,$$

因此

$$\frac{\mathrm{d}P}{\mathrm{d}t}=P_J\sin\beta\frac{\mathrm{d}\psi}{\mathrm{d}t}=P_J\sin\beta\cdot\omega_L, \tag{6.2.3}$$

式中 $\omega_L=\mathrm{d}\psi/\mathrm{d}t$ 是进动的角速度.把(6.2.1)式列成标量式,即得

$$L=\mu_J B\sin\alpha. \tag{6.2.4}$$

由(6.2.2)、(6.2.3)、(6.2.4)式,就有

$$P_J\sin\beta\cdot\omega_L=\mu_J B\sin\alpha. \tag{6.2.5}$$

但 $\sin\beta=\sin\alpha$,所以

$$\omega_L=\frac{\mu_J}{P_J}B=\gamma B. \tag{6.2.6}$$

这是拉莫尔进动角速度的公式.由 6.1 节(6.1.11)式,就有

$$\gamma=\frac{ge}{2m_e}, \tag{6.2.7}$$

式中 γ 称为旋磁比,那么进动频率就等于

$$\nu_L=\frac{\omega_J}{2\pi}=\frac{\gamma B}{2\pi}. \tag{6.2.8}$$

图 6.2 中(a)、(b)两图表示两种情况:(a)图中 μ_J 和磁场的夹角 α 大于 90°,(b)图中 α 小于 90°.在两种情况下,进动的方向对磁场说是相同的,都是按螺旋在磁场方向前进的转向.但产生的效果却不同.(a)图中 β 角小于 90°,进动角动量叠加在 $\boldsymbol{P}_J$ 在 $\boldsymbol{H}$ 方向的分量上,使这方向的角动量增加,因而也是能量的增加.(b)图中 β 角大于 90°,$\boldsymbol{P}_J$ 的分量在 $\boldsymbol{H}$ 的相反方向,因此进动使这方向的角动量减少,因而也是能量的减少.由此可知,从运动的观点,μ_J 与 $\boldsymbol{H}$ 的夹角 α 大于 90°时,这体系的能量较无磁场时增加;α 小于 90°时,体系的能量较无磁场时减小.进动引起能量的增减.由运动的考虑可以推出能量增减的表达式.

2. 原子受磁场作用的附加能量

原子受磁场作用而进动所引起的附加能量，可证明是（这与第四章中提到的有相同的形式）

$$\Delta E=-\mu_J B\cos\alpha. \tag{6.2.9}$$

把上节(6.2.11)式的 μ_J 值代入，就有

$$\Delta E=g\frac{e}{2m_e}P_J B\cos\beta. \tag{6.2.10}$$

由图 6.2 可知，β 同 α 互为补角.但 μ_J 或 $\boldsymbol{P}_J$ 在磁场中的取向是量子化的，也就是 β 角不是任意的.(6.2.10)式中的 $P_J\cos\beta$ 是 P_J 在磁场方向的分量.β 的量子化也就是这个分量的量子化，它只能取得如下数值：

$$P_J\cos\beta=M\frac{h}{2\pi}, \tag{6.2.11}$$

M 称为磁量子数，只能有如下数值：

$$M=J,J-1,\cdots,-J, \tag{6.2.12}$$

共有 $2J+1$ 个 M 值.每一个 M 值相当于 P_J 的一个可能取向.把(6.2.11)式代入(6.2.10)式，就得

$$\Delta E=Mg\frac{he}{4\pi m_e}B=Mg\mu_B B, \tag{6.2.13}$$

如果把(6.2.13)式的附加能量表达作光谱项差 ΔT，就有

$$-\Delta T=\frac{\Delta E}{hc}=Mg\frac{eB}{4\pi m_e c}=MgL, \tag{6.2.14}$$

$L=eB/4\pi m_e c$，称为洛伦兹单位.

(6.2.13)和(6.2.14)两式中的 M 只能取 J 到 $-J$ 逐数差 1 的数值，共有 $2J+1$ 个数值.所以在稳定的磁场下，ΔE 有 $2J+1$ 个可能的数值.这就是说，无磁场时的一个能级，因磁场的作用要再加能量 ΔE，而 ΔE 有 $2J+1$ 个不同的可能值，所以这能级裂成 $2J+1$ 层.现在举一个例子：${}^2\mathrm{P}_{\frac{3}{2}}$ 在磁场中能级分裂的情况.这里 $L=1$，$S=\frac{1}{2}$，$J=\frac{3}{2}$.可以由 6.1 节(6.1.12)式算得 $g=\frac{4}{3}$.而 $M=\frac{3}{2},\frac{1}{2},-\frac{1}{2},-\frac{3}{2}$.所以 $Mg=\frac{6}{3},\frac{2}{3},-\frac{2}{3},-\frac{6}{3}$.这样，能级裂成四层，间隔都等于 $\frac{4}{3}\mu_B B$，如图 6.3 所示.图中右边说明各能级的 M 值和 Mg 值.由(6.2.13)式 $\Delta E=Mg\mu_B B$，能级由原能级的实际挪动同磁感应强度 B 成正比，B 如增加，能级的间隔将按比例扩大.

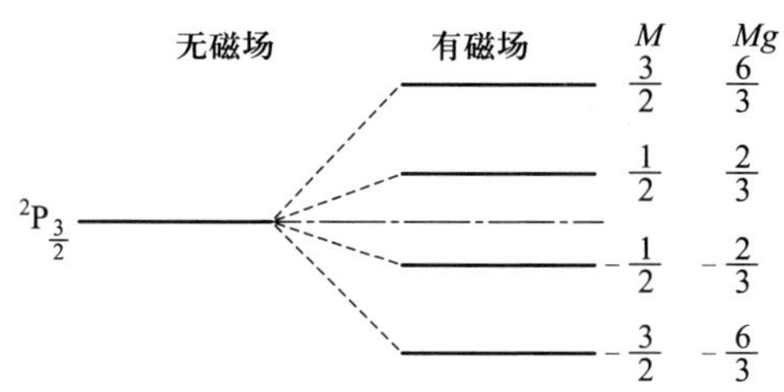

图 6.3 $^2P_{\frac{3}{2}}$能级在磁场中的分裂

其他能级在磁场中分裂的情况也可以推求.表 6.1 是一些双重态的 g 值和 Mg 值.从表中可以看出,能级裂开的层数都等于 $2J+1$.能级的间隔都等于 $g\mu_B B$,从同一能级分裂的诸能级的间隔是相等的,但从不同的原能级分裂出来的能级间隔,彼此不一定相同,因为 g 因子不一定相同.例如$^2P_{\frac{3}{2}}$裂成四层的间隔都是$\frac{4}{3}\mu_B B$,$^2D_{\frac{5}{2}}$裂成六层的间隔都是$\frac{6}{5}\mu_B B$,$^2P_{\frac{3}{2}}$四层的间隔不同于$^2D_{\frac{5}{2}}$六层的间隔.

表 6.1 几种双重态的 g 因子和 Mg 值

原子态	g	Mg
$^2S_{\frac{1}{2}}$	2	± 1
$^2P_{\frac{1}{2}}$	$\frac{2}{3}$	$\pm\frac{1}{3}$
$^2P_{\frac{3}{2}}$	$\frac{4}{3}$	$\pm\frac{2}{3},\pm\frac{6}{3}$
$^2D_{\frac{3}{2}}$	$\frac{4}{5}$	$\pm\frac{2}{5},\pm\frac{6}{5}$
$^2D_{\frac{5}{2}}$	$\frac{6}{5}$	$\pm\frac{3}{5},\pm\frac{9}{5},\pm\frac{15}{5}$

以上所说原子磁矩的存在和它在磁场中的各种取向,以及因而发生的附加能量和能级的分裂等情况,都有实验的证明.在下面几节我们会看到,表面上很不同的实验都反映同一幅原子图像.这些实验现象中塞曼效应发现在 1896 年,然后逐渐发展理论.施特恩-格拉赫实验在 1921 年出现,是在理论发展中发展的.至于磁共振却是在上述理论建立之后才发展的.这一长期的发展过程正是科学实践中感性认识提高到理性认识,理论再指导实践的过程.

6.3 施特恩-格拉赫实验的结果

施特恩-格拉赫实验的方法在第二章中已经叙述了.在那里说到怎样在银原子的实验中证实了空间量子化的存在.但那时只说到轨道运动的磁矩和角动量,对原子的了解还不全面.所以暂时搁置在那里.现在我们知道原子的总磁矩是同总角动量联系的磁矩,这是轨道磁矩和自旋磁矩的联合(原子核磁矩很小,暂不考虑).这时再把施特恩-格拉赫实验的结果同理论比较一下,就更有意义了.

第二章 2.8 节的(2.8.8)式给出原子受不均匀磁场的作用达到相片时的横向移动;那公式是

$$S=\frac{1}{2m_e}\frac{\mathrm{d}B}{\mathrm{d}z}\left(\frac{L}{v}\right)^2\mu_z. \tag{6.3.1}$$

现在我们理解,上式中的 μ_z 应该是 μ_J 在磁场方向的分量,它的数值应该是

$$\begin{aligned}\mu_z&=\mu_J\cos\alpha\\&=-g\frac{e}{2m_e}P_J\cos\beta\qquad[\text{见图 6.2}]\\&=-g\frac{e}{2m_e}M\frac{h}{2\pi}\\&=-Mg\frac{he}{4\pi m_e}=-Mg\mu_B,\end{aligned} \tag{6.3.2}$$

式中的 $M=J,J-1,\cdots,-J$;式中的负号表示当 M 是负值时,μ_z 和磁场同方向,当 M 是正值时,μ_z 和磁场的方向相反.把(6.3.2)式代入(6.3.1)式,即有

$$S=-\frac{1}{2m_e}\frac{\mathrm{d}B}{\mathrm{d}z}\left(\frac{L}{v}\right)^2\cdot Mg\mu_B \tag{6.3.3}$$

由此可见,有几个 M 值,相片上就有几个黑条,这也就代表 μ_J 有几个取向.按理论应该有 $2J+1$ 个取向.所以从黑条的数目就可以知道 J 值.再说,由(6.3.3)式,黑条离中线的距离 S 同 Mg 成正比.知道了 J 当然也就知道了 M,就能由实验求出 g 值.因此这个实验可以验证空间量子化的理论,并可以对一个还不了解的原子态测定 J 值和 g 值,从而可以推断这状态的性质.

在第二章中说到对银的实验出现了两条黑线.现在就很容易理解,原来银原子的基态是 $^2\mathrm{S}_{\frac{1}{2}}$,$J$ 既等于$\frac{1}{2}$,$M=\frac{1}{2},-\frac{1}{2}$,所以出现两黑条.这$\frac{1}{2}$的数值来源于自旋量子数$\frac{1}{2}$和 S 态的 l 等于 0,因此这个实验的结果也是这些量子数数值的正确

性的有力证明.

后来施特恩-格拉赫实验又先后经不同的人进行过.现在把对各种原子的实验结果开列在表 6.2.这里可以看出实验观察的结果完全证实了(6.3.3)式表示的理论推断的正确性.

表 6.2 施特恩-格拉赫实验结果

原子	基态	g	Mg	相片图样
Sn,Cd,Hg,Pb	$^1S_0$	—	0	
Sn,Pb	$^3P_0$	—	0	
H,Li,Na,K Cu,Ag,Au	$^2S_{\frac{1}{2}}$	2	±1	
Tl	$^2P_{\frac{1}{2}}$	$\frac{2}{3}$	$\pm\frac{1}{3}$	
O	$^3P_2$	$\frac{3}{2}$	$\pm3,\pm\frac{3}{2},0$	
	$^3P_1$	$\frac{3}{2}$	$\pm\frac{3}{2},0$	
	$^3P_0$	—	0	

6.4 顺磁共振

具有磁矩的原子称为顺磁性原子,这个名称的来由不久将讨论到.上面说到,当磁矩不等于零的原子处在磁场中时,它的能级分裂成数层;裂成的能级同原能级的差值等于

$$\Delta E = Mg\mu_B B = Mg\mu_0\mu_B H. \tag{6.4.1}$$

两邻近能级的间隔,也就是 M 和 $M+1$ 或 $M-1$ 两能级的能量差,由(6.4.1)式,等于 $g\mu_0\mu_B H$.如果在原子所在的稳定磁场区域又叠加一个同稳定磁场垂直的交变磁场,而它的频率 ν 又调整到使一个量子的能量 $h\nu$ 刚等于原子在磁场中的两邻近能级差,也就是

$$h\nu = g\mu_0\mu_B H, \tag{6.4.2}$$

两邻近能级间就有跃迁,这可以用适当的仪器探测出来.

实际用的交变磁场是超高频的电磁波.我们可以估计一下频率应该高到什么数量级.设 H 等于 $5\times10^5\ \mathrm{A\cdot m^{-1}}$,那么需要的频率是

$$\begin{aligned}\nu &= g\frac{\mu_0\mu_B}{h}H \\ &= g\frac{4\pi\times10^{-7}\times0.927\times10^{-23}}{6.626\times10^{-34}}\times5\times10^5\ \mathrm{s}^{-1} \\ &= g\times0.88\times10^{10}\ \mathrm{s}^{-1}.\end{aligned}$$

这相当于波长等于

$$\begin{aligned}\lambda &= \frac{c}{\nu} = \frac{3\times10^8}{g\times0.88\times10^{10}}\ \mathrm{m} \\ &= \frac{3.4\times10^{-2}}{g}\ \mathrm{m} \\ &= \frac{3.4}{g}\ \mathrm{cm}.\end{aligned}$$

所以顺磁共振实验中所用的电磁波的波长在厘米的数量级.

这个实验的主要装置如图 6.4 所示.在强磁场中的微波谐振腔 C 中放置被研究的顺磁物质.在电磁波发生器 G 中发生的电磁波经波导送入谐振腔在延续的波导的另一端附近有一探测器 D,连接在记录器 R 上.实验实际上是用固定频率的电磁波进行的.这就需要调整电磁铁的电流,使磁场强度 H 逐渐改变.当 H 达到刚使(6.4.2)式满足的数值时,探测器显示电磁波强度骤减,这表示顺磁物质从电磁波吸收了能量.这样的现象称作顺磁共振.

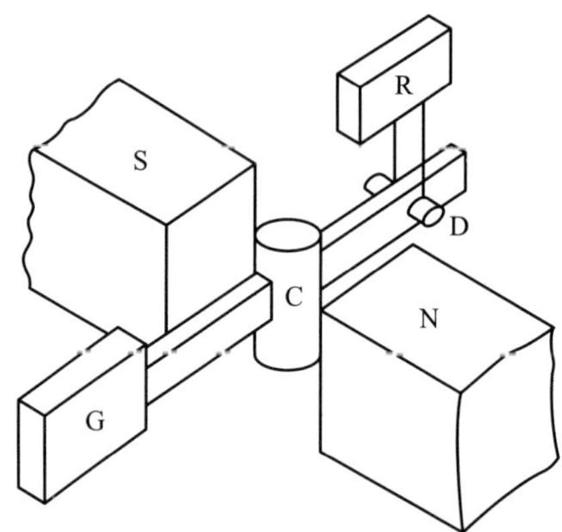

图 6.4　顺磁共振装置示意图

在发生共振情况时,吸收量同磁场强度的关系如图 6.5 所示.吸收最大时的 $\boldsymbol{H}$ 值就是满足(6.4.2)式的 H 值.ν 是固定的,由(6.4.2)式可以算出 g.这时 $h\nu$ 也就等于在这个磁场强度下二邻近能级间的差别.所以用这个方法可以测定原

子基态的 g 值.

原子处在磁场中时,如果没有其他影响,裂开的能级是等间隔的,而共振就代表能级的间隔,所以在这个情况下只出现一个共振峰.但如果用固体作为样品,往往会出现几个共振峰.图 6.6 显示一个复杂的情况.这是由于顺磁原子的电子运动受了左近粒子的影响.例如在离子晶体中,原子的电子壳层会受晶体不均匀电场的作用.甚至如铁族元素的盐类中,外电子轨道磁性被抑制,因而只显出自旋磁性,这从测得的 g 因子值等于 2 可知,由于原子受周围的影响,在同磁场下裂开的能级可以不是等间隔的,每一个间隔相当于一个共振峰,这就要出现几个共振峰.如果在同一磁场下,能级间间隔不等,而输入的电磁波的频率 ν 固定的话,那就必须调整 H 到不同的数值,使(6.4.2)式满足,因此在不同的 H 值出现共振,如图 6.6 所示.

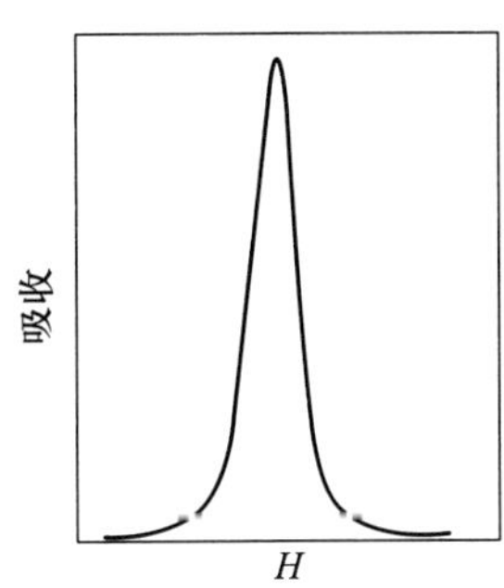

图 6.5 顺磁共振吸收曲线

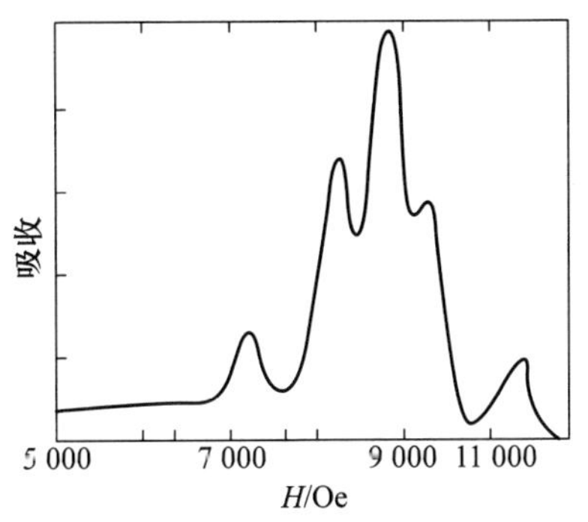

图 6.6 $NH_4Cr(SO_4)_2 \cdot 12H_2O$ 晶体的顺磁共振吸收,$H\perp(111)$面,$\nu=24\ 446$ MHz

几个共振峰的出现有时称作波谱的精细结构.顺磁共振的波谱既反映原子受邻近原子作用的情况,现在已经成为研究分子结构和固体、液体结构的很好的方法.

在有些情况下,一个共振峰又裂成几个很挨近的峰,被称作波谱的超精细结构.图 6.7 显示 Mn^{++}的顺磁共振峰.这里出现了六个很靠近的吸收峰.这现象经研究知道是由于原子核磁矩的影响而产生的.核磁矩 $\boldsymbol{\mu}_l$ 在足够强的磁场中可以有 $2l+1$ 个取向,l 是核角动量量子数.这就要有不同的能量附加在原来原子的磁能级上,这样就有不同的能级间隔,但核磁矩很小,只有电子磁矩的千分之一的数量级,所以引起的附加能量不大.在顺磁共振实验中,每一共振吸收峰代表一个能级差.现在既有几个稍有不同的能级差,因而也出现几个靠近的共振峰,图 6.7 中有六个峰的精细结构,推知在这状态的 Mn^{++}原子核的 l 量子数是$\dfrac{5}{2}$.由此可知,顺磁共振也可以用来测量原子核角动量量子数 l.

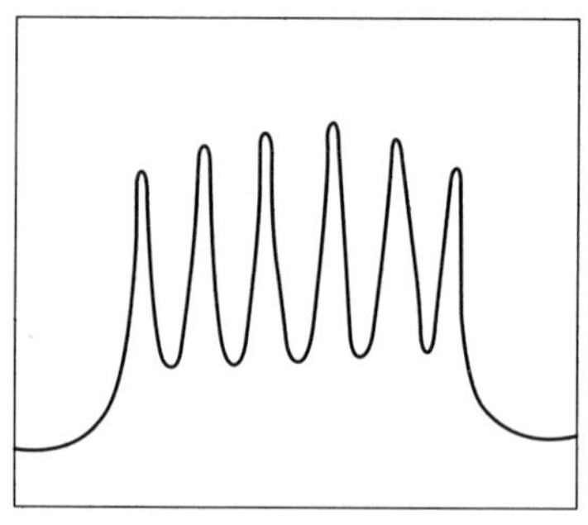

图 6.7 水中 Mn^{++} 离子顺磁共振的超精细结构

对原子核还有核磁共振的实验方法，这实验的原理也就是本章所讨论的，但所用交变磁场的频率必须适合原子核磁能级的间隔，比上述顺磁共振所用电磁波的频率要小千分之一的数量级.因而实验技术也不同于顺磁共振.关于原子核问题这里不再细说.

6.5 塞曼效应

1. 塞曼效应的观察

当光源放在足够强的磁场中时，所发光谱的谱线会分裂成几条，而且每条谱线的光是偏振的.图 6.8 显示一些光谱线的塞曼效应.现在举例说明观察到的现象.

镉的 6 438.47 Å 红色谱线的塞曼效应　把镉光源放在足够强的磁极之间，从垂直于磁场的方向观察光谱，会发现这条谱线分裂为三条，一条在原位，左右还各有一条.两边的两条离中线的距离用波数表示是相等的.三条谱线是平面偏振的.中间一条的电矢量平行于磁场，左右两条的电矢量垂直于磁场.如果沿磁场方向观察光谱，中间那条就不出现；两边两条仍在垂直方向观察到的位置，但已经是圆偏振的了.两条的偏振转向是相反的.频率比原谱线频率高的那一条的偏振转向是沿磁场方向前进的螺旋转动的方向；频率较原谱线频率低的那一条的偏振转向相反.这些观察到的情况可以用图 6.9 代表出来.在垂直于磁场方向观察到的谱线同图 6.8 中锌单线的塞曼效应相似.为了便于描述，光谱学中用希腊字母 π 作为电矢量平行于磁场那一条的标记，用 σ 作为电矢量垂直于磁场那两条的标记.

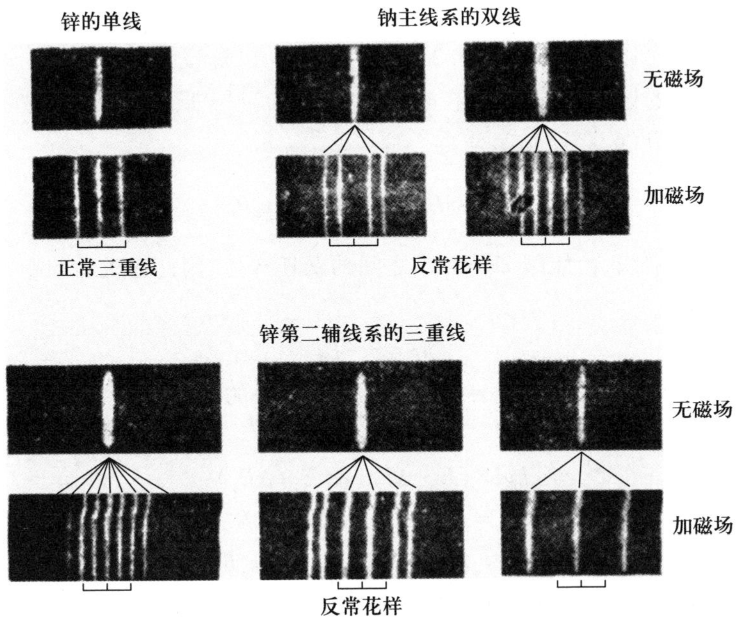

图 6.8 钠的双线和锌的单线及三重线的塞曼效应，在垂直于磁场的方向观察到的现象.相片下面附加的线表示左右各一个洛伦兹单位的间距

钠的 5 895.93 Å 和 5 889.96 Å 黄色谱线的塞曼效应　把钠光源放在足够强的磁场中，从垂直于磁场方向观察，会看到谱线分裂成图 6.8 中相片所示的情况.图 6.10 中用字母 σ 和 π 分别标明各线的性质.当然在平行于磁场方向观察时，π 部分不出现.

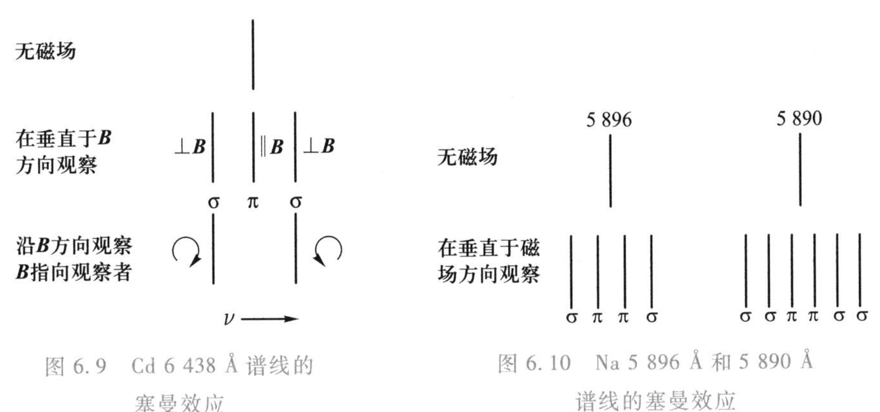

图 6.9 Cd 6 438 Å 谱线的塞曼效应

图 6.10 Na 5 896 Å 和 5 890 Å 谱线的塞曼效应

2. 塞曼效应的理论解释

塞曼效应可以按照 6.1 和 6.2 两节的理论加以解释.

按 6.2 节的讨论,原子能级在磁场中分裂为 $2J+1$ 层,每层从无磁场时能级的移动按 6.2 节(6.2.13)式,是

$$\Delta E=Mg\frac{he}{4\pi m_e}B=Mg\mu_B B. \tag{6.5.1}$$

设有一光谱线,由能级 E_2 和 E_1 之间的跃迁产生,因此谱线的频率 ν 同能级有如下关系:

$$h\nu=E_2-E_1.$$

在磁场中,上下两能级一般都要分裂(也有不分裂的),因此新的光谱线频率 ν' 同能级有下列关系:

$$\begin{aligned}h\nu'&=(E_2+\Delta E_2)-(E_1+\Delta E_1)\\&=(E_2-E_1)+(\Delta E_2-\Delta E_1)\\&=h\nu+[M_2g_2-M_1g_1]\mu_B B,\end{aligned} \tag{6.5.2}$$

$$h\nu'-h\nu=[M_2g_2-M_1g_1]\mu_B B,$$

$$\nu'-\nu=[M_2g_2-M_1g_1]\frac{Be}{4\pi m_e}. \tag{6.5.3}$$

(6.5.3)式表达塞曼效应中裂开后的谱线同原谱线频率之差.也可以列成波数改变的形式,用 c 除(6.5.3)式,

$$\frac{1}{\lambda'}-\frac{1}{\lambda}=[M_2g_2-M_1g_1]\frac{Be}{4\pi m_e c}=[M_2g_2-M_1g_1]L, \tag{6.5.4}$$

式中 $L=\dfrac{Be}{4\pi m_e c}$,为洛伦兹单位.

现在可以用这些结论来说明所举的两个例子.塞曼跃迁也有选择定则;只有下列情况的跃迁发生:

$\Delta M=0$,产生 π 线(当 $\Delta J=0$ 时,$M_2=0\rightarrow M_1=0$ 除外);

$\Delta M=\pm1$,产生 σ 线.

(1) Cd 6 438 Å 谱线的塞曼效应 这谱线经研究知道是 $^1D_2\rightarrow{}^1P_1$ 跃迁的结果.这两能级的 g 可以算出都等于 1.$M_2=2,1,0,-1,-2$;$M_1=1,0,-1$.现在进行光谱线在磁场中频率改变的计算.这里介绍一个简便的计算步骤.把有关数值排列如下表;对 $\Delta M=0$ 的跃迁,上下相对的 Mg 值相减;对 $\Delta M=\pm1$,斜角位置的 Mg 值相减,如表中直线所示;把算得的 $M_2g_2-M_1g_1$ 数值列在下一行,这些数值乘以洛伦兹单位,就是裂开后每一谱线同原谱线的波数差.

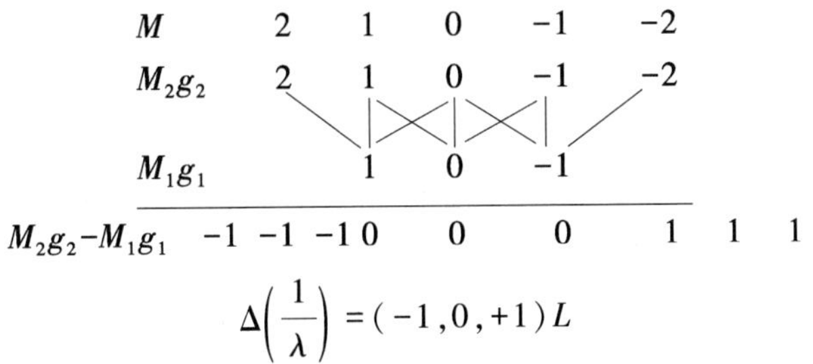

$$\Delta\left(\frac{1}{\lambda}\right)=(-1,0,+1)L$$

上述镉谱线的塞曼效应及有关能级和跃迁如图 6.11 所示.这里有九种跃迁,但只有三种能量差值,所以出现三条分支谱线,每条包含三种跃迁.中间那条谱线仍在原谱线位置,左右两条同中间一条的波数差等于一个洛伦兹单位,结论同实验完全一致.

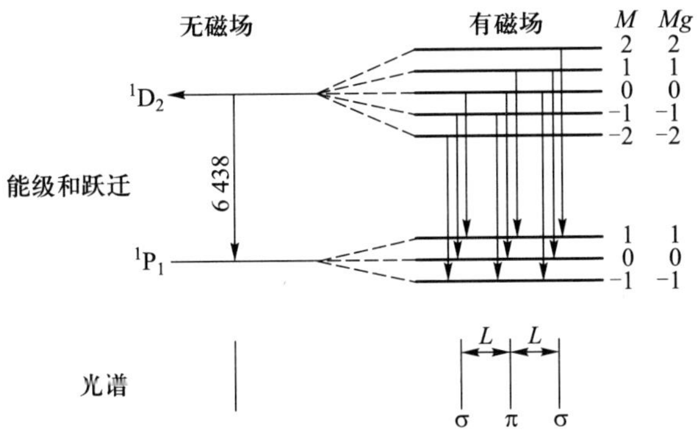

图 6.11 $^1D_2\to{}^1P_1$ 谱线的塞曼效应

(2) Na 的 5 890 Å 和 5 896 Å 谱线的塞曼效应 这两条谱线是 $^2P_{\frac{1}{2},\frac{3}{2}}\to{}^2S_{\frac{1}{2}}$ 跃迁的结果.这三个能级的 g 因子可以算得,其数值和 M 值等见表 6.3.现在仍按前面介绍的步骤进行光谱线在磁场中分裂后频率改变的计算:

表 6.3 ^2P 和 ^2S 的磁能级计算

	g	M	M_g
$^2P_{\frac{3}{2}}$	$\frac{4}{3}$	$\pm\frac{1}{2},\pm\frac{3}{2}$	$\pm\frac{2}{3},\pm\frac{6}{3}$
$^2P_{\frac{1}{2}}$	$\frac{2}{3}$	$\pm\frac{1}{2}$	$\pm\frac{1}{3}$
$^2S_{\frac{1}{2}}$	2	$\pm\frac{1}{2}$	±1

$^2P_{\frac{3}{2}} \to {}^2S_{\frac{1}{2}}$

$$
\begin{array}{lcccc}
M & \frac{3}{2} & \frac{1}{2} & -\frac{1}{2} & -\frac{3}{2} \\
M_2 g_2 & \frac{6}{3} & \frac{2}{3} & -\frac{2}{3} & -\frac{6}{3} \\
M_1 g_1 & & 1 & -1 &
\end{array}
$$

$$M_2 g_2 - M_1 g_1 \quad -\frac{5}{3} \quad -\frac{3}{3} \quad -\frac{1}{3} \quad +\frac{1}{3} \quad +\frac{3}{3} \quad +\frac{5}{3}$$

$$\Delta\left(\frac{1}{\lambda}\right)=\left(-\frac{5}{3},-\frac{3}{3},-\frac{1}{3},+\frac{1}{3},+\frac{3}{3},+\frac{5}{3}\right) L$$

$^2P_{\frac{1}{2}} \to {}^2S_{\frac{1}{2}}$

$$
\begin{array}{lcc}
M & \frac{1}{2} & -\frac{1}{2} \\
M_2 g_2 & \frac{1}{3} & -\frac{1}{3} \\
M_1 g_1 & 1 & -1
\end{array}
$$

$$M_2 g_2 - M_1 g_1 \quad -\frac{4}{3} \quad -\frac{2}{3} \quad +\frac{2}{3} \quad +\frac{4}{3}$$

$$\Delta\left(\frac{1}{\lambda}\right)=\left(-\frac{4}{3},-\frac{2}{3},+\frac{2}{3},+\frac{4}{3}\right) L$$

钠的这两条谱线的塞曼效应及有关能级和跃迁如图 6.12 所示.这里 5 890 Å 那一条裂为六条,二邻近线波数相差都是(2/3)L.5 896 Å 那一条裂为四条,两边二邻近线波数相差是(2/3)L,而中间两条差(4/3)L.分裂后原谱线位置上不再出现谱线.同图 6.8 比较,可知理论同实验一致.

关于塞曼谱线的偏振情况,按照本章所讨论的原子模型,也可以得到适当的理解.偏振的规律是,$\Delta M=\pm 1$ 产生 σ 型偏振.$\Delta M=0$ 产生 π 型偏振.要说明这情况,先陈述一个总原则:在辐射过程中,原子和发出的光子作为整体的角动量是守恒的.原子在磁场方向的角动量是 $M\left(\frac{h}{2\pi}\right)$.当 $\Delta M=M_2-M_1=1$ 时,原子在磁场方向的角动量减少$\left(\frac{h}{2\pi}\right)$;按上述原则,所发光子必定具有在磁场方向$\left(\frac{h}{2\pi}\right)$的角

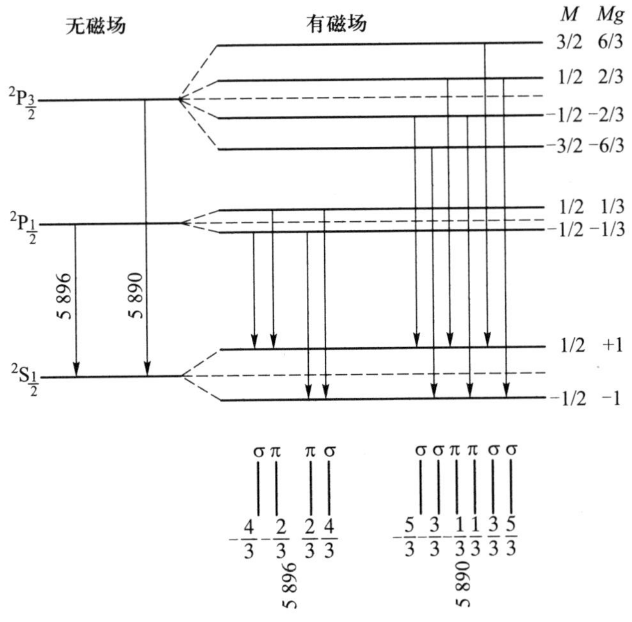

图 6.12 钠 $^2P_{\frac{1}{2},\frac{3}{2}}\rightarrow {}^2S_{\frac{1}{2}}$ 谱线的塞曼效应

动量.在磁场指向观察者的方向观察光源时,所说光子的角动量相当于逆时针方向运动,实验的结果确是这样.当 $\Delta M=M_2-M_1=-1$ 时,原子在磁场方向的角动量增加 $\left(\dfrac{h}{2\pi}\right)$;按角动量守恒原理,所发光子必定具有与磁场方向相反的 $\left(\dfrac{h}{2\pi}\right)$ 的角动量.在磁场指向观察者的方向观察光源时,这个角动量相当于顺时针方向的运动,实验的结果也确是这样.光子是向各方向射出的,在垂直于磁场的方向也能观察到上述两类光;但构成圆偏振的运动这时显出为垂直于磁场的振动,所以观察到的是平面偏振的光.

至于 $\Delta M=0$ 的情形,这时原子在磁场方向的角动量不变,那么原子角动量的改变一定在垂直于磁场的方向[光子具有固有角动量 $\dfrac{h}{2\pi}$,原子发射光子时,它的总角动量必须改变(改变数值或方向,或二者都变),这样,整体的角动量才能守恒],在此情形,所发光子的角动量一定垂直于磁场.在垂直于磁场的方向观察,这应该相当于圆偏振、椭圆偏振和沿磁场振动的平面偏振.实验观察到的确是沿磁场振动的平面偏振,但只有这种偏振.这里,具有相同频率的辐射可以有相位的差别,甚至相位相反;观察到的现象可能是相干叠加的结果.在 $\Delta M=\pm 1$ 的情形中,具有相反角动量的辐射是不同频率的,所以能够分别观察到.刚才所说沿磁场振动的辐射在磁场方向当然观察不到，因为辐射的强度是与传播方向的横向振幅的平方成正比的.

塞曼效应反映原子所处的状态.从塞曼效应的实验数据可以推断有关能级的分裂情况；从能级裂开的层数可以知道 J 值，而能级的间隔等于 $g\mu_B B$，因而可以知道 g 值.这样就获得了原子态的重要资料.塞曼效应是研究原子结构的重要途径之一.

6.6　抗磁性、顺磁性[①]和铁磁性

有些物质放在磁场中磁化后，它的宏观磁矩的方向同磁场方向相反，这类物质称为抗磁性的.另有一些物质在磁场中磁化后的宏观磁矩的方向同磁场方向相同，这类物质称为顺磁性的.图 6.13 是这两种磁化情况的示意图.如果以 M 代表物质磁化后单位体积的磁矩，实验显示

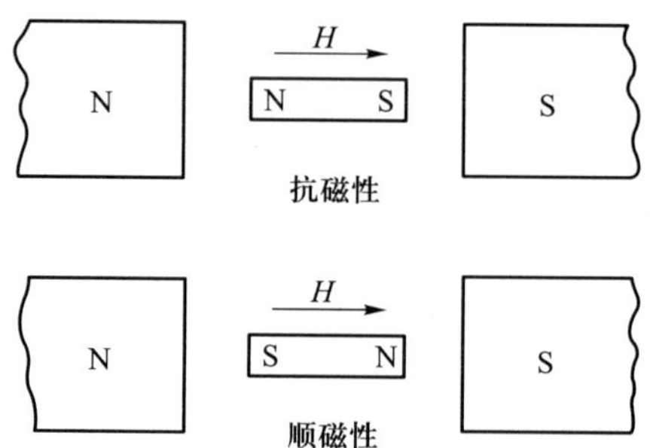

图 6.13　抗磁性和顺磁性物质磁化的情况

$$M=\chi H \tag{6.6.1}$$

对抗磁性物质，M 同 H 方向相反，χ 是负的；对顺磁性物质，χ 是正的.χ 是代表物质磁性的一个数量，称为磁化率.P. 居里（P. Curie）在实验中发现顺磁性磁化率同绝对温度成反比，后人称作居里定律.抗磁性磁化率同温度关系很小.

推究物质这些磁性的原因，得知还是原子和分子的结构问题.现在知道，凡是总磁矩等于零的原子或分子都表现抗磁性；总磁矩不等于零的原子或分子表现顺磁性.单原子的物质决定于原子总磁矩的情况；由分子构成的物质决定于分子总磁矩的情况.现在分别讨论抗磁性和顺磁性.

① 如用作讲课材料，可以定性地讲，不一定需要推导本节的公式.

1. 抗磁性

抗磁性是磁场对电子轨道运动所起作用的结果.电子轨道运动在磁场中会发生进动.在6.2节曾指出,进动角动量的方向在任何情况下都是在磁场的方向,同电子轨道运动的速度和方向无关.在同一磁场下,进动的速度是常量.因此一个原子中所有的电子构成一个整体绕着磁场进动,形成一个电的环流.但电子带负电,这相当于一个相反方向的正电环流.这样一个电的环流会产生磁矩指向磁场的相反方向.这就是抗磁性的来源.

朗之万(P. Langevin)曾依据上述抗磁性的机理推得磁化率的公式,现在用国际单位制的格式导出如下:

一个电流回路所产生的磁矩μ数值上等于电流i乘以回路所包的面积S,即

$$\mu = iS.$$

在外磁场作用下的一个原子中,电子运动绕磁场作进动.根据6.2节(6.2.2)式,进动频率是

$$\nu_{\mathrm{L}} = \frac{\gamma H}{2\pi}. \quad \left(\gamma = \frac{\mu_0 g e}{2m_{\mathrm{e}}}\right) \tag{6.6.2}$$

这样,整个原子中的Z个电子形成一个电的环流,即

$$i_a = -Ze\nu_{\mathrm{L}} = -\frac{\mu_0 Ze^2}{4\pi m_{\mathrm{e}}} H, \quad (\text{取 } g=1) \tag{6.6.3}$$

因电子带负电,所以式中带负号.产生的磁矩等于

$$\begin{aligned}\mu_a &= i_a S = -\frac{\mu_0 Ze^2}{4\pi m_{\mathrm{e}}} H \cdot \pi\rho^2 \\ &= -\frac{\mu_0 Ze^2}{4m_{\mathrm{e}}} H \cdot \overline{\rho^2}.\end{aligned} \tag{6.6.4}$$

这里$\overline{\rho^2}$是原子中所有电子到通过原子核而平行于磁场的z轴的距离平方的平均值.$\pi\overline{\rho^2}$是等效电流回路所包围的面积.$\overline{\rho^2}$可以表达为$\overline{x^2}+\overline{y^2}$,而电子离原子核的距离$r$的平方的平均值是

$$\overline{r^2} = \overline{x^2} + \overline{y^2} + \overline{z^2},$$

所以

$$\overline{\rho^2} = \overline{x^2} + \overline{y^2} = \frac{2}{3}\overline{r^2}$$

把此式代入(6.6.4)式,即得

$$\mu_a = -\frac{\mu_0 Ze^2}{6m_{\mathrm{e}}} H \cdot \overline{r^2} \tag{6.6.5}$$

这是一个原子中的电子运动绕外磁场的进动所产生的磁矩.从(6.6.5)式以及以前的讨论,可知进动的角动量是沿 H 的方向的,而产生的磁矩 μ_a 是与 H 的方向相反的.

磁化强度 M 是单位体积中的磁矩,这应等于(6.6.5)式乘以单位体积中的原子数 N,

$$M=N\mu_a=-\frac{\mu_0 Ze^2 N}{6m_e}H\cdot\overline{r^2}. \tag{6.6.6}$$

由此推得抗磁性磁化率的公式如下:

$$\chi=\frac{M}{H}=-\frac{\mu_0 Ze^2 N}{6m_e}\overline{r^2}. \tag{6.6.7}$$

(6.6.7)式表示,抗磁性磁化率的理论值决定于原子中那些电子离原子核的平均距离.根据其他资料求出$\overline{r^2}$,就可以算出χ值如此算得的数值同实验值很接近.另一个步骤是从实验求得χ值,再用(6.6.7)式计算$\overline{r^2}$值,这同按其他方法求得的原子半径颇符合.

抗磁性既是磁场对电子轨道运动的作用的结果,应该发生在任何原子或分子中,因此是普遍存在的.但是对于原子,只有在 $S=L=0$,因而 $\mu_S=\mu_L=0$ 的情况下,抗磁性才显出来,如果原子磁矩不等于零,较强的顺磁性会掩盖了抗磁性.

2. 顺磁性

顺磁性,就原子来说,是具有磁矩的原子($J\neq 0$)在磁场中各种取向的平均效果.原子磁矩在磁场中的取向是量子化的,只能有 $2J+1$ 个取向,相当于 $2J+1$ 个能级.磁场对原子磁矩的作用引起的附加能量,按 6.2 节的讨论,应等于

$$\Delta E=-\mu_z H=Mg\mu_B B \tag{6.6.8}$$

这里 M 是磁量子数,它的数值等于 $J,J-1,\cdots,-J$.由于无规则热运动,原子相互碰撞,交换能量.当达到热平衡时,原子在诸能级的分布符合玻耳兹曼分布律,即各能级的原子数同 $e^{-\frac{\Delta E}{kT}}$成正比,这里的 ΔE 就是(6.6.8)式的数值.每一个能级相当于磁矩的一个取向,各有其 $\boldsymbol{H}(=B/\mu_0)$ 方向的分量 μ_z.在上述分布中,具有较低能级的原子数比高能级的原子数要多.而 μ_z 是正值的能级(μ_J 和 $\boldsymbol{H}$ 的夹角小于 90°的情况)低于 μ_z 是负值的能级.所以大量具有总磁矩的原子的平均磁矩是正的,也就是平均磁矩是向着 $\boldsymbol{H}$ 方向的.这就显出顺磁性.

一个原子在磁场方向的平均磁矩从以上的讨论,可以表达为

$$\bar{\mu}=\frac{\sum\mu_z \mathrm{e}^{-\frac{\Delta E}{kT}}}{\sum \mathrm{e}^{-\frac{\Delta E}{kT}}}=\frac{\sum\limits_{M=-J}^{J}-Mg\mu_{\mathrm{B}}\mathrm{e}^{-Mg\mu_{\mathrm{B}}B/kT}}{\sum\limits_{M=-J}^{J}\mathrm{e}^{-Mg\mu_{\mathrm{B}}B/kT}} \tag{6.6.9}$$

在通常的磁场强度和温度下，$Mg\mu_{\mathrm{B}}B<<kT$，(6.6.9)式中的指数式可以展成级数，并可以略去高次幂，即

$$\bar{\mu}=\frac{-g\mu_{\mathrm{B}}\sum\limits_{M}M\left(1-\frac{Mg\mu_{\mathrm{B}}B}{kT}+\cdots\right)}{\sum\limits_{M}\left(1-\frac{Mg\mu_{\mathrm{B}}B}{kT}+\cdots\right)}. \tag{6.6.10}$$

(6.6.10)式中有三个累加值如下：

$$\sum_M 1=2J+1,$$

$$\sum_M M=0,$$

$$\sum_M M^2=\frac{J(J+1)(2J+1)}{3}.$$

这些不难证明：代入(6.6.10)式，就有

$$\bar{\mu}=\frac{J(J+1)g^2\mu_{\mathrm{B}}^2B}{3kT}. \tag{6.6.11}$$

于是一个原子的顺磁性磁化率等于

$$\chi=\frac{\bar{\mu}}{H}=\frac{\mu_0J(J+1)g^2\mu_{\mathrm{B}}^2}{3kT}=\frac{\mu_0\mu_J^2}{3kT}, \tag{6.6.12}$$

①

式中 μ_0 是真空磁导率.

单位体积的顺磁性磁化率等于(6.6.12)式乘以单位体积中的原子数；1 mol 的原子的顺磁性磁化率等于(6.6.12)式乘以阿伏伽德罗常量.

(6.6.12)式表示顺磁性磁化率同热力学温度 T 成反比，这同由实验得到的居里定律一致.虽然(6.6.12)式只在 $Mg\mu_{\mathrm{B}}B<<kT$ 的条件下有效，实际适用范围

---

① 由 6.1 节(6.1.11)式，$\mu_J=g\dfrac{e}{2m_{\mathrm{e}}}P_J$，根据量子力学，$P_J=\sqrt{J(J+1)}\dfrac{h}{2\pi}$，所以 $\mu_J=g\dfrac{he}{4\pi m_{\mathrm{e}}}\sqrt{J(J+1)}=g\mu_{\mathrm{B}}\sqrt{J(J+1)}$.

并不小.$Mg\mu_B \approx 10^{-23}$ J·T^{-1},在 $B\approx 1$ T,$T\approx 300$ K 的情况下,$\frac{Mg\mu_B B}{kT}\approx\frac{1}{400}$,即使温度再低很多,公式仍有效.

从(6.6.12)式我们可以估计 1 mol 的原子的顺磁性磁化率的数量级.把 $\mu_J\approx 10^{-23}$ J·T^{-1},$k=1.38\times10^{-23}$ J·K^{-1},阿伏伽德罗常量 $N_A=6.02\times10^{23}$ mol^{-1},$\mu_0=4\pi\times10^{-7}$ V·s·A^{-1}·m^{-1}代入(6.6.12)式,求得

$$\chi\sim\frac{10^{-1}}{T}\ \mathrm{mol}^{-1}.$$

对 $T=300$ K, $\chi\sim10^{-3}$.这同抗磁性磁化率比较,大了 2 或 3 个数量级.

一个 $J\neq0$ 的原子在磁场作用下有顺磁性也有抗磁性.所以磁化率应该是抗磁性磁化率和顺磁性磁化率之和.1 mol 的原子的磁化率是

$$\chi=-\frac{\mu_0 Ze^2 N_A}{6m_e}\overline{r^2}+\frac{\mu_0 N_A\mu_J^2}{3kT}. \tag{6.6.13}$$

但在室温下,如上文所说,顺磁性磁化率要比抗磁性磁化率大到 2 或 3 个数量级,所以这些物体显出顺磁性.如果在不同温度下测得这些物体的χ,把χ 对$\frac{1}{T}$作标绘,会得到一条直线.但这直线不通过坐标的原点.如果实验足够精密,直线在纵坐标轴上所截之处就是抗磁性磁化率.对 $J=0$ 的原子,(6.6.13)式右边第二项等于零,就只有抗磁性存在了.

宏观物体磁性的基础是原子的磁性,但宏观物体的磁性不一定同原子磁性一致.由分子构成的物体的磁性决定于分子.例如氮原子在基态的 J 等于$\frac{3}{2}$,氧原子在基态的 J 等于 2,这两种原子应该都是顺磁性的;但由实验得知氮气是抗磁性的,氧气是顺磁性的,这是由于氮分子(N_2)的总角动量是零,而氧分子(O_2)的总角动量不等于零.固体的磁性还同固体的结构有关.

3. 铁磁性

某些物质,如铁、钴、镍和某些稀土元素以及好多种氧化物,在受外磁场磁化时,显出比顺磁性强得很多的磁性,而且在去了磁场后,还保留磁性.这现象称为铁磁性.铁磁物质的原子本具有磁矩.这类原子之间又发生自发磁化的作用,在小区域内原子磁矩沿一个方向排列起来,合成一个较强的联合磁矩,这就是说,在各小区域内已经很强地磁化了.这样的小区域称为磁畴.一块磁性材料分成数量很大的这样的磁畴.但每个磁畴的磁矩有各自不同的取向,彼此间的相对取向是乱的.在未加外磁场前,对外的效果互相抵消,不显磁性.在加外磁场后,各磁

畴的磁矩再向外磁场方向转动，这样才对外显出较强的宏观磁性.所以铁磁性同材料的固体结构有密切关系，已经不是孤立原子的磁性了.

习　　题

1. 已知钒原子的基态是$^4F_{\frac{3}{2}}$.(1) 问钒原子束在不均匀横向磁场中将分裂为几束？(2) 求基态钒原子的有效磁矩μ_J.

2. 已知 He 原子$^1P_1 \to {}^1S_0$跃迁的光谱线在磁场中分裂为三条光谱线，其间距$\Delta\sigma=0.467$ cm^{-1}，试计算所用磁场的磁感应强度.

3. Li 漫线系的一条($3^2D_{\frac{3}{2}} \to 2^2P_{\frac{1}{2}}$)在磁场中将分裂成多少条光谱线？试作出相应的能级跃迁图.

4. 在平行于磁场方向观察到某光线谱的塞曼效应分裂的两谱线间波长差$\Delta\lambda=0.40$ Å.所用的磁场的B是 2.5 $Wb\cdot m^{-2}$，试计算该谱线原来的波长.

5. 氦原子光谱中波长为 6 678.1 Å($1s3d\ ^1D_2 \to 1s2p\ ^1P_1$)及 7 065.1 Å($1s3s\ ^3S_1 \to 1s2p\ ^3P_0$)的两条谱线，在磁场中发生塞曼效应时各分裂成几条？分别作出能级跃迁图.

6. Na 原子从$3^2P_{\frac{1}{2}} \to 3^2S_{\frac{1}{2}}$跃迁的光谱线波长为 5 896 Å，在$B=2.5$ $Wb\cdot m^{-2}$的磁场中发生塞曼分裂，问从垂直于磁场方向观察，其分裂为多少条光谱线？其中波长最长和最短的两条光谱线的波长各多少 Å？

7. Na 原子 3P→3S 跃迁的精细结构为两条，波长分别为 5 895.93 Å 和 5 889.96 Å.试求出原能级$^2P_{\frac{3}{2}}$在磁场中分裂后的最低能级与$^2P_{\frac{1}{2}}$分裂后的最高能级相并合时所需要的磁感应强度B.

8. 已知铁(^5D)的原子束在横向不均匀磁场中分裂为 9 束.问铁原子的J值多大？其总磁矩多大？如果已知上述铁原子的速度$v=10^3$ $m\cdot s^{-1}$，铁原子量为 55.85，磁极范围$L_1=0.03$ m(习题图 6.1)，磁铁到屏的距离$L_2=0.10$ m，磁场中横向的磁感应强度的不均匀梯度$\frac{dB}{dy}=10^3$ $Wb\cdot m^{-3}$，试求屏上偏离最远的两束之间的距离d.

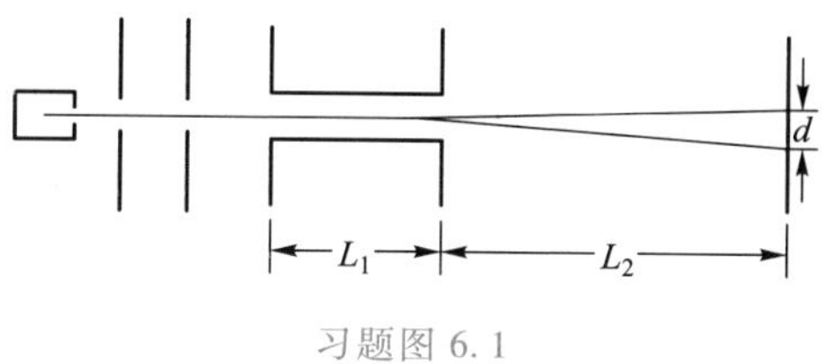

习题图 6.1

9. 铊原子气体在$^2P_{\frac{1}{2}}$状态.当磁铁调到$B=0.2$ $Wb\cdot m^{-2}$时，观察到顺磁共振现象.问微波发生器的频率多大？

10. 钾原子在$B=0.3$ $Wb\cdot m^{-2}$的磁场中，当交变电磁场的频率为8.4×10^9 Hz 时观察

到顺磁共振.试计算朗德因子 g,并指出原子处在何种状态?

11. 氩原子($Z=18$)的基态为$^1S_0$;钾原子($Z=19$)的基态为$^2S_{\frac{1}{2}}$;钙原子($Z=20$)的基态为$^1S_0$;钪原子($Z=21$)的基态为$^2D_{\frac{3}{2}}$.问这些原子中哪些是抗磁性的?哪些是顺磁性的?为什么?

第七章　原子的壳层结构

各种元素的化学性质和物理性质的变化显示出高度的规律性.这实际反映了原子结构的情况.以上几章讨论了原子中电子所处的状态及有关原理,现在已有可能对原子的结构进行较全面地描述.本章将扼要地讨论原子中的电子壳层结构和它同元素性质的周期性变化的关系.

7.1　元素性质的周期性变化

早在 1869 年门捷列夫(Д. И. Менделеев)发现,如果把元素按原子量的次序排列起来,它们的性质显出周期性的变化.进一步研究查出,完全按原子量次序,还不能把元素按性质排列成一个很完善的系统;有几处(K 和 Ar,Te 和 I,Co 和 Ni)的次序必须倒过来才合适,经这样整理后,按排列的次序,每一个元素有一个原子序数.现在已清楚,原子序数等于原子中的电子数,也等于原子核的电荷数.

在门捷列夫排列周期表的年代,知道的元素只有 63 种,在排列时按照性质发现缺位,他就预言还有几种元素的存在.后来人们对元素性质的知识逐渐增加,新的元素先后发现,元素周期表也需要加以扩充和修改.到现在已经知道的元素有 103 种,其中原子序数 1 到 92 那些元素是存在于自然界的,93 到 103 是人工制备的.按目前的资料排成的元素周期表如表 7.1 所示.

在表 7.1 中,排在同一竖列的元素具有相似的化学性质;例如碱金属元素都是一价的,容易成为带一个单位电荷的正离子;碱土族元素彼此也有相似的性质;卤族元素 F、Cl、Br、I 的性质也很相似,都是一价的,容易成为带一个单位电荷的负离子.我们看到周期表左边是正电性的元素,右边是负电性的,最右一行稀有气体是化学上不活泼的,所以又称为惰性气体.大体上周期表左边和下边大半是金属,右上角一些元素是非金属.总之,按排列的次序,元素的化学性质有周期性的重复.

元素的光谱性质也显示周期性的变化.第四章曾讨论,碱金属元素有相仿的光谱结构.其实在周期表中同一竖列中的诸元素都有相仿的光谱结构.

表 7.1　元素周期表

第一周期	1 H																	2 He
第二周期	3 Li	4 Be											5 B	6 C	7 N	8 O	9 F	10 Ne
第三周期	11 Na	12 Mg											13 Al	14 Si	15 P	16 S	17 Cl	18 Ar
第四周期	19 K	20 Ca	21 Sc	22 Ti	23 V	24 Cr	25 Mn	26 Fe	27 Co	28 Ni	29 Cu	30 Zn	31 Ga	32 Ge	33 As	34 Se	35 Br	36 Kr
第五周期	37 Rb	38 Sr	39 Y	40 Zr	41 Nb	42 Mo	43 Tc	44 Ru	45 Rh	46 Pd	47 Ag	48 Cd	49 In	50 Sn	51 Sb	52 Te	53 I	54 Xe
第六周期	55 Cs	56 Ba	57~71 *	72 Hf	73 Ta	74 W	75 Re	76 Os	77 Ir	78 Pt	79 Au	80 Hg	81 Tl	82 Pb	83 Bi	84 Po	85 At	86 Rn
第七周期	87 Fr	88 Ra	89~103 **															

稀土元素	57 La	58 Ce	59 Pr	60 Nd	61 Pm	62 Sm	63 Eu	64 Gd	65 Tb	66 Dy	67 Ho	68 Er	69 Tm	70 Yb	71 Lu

锕系元素	89 Ac	90 Th	91 Pa	92 U	93 Np	94 Pu	95 Am	96 Cm	97 Bk	98 Cf	99 Es	100 Fm	101 Md	102 No	103 Lw

元素的电离能显著地显出周期性变化.图 7.1 是电离能对原子序数 Z 的标绘.碱金属元素的电离能最小,然后顺次逐渐增加,到惰性气体,电离能最大;下一个又是碱金属元素,电离能又突然降低.显然碱金属元素的最外边一个电子与原子其余部分的结合是不很牢固的,很容易被电离,所以需要的电离能低.惰性气体是一个坚固的结构,它的电子不易电离,需要的电离能高.

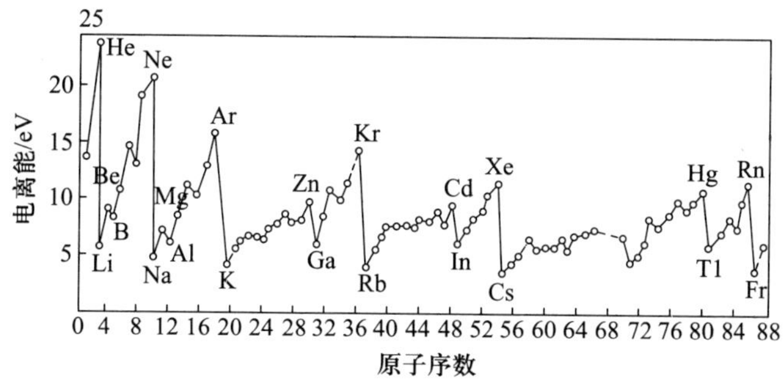

图 7.1 元素的电离能

元素还有一些物理性质也显出周期性的变化.图 7.2 是"原子体积"、体涨系数和压缩系数对 Z 的标绘.这三种都是宏观量,但都反映了原子的结构情况."原子体积"是 1 mol 的原子在固态或液态时占有的体积,所以也是宏观量.1 mol 的原子数对各种元素是相同的,求得的"原子体积"应该就是一个原子占有体积乘以阿伏伽德罗常量.但这样计算所得的数值还包括原子间的空间,而密度数据是在很不同的情况下取得的,有些是固态,有些是液态,固态的结晶情况也不相同,测量时的温度也差别很大,因此这里的"原子体积"数值不能看作原子的体积的很准确的代表,但可以肯定,这些数值大体上反映了原子体积的变化情况.图中的三个物理量显示了相仿的周期性变化.

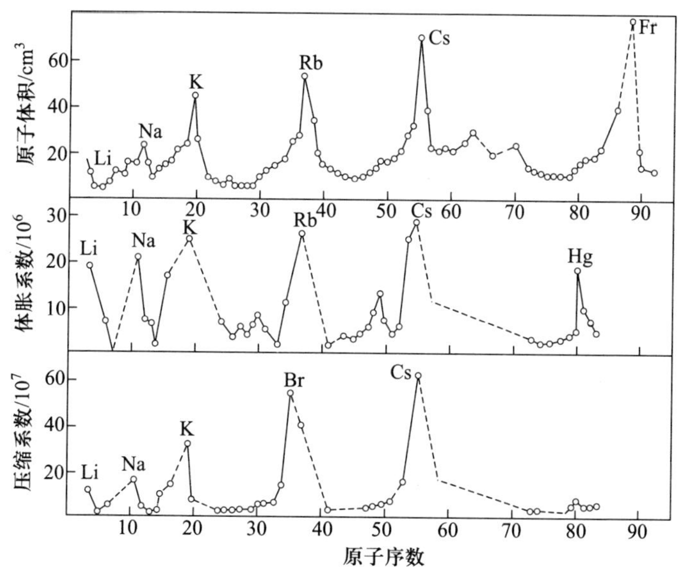

图 7.2 元素的三种物理量的周期性变化

按照化学性质和物理性质排定的元素周期表中，共有七个周期.第一周期只有两种元素，氢和氦.第二和第三周期各有八种元素.第四和第五周期各有十八种元素.第四周期从钪($Z=21$)到镍($Z=28$)八种元素和第五周期中从钇($Z=39$)到钯($Z=46$)八种元素称为过渡元素，有它们的特有性质，例如有较高的磁化率.第六周期有 32 种元素.其中包括一些过渡元素和从镧($Z=57$)到镥($Z=71$)一组稀土元素；这些稀土元素具有相仿的化学性质，都是三价的金属.第七周期是没有满的一个周期，其中也有一组锕系元素，具有同前一周期中稀土元素相仿的性质.元素周期系中所有各周期依次含有 2、8、8、18、18、32、17 种元素，而其中又有所谓过渡元素和稀土族这类元素的存在，这都得从原子的电子结构中去了解.

7.2 原子的电子壳层结构

元素的性质决定于原子的结构，也就是原子中电子所处的状态.电子状态的具体内容是下列四个量子数所代表的一些运动情况：

(1) 主量子数 $n=1,2,3,\cdots$ 代表电子运动区域的大小和它的总能量的主要部分，前者按轨道的描述也就是轨道的大小；

(2) 轨道角动量量子数 $l=0,1,2,\cdots,(n-1)$ 代表轨道的形状和轨道角动量，这也同电子的能量有关；

(3) 轨道方向量子数 $m_l=l,l-1,\cdots,0,\cdots,-l$ 代表轨道在空间的可能取向，换一句话说，这也代表轨道角动量在某一特殊方向(例如磁场方向)的分量；

(4) 自旋方向量子数 $m_s=+\frac{1}{2},-\frac{1}{2}$ 代表电子自旋的取向，这也代表电子自旋角动量在某特殊方向(例如磁场方向)的分量.

电子自旋量子数 $s=\frac{1}{2}$ 代表自旋角动量，对所有电子是相同的，它就不成为区别电子态的一个参数.

设想原子处在很强的磁场中，电子间的耦合以及每一个电子的自旋同轨道运动的耦合都被解脱，这样，每一个电子的轨道运动和它的自旋的取向都对外磁场各自量子化，因而上述 m_l 和 m_s 都成为描述运动的参数，那么就可以按照上述四个量子数来推断原子中的电子组态.

泡利不相容原理说，在原子中不能有两个电子处在同一状态.用上述四个量子数来描述，这就是说，不能有两个电子具有完全相同的四个量子数.由此可见，原子中的电子是分布在不同状态的.

在原子中具有相同 n 量子数的电子构成一个壳层.如果电子数比较多,它们就分成几个壳层.在一个壳层中,对不同的 l,又分为几个不同的次壳层.现在我们进行每一个壳层和次壳层中可能容纳的最多电子数的推算.

先考虑具有相同 n 和 l 量子数的电子所构成的一个次壳层中可以容纳的最多电子数.对一个 l,可以有 $2l+1$ 个 m_l;对每一个 m_l,又可以有两个 m_s,就是 $m_s=+\frac{1}{2}$和$-\frac{1}{2}$.由此,对每一个 l,可以有 $2(2l+1)$个不同的状态.这就是说,每一个次壳层中可以容纳的最多电子数是

$$N_l=2(2l+1). \tag{7.2.1}$$

现在考虑具有相同 n 量子数的电子所构成的一个壳层中最多可以容纳几个电子.对一个 n,l 值可以有 n 个,就是 $l=0,1,2,\cdots,(n-1)$.因此对每一个 n,可以有的状态数,也就是可以容纳的最多电子数是

$$\begin{aligned}N_n &= \sum_{l=0}^{n-1} 2(2l+1)\\ &=2[1+3+5+\cdots+(2n-1)]=2n^2.\end{aligned} \tag{7.2.2}$$

这里的结论是在原子处于很强的磁场中的假定下推得的.其实磁场的强弱和有无不影响结论.现在设磁场不很强,电子之间的耦合仍被解脱,但每个电子的自旋和自己的轨道运动之间仍有耦合,形成一个总角动量 p_j.这时描述电子态的不再是上述四个量子数,而是 n,l,j 和 m_j 四个量子数.$m_j=j,j-1,\cdots,-j$,共有 $2j+1$ 个,代表电子的总角动量的取向,也就是总角动量在某特殊方向的分量.现在再推算每一个次壳层和每一个壳层中可以容纳的最多电子数.

对每一个 j,有 $2j+1$ 个 m_j.对每一个 l,有两个 j,即 $j=l+\frac{1}{2}$和 $l-\frac{1}{2}$.所以每一次壳层可以有的状态数也就是可以容纳的最多电子数是

$$N_l=\left[2\left(l+\frac{1}{2}\right)+1\right]+\left[2\left(l-\frac{1}{2}\right)+1\right]=2(2l+1). \tag{7.2.3}$$

这同上面的结论完全相同.那么在每一壳层中可以容纳的最多电子数也就是不同 l 的(7.2.3)式数值的总和,仍然是 $2n^2$ 了.

由此可知,磁场的强弱不影响各层可以容纳的最多电子数,即使没有磁场,原子中各电子的轨道运动之间的相对取向也会量子化.只要有一个电子,它的轨道运动就会产生磁场,这时就为其他电子提供了一个特殊方向,其他电子的轨道运动相对于这个电子的轨道运动的取向就会量子化,又每一个电子自旋相对于本身的轨道运动也可以有两个取向.因此上述 m_l和 m_s两个量子数分别代表轨道运动和自旋可能有几个取向的描述仍有效.只是现在代表的是原子中各电子运

动的相对取向，但这不影响状态数的计算，因而也不影响关于每一壳层和次壳层可以容纳的最多电子数的结论.在没有磁场的情况下，对外当然不发生取向的问题.

根据上述结论，把各壳层可以容纳的最多电子数开列在表 7.2 中.从表中可以看到各壳层的最多电子数依次是 2，8，18，32，50，72，这显然同周期表中各周期的元素数有关，但各周期的元素数依次是 2，8，8，18，18，32，同各壳层的电子数又不完全符合.这两套数值有极相似之处，但也有差别.究竟两者有什么关系，下一节就要讨论.目前可以肯定的是，原子中的电子形成壳层和次壳层，每层有一定的最多电子数.我们已经窥见了原子内部结构的一个轮廓.

表 7.2 各壳层可以容纳的最多电子数

壳层，n	1	2		3			4				5					6					
最多电子数 $2n^2$	2	8		18			32				50					72					
次壳层，l	0	0	1	0	1	2	0	1	2	3	0	1	2	3	4	0	1	2	3	4	5
最多电子数 $2(2l+1)$	2	2	6	2	6	10	2	6	10	14	2	6	10	14	18	2	6	10	14	18	22

7.3 原子基态的电子组态

本节将根据上文阐述的原则，进入各种原子的具体壳层结构的讨论.这里还需要说明两点：

(1) 原子中的电子数等于原子序数.每一种原子，就核外电子部分说，是周期表中前一位元素的原子加一个电子而成的.

(2) 原子的基态是原子能量最低的状态；它所有的电子都处在各自可能的最低能量的状态中.按周期表顺序逐个增加的电子也尽可能填补在最低能量的状态.

各种原子在基态时的电子组态是根据有关资料和以上讨论的原则推断出来的.表 7.3 开列了各种原子的电子壳层结构.表中电子壳层按主量子数 $n=1,2,3,4,5,6,7$ 的数值分别称作 K，L，M，N，O，P，Q 层.这些名称起源于 X 射线谱，下一章将论及.现在对原子的电子结构按元素的周期加以说明.

表 7.3 原子基态的电子组态

元素	电子壳层																			原子基态	电离能/eV
	K	L		M			N				O				P			Q			
	1s	2s	2p	3s	3p	3d	4s	4p	4d	4f	5s	5p	5d	5f	6s	6p	6d	7s	7p		
1H	1																			$^2S_{1/2}$	13.599
2He	2																			$^1S_0$	24.588
3Li	2	1																		$^2S_{1/2}$	5.392
4Be	2	2																		$^1S_0$	9.323
5B	2	2	1																	$^2P_{1/2}$	8.298
6C	2	2	2																	$^3P_0$	11.260
7N	2	2	3																	$^4S_{3/2}$	14.53
8O	2	2	4																	$^3P_2$	13.618
9F	2	2	5																	$^2P_{3/2}$	17.423
10Ne	2	2	6																	$^1S_0$	21.565
11Na	2	2	6	1																$^2S_{1/2}$	5.139
12Mg	2	2	6	2																$^1S_0$	7.646
13Al	2	2	6	2	1															$^2P_{1/2}$	5.986
14Si	2	2	6	2	2															$^3P_0$	8.152
15P	2	2	6	2	3															$^4S_{3/2}$	10.487
16S	2	2	6	2	4															$^3P_2$	10.360
17Cl	2	2	6	2	5															$^2P_{3/2}$	12.967
18Ar	2	2	6	2	6															$^1S_0$	15.760

续表

元素	电子壳层																			原子基态	电离能/eV
	K	L		M			N				O				P			Q			
	1s	2s	2p	3s	3p	3d	4s	4p	4d	4f	5s	5p	5d	5f	6s	6p	6d	7s	7p		
19K	2	2	6	2	6		1													$^2S_{1/2}$	4.341
20Ca	2	2	6	2	6		2													$^1S_0$	6.113
21Sc	2	2	6	2	6	1	2													$^2D_{3/2}$	6.54
22Ti						2	2													$^3F_2$	6.82
23V						3	2													$^4F_{3/2}$	6.74
24Cr						5	1													$^7S_3$	6.765
25Mn						5	2													$^6S_{5/2}$	7.435
26Fe						6	2													$^5D_4$	7.87
27Co						7	2													$^4F_{9/2}$	7.864
28Ni						8	2													$^3F_4$	7.633
29Cu	2	2	6	2	6	10	1													$^2S_{1/2}$	7.726
30Zn						10	2													$^1S_0$	9.394
31Ga	2	2	6	2	6	10	2	1												$^2P_{1/2}$	5.999
32Ge						10	2	2												$^3P_0$	8.126
33As						10	2	3												$^4S_{3/2}$	9.81
34Se						10	2	4												$^3P_2$	9.750
35Br						10	2	5												$^2P_{3/2}$	11.814
36Kr	2	2	6	2	6	10	2	6												$^1S_0$	14.000

续表

元素	电子壳层																			原子基态	电离能/eV
	K	L		M			N				O				P			Q			
	1s	2s	2p	3s	3p	3d	4s	4p	4d	4f	5s	5p	5d	5f	6s	6p	6d	7s	7p		
37Rb	2	2	6	2	6	10	2	6			1									$^2S_{1/2}$	4.177
38Sr							2	6			2									$^1S_0$	5.696
39Y	2	2	6	2	6	10	2	6	1		2									$^2D_{3/2}$	6.370
40Zr									2		2									$^3F_2$	6.837
41Nb									4		1									$^6D_{1/2}$	6.883
42Mo									5		1									$^7S_3$	7.10
43Tc									5		2									$^6S_{5/2}$	7.28
44Ru									7		1									$^5F_5$	7.346
45Rh									8		1									$^4F_{9/2}$	7.464
46Pd									10											$^1S_0$	8.330
47Ag	2	2	6	2	6	10	2	6	10		1									$^2S_{1/2}$	7.576
48Cd									10		2									$^1S_0$	8.994
49In	2	2	6	2	6	10	2	6	10		2	1								$^2P_{1/2}$	5.786
50Sn	2	2	6	2	6	10	2	6	10		2	2								$^3P_0$	7.344
51Sb											2	3								$^4S_{3/2}$	8.642
52Te											2	4								$^3P_2$	9.01
53I											2	5								$^2P_{3/2}$	10.451
54Xe	2	2	6	2	6	10	2	6	10		2	6								$^1S_0$	12.130

续表

元素	电子壳层																			原子基态	电离能/eV
	K	L		M			N				O				P			Q			
	1s	2s	2p	3s	3p	3d	4s	4p	4d	4f	5s	5p	5d	5f	6s	6p	6d	7s	7p		
55Cs	2	2	6	2	6	10	2	6	10		2	6			1					$^2S_{1/2}$	3.894
56Ba											2	2			2					$^1S_0$	5.212
57La	2	2	6	2	6	10	2	6	10		2	6	1		2					$^2D_{3/2}$	5.614
58Ce										1	2	6	1		2					$^1G_4$	5.65
59Pr										3	2	6			2					$^4I_{9/2}$	5.42
60Nd										4	2	6			2					$^5I_4$	5.49
61Pm										5	2	6			2					$^6H_{5/2}$	5.55
62Sm										6	2	6			2					$^7F_0$	5.63
63Eu										7	2	6			2					$^8S_{7/2}$	5.68
64Gd										7	2	6	1		2					$^9D_2$	6.16
65Tb										9	2	6			2					$^6H_{15/2}$	5.98
66Dy										10	2	6			2					$^5I_3$	5.93
67Ho										11	2	6			2					$^4I_{15/2}$	6.02
68Er										12	2	6			2					$^3H_6$	6.10
69Tm										13	2	6			2					$^2F_{7/2}$	6.18
70Yb	2	2	6	2	6	10	2	6	10	14	2	6			2					$^1S_0$	6.25

续表

元素	电子壳层																			原子基态	电离能/eV
	K	L		M			N				O				P			Q			
	1s	2s	2p	3s	3p	3d	4s	4p	4d	4f	5s	5p	5d	5f	6s	6p	6d	7s	7p		
71Lu	2	2	6	2	6	10	2	6	10	14	2	6	1		2					$^2D_{3/2}$	6.15
72Hf													2		2					$^3F_2$	7.0
73Ta													3		2					$^4F_{3/2}$	7.88
74W													4		2					$^5D_0$	7.98
75Re													5		2					$^6S_{5/2}$	7.87
76Os													6		2					$^5D_4$	8.7
77Ir													7		2					$^4F_{9/2}$	9.2
78Pt													9		1					$^3D_3$	9.0
79Au	2	2	6	2	6	10	2	6	10	14	2	6	10		1					$^2S_{1/2}$	9.22
80Hg													10		2					$^1S_0$	10.437
81Tl	2	2	6	2	6	10	2	6	10	14	2	6	10		2	1				$^2P_{1/2}$	6.108
82Pb															2	2				$^3P_0$	7.415
83Bi															2	3				$^4S_{3/2}$	7.287
84Po															2	4				$^3P_2$	8.43
85At															2	5				$^2P_{3/2}$	9.4
86Rn															2	6				$^1S_0$	10.746

续表

元素	电子壳层																			原子基态	电离能/eV
	K	L		M			N				O				P			Q			
	1s	2s	2p	3s	3p	3d	4s	4p	4d	4f	5s	5p	5d	5f	6s	6p	6d	7s	7p		
87Fr	2	2	6	2	6	10	2	6	10	14	2	6	10		2	6		1		$^2S_{1/2}$	4.0
88Ra															2	6		2		$^1S_0$	5.278
89Ac	2	2	6	2	6	10	2	6	10	14	2	6	10		2	6	1	2		$^2D_{3/2}$	6.9
90Th															2	6	2	2		$^3F_2$	…
91Pa														2	2	6	1	2		$^4K_{11/2}$	5.7
92U														3	2	6	1	2		$^5L_6$	6.08
93Np														4	2	6	1	2		$^6L_{11/2}$	5.8
94Pu														6	2	6		2		$^7F_0$	5.8
95Am														7	2	6		2		$^8S_{7/2}$	6.05
96Cm														7	2	6	1	2		$^9D_2$	
97Bk														9	2	6		2		$^8H_{17/2}$	
98Cf														10	2	6		2		$^5I_8$	
99Es														11	2	6		2		$^4I_{15/2}$	
100Fm														12	2	6		2		$^3H_6$	
101Md														13	2	6		2		$^2F_{7/2}$	
102No														14	2	6		2		$^1S_0$	
103Lw														14	2	6	1	2		$^2D_{5/2}$	

1. 第一周期

第一周期有两种元素,氢和氦.氢只有一个电子,基态的组态是 1s.由此得到的原子态是$^2S_{1/2}$.氦有两个电子,在基态时,都在 1s 态,形成原子态$^1S_0$.到这里第一电子壳层已填满.由表 7.2 可知,第一壳层只能容纳两个电子,逐一填补,只能有两种原子.这说明为什么第一周期只有两种元素.

2. 第二周期

第二周期有八种元素.第一种是锂.锂原子的原子序数是 3,具有三个电子.在基态时这三个电子中的两个填满了第一壳层,第三个电子必须进入第二壳层,并尽可能填在最低能级,所以是个 2s 电子.这样,原子的基态应该是$^2S_{1/2}$,光谱的观察证实了这样的情况.第二周期的第二种元素是铍,它的基态的电子组态是$1s^22s^2$,形成的原子态是$^1S_0$,这时第二壳层($n=2$)的第一次壳层($l=0$)已填满.从硼起,以后的几种原子中逐一填补的是 2p 电子;硼,碳,氮,氧,氟,氖分别有 1,2,3,4,5,6 个 2p 电子.氖有十个电子,全部电子组态是$1s^22s^22p^6$,形成的原子基态是$^1S_0$.这时第二壳层已填满.第二周期也结束.

在这个周期中,锂原子的结构是一个完满壳层之外加一个电子,这电子在原子中结合不是很牢固,容易被电离,所以锂容易成为带一个单位正电荷的离子,相反的情况是氟,它的第二壳层差一个电子就要填满.所以氟电子往往会俘获一个电子成为一个具有完满壳层的体系,但这样它已成为带一个单位负电荷的离子.元素周期表中靠近左边的元素具有正电性,右边的元素具有负电性,原因就在此.

我们注意到每一个次壳层填满而无多余电子时,原子态必定是$^1S_0$,例如 He,Be,Ne 的情况.这状态的轨道总角动量、自旋总角动量、因而联合后的原子总角动量都等于零.由此可见,在推断任何原子的状态时,完满壳层和完满次壳层的角动量不需要考虑.

3. 第三周期

第三周期也有八种元素,从钠起到氩止.钠有十一个电子,其中十个填入第一、第二壳层,构成如氖原子一样的完整结构.所以第十一个电子最低必须进入第三壳层,在基态时这是 3s 电子.钠的基态是$^2S_{1/2}$,它具有同锂相仿的性质,这以后七种原子中电子逐一填补的情况同第二周期的原子相同,只是现在填补在第三壳层.到了氩,第三壳层的第一、第二次壳层已填满,它的基态是$^1S_0$.氩具有同氖和氦相仿的性质,它也是惰性气体.

从表 7.2 和表 7.3 中可以看到,在第三壳层中,到现在为止还有第三次壳层(3d 电子)完全空着.下一个元素是周期表中第十九位的钾,它的第十九个电子是否填补在 3d 上呢?光谱的观察和它的其他性质都显示出最后填补的不是 3d 电子.钾原子中十八个电子已经构成一个完整的壳层体系,第十九个电子就要决定原子态的性质,如果这是 3d 电子,原子基态就得是^2D,但由实验得出基态是$^2S_{1/2}$.足见钾的最外边的电子已经进入第四壳层,开始一个新周期.第三周期到氩已结束,共有八种元素.

4. 第四周期

第四周期有十八种元素,开始的是钾,上文指出,钾的第十九个电子不进入 3d 态而填补在 4s 态,这是什么理由呢?这是由于 4s 的能量低于 3d 的能量.按照基态是能量最低的状态,所以在基态时,这个电子先补在 4s 态,按照以前的讨论,4s 的轨道是一个偏心率很高的椭圆轨道,它在原子实中的贯穿和引起原子实的极化都能使它的能级下降.3d 是圆形轨道,不会有贯穿,极化作用也小,它的能级应该接近氢原子的能级,因此 4s 能级低于 3d 是完全可以理解的.

等电子体系光谱的比较研究 简单地介绍等电子体系光谱的比较研究对第四周期元素的电子组态的理解是有帮助的.现在就具体地考虑钾原子和具有同钾原子相等电子数的离子的光谱情况.这些离子是 Ca^+,Sc^{2+},Ti^{3+},V^{4+},Cr^{5+},Mn^{6+}.按照光谱学的习惯,钾原子和这些离子又可用以下符号来表示:K Ⅰ,Ca Ⅱ,Sc Ⅲ,Ti Ⅳ,V Ⅴ,Cr Ⅵ,Mn Ⅶ.这些都是具有十九个电子的体系,结构相似,都有一个由原子核和十八个电子构成的原子实,并有一个单电子在这样的原子实的场中运动着.

在第四章中讨论过,这样一个体系的光谱项值,如果不考虑精细结构,可以表达为

$$T=\frac{RZ^{*2}}{n^2} \tag{7.3.1}$$

Z^* 是有效电荷数,它已经把轨道贯穿和原子实极化等效果都包含在内,Z^* 的数值对中性原子在 1 和 Z 之间,Z 是原子核的电荷数.对一次电离的离子,Z^* 在 2 和 Z 之间;对二次电离的离子,在 3 和 Z 之间;余类推.注意等电子离子的 Z 是不同的.这样,Z^* 可以表达为 $Z-\sigma$.(7.3.1)式可改列为

$$\sqrt{\frac{T}{R}}=\frac{1}{n}(Z-\sigma). \tag{7.3.2}$$

从公式可知,如果以 $\sqrt{\frac{T}{R}}$ 作为纵坐标,Z 作为横坐标,把钾原子和同它电子

数相等的离子的数据作图,具有相同 n 值的诸点会落在一条直线上,直线的斜度等于$\frac{1}{n}$.这样的图称作莫塞莱图,一般可以用这个方法判断光谱项的 n 值.但我们在这里讨论的目的主要是 3d 电子的能级问题,图 7.3 是根据实验数据画的图.

在图 7.3 中可以看到差不多平行的四条直线是属于 $n=4$ 的,3^2D 线的斜度同这些线显然不同,这都符合(7.3.2)式的要求.3^2D 同 4^2S 线相交于 $Z=20$ 和 21 之间.当 $Z=19$ 和 20 时,4^2S 的谱项值大于 3^2D 的值,由于能量同谱项值有 $E=-hcT$ 的关系,可见 K Ⅰ 和 CaⅡ 的 4^2S 能级低于 3^2D,前者是基态.这就是为什么在这两个体系中第十九个电子先填补在 4s 态上.Ca 原子的第二十个电子也先填入 4s 态.到了 ScⅢ 以及其余等电子离子中,3^2D 才成为基态,第十九电子就要先填补 3d 态.这就说明为什么周期表中从 Sc 原子起,开始填补 3d 电子.

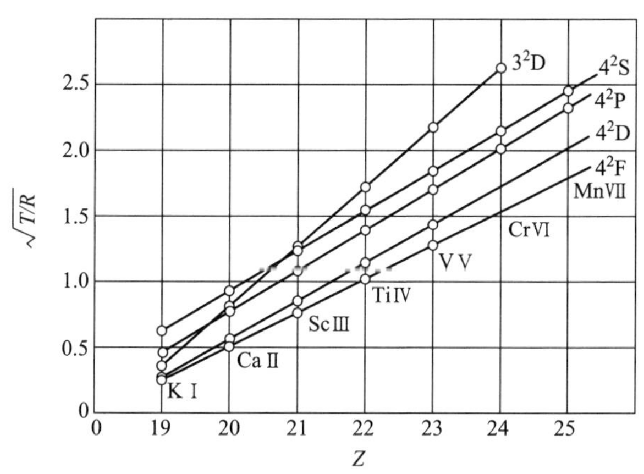

图 7.3 等电子体系 K Ⅰ、CaⅡ 等的莫塞莱图解

第四周期中从钪($Z=21$)到镍($Z=28$)是陆续填补 3d 电子的过程,这些元素是这个周期的过渡元素.到铜($Z=29$),3d 电子填满,留下一个 4s 电子,所以成为 1 价的元素.下一种元素是锌,4s 补满两个.以后从镓到氪共六种元素,是陆续填补 4p 的过程.这些元素同第二、三周期中填补 p 电子的那些元素有相仿的性质.氪是惰性气体,在这原子中 4s 和 4p 都已填满,形成原子态$^1S_0$.这样结束了第四周期.

5. 第五周期

到了氪,第四壳层中还有 4d 和 4f 的地位完全空着,下一种元素是铷($Z=37$).由于同钾相仿的理由,它的第三十七个电子不进入 4d 而填 5s 态.这就开始了第五周期.这个周期也有十八种元素.情况同第四周期相仿.在头两种,铷和锶中填补了 5s 电子.从钇($Z=39$)起到钯($Z=46$)陆续填补 4d 电子,这些是这个周期的过渡元素.在第四十七元素银中,4d 填满而有一个 5s 电子,它同铜有相仿的电子结构,因而也有相仿的性质.下一元素镉中 5s 填满.从铟($Z=49$)到氙($Z=54$)陆续填补 5p 电子.这些元素具有同前几个周期中相应元素的性质.氙已是第五周期的最后一个元素.

6. 第六周期

到第五周期末,第四壳层的 4f 和第五壳层的 5d,5f,5g 都还空着.但由于以前说过的理由,6s 的能量比这些态还要低.所以在氙之后,元素铯($Z=55$)的最外边一个电子进入 6s 态,开始了第六周期.这周期有三十二种元素.在头两种元素铯和钡中,补满了 6s 电子.镧($Z=57$)中补了一个 5d,此后从铈($Z=58$)到镥($Z=71$)十四种元素中陆续填补 4f 电子,而 5s,5p,6s 维持不变.这就是为什么这些元素自成一集体,具有相仿性质.这就是稀土元素.接着从铪($Z=72$)起到铂($Z=78$),5d 电子被填补起来.这些就是第六周期的过渡元素.到金($Z=79$),5d 补齐,而余一个 6s,所以它具有同银和铜相仿的性质.下一元素是汞,6s 填满.铊到氡有规则地填补 6p 电子,氡是第六周期最后一种元素.

7. 第七周期

尽管第五和第六壳层中还有空位很多,钫($Z=87$)的最外边一个电子却补在尽可能最低能量的 7s 态,开始第七周期.在镭原子中,7s 补齐.锕($Z=89$)补了一个 6d 电子.钍($Z=90$)又补了一个 6d 电子.以后直到铹($Z=103$)主要是补 5f 电子.因此这些元素同稀土元素相仿,自成一组,具有相似的性质.第七周期只有十七种元素,其中只有五种,镭($Z=88$)到铀($Z=92$),是自然界存在的,其余是人工制造的.

从以上的讨论,我们看到元素的性质完全是原子结构的反映.基态原子的电子结构可以看作按周期表顺序逐一增加电子而成,电子态填补的次序是按最外层电子能级的情况由低到高填补的.从上述具体情况,获知电子填补的次序如表 7.4 所开列.在这个表中可以看出元素怎样分成周期的情况.

这里必须说明一下,表 7.4 中电子态的次序只是外层电子能级的次序,因而是逐一填补电子的次序.这不能理解作芯电子能级的次序.例如,在一个最外层电子已达到第六层的原子中,第一、二、三等层的电子能级就不是表 7.4 的次序,而仍是表 7.2 的次序.关于这一点,在第八章 X 射线谱的论述中可以看出.

表 7.4　按周期表中元素排列的先后，原子逐一增加电子的次序

电子填补次序	1s	2s 2p	3s 3p	4s 3d 4p	5s 4d 5p	6s 4f 5d 6p	7s 5f 6d
各次壳层满额电子数	2	2 6	2 6	2 10 6	2 10 6	2 14 10 6	2 14 10
各周期电子增加数	2	8	8	18	18	32	17(未满)
Z	1…2	3…10	11…18	19……36	37……54	55……86	87……103
周期	1	2	3	4	5	6	7

元素周期系和原子结构的问题就这样介绍一个轮廓.

习　题

自测

1. 有两种原子，在基态时其电子壳层是这样填充的：(1) $n=1$ 壳层、$n=2$ 壳层和 3s 次壳层都填满，3p 次壳层填了一半.(2) $n=1$ 壳层、$n=2$ 壳层、$n=3$ 壳层及 4s、4p、4d 次壳层都填满.试问这是哪两种原子？

2. 原子的 3d 次壳层按泡利原理一共可以填多少电子？为什么？

3. Na 原子的 S、P、D 项的量子修正值 $\Delta_S=1.35$、$\Delta_P=0.86$、$\Delta_D=0.01$.把谱项表达成 $\frac{R(Z-\sigma)^2}{n^2}$ 形式，其中 Z 是核电荷数.试计算 3S,3P,3D 项的 σ 分别为何值？并说明 σ 的物理意义.

4. 原子中能够有下列量子数相同的最大电子数是多少？

(1) n、l、m_l；　(2) n、l；　(3) n.

5. 试从实验得到的等电子体系 K Ⅰ、Ca Ⅱ……等的莫塞莱图解，说明为什么在钾原子中新增的电子不填在 3d 而填在 4s 次壳层，又在钪原子中新增电子填在 3d 而不填在 4s 次壳层.

第八章 X 射 线

数字资源

X射线又名伦琴射线，是伦琴(W. C. Röntgen)在1895年发现的，他把新发现的射线命名为X射线，是一种波长较短的电磁波.X射线谱的某些特性反映了原子内部结构的情况.通过X射线可以对原子结构问题进一步地探索，本章将以这方面的讨论为主要内容.此外，X射线的衍射和透射在生产事业和科学研究上有重要应用，也将作扼要的介绍.

8.1 X射线的产生及其波长和强度的测量

X射线一般由高速度的电子打击在物体上产生，产生的工具是一个真空管，里边有两个电极，如图8.1所示.K是钨丝制成的阴极，通电使钨丝加热到白热，就会发射电子.A是阳极，所用材料视需要而定.跨这两个电极上加高电压，一般几万伏到十几万伏，也有高到二十几万伏或更高的.这也决定于应用上的需要.这样，阴极所发的电子就被电场加速，打在阳极上，射线就从阳极上发射出来.阳极又称为靶子，由于电子打在上面使其温度升高很大，一般用的射线管的靶子是熔点高的金属制成的.

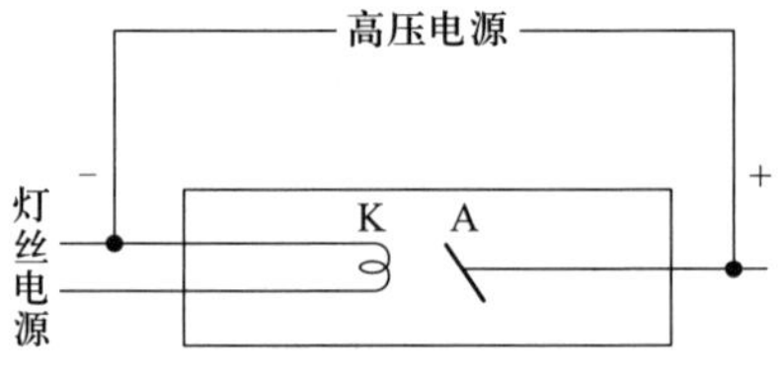

图8.1 X射线管示意图

X射线，人眼不能见，但照射在某些物体上会使这些物体发荧光，有些物体这样发出的荧光是很强的.X射线还能使相片感光，还能使气体电离.它能透过一般光线透不过的物体.

X射线的本质和光一样，是一种电磁波，但它的波长比可见光短得多，大约在1 Å左右，或更短一些，这同加在射线管上的电压有关.X射线也会发生反射、折射、干涉、衍射、偏振等现象.

利用X射线在晶体中的衍射可以测定它的波长.晶体是原子有规则排列起

来的结构.晶体中两邻近原子的距离也在 1 Å 的数量级,与 X 射线波长相仿,所以晶体可以用作 X 射线很合适的光栅.下面叙述一个测量 X 射线波长的方法.

布拉格(Bragg)公式　在晶体中有规则地排列起来的原子形成各组平面,也就是说,原子的位置都落在各组几何平面上.设有一晶体,它的内部原子的排列如图 8.2 所示.Ⅰ、Ⅱ、Ⅲ等是原子构成的一组互相平行的平面,它们之间的距离是 d.又设一束 X 射线射在这组平面上,每一个平面上都会有原子受到照射.现在考虑这束射线中两条射线 1 和 2,分别落在两个邻近平面的两个原子 A 和 B 上.射线会以 A 和 B 为中心再向四面射出.设入射的射线和平面之间的夹角是 θ.现在考虑由 A 和 B 射出的、也和平面成 θ 角的两射线 1′和 2′.那么由图可知 1A1′和 2B2′两条路径长度的差别是 $2d\sin\theta$.如果这个差别恰好等于波长[①]的整倍数,1′和 2′两条射线就会互相加强.总括起来说,当一束射线射入晶体而发生衍射时,从任何一组晶面上,那出射方向对平面的倾角和入射射线的倾角相等的射线,如果满足下式,

$$n\lambda = 2d\sin\theta,\quad n=1,2,\cdots, \tag{8.1.1}$$

出射射线就会加强.

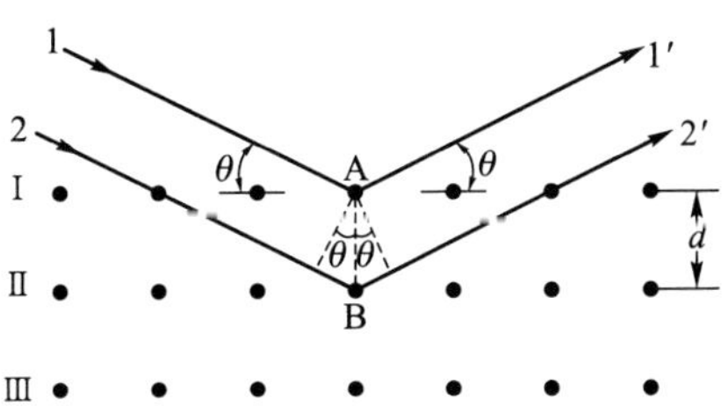

图 8.2　布拉格公式的推导

在晶体中,原子构成很多组不同方向的平行面.图 8.3 显示怎样可以把二维的原子排列联成不同方向的平行直线.这就可以了解怎样在三维空间中,原子构成不同方向的平面.所以一束射线射入晶体,有可能从不同方向射出衍射后的射线.在 8.6 节将再讨论这个问题.在那里,对(8.1.1)式还要作一般的推导.本节为了说明测量波长的方法,对于 X 射线的衍射只作了简单的叙述.

现在要说明怎样利用上述原理来测量射线的波长.仪器的布置一般如图 8.4 所示.X 射线先后经过铅板上二窄缝 S_1 和 S_2,形成扁而窄的一束,落在晶体 C 的面上.如果采用的晶体容易裂开(例如方解石和岩盐),裂开形成的表面一定和晶

---

① 严格地说,这里所说的波长,也就是(8.1.1)式中的 λ,应该是 X 射线在晶体中的波长.但 X 射线在晶体中的折射率很近 1,所以由(8.1.1)式所得的 λ 值也就非常接近真空中或空气中的波长.

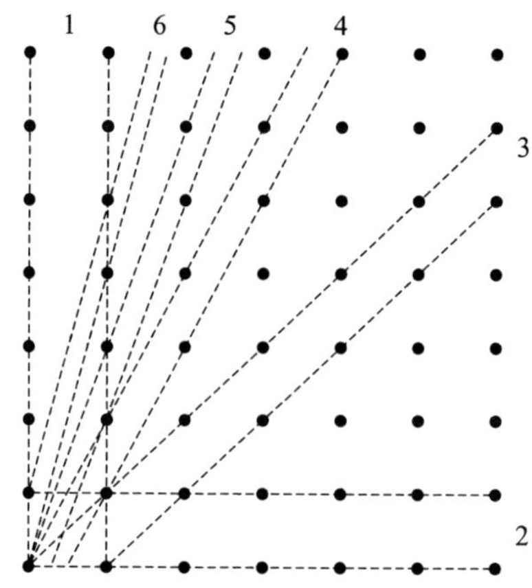

图 8.3　晶体中原子构成的各组不同方向的平行面

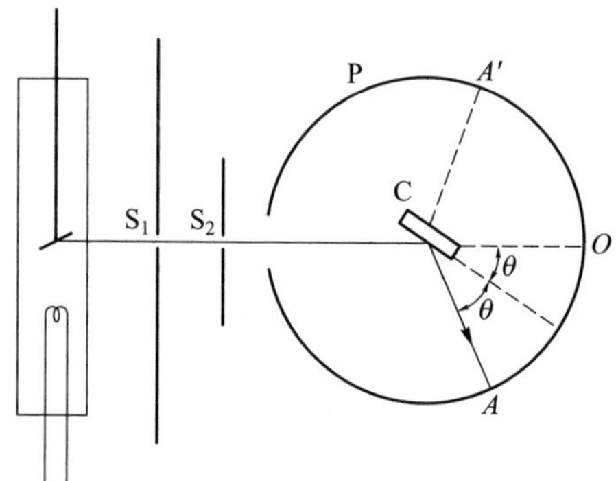

图 8.4　X 射线摄谱仪示意图

体内部的一组晶面平行.晶体装在支架上往往只露出这样一个表面来接受射来的射线.它的左右及后面用铅片挡住,以阻止由于其它晶面上衍射的射线的射出,这样就只利用了与露出的表面平行的一组晶面.晶面间的距离 d 可以从晶体结构计算出来.P 是照相软片,围成圆弧形,圆心在晶体所在处.当 X 射线已经射在晶体上,如果把晶体慢慢旋转,使 θ 角变动.可能转到某一角度时,射线中某一波长 λ 刚好满足(8.1.1)式的关系,这时就有一道射线从晶体射到相片上,如图中所示 A 处.入射的射线和出射的射线都同晶体表面成等角的.把晶体来回转动多次,每次都经过合适的 θ,那么射线就会多次射在相片的同一处.显像后这里就有一条谱线.图中的 O 是射线直射在相片上的位置.量出 OA 弧线距离,把它用相片到晶体的距离除就得到角度 2θ 的数值.但由于直射的射线很强,在 O 处出现的线往往变宽,不易确定位置.实际的做法是转动一下晶体的方向,重复上述步骤，就可以获得与 A 对称的一条谱线 A'.把 AA'的弧线距离用软片到晶体的距离除就得到 4θ 的数值.把计算所得的 d 和测得的 θ 值代入(8.1.1)式，波长 λ 就可以算出.n 是整数.对同一 λ 和同一 d,n 与 $\sin\theta$ 成正比.如果观察到有几个 θ,而其正弦又成整倍数的关系，就可以认出对应于各个 θ 的 n 值了.又如果我们使角度 θ 从零逐渐增加，对某一波长说，第一次出现谱线的那个 θ 就对应于 n 等于1.一束射线往往不止一种波长，所以晶体转动时，相片上可以记录下几种波长的谱线.从它们的位置计算出相应的 θ 角，从而可以算出波长.

所用相片也可以是平面硬片，那就把它装置在图8.4中晶体C的右边适当距离处，与入射的方向垂直.从谱线在相片上位置也可以算出 θ 角的数值.

相片上谱线的深浅在适当的露光范围内与射线的强度有线性关系，因此用相片也可以测得射线的相对强度.

另一个测量方法是用电离室代替相片作为记录器.仪器装置的大意如图8.5所示.这可以称为X射线测谱计.电离室I和晶体C分别装置在有刻度盘的支架上，它们可以各自绕着通过晶体一个轴转动.电离室充以气体，用稀有气体效果较好.X射线射入，气体就会电离，电离电流的大小代表射线的强弱.如果电离室妥善制备，可以做到电离电流与射线强度成正比.这样就可以准确地测量强度.测量波长时，晶面和电离室的位置先与入射的射线成一直线.然后，把晶体转一个小角 $\Delta\theta$,电离室转2倍 $\Delta\theta$,记下刻度盘上的读数和电离电流；这样继续逐步做去，电离室的方向与原射线入射的方向的夹角一直保持着等于晶体表面和射线入射方向的夹角的2倍.当达到某一角度时，电离电流会突然增强，那就表示这时进入电离室的射线特别强.(8.1.1)式已满足.把这时的角度代入公式，波长可以算出.而电流也就代表这个波长的射线的强度.

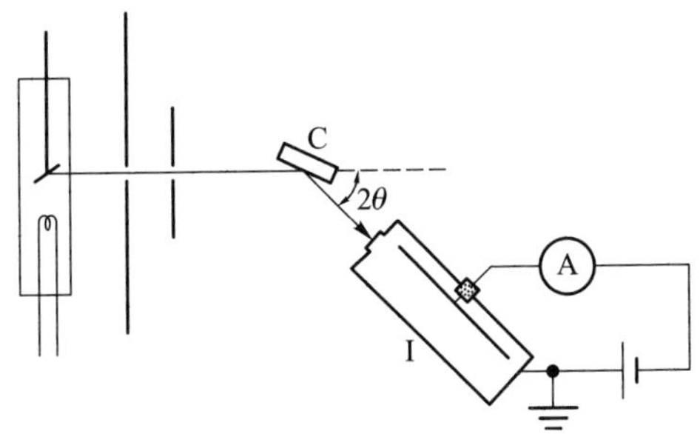

图8.5 X射线测谱计

以上说明了怎样测量X射线的波长和强度.

8.2 X 射线的发射谱

用上节所说的方法可以把 X 射线谱记录在相片上.相片上谱线的位置相当于不同的波长.图 8.6 和图 8.8 是一些例子.如果用电离室的方法,把电离电流对角度 θ 作标绘,所获曲线如图 8.7 所示,也代表不同波长的射线的强度,对应于每一 θ 值是一个波长.这样,把射线管所发射的谱线就记录下来了.

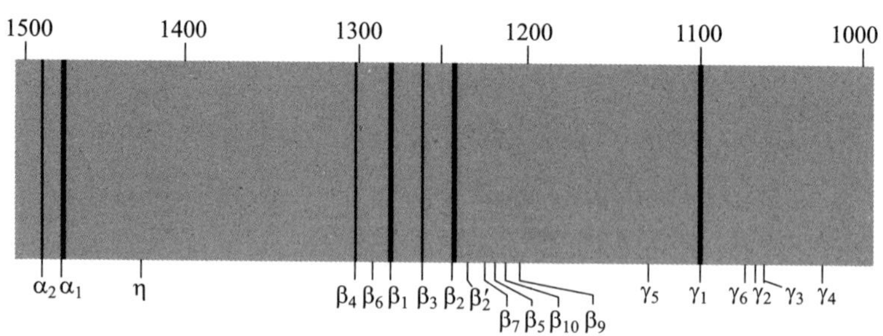

图 8.6 钨的标识谱,L 系

从图 8.7 可以看到,X 射线谱是两部分构成的,一部分是波长连续变化的,称为连续谱;另一部分是具有各别波长的线状谱,这又称为标识谱,标识谱重叠在连续谱上.在相片上如果露光时间不够,连续谱有时不明显;如果加长露光时间,也可以照出连续谱.下面分别讨论这两种谱的情况.

1. 连续谱

图中显示连续谱有一个最短波长 λ_0.最短波长的数值同射线管上所加电压 V 有下列关系:

$$\frac{hc}{\lambda_0}=Ve,$$

这也就是

$$h\nu_0=Ve. \tag{8.2.1}$$

这里 ν_0是相当于最短波长的频率,也就是最高频率.(8.2.1)式的意义是很明显的.Ve 是电子达到靶子的动能.如果电子被停止,其全部能量转成辐射能,那么由此发射的一个光子的能量当然就等于电子的动能了,这就是(8.2.1)式所表示的.因此 $h\nu_0$是所发光子最大可能的能量,那么 $\lambda_0=\dfrac{c}{\nu_0}$也就是最短波长了.这就是说 λ_0 是射线管在这个电压下所能发射的最短波长.当电子达到靶子后,如果穿

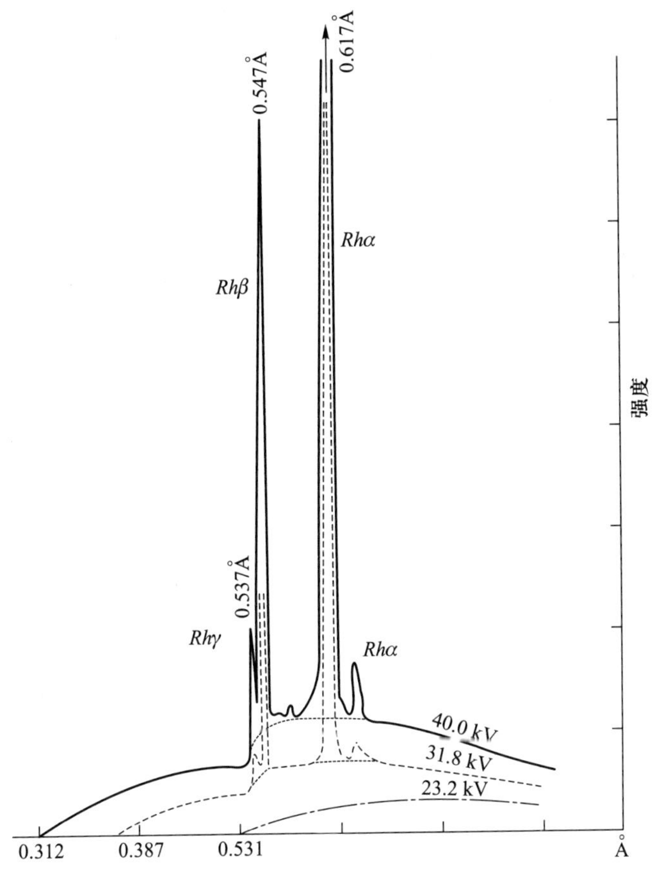

图 8.7 铑靶所发的射线,图中显示 K 系标识谱和连续谱

进靶子的表面以内,以致能量损失了一部分,那么转成光子的能量就没有刚才那么大,频率 ν 就要小一些,相应的波长就要大一些.我们可以想象电子进入靶内可以达到不同的深度,能量的损失可以有各种数值,因此这部分射线的波长是连续变化的.

连续谱是电子在靶上被减速而产生的;高速电子到了靶上,受靶中原子核的库仑场的作用而速度骤减,电子的动能转成辐射能,就有射线放出,这样的辐射称为韧致辐射.

把 h、c 和 e 的数值代入(8.2.1)式,V 以 V 为单位,那么公式就可以改列为

$$\lambda_0=\frac{12\ 398.10}{V}\ \text{Å}. \tag{8.2.2}$$

(8.2.1)式所示关系是量子论的又一实验证据.如果把(8.2.1)式中的 λ_0 和 V

精密地测得，就可以准确地算出 h 值.早年这是测定普朗克常量很好的方法.我国物理学家叶企孙于 1920 年进行了这项工作.

2. 标识谱

标识谱是线状谱，由具有各波长的谱线构成.谱线的波长决定于靶子的材料.每一种元素有一套一定波长的射线谱，成为这元素的标识，所以称为标识谱.各元素的标识谱有相似的结构，清楚地分为几个线系.波长最短的一组线称为 K 线系，这个线系一般可以观察到三条谱线，称作 K_α，K_β 和 K_γ，如图 8.7 所示.K_α 线最强，它的波长最长，实际由两条线组成，称为 α_1 和 α_2.K_γ 线最弱，它的波长最短.比 K 线系的波长更长一些、谱线也较多的一组谱线称为 L 线系（见图 8.6）.波长更长的还有 M 线系和 N 线系.

莫塞莱定律　莫塞莱（Moseley）研究了一系列元素的 K 线系，发现各元素的 K 线系有相似的结构，只是波长不同.如果把各元素的射线谱的相片按原子序数的次序上下排列起来，把相同波长的位置上下对齐，就会看到谱系依次位移，如图 8.8 所示.

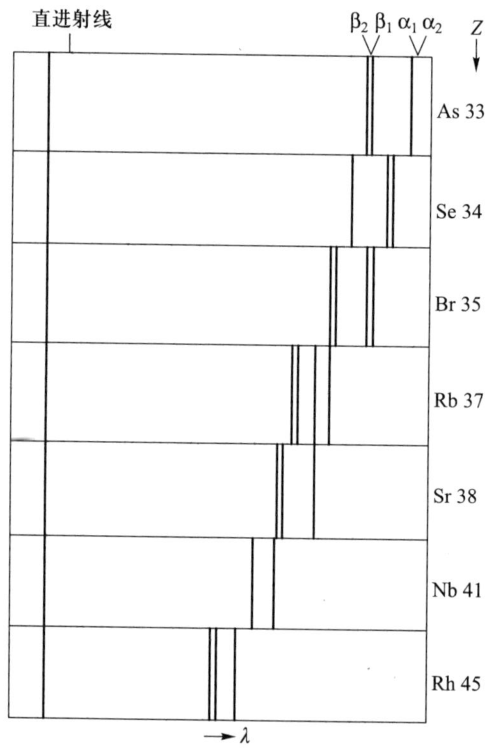

图 8.8　几种元素的 K 线系谱，按原子序数的次序上下排列

把各元素 K 线系的波数用里德伯常量除，再取其平方根，即$\sqrt{\frac{\sigma}{R}}$，对原子序数 Z 作标绘，就会得到图 8.9 所示的曲线.$\sqrt{\frac{\sigma}{R}}$对 Z 差不多是线性的.由此，莫塞莱为 K_α线列出一个公式如下：

$$\sigma=R(Z-1)^2\left[\frac{1}{1^2}-\frac{1}{2^2}\right]. \tag{8.2.3}$$

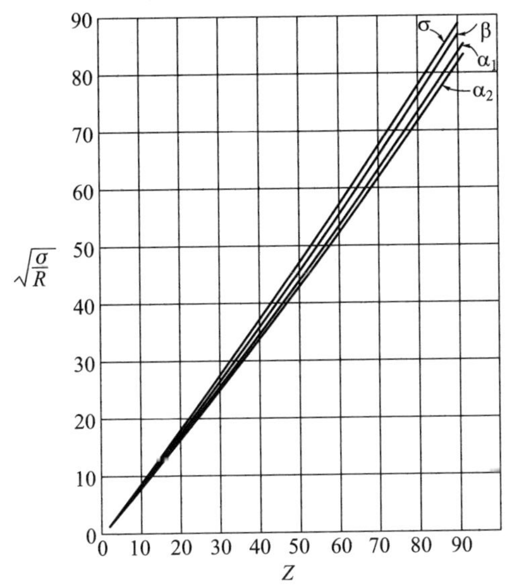

图 8.9 X 射线 K 线系的莫塞莱图

后人对 L 线系也进行了研究，发现莫塞莱定律也成立，即$\sqrt{\frac{\sigma}{R}}$与 Z 有线性关系，并为 L_{β_1}线列出一个公式如下：

$$\sigma=R(Z-7.4)^2\left[\frac{1}{2^2}-\frac{1}{3^2}\right]. \tag{8.2.4}$$

经过一些人的研究，知道标识谱有下述特性：(1) 各种元素的标识谱有相似的结构，不同于可见光的光谱彼此相差可以很大.(2) 按原子序数的次序比较各元素的标识谱，谱线的波长依次变动，如上文所叙述.看不出有周期性的变化.(3) K 线系甚至 L 线系的结构与化学成分无关.例如用两种铜的化合物做成的靶子所发铜的 K 线系是相同的.(4) X 射线管上需要加几万伏的电压才能激发出某些线系.X 射线的光子能量比可见光的光子能量大得多.

把上述情况一并加以考虑,就会得出下述结论:X 射线的标识谱是靶子中的原子发出的.从它不显示周期性的变化,同化学成分无关和光子能量很大来看,可以知道这是原子内层电子跃迁所发的.各元素原子的内层电子填满后,壳层的结构是相同的,所不同的只是对应于各层的能量的数值.周期性的变化和化学性质是外层电子的问题.X 射线标识谱既不显出这些情况,足见是内层电子所发的.

关于各线系的谱线怎样由内层电子发射的问题早已研究清楚.K 线系是最内层($n=1$)以外各层的电子跃迁到最内层的结果.L 线系是第二层($n=2$)以外各层的电子跃迁到第二层的结果.M 线系是第三层($n=3$)以外各层电子跃迁到第三层的结果.K 系中的 K_α 线,波长最长、强度最大,是第二层($n=2$)的电子跃迁到最内层($n=1$)时所发射的,K_β 线是第三层($n=3$)电子跃迁到最内层所发射的.波长最短而且比较弱的 K_γ 线是 $n=4$ 那一层的电子跃迁到最内层的结果.其余各线系的谱线就不详细述说了.

标识谱反映了原子内层结构的情况.谱线的波长代表能级的间隔.谱线的精细结构显示能级的精细结构.所以 X 射线标识谱对研究原子结构问题有重要意义.

8.3 同 X 射线有关的原子能级

X 射线标识谱来源于原子芯电子的跃迁,已如上文所说.但芯电子是填满的.根据泡利原理,不可能再加电子;例如第一层只能最多有两个电子,不可能有第三个.要有跃迁必须先有电子空位;要电子跃迁到 $n=1$ 那一层,必须先使那一层有一个空位.产生 K 线系的条件是最内层($n=1$)有空位,产生 L 线系的条件是第二层($n=2$)有空位.产生电子空位可以由高速电子对原子的非弹性碰撞实现,也可以由吸收能量足够高的光子来实现.前一方法把要研究的材料装在 X 射线管的靶上,使它发出射线,这是一般产生 X 射线的方法.后一方法把要研究的材料放在从另一个射线管发出的射线的路径中,使它吸收射线而发射次级射线.次级射线一般比较弱.

由以上的讨论可以知道,如要产生 X 射线标识谱,就需要把原子芯电子电离出去,使原子处在电离态.把各层电子电离出去所需的能量是不同的.最内层的电子在原子中的能量最低,第二层的高一些,第三层的更高一些,以此类推.所以要使最内层的电子电离,需要供给原子的能量最大,其次是第二层,再次是第三层.因此最内层一个电子电离后的电离态的能级同中性原子的基态比较是最高的.其次是第二层一个电子电离的状态的能级,以此类推.图 8.10 是一个例子,这是镉原子的电离态的能级.

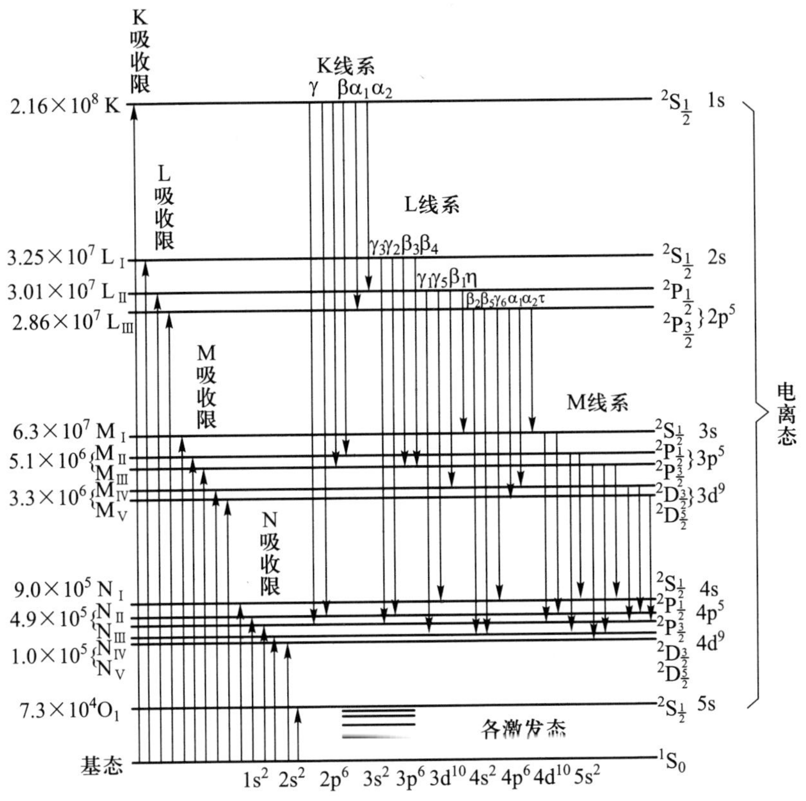

图 8.10 镉原子的X射线能级图

在X射线的术语中把 n 等于1、2、3、…各层分别称为K、L、M、N、O层，各层的电子称为K电子等等.在图8.10中，左边注的K、L等符号指的是各该层有一个电子电离后的能级.左边的数字表示镉的各电离态能级相对于基态的高度，这是以厘米$^{-1}$为单位的，乘以 hc 的值就等于以尔格为单位的数值.注意L级距离基态差不多只有K能级距离基态的十分之一，M级差不多只有K级的百分之一，N级差不多只有K级的千分之一.图上能级的间隔不是按比例画的.

镉在基态时，最外层是两个5s电子.所以原子态是$^1S_0$.图中O_1能级是一个5s电子电离后的原子能级.在基态与O_1之间是5s电子被激发的原子能级，直到电离.这些就是以前述说的光谱能级.一个5s电子电离后，剩下一个电子使原子处于$^2S_{\frac{1}{2}}$态.其余较深的满壳层中一个电子被电离就形成更高的能级.在图的右边注明了各壳层剩下的各类电子数和形成的原子态.满壳层的轨道角动量、自旋角动量以及总角动量都等于零.缺少一个电子的那个壳层（这里考虑的是各个次壳层)的上述三种角动量必定分别等于一个电子的这三种角动量,只是方向相反;这样和一个电子组合在一起,才能使这三种角动量等于零.由此可知,满壳层缺少了一个电子形成的原子态就同具有一个电子的原子态相同了.

其他原子,如果完整壳层发生电离,也会有相似的能级,只是能级的数值不同.最外层电子的情况当然各个原子是不同的.从这里所举镉的例子,也就可以知道各种原子的共同情况.

对应于标识谱各线系谱线的跃迁已在图中画出.例如 K_α 线是从 K 能级跃迁到 $L_{Ⅲ}$ 能级所产生的,这是说原子从 K 层有一空位的状态变成 $L_{Ⅲ}$ 层有一空位的状态,实质上就是电子从 $L_{Ⅲ}$ 跃迁到 K 层.产生 X 射线标识谱的跃迁也遵守选择定则.

$$\Delta L=\pm 1,$$
$$\Delta J=0,\pm 1.$$

各种原子的 X 射线能级可以通过观察这些原子对 X 射线的吸收直接测定.所得结果可以和发射谱的数据互相参证.关于怎样通过吸收的观察测定能级将在下一节论述.

代表 X 射线能级的理论公式先由索末菲按轨道理论推得,后来戈登用量子力学方法也获得同样的结论.下面所列是他们推得的、对应于各能级的谱项公式:

$$\begin{aligned}T=&\frac{R(Z-\sigma)^2}{n^2}+\frac{R\alpha^2(Z-s)^4}{n^4}\left(\frac{n}{k}-\frac{3}{4}\right)+\\&\frac{R\alpha^4(Z-s)^6}{n^6}\left(\frac{1n^3}{4k^3}+\frac{3n^2}{4k^2}-\frac{3n}{2k}+\frac{5}{8}\right)+\\&\frac{R\alpha^6(Z-s)^8}{n^8}\left(\frac{1n^5}{8k^5}+\frac{3n^4}{8k^4}+\frac{1n^3}{8k^3}-\frac{15n^2}{8k^2}+\frac{15n}{8k}-\frac{35}{64}\right)+\\&\cdots.\end{aligned}\tag{8.3.1}$$

式中的 k 一律等于 $J+\dfrac{1}{2}$,J 是总角动量量子数.这个公式同第四章中讨论的氢精细结构公式相似.但这里 Z 值需要减去屏蔽常数,而且根据实验的观察,σ 和 s 二值是不同的.这公式的第一项代表主要能量.σ 对不同的 n 和不同的 l 值都不同.因此第一项就表达了 K,$L_{Ⅰ}$,$L_{(Ⅱ,Ⅲ)}$,$M_{Ⅰ}$,$M_{(Ⅱ,Ⅲ)}$,$M_{(Ⅳ,Ⅴ)}$ 诸能级的数值.这里 $L_{(Ⅱ,Ⅲ)}$,$M_{(Ⅱ,Ⅲ)}$ 和 $M_{(Ⅳ,Ⅴ)}$ 是作为单层的,第一项对它们没有区别.但这些实际是双层的.例如 $L_{Ⅱ}$ 和 $L_{Ⅲ}$ 是 $^2P_{\frac{1}{2}}$ 和 $^2P_{\frac{3}{2}}$;由于 J 值的不同,从第二项起,各项中的 $k=J+\dfrac{1}{2}$ 就不同,所以谱项值又有区别.由此可知,第一项代表 n 和 l 值不同的各能级的主要能量，第二项以后又把各层的双重结构代表出来．这个公式，只要 σ 和 s 有恰当的数值，就很准确地代表了能级．由实验的能级数值推求这些修正值，发现 s 对各种原子有共同的数值：

能级	L_{I}	$L_{\mathrm{II,III}}$	M_{I}	$M_{\mathrm{II,III}}$	$M_{\mathrm{IV,V}}$	N_{I}	$N_{\mathrm{II,III}}$
s	2.0	3.60	6.8	8.6	13	14	17

至于 σ，各种原子没有共同的数值，是随着原子序数逐渐增加的．

8.4　X 射线的吸收

在图 8.5 的装置中，由晶体 C 衍射出来的一束 X 射线是具有单一波长的．在晶体和电离室之间放置一块吸收物，可以测量 X 射线被吸收的情况．设未放吸收物之前，测得射线强度是 I_0；放入吸收物并逐步增加它的厚度 x，那么通过吸收物后的射线强度 I 就会逐步减低，I 与 x 有如下关系：

$$I=I_0\mathrm{e}^{-\mu x}. \tag{8.4.1}$$

μ 称为衰减常量．把上式微分，μ 可以表达为

$$\mu=-\frac{\mathrm{d}I}{I\mathrm{d}x}. \tag{8.4.2}$$

由此可知，μ 是射线经过单位厚度的减弱百分数．它代表吸收物减弱作用的大小．

吸收和散射　X 射线经过物体后减弱是由两种过程产生的，一种是射线被物体吸收，另一种是被散射，后者只改变了射线的方向，因此在原方向上强度减低．因此 μ 代表两种过程的联合效果，可以列为真实吸收系数 τ 和散射系数 σ 之和，即

$$\mu=\tau+\sigma, \tag{8.4.3}$$

(8.4.1)式可改列为

$$I=I_0\mathrm{e}-\frac{\mu(\rho x)}{\rho}, \tag{8.4.4}$$

ρ 是吸收物的密度．由此

$$\frac{\mu}{\rho}=-\frac{\mathrm{d}I}{I(\rho\mathrm{d}x)}. \tag{8.4.5}$$

$\dfrac{\mu}{\rho}$ 代表射线经过在单位面积具有一单位质量那么一层物质后减弱的百分数，这称为质量衰减常量．$\dfrac{\tau}{\rho}$ 就称为质量吸收系数．在许多工作中用质量吸收系数更方便而且更有意义．

吸收是一种原子的过程.把上述那些系数与一个原子联系起来,更有理论上的意义.把上述衰减常量 μ、吸收系数 τ 和散射系数 σ 用单位厚度和单位截面中的原子数除,就分别得到原子衰减常量、原子吸收系数和原子散射系数:

$$\mu_a=\frac{\mu}{\frac{\rho N_A}{A}},\quad \tau_a=\frac{\tau}{\frac{\rho N_A}{A}},\quad \sigma_a=\frac{\sigma}{\frac{\rho N_A}{A}},\tag{8.4.6}$$

这里 N_A 是阿伏伽德罗常量,A 是原子量.μ_a,τ_a 和 σ_a 这些数值分别代表射线经过单位截面只有一个原子那样一层吸收物后被减弱、被吸收或被散射的百分数.这些原子系数的量纲是长度的平方,因此它们分别称为射线减弱、吸收或散射的原子截面.这三者的关系还是如(8.4.3)式所列,即 $\mu_a=\tau_a+\sigma_a$.

吸收系数与波长及吸收物的原子序数的关系　从实验可准确地证明 τ_a 同射线的波长 λ 和吸收物的原子序数 Z 有如下关系:

$$\tau_a=CZ^4\lambda^3.\tag{8.4.7}$$

这里 C 在一定的波长范围是一个常数.这个关系也从理论上可以推得.这是一个重要的规律.这说明波长越短,吸收越少,也就是说贯穿本领越高.这公式又说明原子序数越高,吸收越强.

(8.4.7)式也可以转成质量吸收系数的表达式:

$$\frac{\tau}{\rho}=\tau_a\frac{N_A}{A}=\frac{CN_A}{A}Z^4\lambda^3=\frac{C'}{A}Z^4\lambda^3.\tag{8.4.8}$$

如果测出某一种物体对不同波长的射线的质量吸收系数,并把它对波长作标绘,就会得到如图 8.11 所示那样的曲线.图 8.11 表示铅的质量吸收系数随波长的变化.这里可以看到:(1) 吸收系数一般随波长的减小而降低,这就是说,波长较短的射线的贯穿本领高;(2) 波长减到某一数值,吸收系数突然增加,这些吸收突然增加处称为吸收限.

要查明吸收系数与波长的一般关系,可把 $\left(\frac{\tau}{\rho}\right)^{\frac{1}{3}}$ 对 λ 作标绘,按照(8.4.8)式,应该得到一条直线.情况确是如此.图 8.12 就是这样一幅图.这里是银和铜的吸收系数,每一曲线都有一个吸收限.在吸收限的两侧是直线,但斜率不同.由(8.4.8)式,

$$\sqrt[3]{\frac{\tau}{\rho}}=\left(\frac{C'}{A}\right)^{\frac{1}{3}}Z^{\frac{4}{3}}\lambda.\tag{8.4.9}$$

图 8.12 中曲线的斜率代表(8.4.9)式中的 $\left(\frac{C'}{A}\right)^{\frac{1}{3}}Z^{\frac{4}{3}}$.对同一元素,在吸收限的两侧,$A$ 和 Z 是相同的,斜率的差别可见是 C' 的不同,亦即 $C=\frac{C'}{N_A}$ 的不同.这样就定

出在波长小于 K 吸收限那边的 C：$C_{0K}=2.25\times10^{-2}\ \mathrm{cm}^{-1}$；在 K 吸收限和 L 吸收限之间，$C_{KL}=3.3\times10^{-3}\ \mathrm{cm}^{-1}$.对不同元素，在波长小于 K 吸收限那一边，曲线的斜率不同.这时 C' 是相同的，斜率的不同反映了 $\left(\dfrac{Z^4}{A}\right)^{\frac{1}{3}}$ 的不同.可以用来验证吸收系数同这些常数的关系.同样在 K 吸收限和 L 吸收限之间的区域也可作比较.

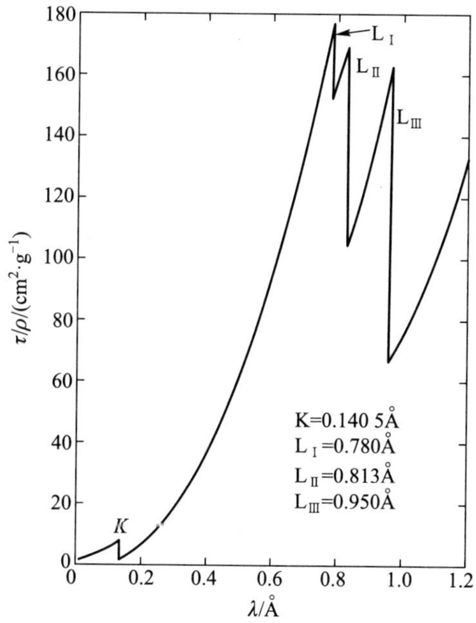

图 8.11　铅的质量吸收系数随波长的变化

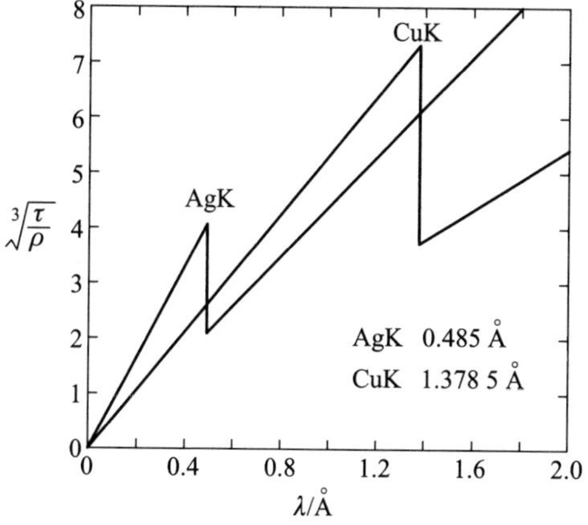

图 8.12　银和铜的质量吸收系数随波长的变化

一般 X 射线(光子能量小于 1 MeV)的吸收主要是吸收物的原子发生电离的过程.从这样一个吸收机制来考虑,(8.4.7)式所示的关系也可以从理论推得.(8.4.7)式表达了光子的电离吸收的概率,或说电离吸收的原子截面.

X 射线吸收过程的应用　X 射线有高贯穿本领,可用于透视如果使射线经过一个物体,再照射在荧光板或照相底片上,则由于射线被物体各部分吸收的程度不同,射到荧光板上就会产生明暗的差别,这样就显出物体内部的影像.这样的透视方法在医疗及工业材料和成品的检验上用得颇多.根据(8.4.7)式,波长愈短,吸收系数愈小,也就是透射本领高,所以检查不易透射的物体必须用高电压.又原子吸收系数与 Z^4 成正比,每个铅、铁等元素的原子比碳、氢等元素的原子的吸收要大得多.此外,对同厚度的物体,吸收也决定于射线穿过的原子数.这些因素就使物体内部的变化显现在透视图像上.

X 射线被生物体吸收后会对后者起作用,这可以用来医治某些疾病.另外还有其他生物学上的用处.也必须提到,人体受 X 射线的照射是有损害的.波长较长的射线容易被吸收,因此对生物体的影响更大.在这方面工作的人员应注意防护.

吸收限与原子能级　波长越短,光子的能量越大.图 8.11 和图 8.12 中显示波长减到某些数值时吸收突然增加.这些吸收限表示射线的光子能量已经大到一个数值,足以使吸收物的原子吸收它时能够产生电离了.图中的 K 吸收限表示光子的能量已经大到足以使一个 1s 电子电离,L_{I} 吸收限表示能量足以使一个 2s 电子电离,L_{II} 和 L_{III} 表示能量足以使一个 2p 电子电离,所以各吸收限分别代表原子各壳层有一个电子电离时需要吸收的能量.原子吸收了这样的能量,使它从基态跃迁到各层的电离态.因此吸收限对应于基态能级与各电离能级之间的跃迁,如图 8.10 的能级图中所示.

在图中可以看出发射谱线的波长或波数同吸收限波长或波数的关系.例如,K_{α_1} 线是 K 能级和 L_{III} 能级之间的跃迁所产生的,所以 K_{α_1} 线的波数应该等于 K 吸收限和 L_{III} 吸收限波数之差.这样,这些实验数据可以互相核对.

从以上关于 X 射线标识谱和吸收限的讨论,可以看到原子中的电子确是分成壳层的.从 X 射线的观测,可以把这些壳层的能量求出来,这是研究原子内层结构的很好的途径.

8.5 康普顿效应

上节讨论到 X 射线通过物质时逐渐减弱是由于两种过程:吸收和散射.对吸收的问题上节已经加以论述.对散射早年也有好些人进行过研究.我们在这里不

拟讨论很多,只提一个情况,那就是 X 射线被散射后,除波长不改变的部分外,还有波长变长的部分出现.这现象由康普顿(A. H. Compton)在 1922 到 1923 年间首次观察到并提出理论解释,后人把这现象称作康普顿效应.

康普顿的实验装置如图 8.13 所示.当时用钼所制的靶 T 所发的射线被一块石墨 R 散射.散射出来的射线经窄缝达到测量器的晶体上.这样就可以按照以前所说的方法测量散射射线的波长.在不同散射角测得散射射线的波长如图 8.14 所示.这是用电离室所测的结果.图中显示除原有钼的 K_{α} 线外,还有波长变长的另一条线;波长改变的数值与散射角有关,随角度的增加而增加;而且随着散射角的增大,新谱线增强,原谱线减弱.吴有训在 1925—1926 年曾观察银的 K_{α} 线在同一散射角被一系列元素散射的情况,图 8.15 是观察的结果.这里可以看到,新谱线的移动与散射物的性质无关;当散射物的原子序数增加时,原谱线的强度增加,移动的新谱线的强度减低.

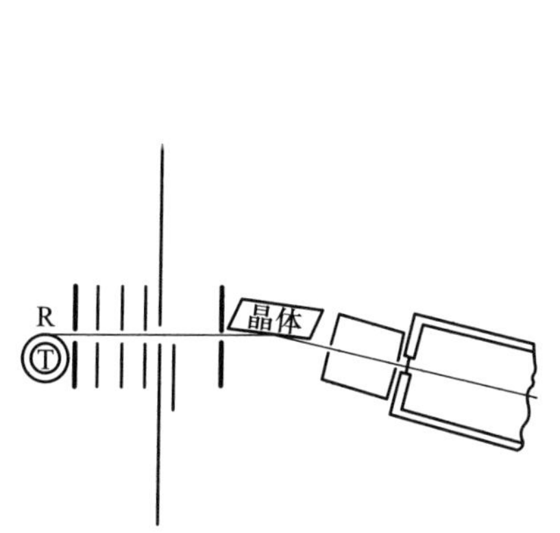

图 8.13 康普顿的实验装置

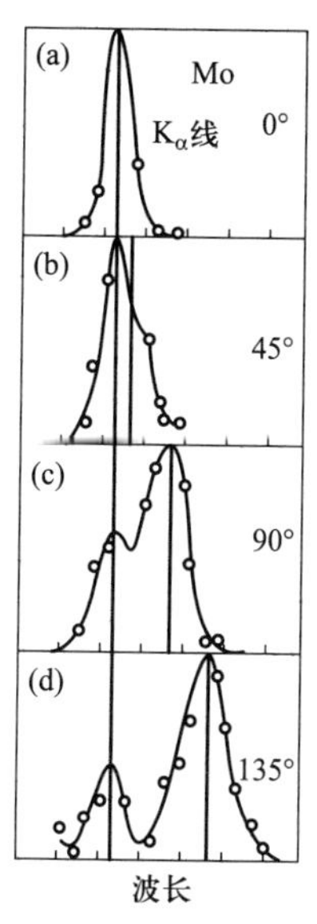

图 8.14 石墨的康普顿效应

康普顿对这现象解释为 X 射线的光子同电子碰撞的结果.在原子序数低的原子中,电子与原子核结合不强,对 X 射线光子的能量说,这些电子可以看作是自由的.那就可以列出关于光子和电子碰撞的公式.设射线原有频率为 ν,散射后改变为 ν',那么碰撞前后光子的能量分别为 $h\nu$ 和 $h\nu'$,它的动量分别为 $p=\dfrac{h\nu}{c}$和 $p'=\dfrac{h\nu'}{c}$.电子在碰撞前如果近似地看作是静止的,按照相对论原理,与它的静质

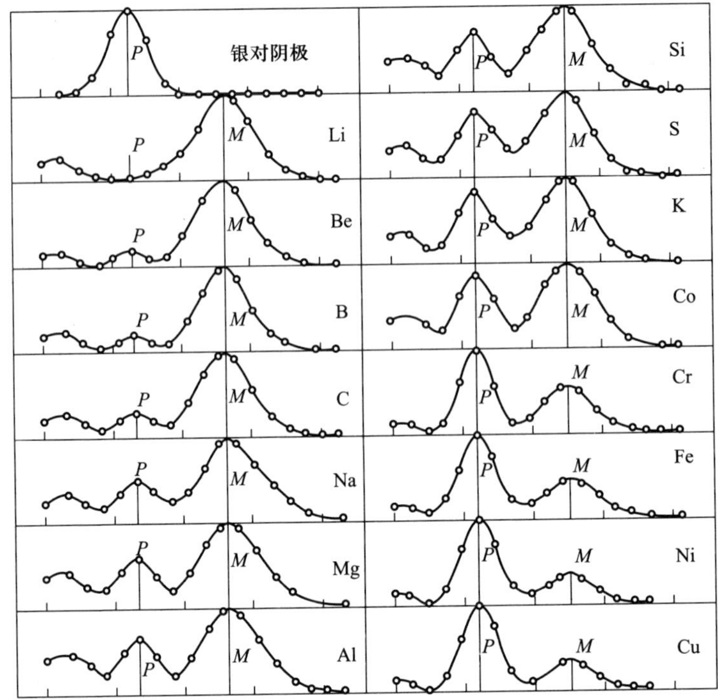

图 8.15 各种元素的康普顿效应

量 m_0 相联系的能量是 m_0c^2；碰撞后它的速度是 v，质量是 $m=\dfrac{m_0}{\sqrt{1-\dfrac{v^2}{c^2}}}$，它的能量是 mc^2；这些式子中的 c 是光在真空中的速度.电子碰前的动量是零，碰后的动量是 mv.引用能量守恒和动量守恒定律，可以列出

$$h\nu+m_0c^2=h\nu'+mc^2 \tag{8.5.1}$$

$$\boldsymbol{p}=\boldsymbol{p}'+m\boldsymbol{v}. \tag{8.5.2}$$

(8.5.2)式表示动量的矢量关系，如图 8.16 所示.把它改为标量式，就有

$$(mv)^2=p^2+p'^2-2pp'\cos\phi.$$

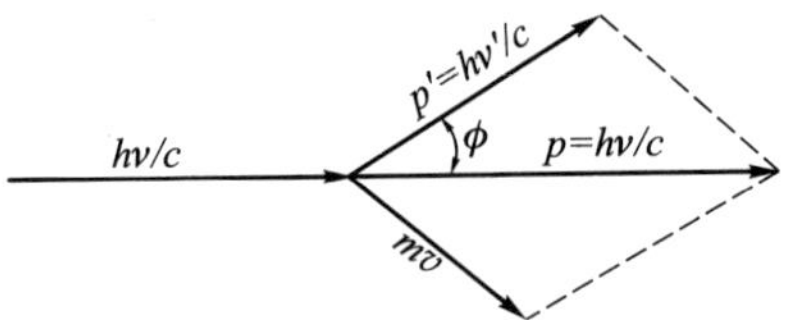

图 8.16 康普顿散射中的动量关系

把动量数值代入,就成为

$$(mv)^2=\left(\frac{h\nu}{c}\right)^2+\left(\frac{h\nu'}{c}\right)^2-2\left(\frac{h\nu}{c}\right)\left(\frac{h\nu'}{c}\right)\cos\phi,$$

这可改列为

$$m^2c^2v^2=h^2\nu^2+h^2\nu'^2-2h^2\nu\nu'\cos\phi. \tag{8.5.3}$$

把(8.5.1)式移项平方,得

$$m^2c^4=h^2\nu^2+h^2\nu'^2-2h^2\nu\nu'+m_0^2c^4+2m_0c^2h(\nu-\nu'). \tag{8.5.4}$$

(8.5.4)式减(8.5.3)式,得

$$m^2c^4\left[1-\frac{v^2}{c^2}\right]=m_0^2c^4-2h^2\nu\nu'(1-\cos\phi)+2m_0c^2h(\nu-\nu').$$

注意上式左侧等于 $m_0^2c^4$,于是上式可写为

$$\frac{c}{\nu'}-\frac{c}{\nu}=\frac{h}{m_0c}(1-\cos\phi),$$

$$\lambda'-\lambda=\Delta\lambda=\frac{h}{m_0c}(1-\cos\phi). \tag{8.5.5}$$

(8.5.5)式表示在康普顿散射时射线波长的改变与原来波长的大小无关,只与散射角有关.当散射角 ϕ 是 90°时,$\Delta\lambda=\frac{h}{m_0c}$.

把式中的常量代入,算得

$$\frac{h}{m_0c}=0.024\ 262\ 1\ \text{Å}, \tag{8.5.6}$$

这与实验测得的数值是一致的.

现在还要说明一下实验结果的某些情况.按照上述理论,在一定散射角上波长的改变是一定的,而实际观察到那波长改变了的谱线有一个较宽的强度分布,不是恰好等于(8.5.5)式的数值,只是最高峰落在那式的数值上.这是因为电子实际在碰撞前不是静止的,它在原子中运动着.只是在原子序数较低的原子中,电子的速度比碰后的速度要小得多,所以理论公式的推导中把它近似地作为零.这样,实际的波长改变就分布在理论值的附近了.另一个情况是,随着原子序数的增加,波长改变的那谱线的强度逐渐减弱,而波长不变的那谱线的强度逐渐增强.这是因为原子序数愈高,原子中有更多的电子和原子核有较强的结合;可以近似地看作自由电子只是最外层的几个,在电子的总数中相对地减少了.光子同结合强固的电子碰撞就等同于同质量很大的原子碰撞,波长即便有改变也是很微小的,不能观察出来,所以波长不变的谱线强度随原子序数而增加;由于近似自由电子的数目相对地减少,所以波长改变的谱线随原子

序数增加而减弱.

在康普顿散射中,光子损失一部分能量.这是能量较高的光子通过物质时能量损失的重要方式之一.当光子的能量低时,通过物质时能量的损失主要是电离吸收,正如上节所讨论的.但电离吸收随波长减小而急剧下降.对能量较高的光子,电离吸收的能量损失成为次要的,而康普顿散射的能量损失成为主要的.这不仅发生在短波的 X 射线上,也发生在更短波长的 γ 射线上,因而具有较广泛的意义.在原子核物理和高能粒子物理中会遇到这个问题.这个效应也一直被认为是光的微粒性的有力证据之一.

8.6 X 射线在晶体中的衍射

在本章第一节我们讨论了怎样利用 X 射线在晶体中的衍射来测量射线的波长.目的只是要说明一个测量的方法,所以只提到射线在一组晶面上衍射的情况.对布拉格公式只作了简单的说明.本节将对 X 射线在晶体中的衍射作较详细的讨论.

晶体是原子有规则地排列起来的结构,这种有规则的排列沿各方向是作等间隔的重复的.一个晶体可以看作是基本单元连接起来的.一般说,晶体的基本单元总可以用一个平行六面体代表.设这个六面体的三个边是 a,b 和 c,这三个边也不一定互相垂直.如果用一个坐标系来描述这个晶体结构,设 x 轴在 a 的方向,y 轴在 b 的方向,z 轴在 c 的方向,那么沿 x 方向每隔 a 一段距离就有同样的结构,在 y 方向每隔 b 一段距离就有同样结构,在 z 方向每隔 c 一段距离就有同样结构.一个特例是正立方晶体,例如 NaCl 晶体,它的 a,b 和 c 是相等的而且是互相垂直的.

在 8.1 节说到原子在晶体中的有规则排列构成很多组不同方向的平行面.如果把一束 X 射线射入晶体,在每一组平行面上只要有满足布拉格公式的波长,都能发出与入射射线对平面作等角的射线.这样,如果一束入射射线是由很多不同波长的射线组成的,就有很多束射线从晶体向不同方向射出.晶体对 X 射线起了立体光栅的作用.下面具体地讨论 X 射线在晶体中的衍射,从而对布拉格公式作一般性的推导.

设在上述 xyz 坐标系所描述的一个晶体中有一束射线射入,它同三个坐标轴分别成 α_0、β_0 和 γ_0 角;经衍射,有一束射线在某方向射出,同三坐标轴分别成 α、β 和 γ 角.图 8.17 表示了这些关系.现在考虑构成出射射线束的波一定是同相位的,这就是说从各原子散射出来的射线的光程差等于波长的整倍数.由图 8.17,可以看到,从 x 轴上二邻近原子(相距 a)射出两条射线的光程差应等于波长的整倍数：

$$m_1\lambda = a(\cos\alpha - \cos\alpha_0) \tag{8.6.1}$$

同理从 y 轴和 z 轴上邻近原子射出的射线也满足下列二式

$$m_2\lambda = b(\cos\beta - \cos\beta_0), \tag{8.6.2}$$

$$m_3\lambda = c(\cos\gamma - \cos\gamma_0), \tag{8.6.3}$$

式中 m_1、m_2 和 m_3 是整数.

设 $\boldsymbol{u}_0$ 和 $\boldsymbol{u}$ 是入射方向和出射方向的单位矢量，那么上列三式可以写成

$$m_1\lambda = \boldsymbol{a}\cdot(\boldsymbol{u}-\boldsymbol{u}_0) = \boldsymbol{a}\cdot\boldsymbol{s}, \tag{8.6.1′}$$

$$m_2\lambda = \boldsymbol{b}\cdot(\boldsymbol{u}-\boldsymbol{u}_0) = \boldsymbol{b}\cdot\boldsymbol{s}, \tag{8.6.2′}$$

$$m_3\lambda = \boldsymbol{c}\cdot(\boldsymbol{u}-\boldsymbol{u}_0) = \boldsymbol{c}\cdot\boldsymbol{s}. \tag{8.6.3′}$$

由图 8.18，可见 $\boldsymbol{s}=\boldsymbol{u}-\boldsymbol{u}_0$ 这个矢量与 $\boldsymbol{u}$ 和 $\boldsymbol{u}_0$ 构成等腰三角形，$|\boldsymbol{s}| = 2\sin\theta$. 又如果用 ϕ_1, ϕ_2 和 ϕ_3 分别表示 $\boldsymbol{s}$ 同 $\boldsymbol{a}$, $\boldsymbol{b}$, $\boldsymbol{c}$ 的夹角，上列三式又可以写成

$$m_1\lambda = 2a\cos\phi_1\sin\theta, \tag{8.6.4}$$

$$m_2\lambda = 2b\cos\phi_2\sin\theta, \tag{8.6.5}$$

$$m_3\lambda = 2c\cos\phi_3\sin\theta. \tag{8.6.6}$$

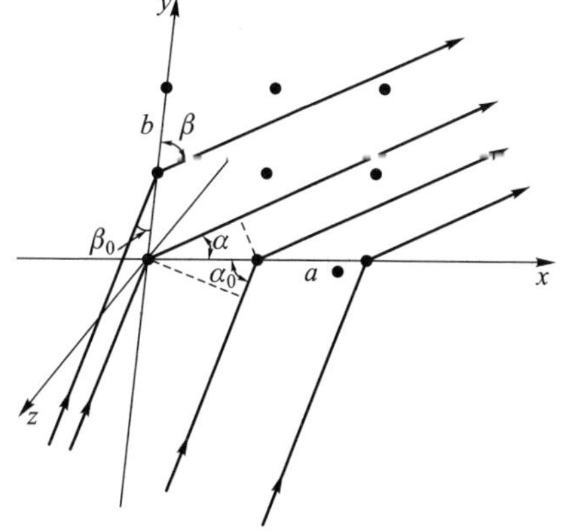

图 8.17 晶体的立体光栅作用

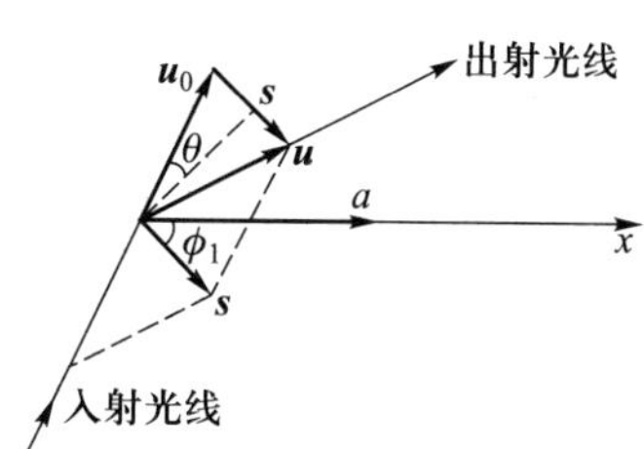

图 8.18 s 矢量

把上列三式中的整数 m_1、m_2 和 m_3 提出一个最大公约数 n，那么 $m_1=nh$, $m_2=nk$, $m_3=nl$; h, k, l 是三个最小整数. 于是(8.6.4)，(8.6.5)，(8.6.6)三式就可写成

$$n\lambda = 2\frac{a\cos\phi_1}{h}\sin\theta, \tag{8.6.7}$$

$$n\lambda = 2\frac{b\cos\phi_2}{k}\sin\theta, \tag{8.6.8}$$

$$n\lambda = 2\frac{c\cos\phi_3}{l}\sin\theta. \tag{8.6.9}$$

(8.6.7),(8.6.8),(8.6.9)三式的左侧是相同的,它们的右侧必相等,所以

$$\frac{a\cos\phi_1}{h} = \frac{b\cos\phi_2}{k} = \frac{c\cos\phi_3}{l} = d \tag{8.6.10}$$

ϕ_1,ϕ_2 和 ϕ_3 是矢量 $\boldsymbol{s}$ 分别对 x,y,z 三坐标轴的夹角.在图 8.19 中 ON 是 $\boldsymbol{s}$ 方向的一直线.a,b,c 是晶胞、即晶体的基本单元的三个边,那么 a/h,b/k,c/l 是晶胞三边的平分线段.(8.6.10)式代表这三线段在 ON 线上的投影,而且是相等的.如果$\frac{a}{h}$等三线段都从原点量起,它们在 ON 线上的投影也从原点起.三线段的投影既相等,那么通过它们端点的平面必垂直于 ON.这样就可以有一组平行面,它们中二邻近面在 x,y,z 轴上的截距分别为$\frac{a}{h}$,$\frac{b}{k}$和$\frac{c}{l}$,而二邻近面的距离就是(8.6.10)式所示的数值.我们用字母 d 代表这距离.这组平行面表示在它们法线方向晶体的等间距结构变化.

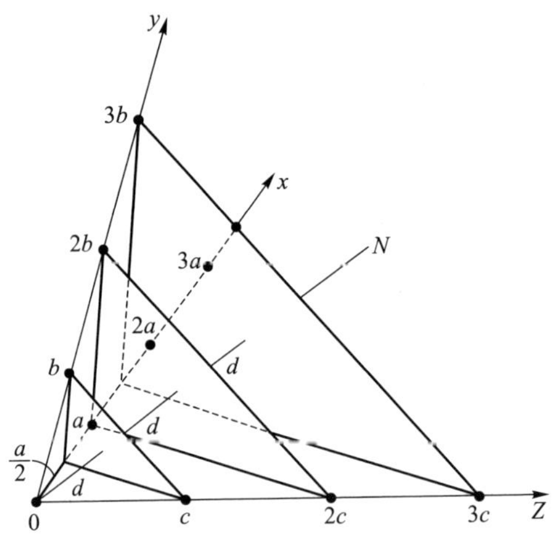

图 8.19 (8.6.10)式的图示.这里 $h=2$,$k=1$,$l=1$.

那么由(8.6.10)式,(8.6.7),(8.6.8),(8.6.9)三式就都成为

$$n\lambda = 2d\sin\theta, \tag{8.6.11}$$

式中的 d 是与射线成等角 θ 的一组平面之间的距离.这式子正是布拉格公式.

从上面的推导,可以知道,如果射线经衍射向某一方向射出,就一定有与射出射线对应的一组晶面,这组晶面与入射射线和出射射线是成等角的.晶体中这

样的平行面是很多的，因此当一束含有很多波长的射线射入晶体时，就可能有好多束射线从晶体向不同方向射出.

各方向的晶面在 x,y,z 三轴上的截距有一定的比值.例如图 8.19 中从原点往外第三个平面在 x,y,z 轴上的截距分别为 $\left(\frac{3}{2}\right)a$、$3b$，$3c$.这里最大公约数是 3，用这数除，就有 $\frac{a}{2}$，b，c，这正是最近原点的那平面在三轴的截距.可知这截距的分母就是 hkl 的数值，这里 $h=2,k=1,l=1$.同组的第二平面在三轴上的截距是 $a,2b,2c$，用 2 除，得到上面相同的结论.对一组平面有一组 hkl 值，这组数值总是用最低的整数表示，它们代表平面的方向，称为密勒指数.求一组平面的密勒指数的方法是，如上面所举的例子，取这组平面中任何一平面在三轴上的截距，把截距的系数（就是不把 a,b,c 计算在内）的倒数简约成最简单的整数，就是密勒指数.现在再举一例.有一组平面同 xy 平面平行，它的指数是哪几个数？取其任何一平面，例如如截 z 轴在 $2c$ 的那个面，它在三轴上的截距是 $\infty,\infty,2c$，系数的倒数是 $0,0,\frac{1}{2}$，简约成最简单的整数是 0，0，1，这就是这组平面的密勒指数.余类推.

任何一组平面的间隔就是（8.6.10）式的数值.如果 a,b,c 三个方向是垂直的，那么

$$\cos^2\phi_1+\cos^2\phi_2+\cos^2\phi_3=1,$$

由（8.6.10）式，

$$d^2\left[\left(\frac{h}{a}\right)^2+\left(\frac{k}{b}\right)^2+\left(\frac{l}{c}\right)^2\right]=1,$$

就得到

$$d=\frac{1}{\sqrt{\left(\frac{h}{a}\right)^2+\left(\frac{k}{b}\right)^2+\left(\frac{l}{c}\right)^2}}.\tag{8.6.12}$$

这类晶体的 d 的计算就简化了.

对正立方晶体，不但三轴互相垂直，而且 $a=b=c$，那么（8.6.12）式再简化为

$$d=\frac{a}{\sqrt{h^2+k^2+l^2}}.\tag{8.6.13}$$

（8.6.10），（8.6.12），（8.6.13）各式都表示，晶面的间隔 d 随密勒指数不同而有差异，这就是说不同方向的晶面的间隔是不同的.这三个公式可以用来计算晶面间隔 d 的数值.

劳厄相片　把含有较强连续谱的 X 射线先后通过两个小圆孔,使成为细束,然后射在一片晶体上,如图 8.20 所示.由于衍射,就有好多束射线从晶体射出.如果在晶体后面放一照相底片接受射线,经适当照射时间,显像后,相片上就现出有规则地排列的斑点.每一斑点对应于一组晶面.由斑点的位置可以知道各组对应平面的方向.因此,由这样一张相片就可以推断晶体的结构.这是利用 X 射线分析晶体结构的一个方法,是劳厄(M. von Laue)在 1912 年首先做出的.图 8.21 是一幅劳厄相片.

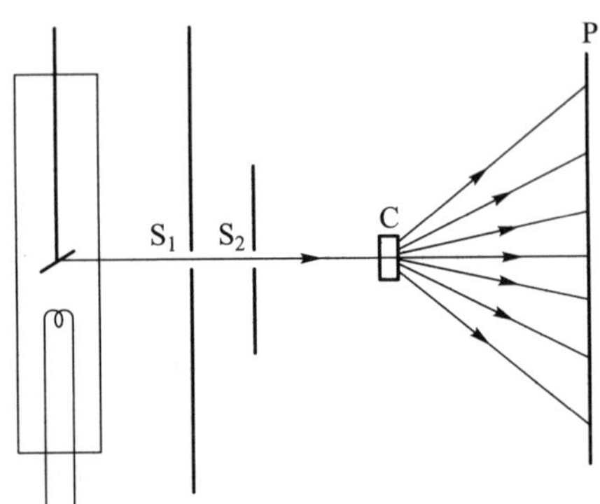

图 8.20　摄取劳厄相片的装置.S_1 和 S_2 是铅板上的小孔,C 是晶体,P 是相片

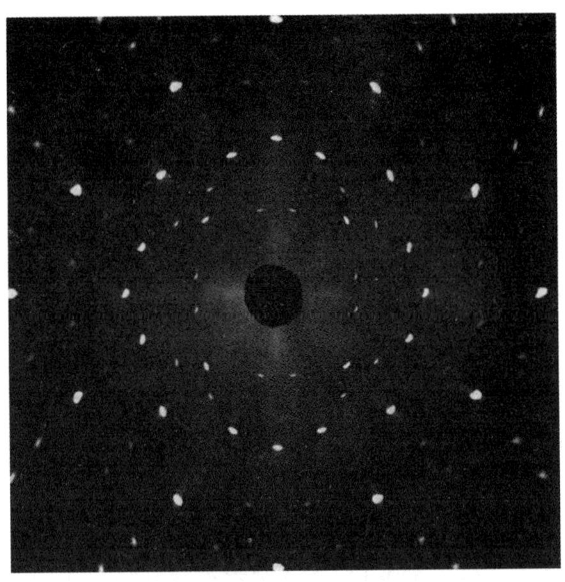

图 8.21　氯化钠晶体的劳厄相片

晶体粉末法　上述方法需要一片单晶体.但许多晶体的晶粒小,呈粉末状,或者是多晶体如一般金属的情况.要研究这些晶体的结构,可以把晶体粉末装在一小管中,放在图 8.20 中晶体的位置,令一细束单波长的射线射在上面.再用一照相底片接受射线,显像后会现出许多同心圆(图 8.22).这里波长只有一种.但晶体是各方向都有.总有一些能满足布拉格公式的要求.由圆圈的大小可以推得发生这圈的晶面与入射射线所成的角,从而算出 d 值.从这样求得的一组 d 值就可以推断晶体的结构.研究金属那样的多晶体,只需拿一片样品放在上述粉末管的位置,摄得相片就可以了.

图 8.22　氧化锆的粉末法相片

X 射线的衍射是研究晶体结构很有效的方法,也可以用来研究高分子的结构.所以 X 射线是研究物质结构的有用工具.

习　题

自测

1. 某 X 射线机的高压为 10 万伏,问发射光子的最大能量多大?算出发射 X 射线的最短波长.

2. 利用普通光学反射光栅可以测定 X 射线波长.当掠射角为 θ 而出现 n 级极大之出射光线偏离入射光线为 $2\theta+\alpha$(见习题图 8.1),α 为偏离 0 级极大出射线的角度.试证:出现 n 级极大的条件是

$$2d\sin\frac{2\theta+\alpha}{2}\sin\frac{\alpha}{2}=n\lambda,$$

d 为光栅常量(即两刻纹中心之间的距离).当 θ 和 α 都很小时公式简化为

$$d\left(\theta\alpha+\frac{\alpha^2}{2}\right)=n\lambda.$$

3. 一束 X 射线射向每毫米刻有 100 条纹的反射光栅,其掠射角为 20′.已知第一级极大出现在离 0 级极大出射线的夹角也是 20′.算出入射 X 射线的波长.

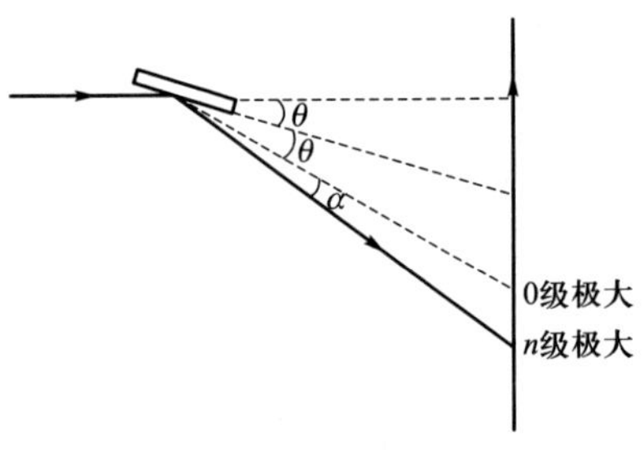

习题图 8.1

4. 已知 Cu 的 K_α 线波长是 1.542 Å，以此 X 射线与 NaCl 晶体自然面成 15°50′角入射而得第一级极大.试求 NaCl 晶格常量 d.

5. 铝(Al)被高速电子束轰击而产生的连续 X 射线光谱的短波限为 5 Å.问这时是否也能观察到其标识谱 K 系线？

6. 已知 Al 和 Cu 对于 $\lambda=0.7$ Å 的 X 射线的质量吸收系数分别是 $0.5\ \mathrm{m^2\cdot kg^{-1}}$ 和 $5.0\ \mathrm{m^2\cdot kg^{-1}}$，Al 和 Cu 的密度分别是 $2.7\times10^3\ \mathrm{kg\cdot m^{-3}}$ 和 $8.93\times10^3\ \mathrm{kg\cdot m^{-3}}$.现若分别单独用 Al 板或 Cu 板作挡板，要使波长为 0.7 Å 的 X 光的强度减至原来强度的 $\frac{1}{100}$.问要选用的 Al 板或 Cu 板应多厚？

7. 为什么在 X 射线吸收光谱中 K 系带的边缘是简单的，L 系带是三重的，M 系带是五重的？

8. 试证明 X 射线标识谱和碱金属原子光谱有相仿的结构.

第九章 分子结构和分子光谱

数字资源

在生产实践中或在生活中接触的物体,极少是孤立的原子,往往是原子结合而成的分子或分子集团,或者是原子有规则地结成的晶体.有关原子的知识是掌握物质微观结构和深入了解物质性质的基础.为了能够了解原子物理的知识怎样用在更广的范围或更接近实际情况的问题,我们在本章简单地讨论分子的结构.

研究分子是化学和物理学的共同任务.在物理学中有许多方法可以对分子进行研究,例如可以利用 X 射线衍射、电子衍射、中子衍射对分子结构进行研究,也可以通过分子电偶极矩的测量进行研究.而分子光谱对分子结构提供了丰富而重要的资料,因此本章主要从分子光谱讨论分子结构.

9.1 分子的键联

原子由于相互结合力而构成分子.原子间有不同类型的结合,这称为化学键.现在知道有离子键,共价键,金属键,此外还有一种较弱的范德瓦耳斯键.下面作简单的说明.

离子键　在离子键的分子中,电子由一个原子转移到另一原子,都成为离子,然后离子由于库仑引力而构成分子.NaCl, $CaCl_2$ 等是这类分子的例子.Na 原子有 11 个电子,失去一个电子成为 Na^+ 离子,具有 Ne 的稳固结构.Cl 原子有 17 个电子,取得一个电子而成为 Cl^- 离子,具有 Ar 的稳固结构.然后 Na^+ 和 Cl^- 二离子相互吸引,构成分子.

正负离子间既有库仑引力,它们的势能是

$$U=-\frac{q_1q_2}{4\pi\varepsilon_0 r},\tag{9.1.1}$$

式中 q_1 和 q_2 分别是二离子的电荷,r 是离子间的距离.图 9.1 代表势能随距离 r 变化的情况.图中横坐标是 r 纵坐标是能量,曲线表示势能的变化.当 r 大时,势能的变化就是(9.1.1)式所表示的.但当离子接近到它们的电子运动区域互相重叠时,二原子核由于都带正电就有显著的库仑斥力,二离子的电子间也有斥力,因而二离子就互相推斥,距离愈近,斥力愈大.在某一距离 r_0 处,离子间的斥力刚好等于引力,这距离称为平衡距离.大于这距离时,离子间有吸引力,小于这距离时，有推斥力.我们知道，用势能表示力场时，势能的陡度等于力的数值，势能减低的方向是力的方向，所以图 9.1 中的势能曲线表示了二离子间的力随离子距离变化的情况.

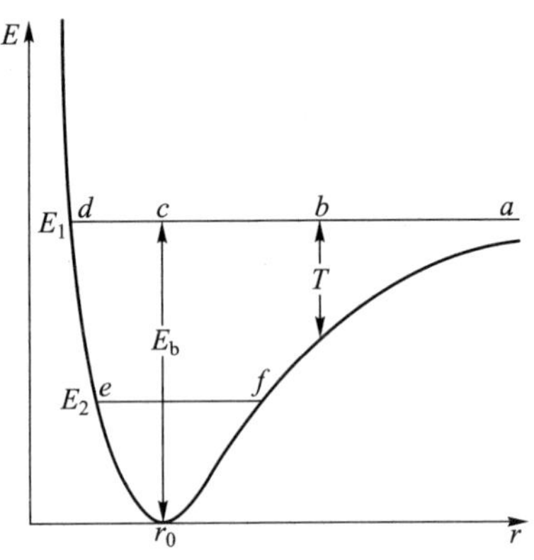

图 9.1　二离子构成的分子中势能随离子距离的变化

现在考虑二离子由远距离相互接近的过程.设距离远时，离子的运动速度不大，它们的全部能量差不多是势能，这是图中 a 点的情况.当它们互相接近，势能下降，但能量是守恒的，势能的减少量转成它们之间相对运动的动能.在图中 b 点，T 是动能.到了 c 点，势能最小，动能最大，因而趋近的速度也是最大.这时离子间没有力.距离再减小，离子间就有推斥力，那时动能减少.势能增加.到 d 点，动能减到零，离子间相对速度减到零，但斥力存在，离子就要作反向运动而离开.如果离子相距在 r_0 左右时，这体系放出一部分能量，使总能量从 E_1 降到 E_2，离子就不能离开，只能在图中所示 ef 之间来回运动；在达到 e 和 f 两点的距离时，离子的相对速度是零，但在 e 处受斥力，在 f 处受引力，所以离子在平衡距离附近作振动，这样，二离子构成了分子.从这里的讨论知道，分子构成时必须放出能量.图中 E_b 表示分子的结合能.

共价键　大量分子是属于这种类型的结合.在这种结合中，原子的一部分外层电子(价电子)是两个原子共有的.芯电子仍分属于原有原子.原子共有的电子一般是成对的，例如氢分子 H_2 中两个原子核共有一对电子，形成一个单键.在氮分子 N_2 中，原有原子在基态时各有 3 个 2p 电子，构成分子后，三对电子形成三键.氯化氢分子 HCl 的结合也是一个共价单键.在共价键中也有电子不成对的，例如氢分子离子 H_2^+ 中，二原子核共有一个电子，称单电子键；氦分子离子 He_2^+ 中，二原子核共有三个电子，形成三电子键.下面我们讨论一下共价键的最简单例子，即氢分子离子 H_2^+ 和氢分子 H_2.

氢分子离子 H_2^+　在 H_2^+ 中，一个电子在二原子核的电场中运动，三个粒子构成一个整体.我们设想，如果把这离子的两个原子核拉开到很远，电子跟着其中一个核，那就成为分立的一个氢原子 H 和一个氢原子离子 H^+.又设想，如果把 H_2^+ 的二原子核推近使之合并成为带二单位电荷的一个核，这离子就成为氦原子离子 He^+，只是质量不同.所以 H_2^+ 可以看作是分立的 $H+H^+$ 和联合的 He^+ 之间的一种情况.比较 $H+H^+$ 和 He^+，就可以理解 H_2^+ 构成的情况.

当 H 和 H^+相距很远时，它们的内部总能量等于二者内部能量之和.按照计算原子能级的习惯，H^+是在电离态，能量等于零.H 如果在基态，能量等于$-Rhc$.现在再看 He^+的能量，这是类氢离子，由于 $Z=2$，它在基态时的能量等于$-4Rhc$.这个联合原子的能量比分立的二原子的能量要低得多.那么从分立的 H 和 H^+逐渐接近，直到合并成 He^+的过程中，这个体系的电子能量是逐渐降低的.这个变化如图 9.2 下面一条曲线所示.由此可知，H 和 H^+如果开始互相接近，它们就会继续接近，而且趋近的速度逐渐增加；因为体系的能量是守恒的，电子能量既降低，那么原子核运动的能量就要增加.那么是否真会趋近到成为 He^+呢？这不会.现在需要考虑另一个因素，那就是二原子核之间的库仑斥力.由于这个斥力，两原子核愈接近，它们的势能愈大，与距离成反比，是正的.把图 9.2 中所表示的电子能量和这里所说的势能相加，就会得到图 9.3 中的曲线.二原子核如果继续接近，最后会达到一个距离，那时全部能量成为势能，就不能再靠近，而那时斥力很强，又得分开.

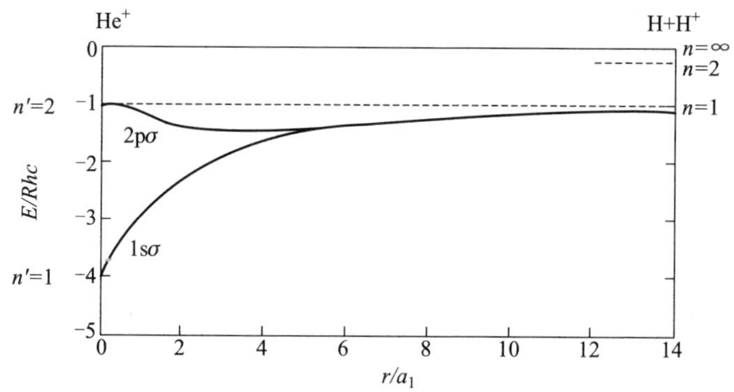

图 9.2 H_2^+离子的二最低态的电子能量随核间距离的变化

图 9.2 显示，由分离的 $H+H^+$的基态变到联合的 He^+的基态的过程中，电子能量降低很多，所以加原子核的势能后，出现一个最低值在平衡距离 r_0 处，如图 9.3 所示.如果在这距离左右，这体系放出一部分能量，如同在离子键一段所说的情况，二原子核就不能分开，只能在 r_0 左右振动.这样分子就构成了.由实验测定 H_2^+的平衡距离 r_0 等于 1.06×10^{-8} cm.图 9.3 中又表示了这离子的结合能 $E_b=2.648$ eV.

图 9.2 中还有一条曲线，这代表分离原子的电子态由基态向着 He^+的激发态 2p 转化，那时电子态能量只在中间过程中稍有改变，两端的能量是相等的（当 He^+的电子在 $n=2$ 的状态时，能量等于$-Z^2Rhc/n^2=-Rhc$）.加原子核的势能后，在图 9.3 中相应的曲线没有最低值.在这过程中，两原子只能接近片刻，就分开，分子不能形成.

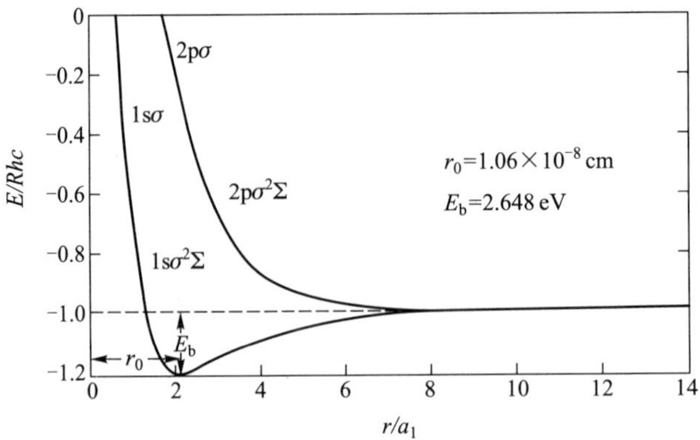

图 9.3 H_2^+ 离子的二最低态的势能曲线

由以上讨论,可知电子能量和原子核势能之和,对原子核的运动来说,起着势能作用.这个“势能”随原子核距离的变化如果出现最低值,分子就能构成,如果没有最低值,分子就不能构成.

分子中的电子可以处在激发态,这也可以由分离原子变到联合原子的相应激发态来考虑.同样也只有那些“势能”随原子核距离的变化具有最低值的才是分子的稳定状态.

氢分子 H_2 氢分子由两个氢原子构成,分离很远时是两个孤立的氢原子.如果再设想氢分子中两个原子核合并为一个,这分子就成为一个氦原子,只是质量不同.我们同样可以把氢分子看作分离的两个氢原子和氦原子之间的状态.

两个分离很远的氢原子内部能量的总值是 $-Rhc\times2=-13.599\times2$ eV $=-27.29$ eV,仍把原子电离态的能量作为零.两个氢原子的离子对应于氦原子的全部电离的离子 He^{++}.那么氦原子的基态相对于 He^{++} 具有多大能量呢?氦原子的一次电离能量是 24.588 eV,从 He^{+} 电离到 He^{++} 又需 $4Rhc$,这是 54.40 eV,相加是 78.98 eV.所以 He 基态相对于 He^{++} 的能量是 -78.96 eV,比两个分离的氢原子的基态能量低二倍.

当两个氢原子接近时,原子核之间的库仑斥力就增大.二电子之间也有库仑斥力.这样就还需要考虑势能.势能随原子核距离的减小而增大.这个势能和上述电子能量相加后的数值就如图 9.4 所示.基态能量也出现最低值,这就与 H_2^+ 情况相似,氢分子 H_2 就可以构成.由实验测得氢分子的平衡距离 r_0 等于 $0.741\ 6\times10^{-8}$ cm,它的结合能等于 $E_b=4.476$ eV.

在氢分子中,两个电子在二原子核的联合电场中运动.电子是二原子核所共有的.在基态时,按照泡利原理,二电子的自旋必须相反.一对共有的电子形成一个共价键,所以在分子中形成共价键的共有电子一般是成双的.当多电子的原子

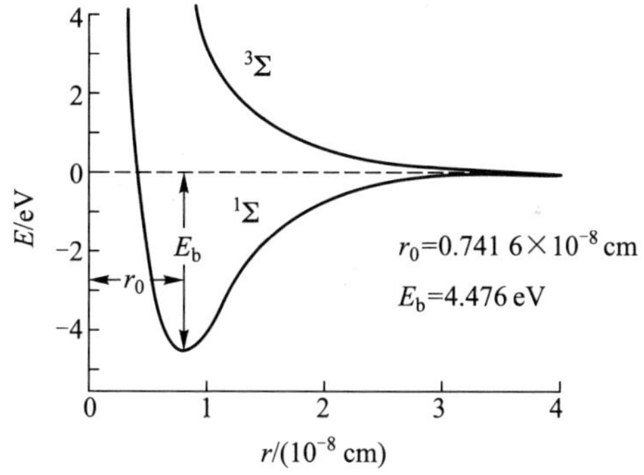

图 9.4 H_2 分子的二最低态的势能曲线,以中性原子相隔无限远时的势能为零

构成分子时,原子中的完整壳层仍分属于原来的原子,只有外面不完整壳层的电子才参与化合作用.所以具有完整壳层的原子,例如惰性气体的原子,不起化合作用.

金属键 这是金属中原子的结合情况,在金属中,原子核和它周围的束缚电子构成的离子好像浸没在自由电子"气"中.这样,在固体中就结合晶体.金属键不存在于分立的分子中,像气体分子的情况.

范德瓦耳斯键 这是由于范德瓦耳斯力而产生的很弱的结合.上述三类化学键的结合能一般在 1~5 eV 范围,而范德瓦耳键的结合能只有 0.01 到 0.1 eV 那么一个数量.这种结合的原子平衡距离也比较大一些.Hg_2 是这类结合的例子.在有些高分子中也存在着这类键.

以上简单地叙述了原子结成分子的几种方式.

9.2 分子光谱和分子能级

从分子的光谱可以研究分子的结构.分子光谱比原子光谱要复杂得多.就波长的范围说,分子光谱可以有如下类别:

(1) 远红外光谱 波长是厘米或毫米的数量级.

(2) 近红外光谱 波长是微米的数量级.

(3) 可见和紫外光谱 这往往是一个复杂的光谱体系.

分子所以产生复杂的光谱,是由于它内部复杂的运动状态.分子内部的运动状态可以分三部分来描述:

(1) 分子的电子运动状态和电子能级 在分子中有两个或两个以上的原子核,电子在这样一个电场中运动.在分子中的电子运动,正如原子中的电子运动,也形成不同的状态,每一状态具有一定的能量.分子的电子态能级之差同原子能级之差相仿.如果分子的电子能级之间有跃迁,产生的光谱一般在可见和紫外区域.

(2) 构成分子的诸原子之间的振动和振动能级　这也就是原子核带同周围的电子的振动,在 9.1 节已经提到双原子分子沿着轴线振动.多原子分子的振动就比较复杂,是多种振动方式的叠加.振动的能量是量子化的.振动能级的间隔比电子能级的间隔小.如果只有振动能级的跃迁,而没有电子能级的跃迁,所产生的光谱是在近红外区,波长是几个微米的数量级.

(3) 分子的转动和转动能级　这是分子的整体转动.对双原子分子要考虑的转动是转动轴通过分子质量中心并垂直于分子轴(原子核间的连线)的转动.对多原子分子的转动,如果分子的对称性高,也可以进行研究.转动能量也是量子化的,但比前二种能量要小得多,转动能级的间隔只相当于波长是毫米或厘米的数量级.

如果用 $E_{电}$、$E_{振}$ 和 $E_{转}$ 分别代表上述三种运动状态的能量,分子的能量可以表作

$$E=E_{电}+E_{振}+E_{转}; \tag{9.2.1}$$

而如上文所说

$$\Delta E_{电}>\Delta E_{振}>\Delta E_{转}. \tag{9.2.2}$$

这样,在电子能级之上可以有较小间隔的振动能级;在振动能级之上又可以有更小间隔的转动能级.这些关系如图 9.5 所示.图中表示了振动能级和转动能级的特点:一组振动能级的间隔随能级的上升而减小;一组转动能级的间隔随着能级的上升而增加.这以后还要说明.

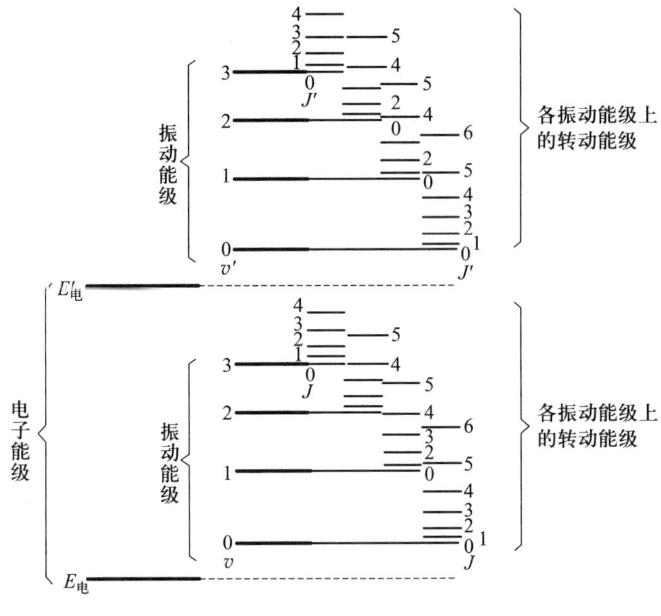

图 9.5　双原子分子的能级示意图

由此可知,上文所说分子的远红外光谱是只有转动能量改变所产生的光谱,所以又称为纯转动光谱.分子的近红外光谱是既有振动又有转动能量的改变所产生的光谱.一对振动能级之间的跃迁所产生的光谱,由于有转动能级的跃迁,是一个光谱带,这就是一组很密集的光谱线.分子的电子能级如果有改变,所发的光谱一般落在可见或紫外区域,而每一个电子能级上还有振动能级,因此一对电子能级之间的跃迁就包含不同振动能级的跃迁,因而会产生很多光谱带,形成一个光谱带系.带状是分子光谱的特点.从外形说,这类光谱称作带状光谱.图 9.6 是分子光谱照片.

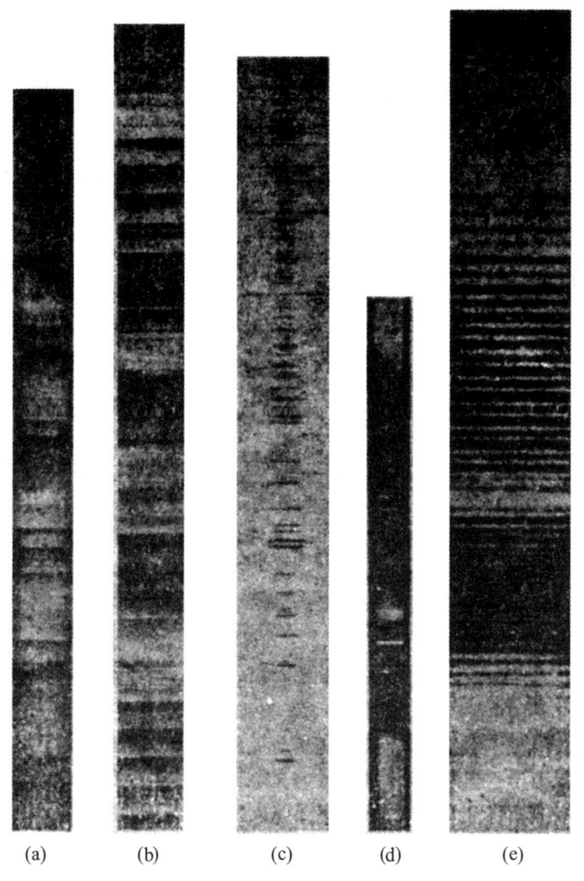

图 9.6 分子光谱

(a) I_2 分子的吸收光谱带系;(b) PN 分子的发射光谱带系;(c) H_2 分子发射谱带中的线(用高色散仪器摄);(d) Hg_2 分子(范德瓦耳键)的发射谱(漫带和连续带);(e) C_2H_2 分子的一个吸收谱带的结构

9.3　双原子分子的电子态

在分子中，每个原子内部构成完整壳层的电子仍分属于各原子，外层电子却在联合的电场中运动.分子的电子态决定于这些外层电子.

电子的轨道角动量　在双原子分子中有两个力的中心.电子差不多在轴对称的联合电场中运动，对称轴通过两原子核.在这样一个电场中，当两个原子核较近时，每个电子的轨道角动量绕分子轴进动，它在轴方向的分量 $m_l\left(\frac{h}{2\pi}\right)$ 成为运动常数；这里 m_l 等于 $l,l-1,\cdots,0,\cdots,-l$，而 l 是电子轨道角动量量子数.在原子核相离较远的情况下，轨道角动量亦即量子数 l 失其确定性.而 $m_l\left(\frac{h}{2\pi}\right)$ 作为对称轴方向的轨道角动量仍是运动常数，因此 m_l 代表电子所处的状态.但在这样的电场中，不同于磁场的情况，沿对称轴的轨道角动量数值相同而方向相反的两个状态具有相同的能量，所以只用量子数 $\lambda=|m_l|$ 来表示状态就可以了.对于每一个具有不同 λ 值的电子所处的状态，给以不同的名称，它们对应关系如下：

λ 值：	0	1	2	3	…
电子态名称：	σ	π	δ	φ	…

而这些电子也就分别称做 σ 电子、π 电子等，正如在原子中对不同 l 值的电子称为 s 电子、p 电子等那样.

在原子中，诸电子的轨道角动量合成一个总轨道角动量 P_L.在双原子分子中，如果每个电子的轨道角动量 p_l 有时已不很确定，更难说合成总轨道角动量了.成为运动常数的是沿分子轴方向的分子总轨道角动量 $\Lambda\left(\frac{h}{2\pi}\right)$，这是诸电子在分子轴方向的轨道角动量之和，所以

$$\Lambda=\sum\lambda_i. \tag{9.3.1}$$

由于 λ 所代表的角动量有两个可能的方向，所以(9.3.1)式中是代数和.

Λ 是代表分子的电子态的重要量子数.对不同 Λ 值的分子电子态，有不同的名称如下：

Λ 值：	0	1	2	3	…
分子态：	Σ	Π	Δ	Φ	…

这与原子态随 L 值分为 S，P，D 等态相似.

电子自旋　电子自旋是不受电场影响的.分子中诸电子的自旋角动量，仍如原子中那样，合成一个总自旋角动量 $P_S=\sqrt{S(S+1)}\frac{h}{2\pi}$.合成的方式同原子中的

情况相似，不重复说明了.故总自旋角动量量子数 S 在分子中仍是一个确定的量子数.

在 $\Lambda\neq 0$ 诸态（Ⅱ，Δ 等）中，绕轴的轨道运动产生一个沿轴方向的磁场.这个磁场作用于电子的总自旋磁矩，使它对轴有方向量子化，并且旋进.这样，总自旋角动量在轴的方向上就有量子化的分量 $M_S\left(\frac{h}{2\pi}\right)$.在分子中 M_S 用 Σ 表示，它的数值是

$$\Sigma=S,S-1,\cdots,-S,\tag{9.3.2}$$

共有 $2S+1$ 个数值［注意这个 Σ 用斜体，是一个量子数，同代表状态的 Σ（正体）有不同意义］.这里所说是磁场作用，所以具有相同数值而正负号不同的 Σ 代表不同能量的状态.这同 Λ 的情况不同，那里是电场作用.在 Σ 态（$\Lambda=0$），没有沿轴磁场，总自旋角动量的方向不量子化，所以没有确定的 Σ 值.

分子总角动量；多重态.从以上的讨论，可知在 $\Lambda\neq 0$ 的状态中，分子轴方向的轨道角动量加总自旋角动量在这个轴方向的分量就构成分子轴方向的总角动量.把这数值表达为 $\Omega\left(\frac{h}{2\pi}\right)$，那么

$$\Omega=|\Lambda+\Sigma|.\tag{9.3.3}$$

由（9.3.2）式，

$$\Lambda+\Sigma=\Lambda+S,\Lambda+S-1,\cdots,\Lambda-S,\tag{9.3.4}$$

共有 $2S+1$ 个数值.

与电子自旋联系着的有一个自旋磁矩 μ_S，它受绕轴轨道运动的磁场 H_Λ 的作用所引起的附加能量，如原子中的情况，应等于

$$\Delta E=\mu_S H_\Lambda\cos(S,\Lambda)=\mu_\Sigma H_\Lambda.\tag{9.3.5}$$

这里 $\mu_\Sigma=\mu_S\cos(S,\Lambda)$ 是 μ_S 在分子轴上的分量，应与 Σ 成正比.H_Λ 与 Λ 成正比.所以

$$\Delta E=K\Sigma\Lambda.\tag{9.3.6}$$

这里 K 是常数.从（9.3.6）式可知，对一个 Λ 值，ΔE 决定于 Σ 值.自旋对分子轴可以取 $2S+1$ 个方向，也是有 $2S+1$ 个 Σ 值，足见对一个 Λ 值，能级要分为 $2S+1$ 层.所以双原子分子状态的多重性决定于分子的电子总自旋量子数 S，与原子中的情况相同.但在分子中 ΔE 与 Σ 成正比，而二邻近 Σ 值之差都等于1，所以裂开的能级是等间隔的.这与原子的精细结构的情况不同.

对分子的电子态更详细的标记是，在 Σ、Ⅱ、Λ 等符号的左上角加多重数（$2S+1$）的数值，并在符号的右下角注明 $\Lambda+\Sigma$ 的数值（不是 Ω）.现在举一个例子.设 $\Lambda=1$，这是Ⅱ态，又设 $S=\frac{3}{2}$，这是四重态，$\Sigma=\frac{3}{2},\frac{1}{2}-\frac{1}{2},-\frac{3}{2}$，这样，$\Lambda+\Sigma=$

$\frac{5}{2},\frac{3}{2},\frac{1}{2},-\frac{1}{2}$.这四个状态用$^4\Pi_{\frac{5}{2}}$、$^4\Pi_{\frac{3}{2}}$、$^4\Pi_{\frac{1}{2}}$和$^4\Pi_{-\frac{1}{2}}$来表示.这里 $\Lambda+\Sigma$ 的数值中有$+\frac{1}{2}$和$-\frac{1}{2}$,从角动量说,都是$\left(\frac{1}{2}\right)\left(\frac{h}{2\pi}\right)$,所以 $\Omega=\frac{1}{2}$;但从能量看,这代表两个不同能级,因此必须分别标出.在分子中,对一个 Λ 值($\Lambda\neq0$),能级多重数是足额的,都是 $2S+1$ 层,不论 Λ 大于或小于 S.

在 Σ 态,$\Lambda=0$,不产生磁场,没有总自旋与磁场相互作用问题,不存在 Σ 值,所以能级是单层的,但习惯上还是把 $2S+1$ 的数值标在状态符号的左上角.例如讨论过的 H_2^+ 中,只有一个电子,$S=\frac{1}{2}$,应该是双重态,在基态时,电子在 σ 态,所以分子态的符号是$^2\Sigma$,但实际是单层的.又例如 H_2 中,有两个电子,所以 $S=0$ 或 1,形成单一态和三重态.因此两个原在基态的 H 原子可以构成$^1\Sigma$ 态或$^3\Sigma$ 态的 H_2分子,前者是稳定的分子基态,后者不是一个稳定的分子态.这里看到,在前一情况下,两个电子的自旋相反,在后一情况下,自旋平行.

双原子分子电子态跃迁的选择定则 分子电子态之间的辐射跃迁也有一定的选择定则.下面是双原子分子电子态可能的电偶极跃迁,这也就是在光谱中一般可以观察到的:

$$\Delta\Lambda=0,\quad \pm1,$$
$$\Delta S=0.$$

这就是说,跃迁只能发生在 Σ 和 Σ,Π 和 Π,Δ 和 Δ 等以及 Σ 和 Π,Π 和 Δ,Δ 和 Φ 等状态之间,而且多重性要相同的.除这些一般的定则以外,关于电子态的跃迁还有一些定则,就不详细叙述了.通过分子光谱的观察可以对分子的电子态进行研究.

9.4 双原子分子的振动光谱

现在讨论双原子分子的振动.以前谈到双原子分子的势能和动能如图 9.7 所示.如果这是分子基态的势能曲线,我们可以把最低势能也就是平衡距离的势能定为零,如图所示.设分子的总能是 E,那么当两个原子核的距离是 r_1 或 r_2时,总能等于势能,在 r_e 时,动能最大,势能为零.如果总能不是很大,振幅也不会大,在平衡距离 r_e 附近的势能曲线近似抛物线,也就是说,接近简谐运动的势能.

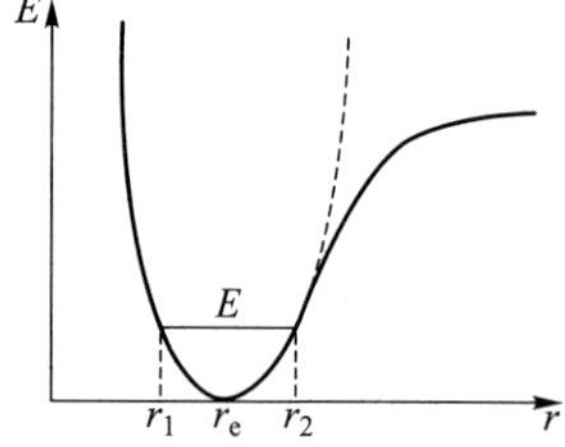

图 9.7 双原子分子的势能和动能

按经典力学,简谐振子的能量是

$$E_{振}=\frac{1}{2}mv^2+\frac{1}{2}k(r-r_e)^2=\frac{1}{2}kA^2, \tag{9.4.1}$$

$A=r_2-r_e=r_e-r_1$,是振幅,$m=\frac{m_1m_2}{(m_1+m_2)}$,$k$ 是力与位移成正比的比例常量,$F=-k(r-r_e)$.

按量子力学,简谐振子的能量是量子化的(见本书第三章,3.5 节),

$$\begin{aligned}E_{振}&=\left(v+\frac{1}{2}\right)hf\\&=\left(v+\frac{1}{2}\right)a.\end{aligned} \tag{9.4.2}$$

f=振子的振动频率$=\frac{1}{2\pi}\sqrt{\frac{k}{m}}$,$v=0,1,2,\cdots$,是振动量子数.但双原子分子实际不是简谐振子,图中可见,势能不是简单的抛物线.可以证明振动能量更准确的表达式是

$$E_{振}=\left(v+\frac{1}{2}\right)a-\left(v+\frac{1}{2}\right)^2b,\quad a>b \tag{9.4.3}$$

a 和 b 都是常量.光谱的观察显示量子力学的结论是符全实际情况的.

按(9.4.2)式,振动能级是等距离的,如图 9.8 所示.(9.4.3)式代表的实际能级不是等距离的,如图 9.9 所示.注意,按照量子力学,最低的振动能级($v=0$)的能量不等于零.也就是说,振子不会停止振动.

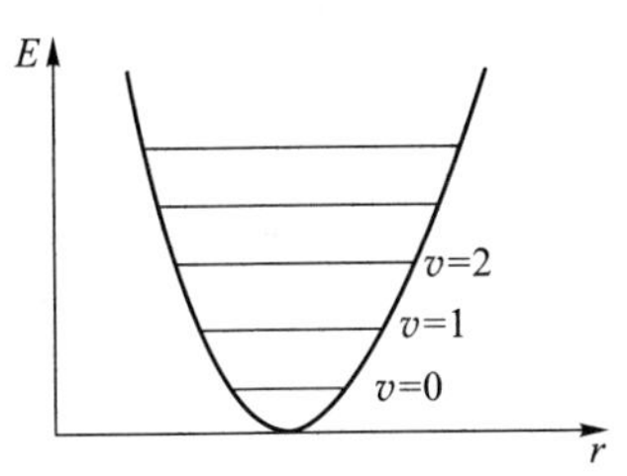

图 9.8　简谐振子的能级

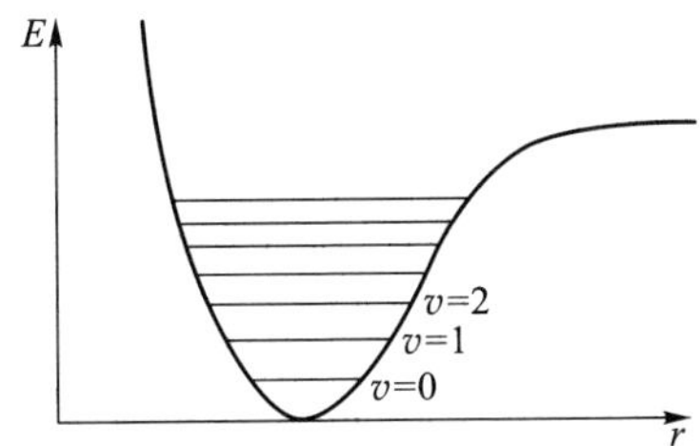

图 9.9　双原子分子的振动能级

现在考虑两种振动光谱:(1) 纯振动光谱,(2) 有电子跃迁的振动光谱.

1. 纯振动光谱

如果在同一电子态中,有振动能级的跃迁,那么

$$h\nu=E_2-E_1,$$

$$\begin{aligned}\sigma &= \frac{1}{\lambda}=\frac{E_2-E_1}{hc}=\frac{1}{hc}\left\{\left[\left(v'+\frac{1}{2}\right)a-\left(v'+\frac{1}{2}\right)^2 b\right]-\left[\left(v+\frac{1}{2}\right)a-\left(v+\frac{1}{2}\right)^2 b\right]\right\}\\ &=\frac{1}{hc}\{(v'-v)a-(v'^2-v^2+v'-v)b\}\\ &=(v'-v)\omega-(v'-v)(v'+v+1)x\omega,\end{aligned} \tag{9.4.4}$$

式中的 $\omega=\frac{a}{hc}=\frac{f}{c}$，$x=\frac{b}{a}$.近似地可以暂略去第二项，得

$$\sigma=(v'-v)\omega=\Delta v\cdot\omega,\quad \Delta v=1,2,3,\cdots.$$

$$\sigma=\omega,2\omega,3\omega,\cdots. \tag{9.4.5}$$

CO 在红外部分有 $\lambda=4.67\ \mu\text{m}$、$2.35\ \mu\text{m}$、$1.58\ \mu\text{m}$ 等光谱带，这三个数值的倒数的比值近似地是 1 ∶ 2 ∶ 3.HCl 在红外部分有一个 $\lambda=3.46\ \mu\text{m}$ 的带，这些都是振动谱带.

这些是光谱带，不是一条线.相当于一对振动能级之间的跃迁，还有许多可能的转动能级的跃迁，因而出现了一组线，形成一个带.关于带的内部结构，下一节再讨论，现在从振动能级跃迁得到的波长只代表谱带基线的位置，关于基线以后说明.

2. 有电子跃迁的振动光谱

如果有电子态的跃迁，那是涉及两个不同势能曲线的问题.两个态的 k 是不相同的，因而它们的 a 也不同，b 也不同.设有二电子能级如图 9.10 所示，那么，

$$\begin{aligned}\sigma &=\frac{1}{hc}[(E'_{电}+E'_{振})-(E_{电}+E_{振})]\\ &=\frac{E'_{电}-E_{电}}{hc}+\frac{E'_{振}-E_{振}}{hc}\\ &=\sigma_{电}+\left(v'+\frac{1}{2}\right)\omega'-\left(v'+\frac{1}{2}\right)^2x'\omega'-\\ &\quad\left(v+\frac{1}{2}\right)\omega+\left(v+\frac{1}{2}\right)^2x\omega.\end{aligned} \tag{9.4.6}$$

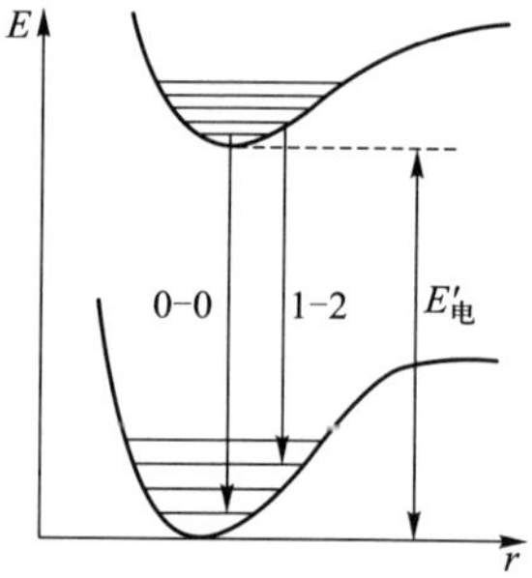

图 9.10 两电子态之间的振动跃迁

例如：$v'=0$ 跃迁到 $v=0$，这个光谱带基线的波数是 $\sigma_{00}=\sigma_{电}+\frac{1}{2}(\omega'-\omega)-\frac{1}{4}(x'\omega'-x\omega)$.两个电子态之间的振动能级跃迁就产生一个光谱带系，设 ω'略小

于 ω，但相差不远，产生的光谱带系就如图 9.11 所示. 有电子能级跃迁而形成的光谱带系在可见和紫外区域.

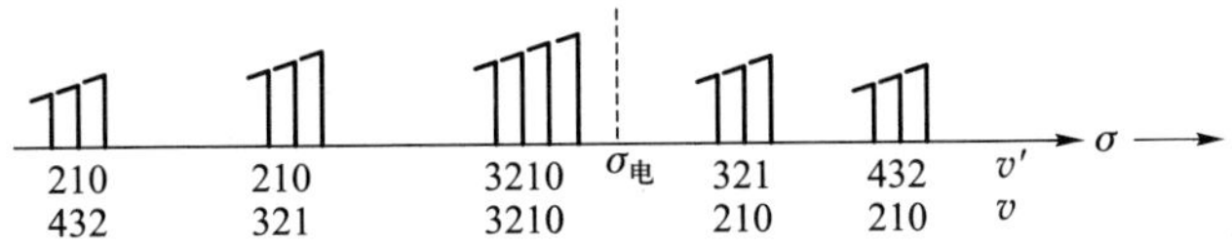

图 9.11　光谱带系示意图

由(9.4.4)和(9.4.5)二式可知，观察所得的振动光谱的波长与构成分子的两个原子或离子之间的力有关，当 $\Delta v=1$，

$$\frac{1}{\lambda}=\sigma=\omega=\frac{f}{c}=\frac{1}{2\pi c}\sqrt{\frac{k}{m}},$$

式中 k 是力常量，足见振动谱带的波长反映了分子键的强弱，在复杂的多原子分子中，振动波数也反映了各种键的情况. 发现了各种键有其特性频率(见 282 页表 9.2).

9.5　双原子分子光谱的转动结构和分子常量的测定

1. 双原子分子的转动能量　远红外光谱和微波谱

分子有转动. 双原子分子的转动轴是通过质心而垂直于连接二原子核的直线的. 按照经典力学，转动的动能是

$$E=\frac{1}{2}I\omega^2=\frac{P^2}{2I}. \tag{9.5.1}$$

式中 P 是角动量，I 是转动惯量，

$$I=m_1r_1^2+m_2r_2^2.$$

可以证明，

$$I=\frac{m_1m_2}{m_1+m_2}r^2=\mu r^2 \tag{9.5.2}$$

上式中 r_1，r_2 和 r 代表的距离如图 9.12 所示.

按照量子力学，角动量应等于下式表示的数值(见 3.5 节)，

$$P=\sqrt{J(J+1)}\frac{h}{2\pi},\quad J=0,1,2,\cdots. \tag{9.5.3}$$

代入(9.5.1)式，即得

$$E=\frac{h^2}{8\pi^2 I}J(J+1),\tag{9.5.4}$$

此式可以从量子力学直接推得,J 称为转动量子数.

当 $J=0,1,2,3,\cdots$ 等值时,相应的 $J(J+1)=0,2,6,12,\cdots$,所以能级的间隔是$\frac{h^2}{8\pi^2 I}$的 2,4,6,8,…倍,如图 9.13 所示.

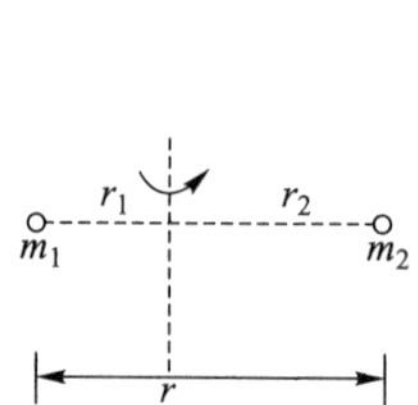

图 9.12 双原子分子的转动

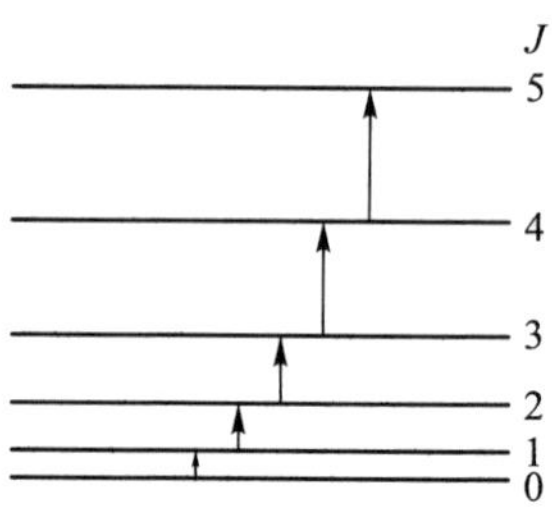

图 9.13 双原子分子的转动能级

纯转动谱 实验和理论都证明转动能级的跃迁只能在邻近能级之间,就是 $\Delta J=1$.所得光谱的波长应该有下式表达的数值:

$$\frac{1}{\lambda}=\sigma=\frac{E'-E}{hc}=\frac{h}{8\pi^2 Ic}[J'(J'+1)-J(J+1)]=2BJ',$$
$$J'=1,2,3,\cdots,\tag{9.5.5}$$
$$B=\frac{h}{8\pi^2 Ic}.$$

谱线波数的间隔是相等的,如图 9.14 所示.

HCl 分子远红外吸收谱中,曾观测到好多条吸收线,这些线的波数相隔应该是 $2B$,由此求得

$$B=10.34\ \mathrm{cm}^{-1}.$$

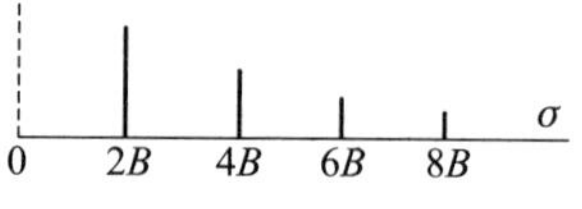

图 9.14 波数的间隔

这里可以比较一下转动与振动能级间隔的大小.从转动能级 $J=0$ 到 $J=1$,相隔波数是 $2B$.按 HCl 的情形,$2B$ 的数值是 $20.68\ \mathrm{cm}^{-1}$.而 HCl 的红外振动能级从 $v=0$ 到 $v=1$,相隔是 $2\,885.9\ \mathrm{cm}^{-1}$(就是上节提到的 $\lambda=3.46\ \mu\mathrm{m}$),足见转动能级的间隔比振动能级的间隔小很多.

从光谱获得 B 值,而 $B=\frac{h}{8\pi^2 Ic}$,就可以算出 I,从而算出原子核的距离 r.从上述数据,算出 HCl 的核间距离 $r=1.29\times10^{-8}\ \mathrm{cm}=1.29\times10^{-10}\ \mathrm{m}$

纯转动谱的波长是厘米或毫米的数量级.例如刚才所说 HCl 的纯转动谱的

最长波长是$\frac{1}{20.68}$ cm=0.05 cm.除上述远红外吸收光谱外,微波波谱的方法已用于观察分子的纯转动谱.下节还要谈到用组合散射的方法也可以观察纯转动谱.

表示转动能量的公式(9.5.4)是把分子作为刚体推得的,实际上分子不是刚体,转得快时,二原子核之间的距离要变,比较准确的转动能量应该如下式所示:

$$E=hc[BJ(J+1)-DJ^2(J+1)^2]. \tag{9.5.6}$$

第一项就是(9.5.4)式.第二项是新加的修正项.

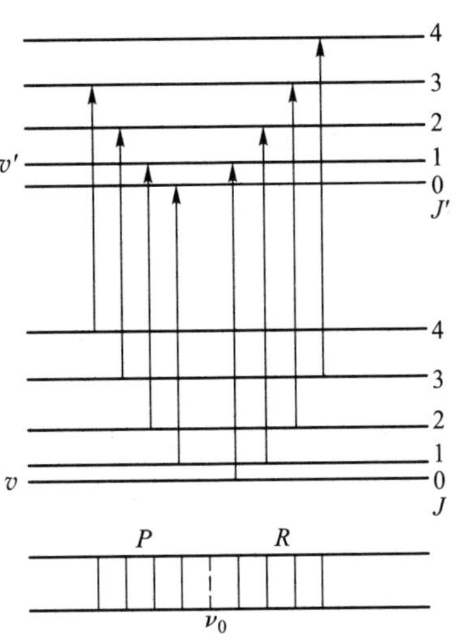

图 9.15　振动转动跃迁和谱带的结构

2. 振动转动谱带的结构

由振动能量和转动能量同时改变而产生的光谱称为振动转动光谱,在近红外区域,也是用吸收的方法观察的,上文提到振动能级的间隔比转动能级大得多.图 9.15 显示两个振动能级之间同时有转动变更的跃迁.这里我们就会了解,一个近红外谱带是怎样形成的.谱线的波数应该是

$$\begin{aligned}\sigma &=\frac{E'-E}{hc}\\ &=\frac{1}{hc}[(E'_{振}+E'_{转})-(E_{振}+E_{转})]\\ &=\frac{E'_{振}-E_{振}}{hc}+\frac{E'_{转}-E_{转}}{hc}\\ &=\sigma_0+B'J'(J'+1)-BJ(J+1)\\ &\approx\sigma_0+B[J'(J'+1)-J(J+1)].\end{aligned} \tag{9.5.7}$$

这里转动能级的跃迁只限于 $\Delta J=\pm1$.当 $J'=J+1$ 时,产生的一系列谱线称作 R 支,它们的波数是

$$\sigma=\sigma_0+2BJ',\quad J'=1,2,3,\cdots. \tag{9.5.8}$$

当 $J'=J-1$,产生的一系列谱线称作 P 支,波数是

$$\sigma=\sigma_0-2BJ,\quad J=1,2,\cdots. \tag{9.5.9}$$

在(9.5.7)式中的上下二振动能级的 B 是不相等的.从图 9.3 和 9.4 可以看到分子势能随 r 的变化对平衡距离是不对称的,所以振动能级越高,平均核距要稍增大,因而 B 要略减小.但相差不远,所以在(9.5.7)式中把它作为同一数值归并

了.在这样近似的考虑下,谱带的 R 支和 P 支各线的间隔是相等的(实际稍有差别),都相隔 $2B$.图 9.15 同公式(9.5.8)和(9.5.9)可以对照.σ_0 是谱带中一个空位,相当于只有振动跃迁时的波数,这就是上节所说谱带的基线.实际上这里没有线,却是一个空缺,很容易认出.

HCl 有一个红外吸收带,基线波长是 3.46 μm,其波数是 2 885.9 cm^{-1}(1—0 谱带)(图 9.16).由它的各线距离,求得 $B_0=10.440\ 0\ \mathrm{cm}^{-1}(v=0)$.由此算出 $r_0=1.283\ 8$ Å,此值与上节提到由远红外光谱求得的很接近.

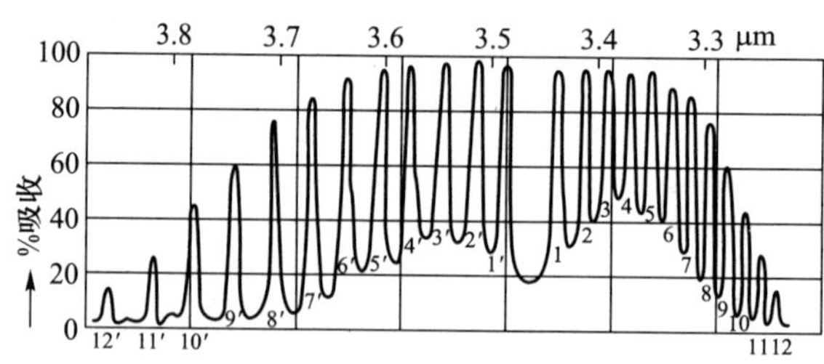

图 9.16 HCl 分子在近红外区的 1—0 谱带

上文说到,B 值随着振动能级变化,是 v 的函数,这可以表达为

$$B_v=B_e-\left(v+\frac{1}{2}\right)\alpha_e.$$

B_e是相当于平衡距离的 B 值.对 HCl,B_0 测得的数值已如上述,α_e 测定为 0.301 9,所以算得:

$$B_e=10.590\ 9\ \mathrm{cm}^{-1}.$$

由此求得

$$r_e=1.274\ 6\ \text{Å}.$$

以上的讨论说明从纯转动光谱或振动转动光谱都可以测定分子中原子核的距离.

3. 电子谱带的转动结构

如果电子能量、振动能量和转动能量都有变动,那就形成所谓电子振动转动谱带.这类谱带在可见和紫外区域.这样一个谱带中各线的波数应该是

$$\begin{aligned}\sigma&=\frac{E'-E}{hc}=\frac{1}{hc}[(E'_{电}+E'_{振}+E'_{转})-(E_{电}+E_{振}+E_{转})]\\&=\frac{\Delta E_{电}+\Delta E_{振}}{hc}+B'J'(J'+1)-BJ(J+1)\\&=\sigma_0+B'J'(J'+1)-BJ(J+1),\end{aligned}\tag{9.5.10}$$

此处 B' 与 B 可能相差很远,一般不能按等值处理.

J 的选择定则是

$$\Delta J=\pm 1,0(J'=0 \text{ 到 } J=0 \text{ 除外}).$$

但在 $\Omega'=0$ 和 $\Omega=0$ 的情形中，$\Delta J=0$ 是不许的.例如 $^1\Sigma-{}^1\Sigma$、$^3\Pi_0-{}^3\Pi_0$ 这类跃迁中，谱带结构中没有这种谱线.（Ω，见 9.3 节.）

由于上述选择定则，一个谱带中的谱线一般分为三支，其中 Q 支（$\Delta J=0$）在有些情况下不出现：

P 支，$J'=J-1$

$$\sigma=\sigma_0-(B'+B)J+(B'-B)J^2,\quad J=1,2,\cdots. \tag{9.5.11}$$

Q 支，$J=J$，

$$\sigma=\sigma_0-(B'-B)J+(B'-B)J^2,\quad J=1,2,3,\cdots, \tag{9.5.12}$$

R 支，$J'=J+1$

$$\sigma=\sigma_0+(B'+B)J'+(B'-B)J'^2,\quad J'=1,2,3,\cdots. \tag{9.5.13}$$

关于这三支谱线的能级跃迁如图 9.17 所示.谱线的波数，如上三式所示，是 J 或 J'的二次函数，因而不是等间隔的.

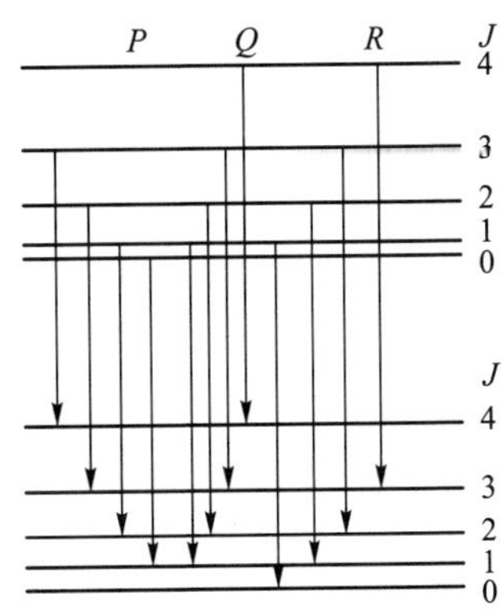

图 9.17　关于电子谱带转动结构的跃迁

代表 P 和 R 两支的（9.5.11）和（9.5.13）两式可以归并为一式：

$$\sigma=\sigma_0+(B'+B)m+(B'-B)m^2, \tag{9.5.14}$$

对 P 支，

$$m=-J=-1,-2,-3,\cdots,$$

对 R 支，

$$m=J'=1,2,3,\cdots.$$

为了同（9.5.14）式比较，代表 Q 支的（9.5.12）式也可列为

$$\sigma=\sigma_0+(B'-B)m+(B'-B)m^2, \tag{9.5.15}$$

这里 $m=J=J'=1,2,3,\cdots$.

为了分析谱带的结构，可以把 σ 作横坐标，（9.5.14）和（9.5.15）式中的 $|m|$ 作纵坐标作图，就会得到代表 P、Q、R 三支的三条曲线；这些都是抛物线，如图 9.18 所示.分析谱带的办法是，先试把谱带各线分成三组，按次序指定 m 值，然后试把相应的 σ 画在上述图上，如果都联成光滑的抛物线，分析是成功了.如

果有几条谱线一时不知属于哪一支,用那图是很容易分析出来的.在获得三曲线后,就可求得 B 和 B' 的数值,从而求出分子在不同电子态时的原子核距离,并研究出关于分子的其他情况.

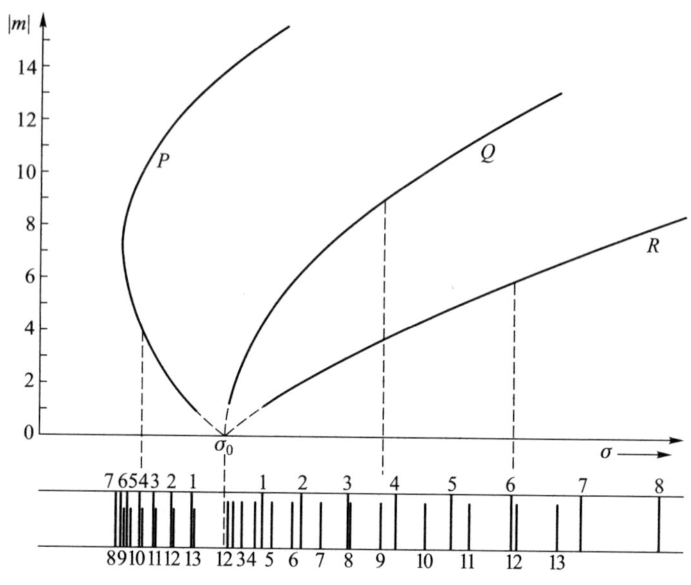

图 9.18　电子谱带的分析

在一个光谱带中,那些 J' 值高的谱线是比较弱的.在图 9.18 所示谱带的右边,也就是波数较高的那一边,谱线相隔越来越大,强度越向右越减小,逐渐消失了.而左边却有密集的谱线形成一个明显的边界.这样的谱带,我们说它是向短波递降的.从(9.5.14)式和(9.5.15)式可以看出,如果 $B'>B$,三支曲线的上端都弯向短波那边,所以谱带向短波递降;如果 $B'<B$,曲线上端就弯向长波那边,于是谱带的形状就向长波递降,从递降的情况可以推断有关电子态的情况,下面是两个情况的对比:

(1) 向短波递降　可知 $B'>B$,因而知道 $I'<I$,$r'<r$.从而推测,可能上面那势能曲线较深,也就是说上面那电子态的键力较大.

(2) 向长波递降　可知 $B'<B$,因而知道 $I'>I$,$r'>r$.从而推测,可能下面那势能曲线较深,也就是说下面那电子态的键力较大.

由此可知,通过谱带转动结构的分析研究,可以获得关于分子结构的知识.本节讨论了各类谱带的内部结构.其中比较复杂的是电子谱带,而这里所描述的还是最简单的类型.

现在可以再全面地看一下分子光谱的情况了.分子的电子态的跃迁所产生

的光谱落在可见光和紫外区.一对电子态之间的跃迁包含着很多对振动能级之间的可能跃迁,因此产生的光谱是许多光谱带组成的谱带系.每一谱带相当于一对振动能级之间的跃迁,它内部的谱线结构是由于转动能级的跃迁.从一种分子,有时可以观察到相当于不同电子态跃迁的几个谱带系.如果分子的电子态不变,只是振动能级之间有跃迁,那么产生的光谱落在近红外区.每一谱带仍相当于一对振动能级之间的跃迁,它内部的谱线结构是由于转动能级之间的跃迁.从一种分子可以观察到相当于不同振动能级跃迁的谱带.如果分子的电子态和振动态都不变,只是转动能级间有跃迁,那就产生远红外谱,谱线也可以说构成谱带.

表 9.1 中开列的是通过分子光谱的研究而测定的一些双原子分子基态的数据.最右一列的离解能等于 9.1 节所说的结合能 E_b;当原子结合成分子时,能量放出,反过来要分子离解成原子,它就需要吸收同量的能量.

表 9.1　一些双原子分子的数据

分子	转动常量 B_e/cm^{-1}	核间距离 $r_e/(10^{-8}\ \mathrm{cm})$	振动基频 ω/cm^{-1}	离解能 D_e/eV
H_2	68.809	0.741 66	4 395.24	4.476 3
H_2^+	29.8	1.06	2 297	2.648 1
O_2	1.445 666	1.207 398	1 580.361	5.080
N_2	2.010	1.094	2 359.61	9.756
Cl_2	0.243 8	1.988	564.9	2.475
I_2	0.037 36	2.666 0	214.57	1.541 7
HF	20.939	0.917 1	4 138.52	6.40
HCl	10.590 9	1.274 60	2 989.74	4.430
HI	6.551	1.604 1	2 309.53	3.056 4
CO	1.931 4	1.128 2	2 170.21	1.108
SO	0.708 9	1.493 3	1 123.73	5.146

9.6　组合散射(拉曼效应)

光通过透明的物体时,有一部分被散射.如果入射光具有线状谱,散射光的光谱中除有入射光的谱线外,还另有一些较弱的谱线.这些谱线的波数 σ' 等于入

射光的某一波数 σ_0 加或减一个数值 σ_1，即 $\sigma'=\sigma_0\pm\sigma_1$.研究发现新出现谱线的波数与入射光的波数之差与光源无关，只决定于散射物.如果换一个光源，σ_0 不同了，但如果散射物不变换，那么 $\sigma'-\sigma_0$ 还是等于原来的 σ_1，散射光的波数变动反映了散射物的性质.由于散射光的波数等于入射光的波数与另一数值 σ_1 组合的数值，所以这样的散射称作组合散射.早在 1928 年，曼迭利史塔姆（Л. И. Мандельштам）和兰德斯别尔格（Г. С. Ландсберг）在石英的散射光中观察到这现象.同年拉曼（C. V. Raman）和克利希南（Krishnan）在液体的散射光中观察到.这现象在文献中又称为拉曼效应.

散射谱新谱线的波数发现与散射物分子的振动能级或转动能级有关，因此这是研究分子问题的很好的途径.下面我们举一例说明这个现象的意义.

图 9.19 显示汞的一部分光谱，并列着的是这部分光谱经氯化氢气体散射后摄得的.我们注意到在散射后的光谱中，除原有谱线外，出现了新的谱线.在 2 536.5 Å 那条谱线的右边较远的地方出现了一条较强的新谱线，测得它的波长是 2 737 Å（旁边的那条 2 752.8 Å 谱线与讨论的问题无关）.这两条谱线的波数之差是

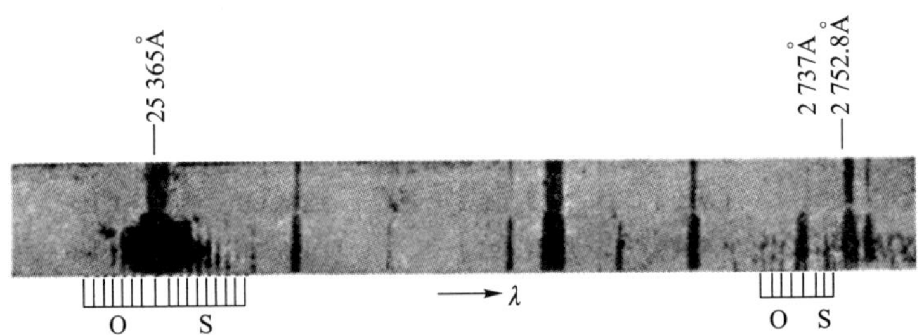

图 9.19　氯化氢气体中的组合散射上相片是汞光谱，下相片是散射谱

$$\frac{1}{2\,536.5\times10^{-8}}-\frac{1}{2\,737\times10^{-8}}\ \mathrm{cm^{-1}}=2\,886\ \mathrm{cm^{-1}},$$

这与 HCl 的红外振动谱带的波数 2 885.9 $\mathrm{cm^{-1}}$很符合.现在用 σ_0 代表原谱的波数，σ'代表新谱的波数，σ_1 代表振动谱带的波数，那上述数值关系可表作

$$\sigma_0-\sigma'=\sigma_1,$$

乘以 hc（h 是普朗克常量，c 是光速），并移项，即有

$$h\nu'=h\nu_0-h\nu_1. \tag{9.6.1}$$

这个公式显然有这样的意义：原光子具有能量 $h\nu_0$，与 HCl 分子接触时，分了一部分能量给分子，这是使分子从 $v=0$ 的振动能级跃迁到 $v=1$ 能级所需的能量 $h\nu_1$，因此 $\sigma_1=\dfrac{\nu_1}{c}$必然等于从红外谱中观察得的数值；光子既失去一部分能量，留

下的能量 $h\nu'$必然比原有 $h\nu_0$ 小,亦即 $\nu'<\nu_0$,所以新谱线的波长 $\lambda'=\frac{c}{\nu'}$大于原波长 $\lambda_0=\frac{c}{\nu_0}$.

我们也许要问,在原谱线的另一边会不会出现一条频率等于 $\nu_0+\nu_1$ 的新线呢? 这相当于振动能级从 $v=1$ 跃迁到 $v=0$,放出的能量归并于原光子.原则上这是完全可以实现的.但按照统计分布律,处在较高能级的分子数少于较低能级的分子数(2.11 节所述原子在各能态的分布的原理同样适用于分子),所以一对能级之间,向下跃迁的分子数比同期向上跃迁得少,因而频率增加($\nu'=\nu_0+\nu_1$)的谱线要比频率减低($\nu'=\nu_0-\nu_1$)的谱线弱;有关能级差别愈大,这两线的强弱差别也愈大,以致频率较高的那谱线可能观察不到.据说在双原子分子的组合散射中,由于振动跃迁而频率增加的谱线还没有观察到.下面将要讨论的由于转动跃迁的散射谱线却在原谱线两侧都出现的.

在图 9.19 中可以看到,在 2 536 Å 和 2 737 Å 两谱线的两侧都有较弱的小间距谱线.测得每侧二邻线的波数差是相等的,近中心线的两线与中心线的波数差等于邻线波数差的一倍半.用 p 代表二邻线的波数差,那么这些线与中心线的波数差等于

$$\sigma'-\sigma_0=\pm\left(\frac{3}{2}+n\right)p,\quad n=0,1,2\cdots.$$

这公式是组合散射小间隔谱的普遍规律.在图 9.19 所示的 HCl 情况,测得 $p=41.64\ \text{cm}^{-1}$,很接近这分子的转动常数 B 的实验值 $10.34\ \text{cm}^{-1}$的 4 倍.把上式中的 p 写作 $4B$,就有

$$\begin{aligned}\sigma'-\sigma_0&=\pm(6+4n)B\\&=\pm6B,\pm10B,\pm14B,\cdots.\end{aligned}\qquad(9.6.2)$$

从这些情况可以知道,这些小间隔谱线一定同转动能级有联系,但与红外谱带的结构显有不同,后者谱线的波数与基线波数之差是$\pm2B,\pm4B,\pm6B,\cdots$.把两种谱带画在一处,可以作一比较;图 9.20 中,上面是红外谱,下面是组合散射谱.

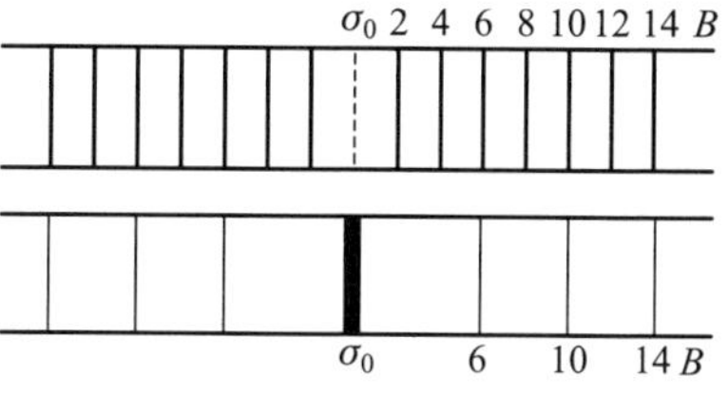

图 9.20 红外谱带和组合散射谱线间隔的比较

组合散射小间隔谱线的情况完全可以按转动能级的跃迁来说明,只是跃迁的选择定则与红外谱的情况不同.组合散射中转动跃迁的选择定则从观察到的现象可以推得如下:

$$\Delta J=0,\pm2\qquad(9.6.3)$$

其中 $\Delta J=0$ 相当于中心谱线，$\Delta J=\pm 2$ 是两侧的谱线.图 9.21 说明这个定则与观察到的事实一致.由此可见组合散射中能级的跃迁与产生红外吸收谱时的跃迁是不同的过程.

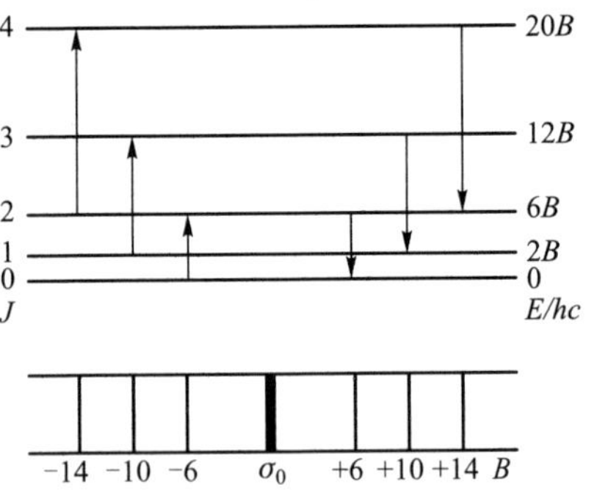

图 9.21　组合散射中的转动跃迁和光谱

在 2 536 Å 谱线两侧的散射谱线显然是由散射时的纯转动跃迁产生的.两侧出现谱线表示频率有增亦有减，这就是说向上和向下的跃迁都发生.这里由于转动能级相隔很近，上下能级的分子数相差不大，所以中线两侧谱线的强度差别不大，都能观察到.至于 2 737 Å 线两侧的散射谱线，那是同时有振动和转动跃迁的结果.2 737 Å 线是散射时的振动吸收，它两侧的弱线都是由于下一层振动能级中的诸转动能级向上一层振动能级中诸转动能级的跃迁，都是吸收过程，(9.6.3)式中的 ΔJ 现在是上振动能级中的转动量子数 J' 和下振动能级中的转动量子数 J 的差别.初始能级既都是下一振动能级中的转动能级，彼此相差不大，因而这些能级的分子数相差不多，诸谱线的强度亦就变化不大，所以中线两侧都出现.这是组合散射的转动结构在强度上与振动谱线的情况有不同之处.

我们这样看到，在组合散射中，可以在紫外或可见光区观测分子的振动和转动能级，用这方法，光源可以选择，这比较用固定区域的红外或远红外光谱技术更为方便.此外，还有一个情况使组合散射可以补红外光谱的不足.在有些分子中，例如同核双原子分子 H_2，N_2，O_2 等，电荷分布完全对称，电偶极矩等于零，振动和转动也不产生电偶极矩的变化，而一般观察到的光谱是电偶极辐射，因而这些分子的红外谱不出现.当然可以通过电子谱带的观测取得它们的振动和转动的资料，因为有了电子跃迁就有电偶极矩的变化，可以观察到电子谱带.但一个方便的途径是通过组合散射，后者与红外谱既是不同的过程，往往在红外谱中不能显示的，在组合散射中能显现出来.许多同核双原子分子的振动和转动的情况就是通过组合散射研究的.但有时也有在组合散射中不能显示的情况，在红外谱却显示出来，所以两种方法可以互相补充，这样对分子的问题可以更周密地加以研究.组合散射的方法不论在分子结构的研究上或工业的应用上都很重要.

9.7 多原子分子简述

多原子分子指三个或三个以上原子构成的分子.它们的电子态以及振动和转动的情况比双原子分子复杂得多,一般很难把它们的光谱完全分析清楚.但从光谱的观察仍可以了解分子部分的情况.要全面研究多原子分子的结构等问题需要其他方法的配合.对于那些结构比较简单和对称性较高的分子,也曾从光谱中得到很可靠的资料.

多原子分子的电子态　对多原子分子的电子态还不能如双原子分子那样加以全面描述.从光谱的观察可以了解到分子中几类电子的情况.一类是键联电子,它们对分子的结合起着作用,当它们被激发时,分子的结合就减弱以致会离解.所以由这类电子的激发而出现的吸收谱是连续的,这类光谱一般在近紫外区.另一类电子是非键联电子,它们的激发不影响分子的结合,所以它们的激发能级一直保持不连续直到电离.以前说到每一对电子态之间的跃迁产生一个谱带系,所以这类电子的激发会产生一系列的谱带系.这类谱带系出现在紫外区直到波长很短的范围.还有一类电子属于分子的局部结构,它们的光谱反映分子的局部情况,与分子整体关系不大,这类吸收谱往往在可见区,显出分子的颜色特点.所以这类电子所在的局部结构称为分子的生色基.多原子分子的电子光谱虽复杂,仍可从那里取得关于分子内部情况的资料.

多原子分子的振动　一个分子是有相互联系的一组原子.由于原子间有作用力,它们会发生振动,如同我们在双原子分子中讨论过的情况.多原子分子的内部振动是一个质点组的振动问题.每一个原子如果看作一个质点,则它在空间的位置需要三个数来确定,我们说它有三个自由度.一个分子若有 n 个原子,就共有 $3n$ 个自由度.但这些原子已经结成一个整体的分子,每个原子不再有三个独立的自由度,关于自由度必须从分子整体来考虑.分子作为整体有三个平移自由度,三个转动自由度(两个角度定出转动轴的方向,再有一个绕转动轴的角度,才定出分子在空间的方向),这样在总自由度中已占了六个,剩下的 $3n-6$ 个就是分子内部振动自由度.如果原子是排成直线的,只要两个角度就可以定出分子的方向,它只有两个转动自由度,那么分子就有 $3n-5$ 个振动自由度.分子的基本振动方式,其数目一般等于分子的振动自由度的数目;在对称性高的分子中,基本振动方式要少于振动自由度的数目.这些基本振动称为简正振动,它们的频率是不同的.分子的实际振动是这些简正振动的各种组合.在分子的光谱中会显示出分子的振动的情况.如果 ν_1,ν_2,ν_3 等是简正振动的频率,观察到的振动频率是

$$\nu=n_1\nu_1+n_2\nu_2+n_3\nu_3+\cdots, \tag{9.7.1}$$

n_1, n_2, n_3 等是整数(包括 0).这样就有很多可能的组合.

以上的讨论是可以普遍应用的.例如对双原子分子,只有 3×2-5=1 个振动自由度,那就只有一种振动方式,就是二核相向振动.对三原子分子,如果原子不在一条直线上,共有 9-6=3 个振动自由度;如果原子在一条直线上,就有 9-5=4 个振动自由度,下面举二例说明:

CO_2 是直线型分子,有 4 个振动自由度.它的三种简正振动如图 9.22 所示,频率已从光谱中测得.图中所示第一和第二种振动各有一个自由度,第三种振动在垂直于分子轴的各方向都可以,可以分解为两个互相垂直的方向,所以有两个自由度,这样就共有四个振动自由度.图中第二和第三种振动都有电偶极矩的变化,所以出现在红外谱中,这两个频率就是从红外谱中测得的.第一种振动无电偶极矩的变化.因而没有红外谱,图中所注的频率是从组合散射中测出的.

H_2O 构成水蒸气分子的三个原子不在一条直线上.所以这分子有三个振动自由度.相应的三个简正振动如图 9.23 所示.注意这三种振动与图 9.22 中所示 CO_2 的振动是对应的.图中第一种振动在组合散射中测得.在红外谱中在各种组合的振动中也有所显示.第二种振动在红外谱中测得.第三种在红外谱和组合散射谱中都观测到.图中所注的频率是红外谱的结果.

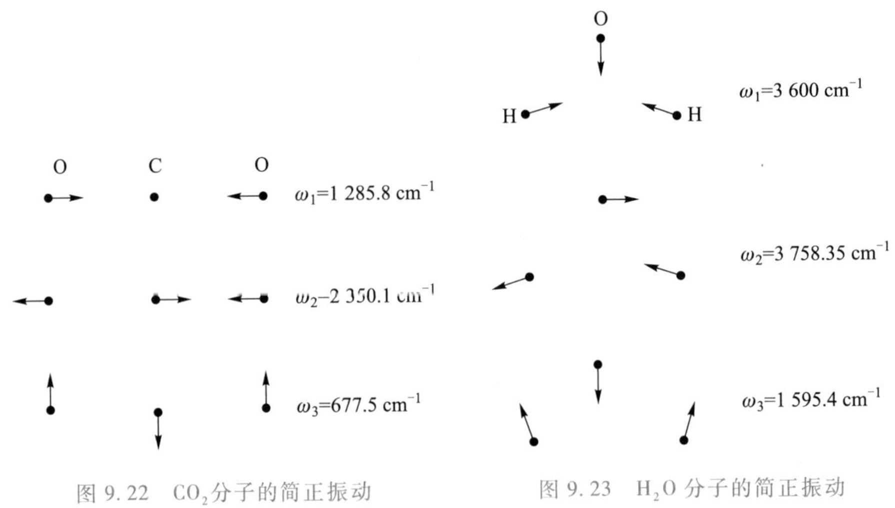

图 9.22 CO_2 分子的简正振动　　图 9.23 H_2O 分子的简正振动

对复杂的多原子分子,虽难以全面地观察分析它们的振动光谱,但有些观察到的振动频率反映了各种化学键的情况;各种键有其特征频率,表 9.2 开列了这方面的一些数据.

表 9.2 几种化学键的特征频率

结构单位	波数/cm^{-1}	波长/μm
O—H	3 730—3 500	2.68—2.84
C≡N	2 400—2 100	4.17—4.76
C≡C	2 250—2 150	4.44—4.65
C=C	1 650—1 600	6.06—6.25
C=O(酯类)	1 760—1 720	5.68—5.81
C—O(饱和醚类)	1 150—1 070	8.70—9.35
$SO_4^{=}$	1 530—1 450	6.54—6.90

多原子分子的转动　多原子分子的转动可以近似地看作刚体的转动，这涉及沿三个互相垂直的主惯性轴的主转动惯量等问题.这样形成的谱带结构就非常复杂，而且有些分子的转动惯量较大，以致谱带中谱线密集，难以分辨.只有直线型的分子和对称性高的分子的转动曾研究出一些成果.

直线型分子，如 CO_2，N_2O，C_2H_2 等的转动谱具有双原子分子转动谱相似的结构，所以容易求得转动惯量.但由此还不能立即算出核间距离，需要另有参考资料，因为不同的原子排列可以有完全相同的转动惯量.关于 CO_2 曾用不同方法求得数据如表 9.3.

表 9.3 CO_2 分子常量的测定

方法	转动惯量/(10^{-47} kg·m^2)	O-O 距离/(10^{-10} m)
组合散射	70.2	2.30
振动转动谱	70.6	2.32
X 射线衍射		2.20±0.15
电子衍射		2.26±0.05

非直线型分子中，有几种简单的分子如 H_2O，NH_3，CH_4 等，它们的光谱的转动结构曾被加以研究.其中以水蒸气分子 H_2O 的转动谱被研究得最详细，并从而求出了有关的分子常量，图 9.24 中的 A、B 二线表示 H_2O 分子的三个主惯性轴中的两个.还有一个主惯性轴垂直于纸面，未画出，可称作 C 轴.通过这分子的振动转动谱的分析，曾求得绕上述 A、B、C

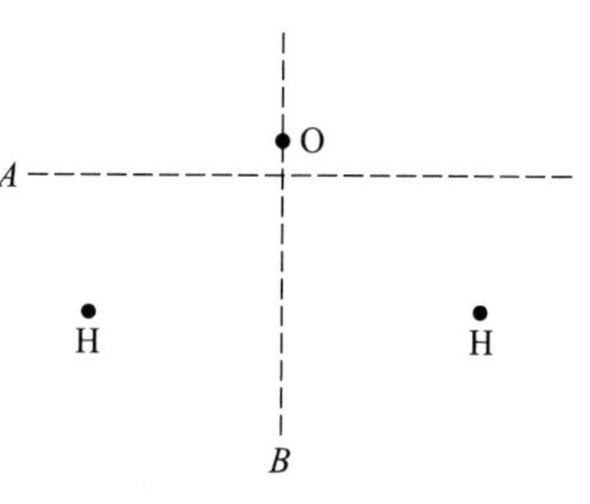

图 9.24 H_2O 分子的主惯性轴

三轴的转动惯量如下：

$$I_A = 1.009\times10^{-40}\ \mathrm{g\cdot cm^2} = 1.009\times10^{-47}\ \mathrm{kg\cdot m^2},$$
$$I_B = 1.901\times10^{-40}\ \mathrm{g\cdot cm^2} = 1.901\times10^{-47}\ \mathrm{kg\cdot m^2},$$
$$I_C = 2.908\times10^{-40}\ \mathrm{g\cdot cm^2} = 2.908\times10^{-47}\ \mathrm{kg\cdot m^2},$$

从而算出 O-H 距离为 0.955×10^{-10} m,而二 O-H 连线的夹角等于 $104°40'$.

分子光谱的观察和分析是研究分子结构的重要方法之一.通过分子光谱的观察还可以辨认化合物.近年来在工业上已普遍用来做定性和定量分析,在石油工业上用得特别多.

习　　题

自测

1. HBr 分子的远红外吸收光谱是一些 $\Delta\sigma = 16.94\ \mathrm{cm^{-1}}$ 等间隔的光谱线.试求 HBr 分子的转动惯量及原子核间的距离.已知 H 和 Br 的原子量分别为 1.008 和 79.92.

2. HCl 分子有一个近红外光谱带,其相邻的几条谱线的波数是:2 925.78、2 906.25、2 865.09、2 843.56、2 821.49 $\mathrm{cm^{-1}}$.H 和 Cl 的原子量分别是 1.008 和 35.46.试求这个谱带的基线波数 σ_0 和这种分子的转动惯量.

3. Cl 原子的两同位素 Cl^{35} 和 Cl^{37} 分别与 H 原子化合成两种分子 HCl^{35} 和 HCl^{37}.试求这两种分子的振动光谱中相应光谱带基线的频率 ν_0 之比.

4. 试证明双原子分子相邻振动能级之间跃迁时发射光的频率与两核间固有振动频率一致.假设两原子间相互作用力为弹性力.

5. 怎样解释分子的组合散射有下列两个特点：

(1) 波长短的伴线比波长长的伴线的强度弱；

(2) 随散射体温度的升高,波长短的伴线强度明显增强而波长长的伴线强度几乎不变.

6. 光在 HF 分子上组合散射使某谱线产生波长为 2 670 Å 和 3 430 Å 两条伴线.试由此计算该分子的振动频率和两原子间所作用的准弹性力的弹性系数 k 值.已知 H 和 F 的原子量分别为 1.008 和 19.00.

第十章 原 子 核

数字资源

原子核是原子的中心体.研究这个中心体的特性、结构和变化等问题的一门科学称为原子核物理学.本书用一章的篇幅对原子核作简单扼要的介绍.

关于原子核的知识可以分为两个方面,一方面是对原子核的结构、核力、核反应等问题的研究,这些是涉及物质结构的基本问题的.这如同其他自然科学部门的基础研究一样,是为了了解自然,掌握自然规律,为更多地利用自然开辟道路的.原子核知识的另一个方面是原子能和放射性的应用.上述两方面的研究有密切联系,是互相推动前进的.

今后的能源问题已为各国所关心的问题.在煤和石油逐渐用竭后,除继续利用水力外,原子能和太阳能将会更广泛地被利用起来.而原子能目前已经在国防上有重要应用.人类长期利用自然能量,绝大部分间接来自太阳,今后将更多地直接取自太阳辐射.太阳怎能长期不断地输出强大的能量呢?从原子核的理论知识知道这是来自太阳内部不断的原子核反应.所以原子核的研究在理论上和应用上都有重要性.

10.1 原子核的基本性质

本节讨论原子核作为一个整体所具有的性质,不涉及原子核内部结构和变化问题.这些基本性质对原子和组成的分子都有影响,可以从有关原子和分子的研究推断出来;对有些性质也需要直接对原子核进行研究,方能有准确的结论.

1. 原子核的电荷

原子核的一个重要特征是它所带的电荷量:原子核带正电,数值总是最小电荷量单位(1.602×10^{-19} C)的整倍数.这个倍数同元素周期表中的原子序数 Z 是一致的.原子序数 Z 可以从不同的实验测得.在以前几章中已提及.自然界中原子序数最高的元素是铀,它在周期表中居第 92 位,它的原子核就带有 92 倍最小电荷量单位的正电荷.人工制造出来的元素的 Z 值已超过 100 了.

2. 原子核的质量

原子核的另一重要特征是它的质量.对原子核的描述或进行某些计算时,往往用整个中性原子的质量数值.原子的总质量等于原子核的质量加核外电子的质量,再减去相当于电子全部结合能的数值.所以由原子总质量可以算出原子核的质量.以后谈到原子质量都指中性原子的总质量.

原子质量可以用质谱仪测得,也可以由其他方法推算.表述原子质量的单位是这样规定的:把自然界最丰富的碳同位素的原子质量定为 12 个单位.这样的一个单位是 $1.660\ 54\times10^{-27}$ kg.其他原子的质量可以用这个单位表达出来.在表 10.1 中开列了几种元素的同位素用上述单位表示的质量.各元素的同位素统称核素.我们注意用上述质量单位表示的核素质量都很接近一个整数的.这个整数称为各核素的质量数 A,如表中第二列中数字.

表 10.1　几种核素的质量

核素	质量数	核素质量
${}_{1}^{1}\mathrm{H}$	1	1.007 825 2
${}_{1}^{2}\mathrm{H}$	2	2.014 102 2
${}_{1}^{3}\mathrm{H}$	3	3.016 049 7
${}_{6}^{12}\mathrm{C}$	12	12.000 000
${}_{6}^{13}\mathrm{C}$	13	13.003 354
${}_{7}^{14}\mathrm{N}$	14	14.003 074 4
${}_{7}^{15}\mathrm{N}$	15	15.000 108

在原子核物理学中,有标记核素的符号,例如氢的三种同位素用${}_{1}^{1}\mathrm{H}$,${}_{1}^{2}\mathrm{H}$ 和${}_{1}^{3}\mathrm{H}$表示,氧的三种同位素用${}_{8}^{16}\mathrm{O}$,${}_{8}^{17}\mathrm{O}$ 和${}_{8}^{18}\mathrm{O}$ 表示,余类推.符号的左上角标明质量数 A,左下角标明电荷数 Z.这样,把原子核的质量和电荷量两个特征值都表示出来了.

我们已经知道什么是"同位素".现在提出另一个名称"同量异位素",这是质量相同的不同元素的核素,例如${}_{18}^{40}\mathrm{Ar}$ 和${}_{20}^{40}\mathrm{Ca}$.

原子的质量差不多是 1.66×10^{-27} kg 的整倍数,而原子的核外电子每个只有 9.1×10^{-31} kg,可见原子质量的绝大部分是原子核的质量.

3. 原子核的成分

原子核是由质子和中子两种粒子组成的.${}_{1}^{1}\mathrm{H}$ 的原子核只是一个质子.所以质子就是带一个单位正电荷的最轻的氢核.中子是质量等于 1.008 665 4 质量单位的中性粒子.由于这两种粒子的质量数都是 1,所以原子核的质量数 A 也代表构成这个原子核的质子和中子的总数.代表原子核电荷量的 Z 也代表核内的质子数;$N=A-Z$ 是核内的中子数.质子和中子统称核子.

4. 原子核的大小

在第一章讨论的 α 散射实验中，已经证明原子核的半径小于 10^{-15} m，现在有许多方法可以测定原子核的大小.测量的结果显示原子核的半径同质量数有如下关系.

$$R=r_0A^{\frac{1}{3}} \tag{10.1.1}$$

r_0 是个常数，精密测定为 1.20×10^{-15} m

由原子核的质量和大小可以计算它的密度.以 m 表示原子核的质量，V 表示体积，那么密度 ρ 可以算出如下：

$$\rho=\frac{m}{V}=\frac{m}{\frac{4}{3}\pi R^3}=\frac{m}{\frac{4}{3}\pi r_0^3A}=\frac{3}{4\pi r_0^3\frac{A}{m}}=\frac{3}{4\pi r_0^3N_A} \tag{10.1.2}$$

式中 $N_A=A/m$ 可以证明等于阿伏伽德罗常量.对各种原子核，上式中的 r_0 和 N_A 都是常量，足见各种原子核的密度是相同的，这一点有重要意义，以后要讨论到.把 N_A 和 r_0 值代入上式，即得

$$\rho\cong10^{17}\ \text{kg}\cdot\text{m}^{-3}=10^{14}\ \text{t}\cdot\text{m}^{-3}$$

水的密度是 $1\ \text{g}\cdot\text{cm}^{-3}=10^3\ \text{kg}\cdot\text{m}^{-3}=1\ \text{t}\cdot\text{m}^{-3}$.原子核的密度比水要大 10^{14} 倍！足见原子核是物质紧密集中之处.

5. 原子核的角动量

原子核具有角动量，它的总角动量等于 $\sqrt{I(I+1)}\,\hbar$，I 为整数或半整数，称为原子核的自旋量子数.同核外电子的情况相仿，原子核角动量在任一方向可以观察到的最大分量是 $I\hbar$.

一个原子核的总角动量是构成这个原子核的质子和中子的轨道角动量和它们的自旋角动量的矢量和.当原子核被激发，激发态的角动量不一定等于基态的角动量.原子核的总角动量往往按照习惯称为原子核的自旋.

原子核的角动量可以从原子光谱的超精细结构、或从分子光谱测得.表 10.2 中开列了一些原子核的 I 值.可以看到，具有偶数质量数 A 的原子核的 I 值都是整数，奇数质量数的原子核的 I 值都是半整数.

6. 原子核的磁矩

原子核中的质子是带电的，它的运动会产生磁场，所以原子核具有磁矩.以后会了解中子也对原子核的磁矩有贡献.原子核的总磁矩，如同核外电子的情况，可以表达为

$$\mu_I = g\frac{e}{2m_p}p_I = g\sqrt{I(I+1)}\frac{\hbar e}{2m_p}$$

$$= g\sqrt{I(I+1)}\beta, \tag{10.1.3}$$

式中 m_p 是质子的质量,β 称为核磁子.m_p 比电子质量大 1 836 倍,所以核磁子比玻尔磁子小 1 836 倍.因此原子核磁矩 μ_I 比原子磁矩 μ_J 要小得多.又原子核的 g 因子的数值不能通过公式计算,只能由实验测得,其数值有正有负.

原子核磁矩可以用核磁共振等方法测得.表 10.2 中的 μ_I' 是核磁矩最大可能分量的数值,以核磁子为单位,因此表中的数值就是 Ig.

表 10.2 几种原子核的自旋和核磁矩

原子核	I	μ_I'(核磁子)
n	$\frac{1}{2}$	−1.912 80
^{1}H	$\frac{1}{2}$	+2.792 55
^{2}H	1	+0.857 348
^{4}He	0	0
^{6}Li	1	+0.821 89
^{7}Li	$\frac{3}{2}$	+3.255 86
^{9}Be	$\frac{3}{2}$	−1.177 4
^{14}N	1	+0.403 65
^{15}N	$\frac{1}{2}$	−0.282 99
^{20}Ne	0	0
^{23}Na	$\frac{3}{2}$	+2.217 11
^{39}K	$\frac{3}{2}$	+0.391
^{40}K	4	−1.291
^{41}K	$\frac{3}{2}$	+0.215

7. 原子核的电四极矩

由实验可知原子核的电荷分布不一定是球形对称的.当带电体的电荷分布

是球形对称时，在体外离球心 R 处的电势是

$$\phi=\frac{q}{4\pi\varepsilon_0 R},$$

q 是带电体的总电荷量.非球形对称分布的电荷所产生的电势一般可表达为

$$\phi=a_1R^{-1}+a_2R^{-2}+a_3R^{-3}+\cdots, \tag{10.1.4}$$

式中第一项是单电荷的电势，第二项是偶极子的电势，第三项是四极子的电势.例如设有点电荷的分布如图 10.1(a)所示，在箭头方向上的电势可以证明是

$$\phi=\frac{1}{4\pi\varepsilon_0}\left[\frac{2e}{R}+\frac{2ea^2}{R^3}\right] \tag{10.1.5}$$

图 10.1(b)的电荷分布同图 10.1(a)是等效的，可知上式是一个单电荷 $2e$ 和一个四极子联合的电势.

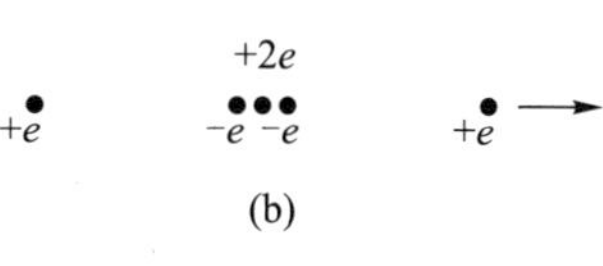

图 10.1　二同号点电荷及其等效电荷分布

如果电荷作旋转椭球式的分布，在对称轴上的电势可以表达为

$$\phi=\frac{a_1}{R}+\frac{a_3}{R^3}.$$

所以旋转椭球式的电荷分布等效于一个单电荷和一个四极子的叠加.令 $Q=2a_3/e$，称为电四极矩.可以证明原子核的电四极矩可以用下式表示：

$$Q=\frac{2}{5}Z(a^2-b^2),$$

式中 a 为旋转椭球中沿对称轴的半径，b 为垂直于对称轴最大圆截面的半径，如图 10.2 所示.实验证明原子核有电四极矩存在，这就是说，很多原子核的电荷分布是椭球式的.

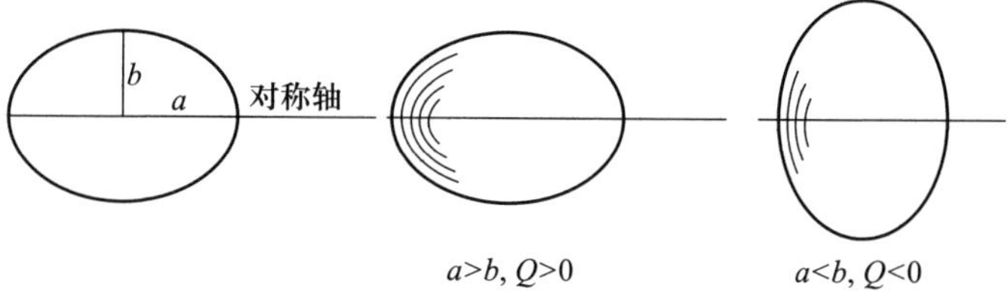

图 10.2　旋转椭球

原子核的电荷分布对核外电子有影响，因此在原子和分子光谱中和核磁共振中会显示出来.通过这些现象的观测可以测定原子核的电四极矩.表 10.3 中开列了实验测定的一些原子核的电四极矩.正号表示 $a>b$，$Q>0$；负号表示 $a<b$，$Q<0$.

表 10.3 原子核的电四极矩

原子核	$Q/(10^{-28}\ \mathrm{m})$
n	0
$^{1}_{1}\mathrm{H}$	0
$^{2}_{1}\mathrm{H}$	+0.002 73
$^{7}_{3}\mathrm{Li}$	+0.02
$^{14}_{7}\mathrm{N}$	+0.02
$^{17}_{8}\mathrm{O}$	-0.005
$^{35}_{17}\mathrm{Cl}$	-0.078 9
$^{113}_{49}\mathrm{In}$	+1.14
$^{121}_{51}\mathrm{Sb}$	-0.30
$^{175}_{71}\mathrm{Lu}$	+5.90

8. 原子核的统计性

有两种量子统计律：费米-狄拉克统计律和玻色-爱因斯坦统计律.服从前一种统计律的粒子称为费米子,服从后一种统计律的粒子称为玻色子.在一个量子态中只能有一个费米子.可是可以有两个或两个以上的玻色子.

如果有一组相同的费米子,又有一组相同的玻色子,描述这两组粒子的波函数的性质是不同的,可以用下式表示：

$$\boldsymbol{\Psi}(x_1,\cdots,x_j,\cdots,x_i,\cdots,x_n)=\mp\boldsymbol{\Psi}(x_1,\cdots,x_i,\cdots,x_j,\cdots,x_n)$$

式中每一个 x_i 代表每一个粒子的坐标和自旋.注意等号前后的 x_i 和 x_j 是对换了的.这表示两个粒子互换位置和自旋.对费米子,这样的互换使波函数改号(等号后改为负号)；对玻色子,这样的互换,波函数不改号(等号后仍是正号).

可以推得,质量数 A 为奇数的原子核是费米子,质量数为偶数的原子核是玻色子；又知道质子、中子、电子是费米子,光子是玻色子.在一组相同的原子核中,如果有两个原子核对换,这相当于两个原子核中的核子一一对换.核子对换一次,波函数改一次号,一对原子核中的核子全部对换完毕时,符号的改变一共是$(-1)^A$ 次.若 A 为奇数,$(-1)^A=-1$；若 A 为偶数,$(-1)^A=+1$.所以奇数 A 的原子核是费米子,偶数 A 的原子核是玻色子.原子核的这个性质可以从观测同核双原子分子的光谱线的强度加以证实.

9. 原子核的宇称

物理的规律一般不会由于左右方向的不同而有差别.在量子力学中,用波函

数 Ψ 表述微观体系的状态.上述左右对称性,也可以表述为坐标反映对称性.在 x,y,z 处粒子出现的概率应该同 $-x,-y,-z$ 处出现的概率相等,亦即两处的波函数的平方绝对值 $\Psi^*\Psi$ 相等.那么波函数就有两种可能的性质:

$$\Psi(-x,-y,-z,s)=\Psi(x,y,z,s),\text{(偶性)}$$

$$\Psi(-x,-y,-z,s)=-\Psi(x,y,z,s),\text{(奇性)}$$

代表粒子状态的函数所具有的这样的性质称为宇称.上一式表示偶性的宇称,下一式表示奇性的宇称.人们认为孤立体系的宇称不会从偶性变为奇性,或作相反的改变,这称为宇称守恒.这表示物理规律在坐标反映上不变.

在有心力场中,例如库仑场中,一个粒子的波函数中含有连带的勒让德多项式 $\mathrm{P}_l^n(\cos\theta)$.这个函数或是偶性,或是奇性,随量子数 l 为偶数或奇数而定.所以单独粒子的波函数可以表达为

$$\Psi(-x,-y,-z,s)=(-1)^l\Psi(x,y,z,s).$$

如果有一体系含有许多个粒子,那么总波函数 $\Psi=\Psi_1\Psi_2\Psi_3\cdots$,所以

$$\Psi(\cdots,-x_i,\cdots)=(-1)^{l_1+l_2+\cdots}\Psi(\cdots,x_i,\cdots),$$

可知 Ψ 是奇性或偶性决定于 $\sum l$.

原子核在不同状态的宇称是奇性或偶性决定于组成这个核的各核子的 l 值的总和.一个原子核的宇称不会改变,除非发射或吸收具有奇性宇称的光子或其他粒子.原子光谱的发射和吸收的选择定则中,有一条规定跃迁只能发生在奇性和偶性能级之间,而奇偶性决定于 $\sum l$.这就是宇称的问题.光子的宇称是奇性的.

在原子核反应、光子发射或吸收的过程中,整个体系(包括被发射或吸收的粒子)的宇称是守恒的.在所谓弱相互作用中,例如 β 衰变,宇称却是不守恒的,这是李政道和杨振宁提出的,经吴健雄等用 β 衰变的实验证实的.宇称守恒一直被认为是普遍规律,发现在弱相互作用下不守恒是对自然规律认识的一步重要发展.关于这个问题将在第十一章关于弱相互作用一节再讨论.

10. 原子核的结合能

先考虑一个具体例子. $^9_4\mathrm{Be}$ 的原子质量是 9.012 185 8,其原子核是 4 个质子和 5 个中子构成的.把这 9 个粒子的质量加起来,得到

$$1.007\ 825\ 2\times4+1.008\ 665\ 4\times5=9.074\ 627\ 8$$

这里计算 4 个质子质量时用了氢原子的质量,所以包括了 4 个电子的质量.而上述 $^9_4\mathrm{Be}$ 的质量数值举出的也是原子质量,包括了 4 个核外电子.这样,把原子成分的质量加起来的数值和原子质量的数值都包括了 4 个电子的质量,但是我们看到这两个数值有差别,差数是

$$9.074\ 63-9.012\ 19=0.062\ 44,$$

这差数显然只涉及原子核(因为电子质量刚好抵消了).

为什么 9 个核子结成原子核,质量会减少呢? 按照相对论原理,质量与能量相联系,即

$$E = mc^2$$

$$\Delta E = \Delta m \cdot c^2$$

质量减少说明原子核结成时有能量放出,这称为原子核的结合能.1 质量单位的能量按上列公式计算,相当于 931. 5 MeV 的能量(以后我们用 MeV 这个简单的国际通用符号表示).那么上述质量差数相当于 58 MeV,这是$^9_4$Be 的结合能.把此数除以 9,得到每一个核子的平均结合能为 6. 4 MeV.

同样可以把自然界每一种原子核中核子的平均结合能计算出来.图 10. 3 是这样算出的每核子的平均结合能对原子核质量数的标绘.注意图中以 $A=30$ 为界,左右两区 A 的标尺不同.

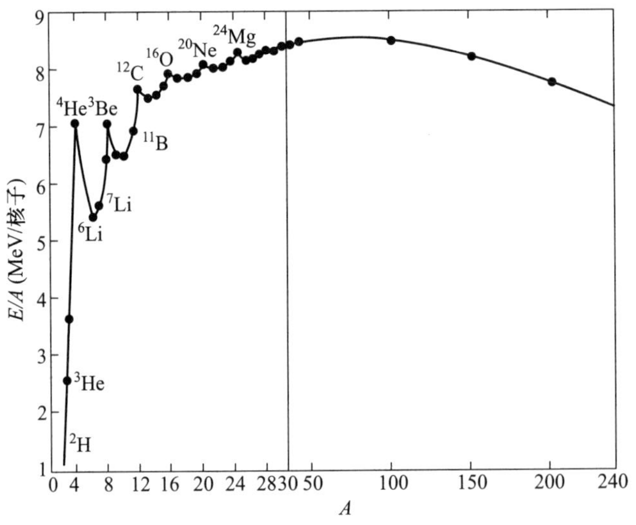

图 10. 3　每核子的平均结合能

我们从图 10. 3 中可以看到下列情况:

(1) 在中等质量数($A=40 \sim 120$ 之间)的那些原子核中,核子的平均结合能较大,在 8. 6 MeV 上下.在质量数在上述范围之上或之下的原子核中,核子的平均结合能都较小.^{238}U 的核子平均结合能是 7. 5 MeV.这个事实很重要,是原子能利用的基础,本章最后两节要讨论到这个问题.

(2) 质量数在 30 以上的原子核中,核子的平均结合能(E/A)变化不大,这就是说原子核的结合能 E 差不多与质量数 A 成正比.这事实显示了核力的饱和

性.本章第四节将要讨论到这个问题.

(3) 在质量数小于 30 的原子核中,核子的平均结合能显出随 A 值有周期性变化,最大值落在 A 等于 4(2 质子,2 中子)的倍数上,这显示这样的结构比较稳定,这个问题以后也要谈到.

10.2 原子核的放射衰变

原子序数很高的那些重元素,如铀、钍、镭等,它们的核很不稳定,自发地放出射线,变为另一种元素的原子核.这现象称为放射衰变.还有一些人工产生的某些元素的同位素,也具有放射性.对放射现象的研究是获悉原子核内部状况的重要途径之一.放射性元素还有很多应用.

1. 放射衰变及其规律

放射性元素中有些放射所谓 α 射线,有些放射所谓 β 射线,有些在放射 α 或 β 射线时,伴随着有 γ 射线放出.

α 射线是氦核 ^4_2He,它是 2 个质子和 2 个中子构成的.放射 α 射线的原子核放出一粒 α 粒子后,它的电荷减少 2 个单位,质量减少 4 个单位,它变为原子序数减少 2、质量数减去 4 的另一个原子核.

β 射线是电子.放射负 β 射线的原子核放出一个负电子后,它的电荷增加 1 单位,而质量变化很小(因电子的质量比原子核的质量小得多),变成原子序数增加 1 的另一个原子核.有些人工产生的放射元素是放正 β 射线的,这些原子核放射后,转变为原子序数减去 1 的另一个原子核.

γ 射线是光子,不带电,无静质量.它的放出不改变原子核的电荷,对质量的影响亦极微小.

衰变定律 把一定量的某种放射元素单独收存起来,它的数量会逐渐减少,因为一部分经放射过程变成另一种元素了.这叫衰变.实验表明放射衰变是遵守下列定律的:

$$N=N_0 e^{-\lambda t} \tag{10.2.1}$$

式中 N_0 是时间 $t=0$ 时的原子核数目,N 是经过 t 时后还存留的原子核数目.

此式是一个统计规律.在足够多的原子核中,每一个核在什么时候发生放射变化是不能预知的.但是如果在短时间 $\mathrm{d}t$ 内,有 $\mathrm{d}N$ 个核改变,从统计的观点,改变率 $\mathrm{d}N/\mathrm{d}t$ 必定与当时存在的总原子核数目 N 成正比,即

$$\frac{-\mathrm{d}N}{\mathrm{d}t}=\lambda N, \quad 亦即 \frac{\mathrm{d}N}{N}=-\lambda\mathrm{d}t,$$

λ 是比例常量,是放射物放射衰变快慢的标志,称为衰变常量.把上式积分,并令 $t=0$ 时的 N 等于 N_0,就得到(10.2.1)式.(上式中 $\mathrm{d}N$ 代表 N 的减少量,是负值,所以需加负号,使该式等号前后都是正值.)

半衰期　如果经过一段时间 T,原子核的数目减到原数的一半,则 T 称为半衰期,是不同放射物的又一标志.由(10.2.1)式,

$$\frac{N}{N_0}=\frac{1}{2}=\mathrm{e}^{-\lambda T},$$

$$T=\frac{\ln 2}{\lambda}=\frac{0.693}{\lambda}. \tag{10.2.2}$$

此式给出半衰期 T 同衰变常量 λ 的关系.λ 大的,T 短.

平均寿命 τ　在一种放射物中,有些原子核早变,有些晚变,这就是说有的寿命短,有的寿命长.可以计算出平均寿命 τ:

$$\tau=\frac{1}{N_0}\int t(-\mathrm{d}N)=\frac{1}{N_0}\int_0^{\infty} t\lambda N\mathrm{d}t=\lambda\int_0^{\infty} t\mathrm{e}^{-\lambda t}\mathrm{d}t=\frac{1}{\lambda}, \tag{10.2.3}$$

由(10.2.2)式,

$$T=0.693\tau \tag{10.2.4}$$

(10.2.2)、(10.2.3)和(10.2.4)式给出 T、τ 和 λ 的关系.这三个常量只要知道其中一个,就可以算出其余两个.其中半衰期 T 比较用得多一些,表 10.4 中举了几个例子.

表 10.4　几种放射物及其半衰期

放射物	射线	半衰期 T
$^{238}_{92}\mathrm{U}$	α	4.5×10^{9} a
$^{226}_{88}\mathrm{Ra}$	α	1 622 a
$^{222}_{86}\mathrm{Rn}$	α	3.82 d
$^{11}_{6}\mathrm{C}$	β^{+}	20.4 min
$^{212}_{84}\mathrm{Po}$(ThC′)	α	3×10^{-7} s

测定半衰期的方法　用计数器测出单位时间内的原子核衰变数目 $\mathrm{d}N/\mathrm{d}t$,那么根据(10.2.1)式,得到

$$\frac{-\mathrm{d}N}{\mathrm{d}t}=\lambda N=\lambda N_0\mathrm{e}^{-\lambda t},\quad \ln\left(\frac{-\mathrm{d}N}{\mathrm{d}t}\right)=\ln(\lambda N_0)-\lambda t. \tag{10.2.5}$$

根据此式,把测得的 $-\mathrm{d}N/\mathrm{d}t$ 的对数对时间 t 作图,必然是一条直线,此线在纵轴

上截在 $\ln(\lambda N_0)$ 上.由上式可知,直线的斜率等于 λ.又在直线上读出 $\ln\left(\frac{-\mathrm{d}N}{\mathrm{d}t}\right)=\ln(\lambda N)=\ln\left(\frac{\lambda N_0}{2}\right)$ 处的 $t\left(\text{即 } N=\frac{N_0}{2}\text{处的 } t\right)$,那就是半衰期 T(见图 10.4).

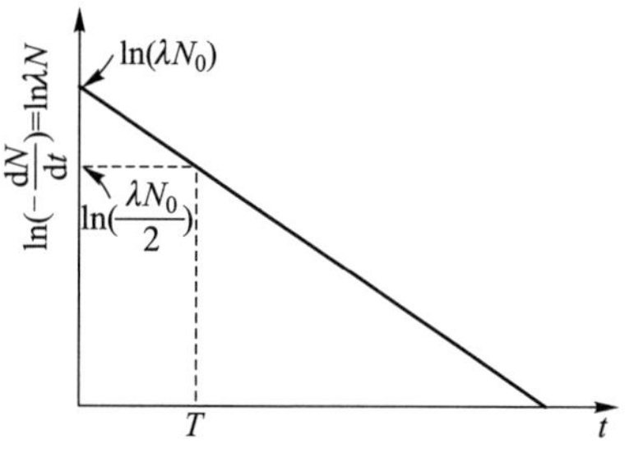

图 10.4　半衰期的测定

半衰期或衰变常量是每一种放射物的标志,测出这个常量是辨认放射物的一个重要方法.

2. 放射系

设有一种放射性元素 A 经放射变为 B,B 如果还放射,又变为 C.这样依次变下去.直到一种稳定元素,就不再变了.这样就构成一个放射系.图 10.5(a)、(b)、(c)、(d)是四种放射系的情况.(a)、(b)、(c)三种是天然放射元素形成的,

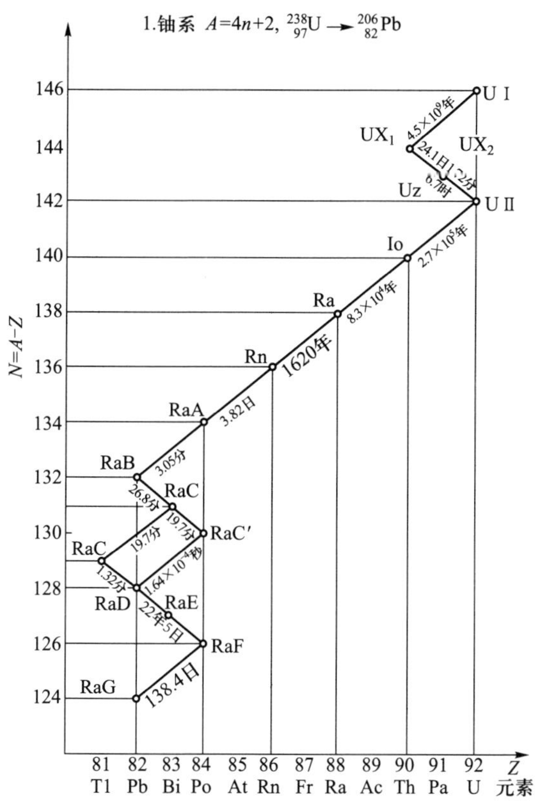

(a)

2.钍系 $A=4n$, $^{232}_{90}\text{Th} \rightarrow {}^{208}_{82}\text{Pb}$

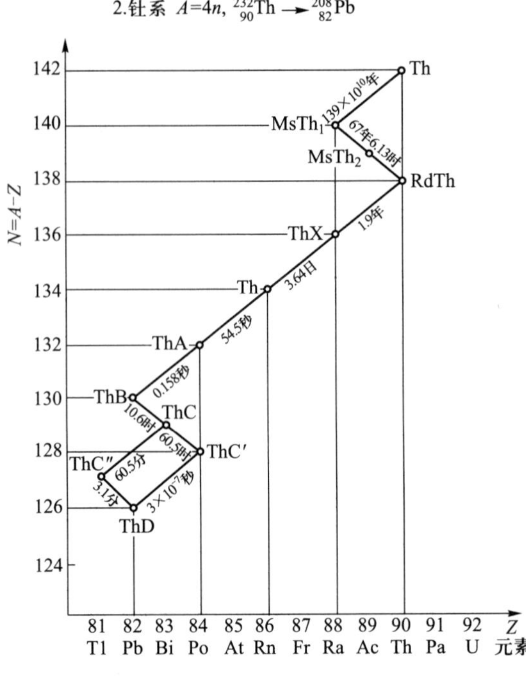

(b)

2.锕系 $A=4n+3$, $^{235}_{92}\text{U} \rightarrow {}^{207}_{82}\text{Pb}$

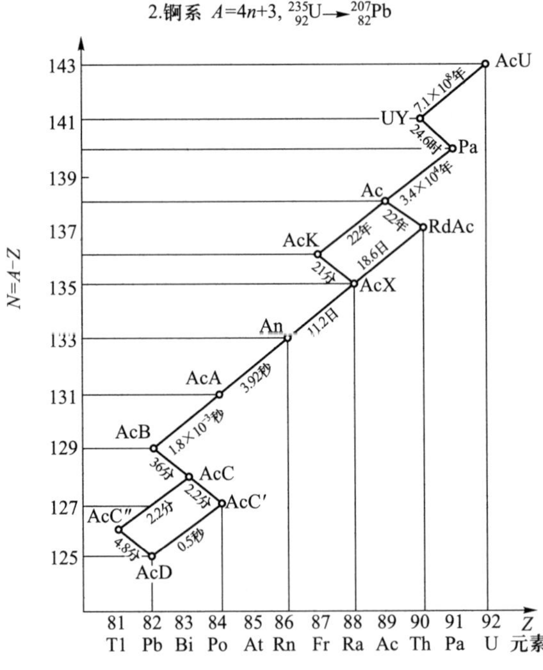

(c)

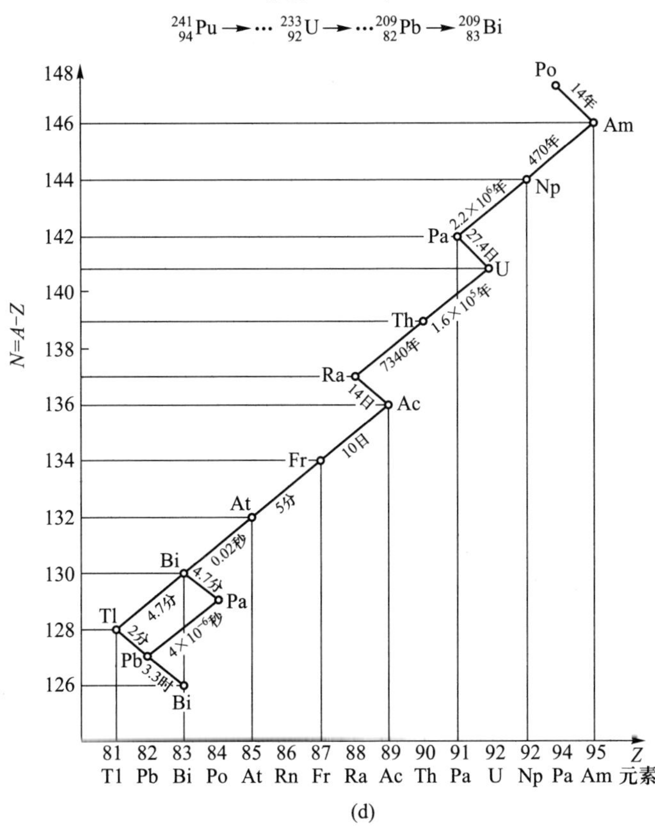

(d)

图 10.5　放射系

(d)是人工制造的放射元素形成的.图中横坐标是质子数 Z,纵坐标是中子数 $N=A-Z$.图中元素位置向左下移两格的表示 α 放射,因为质子和中子都减去 2.向右下移一格的是 β^- 放射,因为 Z 增 1,A 不变,所以 N 减 1.天然放射系的三个图中用了放射性研究的传统名称;从横坐标和纵坐标很容易读出 Z 和 $N(=A-Z)$,因而知道是哪一种核素.例如 RaD 和 RaG 分别是 $^{210}_{82}Pb$ 和 $^{206}_{82}Pb$,而 UⅠ 和 UⅡ 是 $^{238}_{92}U$ 和 $^{234}_{92}U$.

下面列出四种放射系的名称和每系中原子核所含的核子数:铀系($A=4n+2$),钍系($A=4n$),锕系($A=4n+3$),镎系($A=4n+1$).镎系都是人工放射物.还有一些 $Z>92$ 的人工放射物,衰变后连接在三个天然放射系上,图中没有画出.

3. α 衰变

原子核放射出来的 α 粒子具有一定的速度,也就是说有一定的动能.经过物质,它的能量逐渐损失,直到能量损失完毕,它不再前进,就消失了.所以 α 粒子按它的初速或初能量的大小有一定的射程,通过对射程的测量可以测出 α 粒子的初能量.

α 粒子通过物质的实际距离与物质的密度有关.例如在减压的空气中射出的距离要比在一个大气压的空气中远.

α 粒子能使气体电离,利用这个作用可以制作探测 α 粒子的仪器.

测量 α 粒子能量的另一方法,是使它在真空中经过垂直于它路径的磁场.由于 α 粒子受到磁场力的作用,路径就弯成一个圆弧.测出路径的半径就可以算出动量,从而算出动能.计算的步骤如下:

上述 α 粒子所受磁场的力构成它曲线运动的向心力,所以

$$\frac{m_\alpha v^2}{\rho}=evB,$$

$$m_\alpha v=Be\rho.$$

动能可以算得如下,

$$E=\frac{1}{2}m_\alpha v^2=\frac{(m_\alpha v)^2}{2m_\alpha}=\frac{(Be\rho)^2}{2m_\alpha}, \tag{10.2.6}$$

式中 B 是磁场的磁感应强度,e 是 α 粒子的电荷,ρ 是径迹的曲率半径,可以测得;m_α 是 α 粒子的质量.这样,能量就可以测出来.

衰变能 原子核放射 α 粒子时,α 粒子向一个方向射出,剩下的原子核向相反方向反冲,这两个动量是相等的(根据动量守恒原理),即

$$m_\alpha v_\alpha=m_{核}\,v.$$

那么原来的原子核要从它的内能中给出一部分能量分给这两个粒子成为它们的动能,这部分给出去的能量称为衰变能 E_d,则

$$\begin{aligned}E_d&=\frac{1}{2}m_{核}\,v^2+\frac{1}{2}m_\alpha v_\alpha^2=\frac{(m_{核}\,v)^2}{2m_{核}}+\frac{(m_\alpha v_\alpha)^2}{2m_\alpha}\\&=\frac{(m_\alpha v_\alpha)^2}{2}\left[\frac{1}{m_\alpha}+\frac{1}{m_{核}}\right]=E_\alpha\left[1+\frac{m_\alpha}{m_{核}}\right].\end{aligned} \tag{10.2.7}$$

测得 α 粒子的动能 E_α,由此式就可以算出衰变能 E_d.

原子核内部能量也是量子化的,这就是说原子核也具有间隔的能级.研究放射现象是研究原子核内部情况的途径之一.

现在举一简单例子:在下式所示的放射过程中,测得有两种不同能量的 α 射线放出.

$${}^{226}_{88}\mathrm{Ra}\to{}^{222}_{86}\mathrm{Rn}+{}^{4}_{2}\mathrm{He},$$

测得 E_α 为 4.612 MeV 和 4.793 MeV，算得相应的衰变能相差 0.184 MeV.这说明这个过程使 Ra 变成具有不同能级的 Rn，有些 Rn 原子核在基态，有些在比基态高 0.184 MeV 的一个能级上.在 Ra α 衰变过程中确也观测到 0.189 MeV 的 γ 射线，这就是从上述较高的那个能级跃迁到基态所发出的.在实验误差范围内与 α 衰变算得的能级差符合.对更复杂的情况也可以用相似的方法进行分析研究.

4. β 衰变

β 衰变有三种情况：一种是放出负电子，原子核变为原子序数增加 1 的核，在天然的和人工的放射物中都有这一类.另一种是放射正电子，原子核变为原子序数减 1 的核，这只在人工放射物中出现.还有一种 β 衰变过程是，原子核俘获一个核外 K 层电子而变为原子序数减 1 的核.这过程称为 K 俘获.

原子核中不存在电子.β 衰变时发出的电子认为是临时产生的.在放出负电子的情形，原子核中一个中子放出一个负电子，变为一个质子；在放出正电子的情形，原子核中一个质子放出一个正电子，变为中子.在 K 俘获的情形，原子核中一个质子吸收一个电子变为中子.

β 射线的能量可以用 β 谱仪测量.基本原理还是根据在磁场中带电粒子路径的弯曲.在前面 α 衰变一段中说到垂直于磁场运动的带电粒子的动量可以用下式算出：

$$p=mv=Be\rho. \qquad (10.2.8)$$

要进一步算出动能，在电子的情形，因质量小，所以速度高，必须用相对论的动能公式：

$$E=[c^2p^2+(m_0c^2)^2]^{\frac{1}{2}}-m_0c^2$$

把(10.2.8)式代入，即有

$$E=[(Be\rho)^2c^2+(m_0c^2)^2]^{\frac{1}{2}}-m_0c^2 \qquad (10.2.9)$$

式中 m_0 为电子的静质量，e 为电子的电荷量，ρ 为电子路径的曲率半径，这是在 β 谱仪中测得的.B 为所用磁场的磁感应强度.由(10.2.9)式可以算出电子的动能.

实验发现，放射物放出的 β 射线的能量是连续分布的，如图 10.6 所示.图中显示(1) 能量连续分布，(2) 能量有一确定的最大值，(3) 射线强度最高处的能量约等于最大能量值的 1/3.

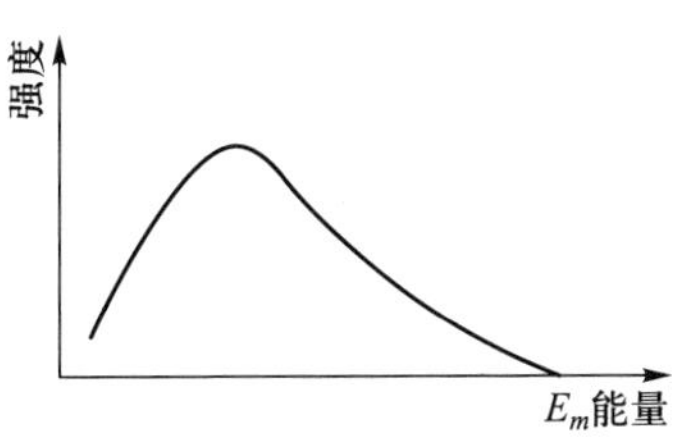

图 10.6 β 射线能谱

β^- 的衰变能可以从衰变前后的原子质量算出.设衰变前原子的总能量是 m_Zc^2，放出一

个 β^- 电子,原子核电量变为 $Z+1$ 单位,因此核外电子必须加一个.所以放出一个电子所失的质量刚好被增加一个核外电子的质量所抵补.从能量守恒定律,

$$m_Z c^2 = m_{Z+1} c^2 + \Delta E,$$

$$\Delta E = (m_Z - m_{Z+1}) c^2.$$

这样就算出衰变能 ΔE.发现这样算出的衰变能等于 β 能谱的最大值.这样我们了解了实验测出的 β 能谱最大值的意义.上式也给出发生 β^- 衰变的条件,即 $m_Z > m_{Z+1}$.

我们再回到实验测得的 β 能谱的讨论.能量连续分布一事起初令人费解.原子核内部能量是量子化的.α 射线和 γ 射线的能量都是间断的数值.现在 β 射线却出现了连续变化的情况.β 衰变还有一些情况初期也难以理解的.在 β 衰变过程中,原子核质量数不变,故原子核的角动量是 $\hbar$ 的整数倍或半整数倍的情况不应变,实际也未变.又它是玻色子或费米子的统计性也不变.但是,发出的或俘获的 β 电子的自旋角动量是 $\hbar/2$,它是费米子.怎能保持原子核的上述性质呢?早期曾提出各种设想,经多方研究,最后能量的连续分布问题连同上面所提的角动量和统计性问题都解决了.

中微子　最后设想原子核发射 β 电子时,同时发出一粒质量很小或几乎是零的中性粒子,称为中微子.因为它是中性的,所以未能直接观察到.这样,上述困难就迎刃而解了.关于能量连续分布问题,是这样情况:β 衰变能是有一定数值的,正如从原子核的质量算出的那样;但是这能量被三个粒子(电子、中微子和剩下的原子核)分占,由于有各种不同的分配,电子分得的能量就可以从零连续变化到一个最大值.三个粒子的动量的矢量和应等于零,但是角度的关系可以有各种情况,因此动量的分配有各种情况,因而能量的分配也有各种情况.图 10.7 显示几种情况:(a)图表示电子(β)和剩核(A)在相反方向射出;中微子(ν)在垂直方向射出,分得的动量等于零,因而能量也等于零.衰变能被电子和剩核分占.电子的动量和剩核的动量相等相反,但是电子的质量比剩核的质量小得多,用前面说到的从动量计算能量的方法,可知电子分得的能量要比剩核分得的大得多,差不多等于全部衰变能.这就是 β 能谱上的最大能量值.(b)图表示中微子和剩核在相反方向射出;电子(β)在垂直方向射出,因而动量等于零,能量也就等于零.这是 β 能谱中能量等于零的情况.(c)图表示三个粒子的动量都不等于零,电子取得的能量决定于三个粒子的角度关系,

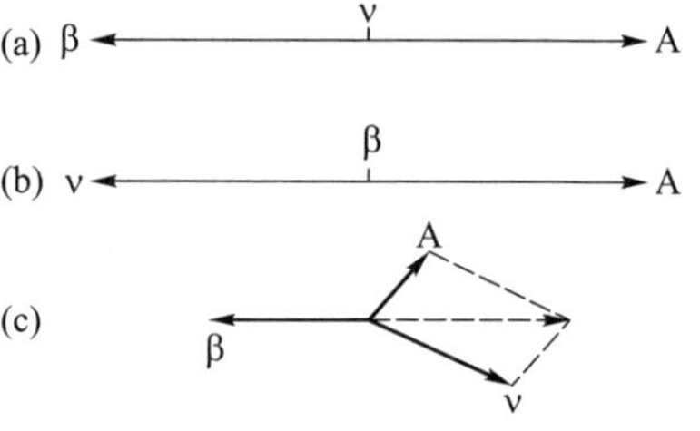

图 10.7　β 衰变时三个粒子在不同的角度关系下的动量分配

电子的能量一定在(a)、(b)两个极端情况之间,而且从统计考虑,取得中等数值的概率大,因而这样的电子数目多.这就充分说明了 β 能谱的情况.

至于角动量问题,β 衰变时,原子核的质量数不变,那么在衰变前后,原子核的角动量是 $\hbar$ 的整数倍或半整数倍的性质也不会变.而电子的自旋量子数是 1/2,那么中微子的自旋量子数必须是半整数,把它定为 1/2 是合理的.这样就解决了角动量的问题.

关于统计性问题,剩核的质量数不变,所以统计性不变,电子是费米子,要求中微子也是费米子,这样也解决了统计性问题.

β^+衰变和 K 俘获 发生 β^+衰变的条件也可以推得如下:衰变前原子的总能量为 $m_Z c^2$,放出一个正电子,成为$(Z-1)$原子,那么核外电子还要放弃一个使原子成为中性的.所以放射后的总能量是相当于剩留原子的质量的能量、两个电子(放出的电子,正负各一)的质量相当的能量和衰变能的总和,即为$(m_{Z-1}+2m_0)c^2+\Delta E$.根据能量守恒原则,

$$m_Z c^2=(m_{Z-1}+2m_0)c^2+\Delta E,$$

$$\Delta E=(m_Z-m_{Z-1}-2m_0)c^2.$$

所以发生 β^+衰变的条件是 $\Delta E>0$,即

$$m_Z>m_{Z-1}+2m_0,$$

在 β^+衰变中也要同时放出一个中微子.

能放射 β^+的原子核也可能俘获 K 电子,在这过程中也需要放出一个中微子.这个过程的衰变能可以计算如下:设俘获前原子的总能量是 $m_Z c^2$,获得一个负电子后成为$(Z-1)$原子,刚好核外需要减一个电子,已经有一个进入原子核,减了一个,不需要再增减了.但 K 电子有一个空位,需由外层电子来补空.不管怎样补,如果补完的原子仍处于基态,就需要放出 K 电子的结合能 ε_K,所以

$$m_Z c^2=m_{Z-1}c^2+\varepsilon_K+\Delta E,$$

$$\Delta E=(m_Z-m_{Z-1}-\varepsilon_K/c^2)c^2.$$

发生 K 俘获的条件是 $\Delta E>0$,即

$$m_Z>m_{Z-1}+\varepsilon_K/c^2.$$

在 K 俘获过程中只放出一个中微子,而中微子的质量极小,且不带电,不能直接观察的.那么怎样知道有 K 俘获发生呢?上面说到有 K 结合能放出,这可以以 X 射线的形式放出,这是可以观测的.另一个放出 K 结合能的方式是 K 空位由一个 L 电子来补,因 L 电子跃迁放出的能量又把另一个 L 电子电离了;这样,一个 K 空位转变成两个 L 空位和一个具有动能的电子.这样放出的电子称为**俄歇电子**.

如果以 E_K 代表产生一个 K 空位的能量(K 电子的电离能),E_L 代表产生一个 L 空位的能量,E_e 为被放出的俄歇电子的动能,那么

$$E_K = 2E_L + E_e,$$
$$E_e = E_K - 2E_L.$$

所以观察到 X 射线或俄歇电子,就知道有 K 俘获发生.测得 X 射线的波长或俄歇电子的动能就可以知道这过程发生在哪种原子中.

5. γ 衰变

β 衰变后,有些原子核处于激发态.原子核也可以通过其他方式被激发.处于激发态的原子核可以通过发射 γ 射线跃迁到基态.γ 射线是光子.原子核能级的间隔一般在 10^{-3} MeV 以上,所以 γ 射线能量的低限是 10^{-3} MeV,即 1 keV.能量可以高到 MeV 的数量级.

γ 射线的能量可以用不同方法测量.能量较低的可以用晶体中衍射的方法,如同测量 X 射线的能量那样.其他方法是利用光子的几种作用,这在下一节将讨论到.

原子核能级的跃迁实质上是它里边电荷分布的变动或电流的变动.电荷的分布可以用电偶极子、四极子等来描述,这在 10.1 节中曾讨论过.电流产生磁矩,简单的环流所产生的磁场相当于一个磁偶极子的磁场,复杂的电流相当于其他磁多极子,所以 γ 射线可以用原子核的电和磁的多极子辐射来描述.

原子核的 γ 辐射跃迁遵守三个守恒定律,分述如下:

(1) 总能量守恒　如以 E 和 E' 分别代表发射前后原子核的能量,$h\nu$ 为 γ 射线的能量,那么

$$h\nu + E' = E, \quad 即 \quad h\nu = E - E'_2$$

这与核外电子辐射的能量关系相同.

(2) 总角动量守恒　如以 $\boldsymbol{p}_I$、$\boldsymbol{p}_{I'}$ 和 $\boldsymbol{p}_l$ 分别代表原子核发射前后和所发光子的角动量,那么

$$\boldsymbol{p}_I = \boldsymbol{p}_{I'} + \boldsymbol{p}_l.$$

亦即所发光子的角动量 $\boldsymbol{p}_l = \boldsymbol{p}_I - \boldsymbol{p}_{I'}$,这里 I 和 I' 是原子核发射前后的角动量量子数,l 为光子的角动量量子数.光子有内禀自旋量子数 1,所以 l 至少是 1.考虑到角动量耦合关系,由上式,

$$l = |I - I'|, |I - I'| + 1, \cdots, I + I' (I = 0, I' = 0 \text{ 除外}), \tag{10.2.10}$$

但是,理论可以证明,跃迁的概率随 l 的增加而急剧下降,实际上对同一对 I 和 I',主要的跃迁是

$$l = |I - I'|.$$

这里的 l 值是上述原子核中电和磁的多极子级别的标志：$l=1$ 是偶极子，$l=2$ 是四极子，$l=3$ 是八极子，余类推.总之多极子的级别等于 2^l.

（3）宇称守恒　原子核跃迁前的宇称同跃迁后它和辐射光子构成的整个体系的宇称是相同的.而多极辐射是偶性还是奇性，决定于 l 值.可以概括为① 电多极辐射的宇称性质决定于 $(-1)^l$，② 磁多极辐射的宇称性质决定于 $-(-1)^l$.由此可以推得原子核的宇称在发射 γ 射线时其奇偶性要变还是不变，这可归纳如下表：

	原子核的宇称	
	电辐射时	磁辐射时
l 为偶	不变	变
l 为奇	变	不变

以上讨论了原子核发射 γ 射线时，能级跃迁的选择定则.回忆该外辐射光谱的情况，那里能观察到的是电偶极辐射，所以光谱学里的选择定则是电偶极辐射的选择定则.在实验室的温度和气压下，原子热碰撞的机会很多，有些核外电子的激发态经碰撞的方式把能量放出了，所以观察不到高级多极辐射.

对原子核，通常温度和压强下的热碰撞不会使它发生非辐射跃迁，所以能出现高级的多极辐射.

内变换　原子核中还是有非辐射跃迁的.其中之一就是内变换.β 射线谱中，有时除经常的连续 β 谱外，还观察到一些尖锐的谱线，这些是具有单值能量的电子.经研究，知道这些电子来源于核外电子层.把这些谱线的电子动能 T_i 测出，再估计它们来源的壳层，如果估计正确，可以知道壳层的电离能 U_i，那么电子离开原壳层时，必须取得能量 $W=T_i+U_i$.这能量是由原子核供给的，应等于原子核由一个激发能级向一个较低能级跃迁时放出的能量.常常可以观察到一些 γ 射线，其能量恰等于上述 W 值.内变换电子的能量值同 γ 射线的能量值可以互相参证.

内变换过程中，核外电子是直接从原子核取得能量的，不是如有人曾设想，原子核先发射 γ 射线，再由 γ 射线对核外电子发生光电效应.有人曾做了理论计算，内变换电子的强度大于设想的 γ 射线光电效应所产生的 100 倍，足以证明这决不是间接的光电效应，而是直接从原子核接收能量.

发出一对电子的内变换　如果原子核的激发能超过一对电子的静能量（同一对电子的静质量联系的能量，即 $2m_0c^2=1.02\ \text{MeV}$），就可以放出一对正负电子.能量关系是 $W=E_++E_-+2m_0c^2$，E_+ 和 E_- 是测得的正负电子的动能.有时由同一对能级，三种过程都会发生，即通常的内变换、一对正负电子的内变换和 γ 辐射，所以测得的数据又可以互相参证.

同质异能素 有些具有相同质量数 A 和电荷数 Z 的原子核有明显不同的放射半衰期，这些称为同质异能素.其实这是处于不同激发态的同一种原子核.习惯上把那些半衰期足够长因而测得出的激发态称作同质异能态.

6. 穆斯堡尔效应

原子核从一个激发态跃迁到基态发出的 γ 射线，能否被处于基态的同类原子核吸收，使吸收核被激发到发射核原来所在的激发态，发生所谓共振吸收？这只在一定的条件下才能实现.现在简单地说明一下这种情况.设发射核处于静止状态，但是它能够自由运动，那么 γ 射线发出时，原子核会有反冲.核能级跃迁给出的能量不是全部给了光子，有一小部分成为原子核的反冲动能.这样的 γ 光子不能被另一个处于基态的同类原子核吸收，因为它的能量比有关的两能级之差已经略小，不足以使能级激发了.

如果把发射核固定起来，不会有反冲，而吸收核却仍许其自由运动，那么还是不足以使后者激发，因吸收核受光子碰撞时，由于动量守恒关系，也有反冲，要分去一部分光子的能量，剩下的光子能量就又不足以使能级激发.光子的能量必须等于吸收核能级的差值再加原子核反冲动能的数值才能实现这个过程，所以光子能量只等于吸收核能级之差还不够.这样只有把发射核和吸收核都固定起来才能实现共振吸收.固定原子核的方法可以采用把发射核和吸收核都制备在固体中，一块固体的质量比原子的质量大得多，反冲极微小，就可以忽略了.

但是，这还有问题.在寻常温度下，固体中有热振动，这使发光的原子核也在振动，就会对所发的光产生多普勒效应，光谱线频率会在一个范围内变化，吸收的频率也要展开，这样，强度要降低很多.如果还能观察到，也是受环境温度影响很大，搅乱了谱线真相的.为了免除这个缺点，在有些实验中，把 γ 射线源和吸收物除制备在固体中外，又都放在低温下进行观察.这样进一步使发射核和吸收核固定.

再说一个情况，能级一般不是单值的，有一个很窄的分布.所发 γ 射线的频率也不是单值的，也有一个窄范围的分布，即所谓谱线的宽度.那么怎样可以观察“自然线形”呢？方法是提供一个具有适当频率宽度的 γ 射线源，把要进行观察的物体放在 γ 射线中观察它的吸收谱.具体的办法是，把发射源沿连接吸收物的方向，以适当变化的速度来回运动，这样使发出的 γ 射线频率，由于多普勒效应，在不很宽的范围变动着，这样就可以把吸收物吸收谱线的轮廓显示出来.用这样的方法获得共振吸收是穆斯堡尔(R. L. Mössbauer)首倡的，所以称为穆斯堡尔效应.

穆斯堡尔效应已经是用来研究样品的原子核性质、固体性质或化学结构等问题的很好的一个方法.被研究的样品就放在上述吸收物的位置,以观察它的吸收谱或散射的次级射线谱.

10.3 射线同实物的相互作用和放射性的应用

带电快速粒子和光子同实物能发生相互作用,从而可以研究射线的性质和其发射过程.这些作用也是观察射线方法的基础.本书在第十、第十一两章有限篇幅内不可能对各项观测仪器和方法作详细的介绍.本节扼要地介绍射线同实物的相互作用,借以约略了解各种射线或粒子观测方法的依据.此外,正因射线同实物的相互作用,各种射线及其发射物在生产上和科学研究工作中有广泛的应用,本节也将述及.

1. 带电重粒子同实物的相互作用

本段讨论质子、氘核、α 粒子和类似的带电粒子被吸收的情况.

具有一定能量的重粒子,例如 α 粒子,在实物中有一定的射程.图 10.8 是 RaC′的 α 射线在云室(一种观察粒子径迹的仪器)中的径迹.图中显示 RaC′所发 α 粒子的射程差不多是相等的.用计数器也可以计取 α 粒子的数目.这类观测方法都是利用 α 粒子在它的路径中对物质的原子、分子发生碰撞而产生激发和电离作用,由此产生的离子在直接观察的仪器中能显示出粒子的径迹;在计数器中发生计数作用.粒子有一定的射程说明在路径中粒子逐渐失去能量,最后能量损失完,速度减到零,就不再前进,达到了射程的末端.所以对同一类粒子,能量大的射程长.

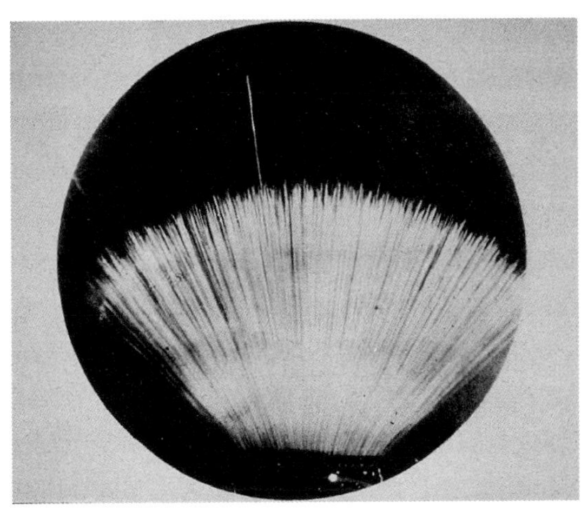

图 10.8 RaC′的 α 射线在云室中的径迹

α 粒子在空气中时,其路径各点的速度和单位长度中产生的离子对数均可以用实验方法测出.图 10.9 是 α 粒子在 15 ℃和 1 大气压的空气中的速度和电离量的变化.图中横坐标标出剩余射程,这是指在路径中从测得上述两种量的某一点起还能前进的距离.α 粒子的射程 R 同速度 v 和能量 E 有下列近似关系:

$$R \propto v^3 \propto E^{3/2}.$$

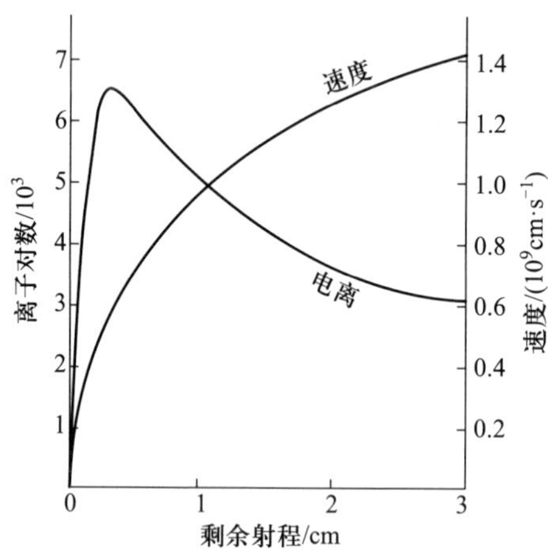

图 10.9 α 粒子的速度和电离量同剩余射程的关系

各种粒子的射程和能量的关系可以由实验测定,并用曲线表示出来.以后通过测定射程就可以知道能量.

重粒子在单位长度的径迹中的能量损失 $-\mathrm{d}E/\mathrm{d}x$ 可以从测出单位长度上的离子对数 n 算得,即

$$-\frac{\mathrm{d}E}{\mathrm{d}x}=\varepsilon n.$$

这里 ε 是产生一对离子所需的平均能量.在标准大气压中,$\varepsilon=32.5$ eV/离子对.$-\mathrm{d}E/\mathrm{d}x$ 从理论可推得

$$-\frac{\mathrm{d}E}{\mathrm{d}x}=Z^2 f(v),$$

式中 Z 是重粒子的电荷量数,v 是它的速度,$f(v)$ 在理论公式中可以明确写出.所以如果知道重粒子的电荷量,那么测出能量损失 $-\mathrm{d}E/\mathrm{d}x$ 就可以得出重粒子的速度.我们知道能量和速度后,也就可以知道粒子的质量.

又可以证明,对两种重粒子,如果速度相同,则

$$\frac{R_2}{R_1}=\frac{M_2}{M_1}\frac{Z_1^2}{Z_2^2}.$$

所以对重粒子以测得射程和单位长度径迹中能量的损失为根据，可以研究粒子的能量、速度、质量、电荷量等性质.

2. 快速电子对实物的相互作用

电子通过实物时，可以发生如下作用：(1) 弹性散射，(2) 非弹性碰撞，(3) 韧致辐射.

(1) 弹性散射　电子射经实物时，受实物电荷的库仑场的作用，路径偏离原方向.如果能量不变，这称为弹性散射.由于电子的质量比较小，散射现象比较显著.经这样多次散射，电子的路径可以偏离原方向很大，这情况与重粒子不同.在重粒子情形，由于质量大，绝大多数粒子的散射角小，所以基本上沿原方向前进，直到射程终端.所以具有相同初速度的同类粒子的射程差不多相等.电子经过实物如空气、液体、金属薄膜等的情况不同，由于多次散射，累加起来成为大角偏转，所以在原方向前进的电子数目逐渐减少.图 10.10 显示两者的差别.

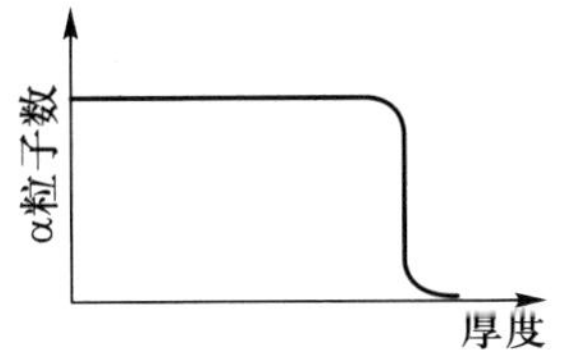

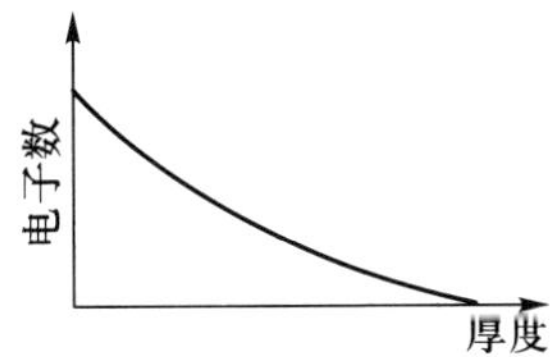

图 10.10　α 粒子数和电子数随吸收物厚度的变化

(2) 非弹性碰撞的能量损失　电子通过实物时，使原子发生激发或电离，在这些过程中电子失去能量，这称为非弹性碰撞(或非弹性散射).这种能量损失与电子所具有的能量大小有关，如图 10.11 中曲线(1)所示.能量较小时(大约在 2 MeV 以下)，单位距离中能量的损失与速度的平方成反比.随电子能量的增加，损失减到最低值.到了相对论性能量值，损失又略上升.

重粒子的碰撞损失与电子的相仿，有相似形状的曲线.

曲线表示的最低损失与粒子的质量无关，只与电荷有关.因此如果电荷相同，不同质量的粒子的最低能量损失值是相同的，所以在云室、气泡室、乳胶中，具有相对论性能量的质子和电子的径迹是难以分辨的.

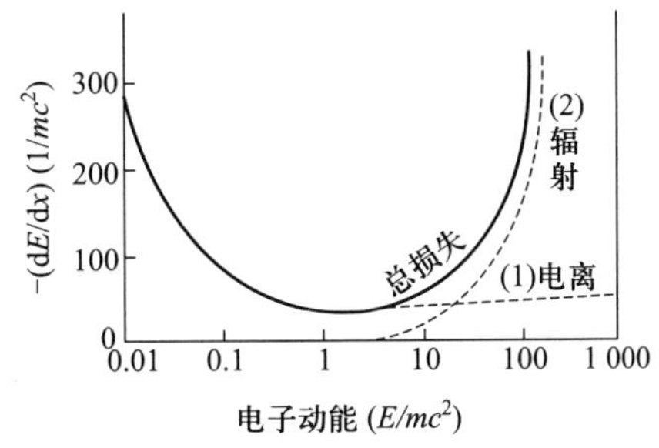

图 10.11　电子的能量损失

(3) 由于轫致辐射的能量损失 电子经过原子核附近,由于受库仑场的作用而产生加速度,这样,电子就有电磁辐射.这样的辐射损失只有电子能量较高时才显出来,如图 10.11 曲线(2)所示.

实验和理论表明,辐射损失随吸收物的原子序数 Z 的增加而增加;随电子的能量的增加而增加.对重粒子有相仿的规律.但这样的能量损失是随粒子质量的增加而减低的,所以对重粒子这损失是相当微小的.

电子的能量和射程 上文说到,由于多次散射,具有同一能量的电子通过吸收物时也要逐渐减少.减少的情况可以近似地表达如下:

$$N=N_0\mathrm{e}^{-\mu d}$$

式中 N_0 为初进吸收物的电子数目,N 为通过厚度为 d 的电子数目.这些电子数目可以用计数器测出.具有相同能量的电子虽不像重粒子有相同的射程,但它的最大射程是有一确定值的.取上式对数,即有

$$\ln N=\ln N_0-\mu d.$$

把 $\ln N$ 对 d 作图,应得一直线.根据实验数据作图,有一段是直线,把这直线延长截本底上一点,就是最大射程 R(见图 10.12).对不同能量的 β 射线,用这方法求得相应的射程,就可作出能量与射程关系的曲线图(如图 10.13),以后可以用此图由射程求电子能量.

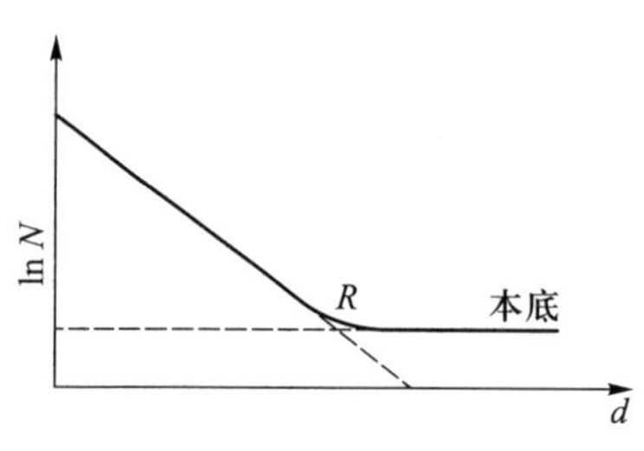

图 10.12 电子射程的测定

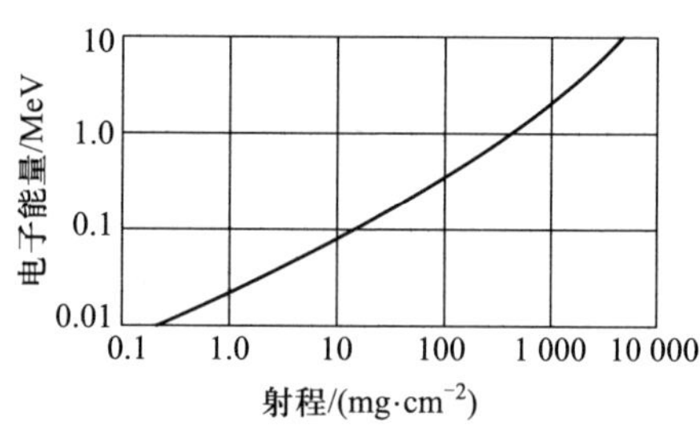

图 10.13 电子能量同射程的关系

3. γ 射线同实物的相互作用

γ 射线经过实物,其强度逐渐下降.如果 γ 射线具有一定数值的能量,那么射线强度 I 同经过吸收物的厚度 x 有如下关系:

$$I=I_0\mathrm{e}^{-\mu x} \tag{10.3.1}$$

式中 x 为吸收物的厚度,μ 为衰减常量.对一定能量的 γ 射线,一种吸收物的 μ 值是一定的.

γ 射线在实物中的衰减由于两种原因:一种是真的吸收,一种是散射.因此

$$\mu=\tau+\tau' \tag{10.3.2}$$

τ 是吸收系数，τ'是散射系数.

截面的概念　设有一束 γ 射线垂直射在一片吸收物的面上，如图 10.14 所示，吸收物的厚度为 Δx，设吸收物的单位体积中有 N 粒原子.如果 γ 射线束的横截面为 A，那么它经过那片吸收物会遇到 $\Delta N=N\Delta V=NA\Delta x$ 粒原子.设每一原子挡住 γ 射线的面积为 σ，称为原子截面.那么遮挡这束 γ 射线的总面积是 $\sigma\Delta N=\sigma NA\Delta x$.射线通过吸收物时的衰减可以看作被原子挡住了.所以强度减弱量与总强度之比应该等于遮挡面与 γ 射线束的横截面之比，即

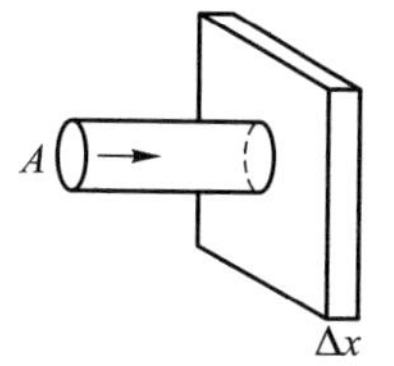

图 10.14　截面的说明

$$\frac{\Delta I}{I}=\frac{\sigma\Delta N}{A}=\frac{\sigma NA\Delta x}{A}=\sigma N\Delta x,$$

写成微分式，

$$-\frac{\mathrm{d}I}{I}=\sigma N\mathrm{d}x.$$

此式中的 $\mathrm{d}I$ 代表强度的减弱，是负值，所以式中左侧需加一负号，使左侧成为等于右侧的正值.

把上式积分，得

$$I=I_0\mathrm{e}^{-\sigma Nx}.$$

此式与(10.3.1)式比较，即有

$$\mu=N\sigma.$$

此式给出原子截面 σ 和衰减常量 μ 的关系；衰减多，μ 值就大，也可以说原子截面 σ 大.这个所谓原子截面不是原子的几何截面，而是原子对射线起作用的概率大小的表示，但它的量纲是面积的量纲.于是(10.3.2)式可以写成 $N\sigma=N\sigma_1+N\sigma_2$，即

$$\sigma=\sigma_1+\sigma_2, \tag{10.3.3}$$

σ_1 称为吸收截面，σ_2 称为散射截面.

光子在吸收物中以三种方式被吸收：① 光电效应，这是一个原子吸收整个光子而放出一个电子.② 康普顿效应，这是光子被电子散射，一部分能量给了电子.③ 电子偶的产生，光子转变为一对电子.因此吸收系数可以改用下式表达：

$$\tau_1=N\sigma_1=N\sigma_{光}+NZ\sigma_{康}+N\sigma_{偶}, \tag{10.3.4}$$

式中 $\sigma_{康}$ 是一个电子的康普顿效应截面，一粒原子中有 Z 粒电子，所以康普顿效应的原子截面是 $Z\sigma_{康}$，$\sigma_{光}$ 和 $\sigma_{偶}$ 都是原子截面.光电效应和康普顿效应读者是熟悉的，就不再讨论了.下面只谈一下电子偶的产生.

光子能量超过 1.02 MeV 时，在原子核的库仑场中有可能被吸收而产生一对

电子,正负各一.同一粒电子的质量相联系的能量是 0.51 MeV,所以产生一对电子至少需要 1.02 MeV 的能量.如果要观察到这个现象,电子还需要具有动能才能飞出,所以需要光子的能量比 1.02 MeV 要大.再说,产生的概率是随光子能量增加的.

光子转变为电子偶需要能量和动量同时守恒.孤立的光子不能转变为一对电子,因为能量和动量不能同时守恒.所以产生电子偶必须在另一个粒子例如原子核附近.

相反的过程也曾观察到,就是一对正负电子相遇,可以湮没而成为光子.在湮没前,一对正负电子先构成一个如同氢原子那样的体系,称为电子偶素.在电子偶素中,二电子的自旋可能同向或反向.电子自旋同向的情形称正电子偶素,平均寿命是 10^{-7} s,电子湮没时放出三个光子.自旋反向的情形称仲电子偶素,平均寿命是 10^{-10} s,电子湮没时放出两个光子.三个和两个光子的不同是由于角动量守恒的要求.

对光子转变为一对正负电子,或相反的过程,有人说成是质量和能量相互转化,或甚至说是物质和能量的相互转化,这是不正确的.光子和电子都是物质,它们的相互转化只是物质形式的转变,是场和实物的转变,而场和实物都是物质.至于质量和能量,在光子和电子转变前后是相等的,质量和相联系的能量都是守恒的,兹说明如下.光子在转变为电子偶之前具有能量 $h\nu$,因而有质量 $h\nu/c^2$.还有一个参加这过程的原子核,设它的静质量是 m_0(假定其动能可以忽略),那么转变前这体系的质量是 $h\nu/c^2+m_0$.转变后产生具有动能的一对电子,原子核也获得动能,因此转变后的总质量是 $m+m_e^++m_e^-$(这些质量包括运动质量).根据质量守恒原理,可以列出

$$\frac{h\nu}{c^2}+m_0=m+m_e^++m_e^-.$$

此式可以改写为

$$h\nu=(mc^2-m_0c^2)+(m_e^+c^2-m_{e0}c^2)+(m_e^-c^2-m_{e0}c^2)+2m_{e0}c^2$$

此式左侧是光子的能量,右侧第一项是转变后原子核的动能,第二、第三项是一对正负电子的动能,第四项是一对电子的静质量联系的能量,所以上式正是能量守恒关系.这个关系是从上面质量守恒关系推来的.由此可见,在转变前后,质量和能量都守恒,而且互相联系着的.这里没有质量和能量相互转化的问题,只是物质形式的变换.

γ 射线在实物中三种吸收过程随射线能量的变化如图 10.15 所示.我们可以看到光电效应和康普顿效应这两种方式的光子能量的被吸收随射线能量的增加而减弱.电子偶的出现在光子能量高出 1.02 MeV 以后,而且这个方式的吸收随射线能量增加而增加.

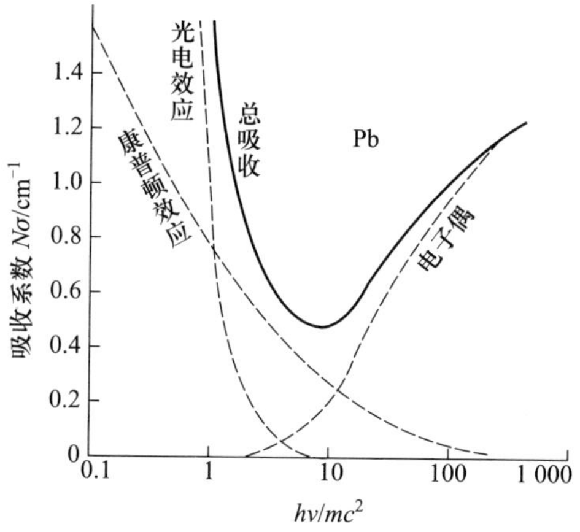

图 10.15 γ 射线在铅中的吸收

4. 放射性的应用

放射性的应用可以分为下列三个方面：

（1）示踪原子的应用　由于放射性原子的放射作用，容易用仪器探测它的踪迹.可以利用它为显示踪迹的工具.在农业、工业、医疗卫生以及其他科学研究工作中有广泛的应用.

例如在农业上曾用放射性磷 ^{32}P 研究磷肥对植物的作用.把少量 ^{32}P 加在肥料中，它被植物吸收后在植物体内输运的情况，可以用仪器测出.这样就知道磷对植物作用的一些情况.工业上可以用来研究磨损量.在研究半导体中的杂质扩散时，可以用放射性物质代替寻常杂质扩散到半导体中，然后逐层磨下，测量放射强度，从而了解扩散的情况.总之在各方面的应用很多.

（2）放射性衰变律在地质学和考古学上的应用　放射性可以用来推定地质年代.例如 ^{238}U 在岩石中经一系列的衰变，最后成为 ^{206}Pb.设岩石形成时，单位重量中含有 $N_0(^{238}\mathrm{U})$ 个 ^{238}U，经过长远年代后，现在岩石中每单位重量中存留着 $N(^{238}\mathrm{U})$ 个 ^{238}U（这可以测出），和最后变成稳定的 ^{206}Pb 的存量 $N(^{206}\mathrm{Pb})$，以及其他中间衰变产物 $\sum N_f$.那么我们可以列出下列二式：

$$N(^{238}\mathrm{U}) = N_0(^{238}\mathrm{U})\,\mathrm{e}^{-\lambda t},$$

$$N(^{206}\mathrm{Pb}) + \sum N_f = N_0(^{238}\mathrm{U}) - N(^{238}\mathrm{U}).$$

$\sum N_f$ 因年代久远，同 $N(^{206}\mathrm{Pb})$ 比，量很少，可以忽略.合并上列二式，消去 $N_0(^{238}\mathrm{U})$，并简化，即得

$$t = \frac{1}{\lambda}\ln\left[\frac{N(^{206}\mathrm{Pb})}{N(^{238}\mathrm{U})} + 1\right]$$

上式中^{238}U的衰变常量λ已知，括号内现存的^{206}Pb和^{238}U的存量比值可测出，年代t可以由上式算得.其他放射系也可利用.

在考古工作中，可以利用^{14}C推算年代.^{14}C是放射性的，半衰期为5 600年.空气中^{12}C和^{14}C存量之比是$10^{12}:1.2$.植物吸收空气中的二氧化碳，动物又吃植物，所以活着的生物体中碳的这两种同位素存量之比同空气中的比值相同.死后的生物体不再吸收碳，其遗骸中的^{14}C因衰变逐渐减少.测出古生物遗骸中^{12}C和^{14}C的存量比，同空气中的比值比较，就可以算出古生物体死亡的年代.

(3) 射线的应用 这是指射线对实物所起作用的应用.在医疗上用γ射线治疗肿瘤.农业用射线处理种子，用γ射线照射农作物，以刺激生长.在工业上用射线对化学反应发生作用.用γ射线对金属产品进行探伤或其他检验.用β射线或γ射线的吸收或散射测量物体的厚度或密度.射线在工农业、医疗卫生事业和其他科学研究工作中正发挥着重要的作用.

5. 放射性强度的单位

放射性强度的常用单位是居里.1居里的放射源每秒有3.7×10^{10}次的核衰变.居里(Ci)这个单位太大，常用的还有毫居里(mCi = 10^{-3} Ci)和微居里(μCi = 10^{-6} Ci).

居里表示的强度是衰变的次数，不代表放射出来的粒子数.有些原子核一次衰变可以放出一个β粒子和一个或甚至两个γ光子，但仍作为衰变一次.

10.4 核力

原子核由核子构成，虽然存在着质子之间的推斥力，而原子核的结合是很强固的，密度竟达10^{14} g/cm^3.足见核子间有很强的吸引力，这就是核力.要研究原子核的结构和性质，核力的问题是基本且重要的.通过实验的观察和理论的探讨，核力的性质已有所了解.现在作扼要的叙述.

1. 核力的主要性质

(1) 短程力 原子核的体积与质量数A成正比，结合能也近似地与核子数成正比.这些事实说明核子间的力是短程的强力.它的作用距离只有10^{-15} m的数量级，这与以前知道的万有引力和电磁力显然不同，那两种力都是长程力，这就是说两物体距离远时，它们之间仍有力的作用.原子核中每一核子的平均结合能是8 MeV，而核子间的万有引力势能只有10^{-36} MeV，极微小的；至于电磁力，质子间有静电斥力，没有静电吸引力，不是强核力的一部分.质子和中子之间的磁作用势能算得也只有 0.03 MeV.由此可知,核子间的核力是短程性的另一种强力.

(2) 具有饱和性的交换力　从原子核结合能与核子数成正比这一事实可以知道核力具有饱和性,一个核子只同附近几个核子有作用力,不是同原子核中所有核子起作用.这与分子结构中,原子间的力具有饱和性有相似之处.在分子的共价键中,原子间的力是交换力,电子是中间的交换媒介.原子核中核子间的力既具有饱和性,设想也是一种交换力.下面将讨论到 π 介子是核子间作用力的交换媒介.

(3) 核力与电荷无关　在较轻的稳定原子核中,质子数和中子数一般是相等的,或接近相等.在较重的原子核中,中子数才超过质子数;那是由于质子之间库仑力的作用.在重原子核中,质子数增多,总的库仑力作用在增强.在下一章讨论原子核结构时,将要说到质子和中子有相同的壳层结构,完整壳层中的质子数和中子数是相等的.这些事实表明,在原子核中就核力的作用来说,质子和质子之间,中子和中子之间,中子和质子之间的核力是相同的,与是否带电无关.关于这一点,从实验也可以得到同样结论.

(4) 非有心力的存在　从实验事实可以推得,核力除主要的有心力外,还有微弱的非有心力混合着.它的强度同核子间的距离有关,也同核子的自旋对核子间连线的倾角有关.

2. 核力的介子论

带电粒子间的力是通过电磁场起作用的.电磁场有时显出量子性,它的量子就是光子.1935 年,汤川秀树提出一个理论,说核子之间也通过一种场起相互作用,这种场的量子推算出来是具有静质量的粒子,其静质量大约是电子质量的 200 倍.下面介绍他的推算.

正如电磁场可以用势函数描述,关于核力场也可以推得一个势函数.一个具有静质量 m 和动量 p 的自由粒子的哈密顿函数按照相对论是

$$H=(p^2c^2+m^2c^4)^{\frac{1}{2}},$$

平方后成为

$$H^2=p^2c^2+m^2c^4.$$

用量子力学的算符 $H=\mathrm{i}\hbar(\partial/\partial t)$, $p_x=-\mathrm{i}\hbar(\partial/\partial x)$ 等代入上式,使运算于一个势函数 Φ,即得

$$\left(\nabla^2-\frac{1}{c^2}\frac{\partial^2}{\partial t^2}\right)\Phi=\frac{m^2c^2}{\hbar^2}\Phi \tag{10.4.1}$$

此式称为克莱因-戈尔登(Klein-Gordon)方程,适用于自旋为零的自由粒子.

如果令上式中的 $m=0$,这公式就成为大家所熟悉的电磁场公式.对静电场,

式中的时间微商又等于零.对原点上有一固定电荷 e 的静电场,方程式可以写成

$$\nabla^2 \Phi = -e\delta(r),$$

式中 $\delta(r)=1$,当 $r=0$;$\delta(r)=0$,当;$r\neq 0$.此式的解是熟悉的点电荷库仑场的势函数:

$$\Phi = \frac{1}{4\pi\varepsilon_0}\frac{e}{r}$$

对静核力场,$m\neq 0$,仍设原点上有一核子,带有相当于电荷的代表核力强度的量 g,由(10.4.1)式,

$$\nabla^2 \Phi = \frac{m^2c^2}{\hbar^2}\Phi - g\delta(r).$$

设 $\Phi=\Phi(r)$,是球形对称的,上式成为

$$\frac{1}{r^2}\frac{\mathrm{d}}{\mathrm{d}r}\left(r^2\frac{\mathrm{d}\Phi}{\mathrm{d}r}\right)=\frac{m^2c^2}{\hbar^2}\Phi,\quad (r\neq 0)$$

此式的解是

$$\Phi = g\,\frac{\mathrm{e}^{-(mc/\hbar)r}}{r}.$$

这个势函数随 r 的增加而急剧地趋于零,代表了短程力.当 r 大于指数中的常数 $\hbar/(mc)$,力就很小,所以这个常数代表力程的数量级.而力程的数量级应该同原子核的大小相仿.这样,

$$r_0 \approx \frac{\hbar}{mc}.$$

此式用电子质量 m_e 除后,可以改列成

$$\frac{m}{m_e}\approx\frac{\hbar}{m_e c r_0}=\frac{\lambda_C}{2\pi r_0},$$

式中 $\lambda_C=\dfrac{h}{m_e c}=2.426\times10^{-12}$ m,是康普顿波长.把已知数值代入上式,即得

$$\frac{m}{m_e}\approx\frac{2.426\times10^{-12}}{2\pi\times1.4\times10^{-15}}=275.$$

1947 年在宇宙线中发现了 $\pi^{\pm}$ 介子,其质量是 273 m_e,后来在 1950 年又发现 π^0 介子,其质量是 264 m_e,同这个理论的结论一致.所以 π 介子认为是核力场的量子.

电磁力常数 $e^2/(4\pi\varepsilon_0\hbar c)=1/137$.相应的核力常数 $g^2/(\hbar c)\approx 1\sim15$,这是从实验数据估计的.所以核力是不同于电磁作用的强作用.

上面说到 π 介子在核子之间起居间作用.在质子和中子之间,如果一个带正

电 π 介子被一个质子发出，而被一个中子吸收，那么质子变为中子，中子变为质子，等于这两粒核子位置的交换，所以核子间发生交换力. 如果是 π^0 起居间作用，核子不变，那么核子间是寻常力. 同类核子间的力是由 π^0 起作用的，可以发生寻常力，也可以发生交换力，后者是自旋的方向通过 π^0 交换的. 所以核力的介子论也说明核力是交换力和寻常力的混合这一情况.

核力的介子论是比较成功的，但是还有困难处. 核力的问题还在继续研究中. 下一章还要接触这个问题.

10.5 原子核结构模型

有关原子核内部结构的研究是一个长期发展过程，现在仍在进展中. 当人们对原子核还不能有一幅全面明确的图画时，就先后提出了各种模型，对原子核作近似的描述. 但是模型往往不能完全代表真实情况，一个模型可能代表了某些性质，但不能说明另外一些性质. 下面将要讨论几种原子核模型. 把这些模型所表述的一些原子核的情况，综合起来，就会获得比较全面的一幅原子核的图画.

1. 费米气体模型

这个模型把原子核看作一群同气体分子相仿的核子组成. 这些核子在球形体积中运动，每个核子受其他核子的联合作用相当于在一个总的势场运动. 这势场可以说是一个三维的方阱，其半径略大于原子核半径，在原子核内部具有同样深度的势能，如图 10.16 所示.

质子和中子都是费米子. 在原子核中，不能有两粒同类粒子具有完全相同的量子数. 但是核子的自旋可以取两个相反的方向. 所以每一个动量态至多可以有两个同类的核子. 质子和中子是非同类粒子，分别考虑. 在这个模型中，当原子核处于基态时，可以设想核子占满了低能级，每一级有两种核子各两个，从最低能级直到核子所能具有的最高能级. 在这样一个结构中，除了核子所能占的最高能级，或有空位外，其他能级都已占满. 在原子核中的核子，除了具有最高能量的少数外，不可能互相碰撞而交换动量和能量. 因为设若有这样的事发生，核子就要转入另一

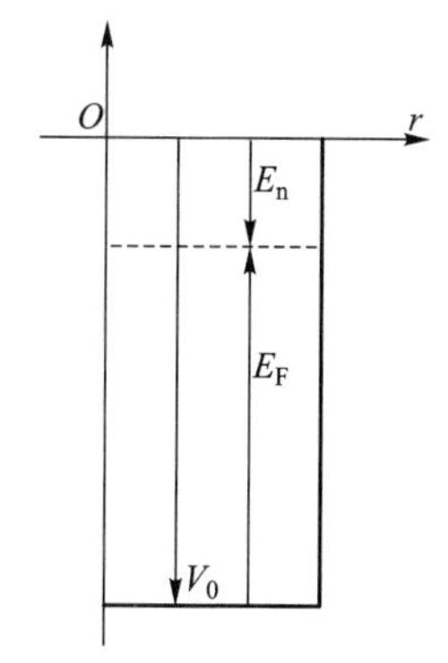

图 10.16 一个核子在原子核中受其他核子的联合作用所等同的总势场

个能态，而这些能态已经是占满了的．因此在这个模型中，核子的自由程是大于原子核尺寸的．这就是说，当原子核在基态时，核子在核内可以自由运动．

按这幅图画进行计算，核子占据的最高能级 E_F 约等于 43 MeV，这称为费米能量．而最后一个中子的结合能 E_n 约等于−7 MeV．那么（见图 10.16）

$$E_n = E_F + V_0,$$

$$-7\ \mathrm{MeV} = 43\ \mathrm{MeV} + V_0,$$

$$V_0 = -7 - 43\ \mathrm{MeV} = -50\ \mathrm{MeV}.$$

算得势阱的深度与其他推算的结果接近．

从这个模型，可以证明当原子序数 Z 不高时，$Z = N = \dfrac{A}{2}$ 的原子核是最稳定的．

费米气体模型代表了原子核的某些性质，但是这个模型忽视了核子间短程力的存在，简单地假设核子在一势阱中运动，是过分简化的．

2. 液滴模型

原子核的结合能同 A 成正比，这说明核力具有饱和性．原子核中的核子只同周围几个核子起作用，这正如液体中的分子亦只同附近的分子有作用．又一种情况是，原子核的体积与 A 成正比，这就是说体积与质量成正比，原子核的密度是常数，不随 A 变化，这也正如液滴的密度是常数，不随液滴的大小变化．所以原子核用液滴来比拟是符合它的一些情况的．

外斯塞格质量半经验公式　原子核的质量可以用下式表示：

$$m = m_0 + \Delta_1 m + \Delta_2 m + \Delta_3 m + \Delta_4 m + \Delta_5 m, \qquad (10.5.1)$$

式中 m_0 是组成原子核的各核子质量之和．原子核的结合能就等于

$$E = m_0 - m = -(\Delta_1 m + \Delta_2 m + \Delta_3 m + \Delta_4 m + \Delta_5 m). \qquad (10.5.2)$$

对以上二式计算时，m 用中性原子的质量，并令 $m_0 = Zm_H + (A-Z)m_n$，这里 m_H 和 m_n 分别是氢原子和中子的质量，这样在上二式中引入的核外电子的质量刚好抵消，Δm 和 E 的意义不变．

$\Delta_1 m$ 是结合能的主要部分．结合能与 A 成正比，而结合能是放出的能量，所以是负值，因此

$$\Delta_1 m = -a_1 A. \qquad (10.5.3)$$

$\Delta_2 m$ 是关于原子核表面的修正项．在表面上的核子只同表面内的核子起作用，表面外无核子，所以结合能弱一些，需要加一修正项，该项与表面上的核子数成正比，从而也就同表面成正比，而符号与 $\Delta_1 m$ 相反：

$$\Delta_2 m = +4\pi R^2 \sigma = +4\pi r_0^2 A^{\frac{2}{3}} \sigma = +a_2 A^{\frac{2}{3}}. \qquad (10.5.4)$$

$\Delta_3 m$ 表示原子核中质子的库仑推斥能量．由于这个原因，在较重的原子核

中,质子数目少于中子数目.库仑斥力使结合能减少.每一个质子同其余质子共发生$\frac{1}{2}Z(Z-1)$对相互作用,而每一对质子之间的静电力能量可以证明是$\frac{6}{5}\frac{e^2}{R}$,R为原子核半径.这样,库仑斥力能量是

$$E_{库}=\frac{6}{5}\frac{e^2}{R}\times\frac{1}{2}Z(Z-1)\approx\frac{3}{5}\frac{e^2Z^2}{R}$$

按照 $R=r_0A^{\frac{1}{3}}$,

$$\Delta_3 m=\frac{E_{库}}{1.49\times10^{-3}}=7.69\times10^{-3}Z^2A^{-\frac{1}{3}}. \tag{10.5.5}$$

$\Delta_4 m$ 是偏离 $Z=N=\frac{A}{2}$的修正.在稳定的原子核中最稳定的是质子数和中子数相等的核.偏离这情况,不论 $Z<N$ 或 $Z>N$,如无其他因素,稳定度要减低.这是从事实中得出的结论.这项修正可以写成

$$\Delta_4 m=+a_4\frac{\left(\frac{A}{2}-Z\right)^2}{A}. \tag{10.5.6}$$

$\Delta_5 m$ 表示原子质量同 N 和 Z 是奇数或偶数的关系.从测得的原子质量,可以把原子核分为三类:① 偶 N 偶 Z 的原子核,质量作为 A 的函数比另二类略低.② N 和 Z 二值一个是奇数,一个是偶数的原子核,质量作为 A 的函数是中等高低的.③ 奇 N 奇 Z 的原子核,质量作为 A 的函数比另二类略高.所以 $\Delta_5 m$ 可以表达如下:

$$\Delta_5 m=\left.\begin{matrix}-1\\0\\+1\end{matrix}\right\}a_5A^{-\frac{1}{2}}. \tag{10.5.7}$$

这样,(10.5.1)式可以写成

$$m=m_{\mathrm{H}}Z+m_{\mathrm{n}}(A-Z)-a_1A+a_2A^{\frac{2}{3}}+a_3Z^2A^{-\frac{1}{3}}+a_4\left(\frac{A}{2}-Z\right)^2A^{-1}+\begin{pmatrix}-1\\0\\+1\end{pmatrix}a_5A^{-\frac{1}{2}}. \tag{10.5.8}$$

上式中的 $a_1,\cdots,a_5$可以从实验数据定出.

外斯塞格(C. F. von Weizsäcker)定出如下数值:$a_1=0.016\ 91$,$a_2=0.019\ 11$,$a_3=0.000\ 763$,$a_4=0.101\ 75$,$a_5=0.012$.而 $m_{\mathrm{H}}=1.007\ 825$,$m_{\mathrm{n}}=1.008\ 665$.

(10.5.8)式的准确度很高,对于 A 大于 15 的原子核,从公式算得的质量值与实验值相差在 1%以下.

曾谨言①曾研究上述公式,指出从分析各方面实验结果显示原子核电荷分布半径 R_p 很接近与 $Z^{1/3}$成正比,即 $R_p=r_{0p}Z^{1/3}$.因此前面关于库仑斥力能那一项中的 R 应该用电荷分布的半径 R_p.那么

$$E_{库}=\frac{3}{5}\frac{e^2Z^2}{R_p}=\frac{3}{5}\frac{e^2Z^2}{r_{0p}Z^{1/3}}=\frac{3}{5}\frac{e^2Z^{5/3}}{r_{0p}}. \tag{10.5.9}$$

由此,

$$\Delta_3 m=a_3Z^{5/3}. \tag{10.5.10}$$

因此(10.5.8)式中的 $a_3Z^2A^{-1/3}$应改为 $a_3Z^{5/3}$.经过这样的修改,曾氏重新计算各参数,得到 $a_1=0.015\ 757$, $a_2=0.015\ 711$, $a_3=0.000\ 64$, $a_4=0.018\ 447$;并取 $m_H=1.008\ 146$, $m_n=1.008\ 985$.经过这样修改后的原子核结合能的半经验公式与实验的符合程度得到改进.

液滴模型比较费米气体模型也许代表原子核的情况更接近一些,但是这两个模型有一个共同的弱点,它们没有说明原子核内部的结构.

3. 壳层模型

关于原子核的大量实验事实显示原子核内部存在着某种壳层结构.原子核的性质随着质子数和中子数的增加显出周期性的变化.发现质子数 Z 和中子数 N 等于2,8,20,28,50,82或126的原子核似具有特殊地位.下面举一些事实说明这情况:

(1) Z 和 N 等于2和8的原子核,${}_2^4He$ 和${}_8^{16}O$,比邻近的 Z 值和 N 值的原子核要稳定得多.从这两种原子核取出一粒质子或中子比从邻近的原子核取出,需要大得多的能量.

(2) 偶数 $Z(Z>32)$的稳定元素中,没有一种同位素的含量超出它所属元素总量一半以上很多的,但有三个例外:${}^{88}Sr(N=50)$占 Sr 总量的 82.56%;${}^{138}Ba(N=82)$占 Ba 总量的 71.66%;${}^{140}Ce(N=82)$占 Ce 总量 88.48%.足见具有这些中子数的原子核特别稳定.

(3) 在 $Z>32$ 范围,偶数 Z 元素的最轻同位素一般占不到天然元素总量的2%.但也有例外:${}^{90}Zr(N=50)$, ${}^{92}Mo(N=50)$, ${}^{142}Nd(N=82)$, ${}^{144}Sm(N=82)$在各自元素中占较大比例,其中${}^{92}Mo$ 占 15%, ${}^{142}Nd$ 占 26%.这里又看到具有那些特殊数目的中子的原子核比较稳定.

(4) $N=82$ 的稳定原子核最多,七种;$N=50$ 的稳定原子核次多,六种.而含有其他中子数的稳定原子核一般只有三种或四种.

---

① 曾谨言.物理学报,1957(13):357;1975(24):151.

(5) Ca($Z=20$)有五种同位素,最大和最小的质量数差 8.在周期表这一段元素中,没有含那么多同位素的.足见 $Z=20$ 的原子核特别稳定.

(6) Sn($Z=50$)有十种同位素,比任何元素都多.

(7) Pb($Z=82$)是三个天然放射系的最后稳定核,其中占最大成分的^{208}Pb 有 126 个中子.^{209}Bi 是镎系的最后稳定核,也有 126 个中子.

(8) 地球表面的元素存量的几个峰值在^{90}Zr($N=50$),Sn($Z=50$),^{138}Ba($N=82$),^{208}Pb($Z=82,N=126$).

(9) 在中子数比那些特殊数多 1 的原子核中,那个多余中子的结合能特别小.^{17}O($N=9$),^{87}Kr($N=51$),^{137}Xe($N=83$)都是放射中子的.

(10) 中子数或质子数略小于 50 或 82,且 A 为奇数的原子核出现较多的同质异能跃迁.

(11) 具有那些特殊数的原子核的电四极矩是最小的,足见这些原子核很接近球形.

(12) 中子数等于 50,82,126 的那些原子核的中子俘获截面特别小.

从以上事实可以推断 2,8,20,28,50,82,126 这些数字必定代表完整的壳层.下面推究这些壳层形成的原因.

原子核内部没有一个中心体,对所有核子起作用,如核外的情况.而核子间存在着很强的短程力.如果有壳层存在,必然同核外的电子壳层有所不同.可以设想每一个核子处在其余 $A-1$ 个核子的联合作用下的球形对称的引力场中.这个粒子好像能独立地在轨道上运动,因此这种描述又称为独立粒子模型.可以设想一系列可能的能级,相当于各种可能的"轨道".质子和中子两种费米子各按照泡利不相容原理填充在能级上,从最低的依次到较高的.

人们曾试用几种势函数代表所要求的球对称力场,发现势函数的形状对推得核子态的次序影响极少.一个简单的势阱已足以代表这样一个短程力的力场.设

$$V(r)=-V_0,\quad 当\ r<R;$$
$$V(r)=0,\quad 当\ r>R.$$

这就是说,在核内和核外,核子都不受力.只有在原子核边界上,才受很强的向里的力.把上述势函数用在薛定谔方程中,并要求在 $r=R$ 处函数趋于零,就可以解得以不同径向量子数 ν 和角动量量子数 l 表述的一系列能态函数.

对原子核,文献上仍用 s,p,d,f,… 符号表系 $l=0,1,2,3,\cdots$ 的能态.并把 ν 值放在最前面,如下表第一行所开列.这种标记法同核外电子态的标记法不同,后者前面用总量子数,例如对 $n=3,l=2$,标记符号为 3d.在原子核情形,能量决定于 $\nu=n-l$ 和 l,同核外电子态 3d 相当的核能态的标记是 1d.同理,同电子态 1s,2p,4f 相当的核能态是 1s,1p,1f,余类推.

核态次序	1s	1p	1d	2s	1f	2p	1g	2d	3s	1h
同类核子满额数 $2(2l+1)$	2	6	10	2	14	6	18	10	2	22
各态同类核子累积数 $\sum 2(2l+1)$	2	8	18	20	34	40	58	68	70	92

上表第一行开列了推算所得能态的次序.第二行是每一能态中同类核子的满额数,推算的原则与核外电子相同.第三行是各态同类核子累积数.

在上表第三行各态核子累积数中没有出现 50 和 82,如果再开列下去,126 也不会出现.足见上表第三行还不能说明实验所显示的壳层结构.理论需要再有扩展,这就是再加自旋和轨道运动耦合的状况.核子具有自旋,与轨道运动耦合,组成每一核子的总角动量,用量子数 j 作标记.核子的自旋量子数是 $\frac{1}{2}$,可以取两个方向,因此 $j=l+\frac{1}{2}$ 和 $l-\frac{1}{2}$.前者是轨道角动量同自旋平行的状况,后者是反平行的状况.经这样补充后的理论已足以说明完整壳层的核子数了(见图 10.17).这理论可以归纳出如下要点:

① 对一个 l 值,$j=l+\frac{1}{2}$ 的能级低于 $j=l-\frac{1}{2}$ 的能级.

② $j=l\pm\frac{1}{2}$ 二能级的间隔可以证明大约与 $(2l+1)/A^{2/3}$ 成正比.

③ 具有相同的 l 值和 j 值的偶数同类核子耦合起来总是处于宇称为偶性、总角动量和总磁矩为零的状态.

④ 具有相同的 l 值和 j 值的奇数同类核子耦合起来总是处于这样一个状态,它的宇称视 l 值的奇偶性而定,而其总角动量 j 和总磁矩总是等于处于 j 态的一个单独核子的那些数值.

⑤ 如果有两粒同类核子占据任何一个 l,j 态,就要另加结合能 δ,这又称为成对能.在任何原子核中,最大 j 值状态的成对能最大.一个成对核子的结合能比一个

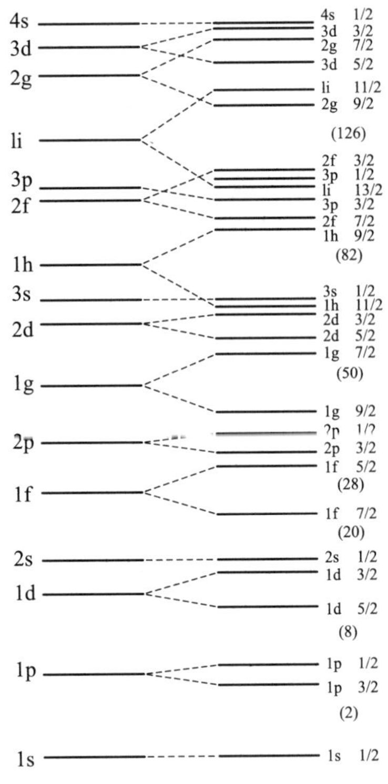

图 10.17　按照壳层模型的原子核能级

单独核子的结合能大一些，相差数值 δ 差不多同 $(2j+1)/A$ 成正比.

上述第①、②要点已经可以说明完整壳层的核子数.图 10.17 是由壳层模型理论计算出来的能级图.左半部是由势阱计算的结果.右半部是再加自旋轨道耦合能量后的结果.每一能级都标明 ν, l, j 值（l 用相应的 s，p，d，…表示）.每一能级可容纳 $2j+1$ 个同类核子.每一 l 值分为两个能级，$j+\frac{1}{2}$ 和 $j-\frac{1}{2}$.这样，每个 l 还是有 $2(2l+1)$ 个同类核子.

从图中可以看到，有些能级间隔特别大，例如核子数 50，82，126 分别落在 $g(l=4)$，$h(l=5)$，$i(l=6)$ 的分裂处.前面第二点提到，一个 l 值的能级的分裂间隔与 $(2l+1)/A^{2/3}$ 成正比.这些高 l 值的能级裂开的间隔特别大，那里又没有其他能级，就成为两壳层的分界处.

在原子核中，中子和质子各有一套如图 10.17 所示的能级.但由于质子之间有库仑斥力，质子能级比相应的中子能级高.两套的较低能级相差不大，能级愈高，相差愈大.因此从最低到较高能级一段范围，中子能级的数目比质子能级的数目多，也就是中子数目比质子数目多.这些差别对不同原子核是不同的，与 Z 值有关.这说明为什么较重原子核中的中子多于质子.

${}^{208}_{82}\mathrm{Pb}$ 中有 126 个中子和 82 个质子.这说明在这原子核中填满 126 个中子后达到的中子能级高度同填满 82 个质子后达到的质子能级高度差不多是相等的.这就是说，两套能级中最后填补的核子的能量必然是接近相等的.只有这样，原子核的结构才处于稳定状态.

上面提到的要点第③、④的情况都经实验验证，是正确的.

上面列举的实验事实中，提到中子数或质子数略小于 50 或 82，而且 A 为奇数的那些原子核中，出现较多的同质异能跃迁.这是说，有较长寿命的 γ 衰变，可见有亚稳态存在.图 10.17 中可以看到在略小于 50 这个数最后一个单独核子可能处于 $g_{\frac{9}{2}}$ 或 $p_{\frac{1}{2}}$ 态.如果处于 $g_{\frac{9}{2}}$ 态，要向 $p_{\frac{1}{2}}$ 跃迁，那么 $\Delta l=3$，$\Delta j=4$，是高级的多极辐射，概率很小，因此衰变寿命长.

关于原子核磁矩，根据上述要点④，奇数 A 的原子核中，那些奇数 Z 和偶数 N 的原子核的磁矩应该是那单个质子的固有磁矩和它的轨道磁矩的联合；那些偶数 Z 和奇数 N 的原子核的磁矩应该是那单个中子的固有磁矩的贡献，它的轨道运动不产生磁矩，因它是中性的.测得的磁矩是沿 j 方向的数值，推算时只要把固有磁矩和轨道磁矩在 j 方向的分量相加即可.按照这个步骤，可以推得原子核磁矩应该等于下列二式之一的数值：

$$\mu=\left(j-\frac{1}{2}\right)g_l+g_s,\quad 当\ j=l+\frac{1}{2};$$

$$\mu=\frac{j}{j+1}\left[\left(j+\frac{3}{2}\right)g_l-g_s\right],\quad 当\ j=l-\frac{1}{2}. \tag{10.5.11}$$

这里,μ 以核磁子为单位.对质子,$g_l=1$,$g_s=2.79$;对中子,$g_l=0$,$g_s=-1.91$.g_l 和 g_s 分别代表轨道磁矩和固有磁矩的贡献.由这里的讨论,可知 Z 为奇数和 N 为奇数两种情况可以分别作图表示.每图按照上列二式,μ 作为 j 的函数,可以得到两条曲线,称为史密特线.μ 的实验值对 j 作标绘,确是大体上落在两条线上.但实验的两条线不在理论的史密特线位置,都在两条史密特线之间.但是它们变化的趋势是符合理论要求的.可见壳层模型对原子核磁矩也大体能说明问题.至于与史密特线不完全符合,可能由于理论假设成对核子的磁矩恰好抵消,只由单独核子对原子核磁矩有贡献,这样一个假设可能是过分简化的.

关于原子核基态的宇称,壳层模型的推断也符合实际情况.

壳层模型能够说明许多问题,但是仍有不足之处.把原子核中的核子看作一群互不相关的粒子,每一个只在一个平均势场中运动,而实际情况并不是这样简单的.这个模型与液滴模型各趋极端,也各有成功之处,足见都只代表一部分实际情况.

4. 集体运动模型

大量实验数据显示原子核壳层结构的存在,但是壳层模型的理论的设想还是过于简化.进一步考虑,可以想到,一大群粒子互相吸引,形成一个集体,很可能会发生集体振动.这样,核子就不是运动在静止的势场中,而是在一个变动着的势场中.个体核子的运动和集体运动相互结合,才是原子核内部运动的较全面的描述.这样的集体运动模型又称为综合模型.

(1) 原子核形变 当质子和中子都构成完整壳层时,原子核的稳定平衡形状是球形.如果在完整壳层之外,还存有少数核子,就会引起小的形变,但平衡形状仍是球形,不过形变时的恢复力会减弱一些.满壳层外面的核子数如果再增加,球形平衡会被破坏,平衡形状成为非球形的,往往是一个轴对称形.当外层核子数离完整壳层最远时,平衡形状偏离球形也最远.

(2) 原子核的集体振动 原子核可能有几种振动方式.能量较低时,振动是形状的周期变化,体积不变,这称为形状振动.此外还有体积改变的压缩性振动,以及中子和质子有相对运动的偶极振动.这类振动的频率较高,与原子核低能级的性质关系较小.

原子核的形状可以用球函数描述.形状振动不大时,可以看作各级多极振动的叠加,其中主要的是四极振动.当原子核是完整壳层或相近的结构时,它的平衡形状是球形,形变不会大.原子核较低的能级应该由于这类振动.在质子和中子都是偶数的原子核中,四极振动(以球形为平衡形状,变动于长椭球和扁椭球之间)的能级应如图 10.18 所示.能级是等间距的.图的左边标明了能量值,右边是原子核可能具有的自旋和宇称(+表示偶性宇称).

关于平衡形状偏离球形很大的原子核,四极振动有两种简正振动方式:一种是原子核仍保持圆柱对称,只是球形偏心率在变化;另一种是偏离圆柱对称的变化.但偏离完整壳层结构较远的原子核的情况就不同了,那里最低的那些能级不是由于振动,而是转动.

(3) 原子核的转动　偏离完整壳层结构较远的原子核的平衡形状是非球形的,但往往是轴对称的.在这情形下,单独核子的运动可以用它的角动量在对称轴上的分量来表述.这是一个运动常量,用来表示这个角动量的量子数 Ω_p 可以取正的或负的半整数.许多单独核子的 Ω_p 相加就成为诸核子的角动量在对称轴上的总分量 Ω.

原子核在基态时,核子成对地以相反的 Ω_p 运动着.所以在中子和质子都是偶数的原子核中,基态的总 Ω 等于 0,而奇数 A 的原子核中,基态的总 Ω 等于最后一个单独核子的 Ω_p.至于质子和中子都是奇数的原子核,基态的总 Ω 是最后单独质子和单独中子的 Ω_p 的和或差.

除了核子的运动产生对称轴上的角动量外,还有原子核的集体转动.对一个轴对称的原子核,转动能量是

$$E_{转} = \frac{\hbar^2}{2J} I(I+1), \tag{10.5.12}$$

式中 J 是转动惯量,I 是总角动量量子数.

对于在基态的原子核,I 在对称轴上的分量 K 也就只是 Ω.集体转动轴是垂直于对称轴的.这些数量关系如图 10.19 所示.

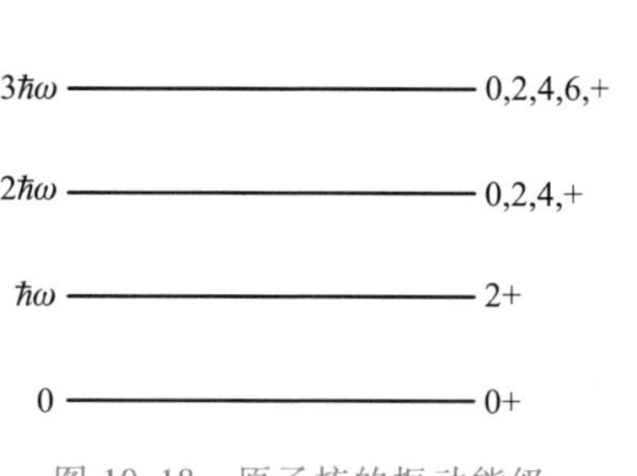

图 10.18　原子核的振动能级

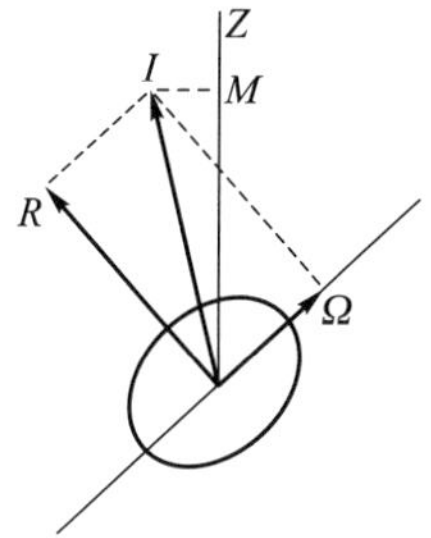

图 10.19　形变较大的原子核的转动

一个对垂直于对称轴的平面具有反射对称性的原子核,在最低的转动谱中,只能显出 I 为偶数的能级,宇称都是偶性的.质子和中子都是偶数的原子核就是这一类的,而且它在基态时,$K=\Omega=0$,所以转动能级只有如下角动量和宇称:

$$I=0,2,4,6\cdots;\text{偶性宇称}. \tag{10.5.13}$$

对一个 $\Omega\neq0$ 的原子核，基态应该有 $I=I_0=K=\Omega$. 转动能级应该有如下的角动量和宇称：

$$I=\Omega,\Omega+1,\Omega+2,\cdots;\text{宇称如基态}. \tag{10.5.14}$$

在 $A>24$, $150<A<190$, $A>220$ 这些区间，也就是离完整壳层结构较远的区间，质子和中子都是偶数的原子核中，很多显出(10.5.12)式和(10.5.13)式表示的转动能级. 转动能级的特征是(10.5.12)式所示各能级的相对值. 把(10.5.13)式的 I 值代入(10.5.12)式，可以算得 $E_{\text{转}}=(6,20,42,72)\dfrac{\hbar^2}{2J}$. 由此可见，各原子核的能级的绝对值虽不同，但是各原子核的各自能级之间的比值应该是相同的. 设上述四能级用 E_2,E_4,E_6,E_8 表示，那就有

$$\frac{E_4}{E_2}=\frac{20}{6}=3\frac{1}{3},\quad \frac{E_6}{E_2}=\frac{42}{6}=7,\quad \frac{E_8}{E_2}=\frac{72}{6}=12. \tag{10.5.15}$$

在所说 A 值的区间，确实观察到好多含有偶数质子和偶数中子的原子核具有上述能级比值，如图 10.20 所示，很符合转动能级的特征.

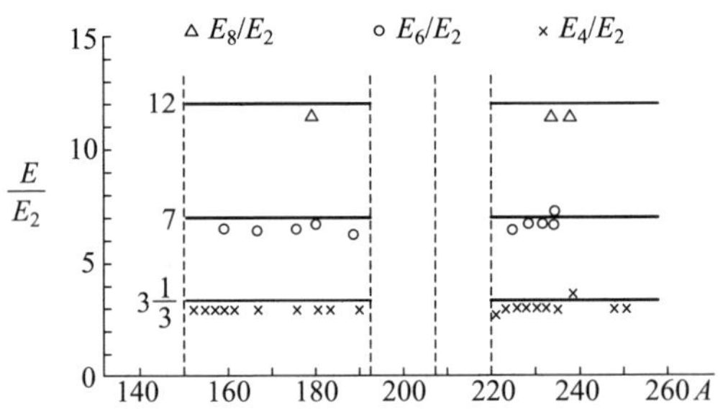

图 10.20　偶偶原子核的转动能级比值

离完整壳层结构较远的奇数 A 的原子核也有转动能级出现. 实验结果与理论计算也很接近.

(4) 不同形状的原子核的低能级的比较　当原子核中的核子数在远离完整壳层结构的区段，原子核的平衡形状是非球形的，它的低能级是转动能级，随着完整壳层的靠近，原子核的形状偏离球形的程度逐渐减少，转动惯量也减小；到了某一程度，虽然还没有达到完整壳层结构，但是平衡形状已经成为球形. 在这情形，低激发态已经近似四极型的形状谐振. 在更接近完整壳层结构的原子核中，这类形状谐振的频率会增加. 在完整壳层结构附近的原子核中，集体振动的频率大到可以与单独核子的相比.

图 10.21 显示 A 在 180 到 206 之间的原子核的低能级的变化情况. 能级上

标明以 keV 为单位的能量值,右边标明角动量量子数 I 和宇称,箭头表明观察到的跃迁.离完整壳层结构较远的^{180}Hf 的第二激发能级同第一激发能级之比是 3.32,正是转动能级的比值,由这组能级的间隔状况来看,这明显是转动能级.^{190}Os 的低能级还是转动能级,但是 $E_2/E_1=3.00$,已经偏离转动能级应有的比值了.^{192}Pt 和^{198}Hg 的 E_2/E_1 都在 2 左右,可见它们的集体运动已经是振动了,图中最右边的^{206}Pb 中,质子壳层已完整,中子数也接近填满,它的低能级上升很多,可以证明,这已属于粒子激发的性质了.

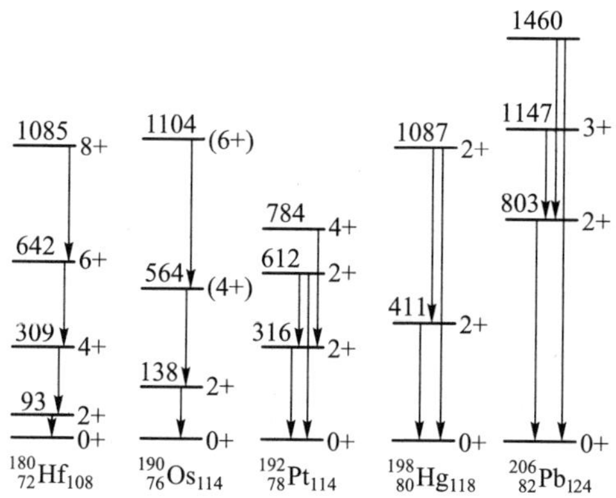

图 10.21　不同形状的原子核的低能级的比较

以上是原子核的集体运动模型.

*　　　*　　　*

几种原子核模型各有一定的事实根据,都有其成功之处.气体模型比较简单.液滴模型以核力的饱和性和短程性为基础,说明了原子核的某些情况.壳层模型和集体运动模型更细致地反映了原子核的结构和内部运动状况.从这里可以看到关于原子核结构的知识的逐步发展的情况,目前还在继续发展中.

10.6　原子核反应

本章第 2 节讨论了原子核的放射衰变,从放射现象可以获得关于原子核的结构和性质的资料.另一个研究原子核的途径是通过原子核反应.原子核反应是原子核受一个粒子撞击而放出一个或几个粒子的过程.放射衰变是原子核自发的变化,原子核反应是受激的变化.能够激发原子核反应的有中子、质子、氘核、α 粒子和 γ 光子.α 粒子和 γ 光子可以来源于天然放射物;具有足够能量的质子和氘核需要从加速器中产生;中子可以由天然射线或加速粒子间接产生.

1. 原子核反应和守恒定律

现在举出两个原子核反应的例子.1919 年卢瑟福(E. Rutherford)第一次发现原子核反应,他用荧光屏观察 RaC′的 α 射线,这种射线在标准空气中的射程是7 cm.但是他有时观察到射程大得多的射线,在标准空气中射程达到 40 cm.他把 α 射线射过 CO_2 气,就没有长射程出现.他用磁场进行分析,认出长射程的粒子的质子.从这些实验,他认为这是 α 粒子撞击空气中的 N 原子核而放出质子的过程.用符号表示,可以写成

$$ {}^{14}_{7}\mathrm{N}+{}^{4}_{2}\mathrm{He} \longrightarrow {}^{17}_{8}\mathrm{O}+{}^{1}_{1}\mathrm{H} \tag{10.6.1}$$

后来在云室中清楚地显示出这个反应(见图 10.22).

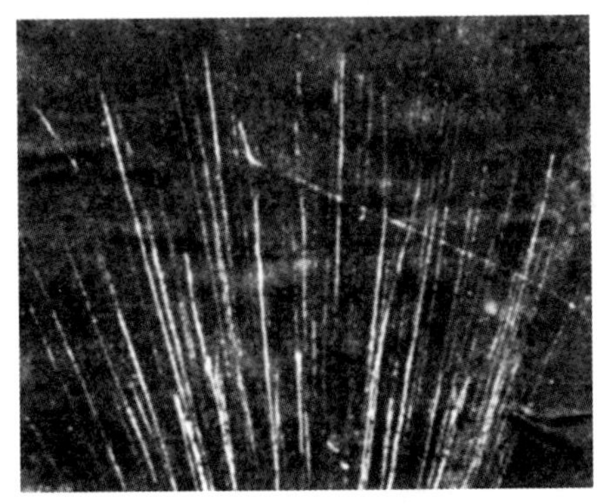

图 10.22 云室中 α 粒子撞击氮原子核的反应

再举一个例子是第一次观察到的人工加速粒子的核反应,1932 年科克饶夫特(J. D. Cockroft)和沃尔顿(E. T. S. Walton)二人用加速了的质子撞击锂,观察到如下反应(见图 10.23):

$$ {}^{7}_{3}\mathrm{Li}+{}^{1}_{1}\mathrm{H} \longrightarrow {}^{4}_{2}\mathrm{He}+{}^{4}_{2}\mathrm{He}, \tag{10.6.2}$$

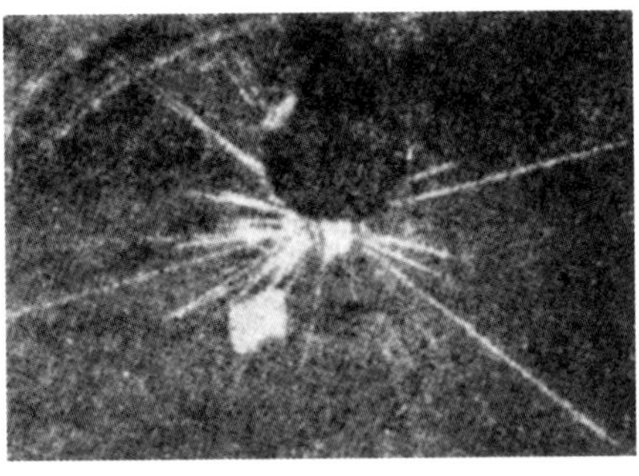

图 10.23 质子撞击锂的核反应

从研究总结出来,在所有原子核反应中,下列物理量的总量在反应前后是不变的:① 电荷,② 核子数,③ 总质量和联系的总能量(包括静质量和联系的静能量),④ 线动量(在质心坐标中整个体系的线动量在任何时刻都等于零),⑤ 角动量,⑥ 宇称,等.这是原子核反应的守恒定律.

2. 原子核反应的能量

现在讨论上述守恒量中的第三项,即质量和能量的问题.

设有原子核 A 被 p 粒子撞击,变为 B 和 q.这可以用下式表示,并列出各粒子的静质量 m_i 和动能 $E_i(i=0,1,2,3)$:

$$\mathrm{A}+\mathrm{p}\longrightarrow\mathrm{B}+\mathrm{q} \tag{10.6.3}$$

$m_0\ m_1$	$m_3\ m_2$	静质量
$E_0\ E_1$	$E_3\ E_2$	动能

每个粒子的总质量和联系着的总能量是

$$m_i'=m_i+\frac{E_i}{c^2},\quad i=0,1,2,3, \tag{10.6.4}$$

$$E_i'=m_i'c^2=m_ic^2+E_i. \tag{10.6.5}$$

根据总质量守恒和总能量守恒,就有

$$m_0'+m_1'=m_2'+m_3', \tag{10.6.6}$$

$$E_0'+E_1'=E_2'+E_3'. \tag{10.6.7}$$

把(10.6.6)式乘以 c^2 就是(10.6.7)式,所以质量与能量守恒是同时满足的.

把(10.6.4)式代入(10.6.6)式,得出

$$m_0+\frac{E_0}{c^2}+m_1+\frac{E_1}{c^2}=m_2+\frac{E_2}{c^2}+m_3+\frac{E_3}{c^2},$$

由此

$$Q\equiv(E_2+E_3)-(E_0+E_1)=[(m_0+m_1)-(m_2+m_3)]c^2. \tag{10.6.8}$$

此式表示,反应能 Q 定义为反应后粒子的动能超出反应前粒子的动能的差值,这也等于反应前粒子静质量超过反应后粒子的静质量的差数乘以 c^2.所以反应能 Q,即反应时输出的净能量可以通过粒子动能的测量求出,也可以由已知的粒子的静质量来计算.

现在由粒子的静质量对(10.6.1)式的例子进行反应能 Q 的计算:

$$^{14}_{7}\mathrm{N}+^{4}_{2}\mathrm{He}\longrightarrow^{17}_{8}\mathrm{O}+^{1}_{1}\mathrm{H}$$

$^{14}\mathrm{N}$:	$m_0=14.003\ 074$	$^{17}\mathrm{O}$:	$m_3=16.999\ 133$
$^{4}\mathrm{He}$:	$m_1=4.002\ 603$	$^{1}\mathrm{H}$:	$m_2=1.007\ 825$
	$18.005\ 677$		$18.006\ 958$

$$\begin{array}{r} -18.006\,958 \\ \hline -0.001\,281 \end{array}$$

$$Q=-0.001\ 28\ \text{质量单位}=-1.18\ \text{MeV}.$$

同样可以算出(10.6.2)式的 $Q=+17.28$ MeV.从这两例可以知道,有些原子核反应是吸收能量的(Q 为负值),有些是放出能量的(Q 为正值),分别称为收能和放能的核反应.

现在讨论怎样由动能的测量来定出 Q.被打击的原子核原是静止的,所以 $E_0=0$,能够测出的动能是进行轰击的粒子的动能 E_1 和反应后飞出粒子的动能 E_2.由(10.6.8)式,

$$Q=E_2+E_3-E_1, \tag{10.6.9}$$

E_3还未知.根据反应前后动量守恒,

$$\boldsymbol{p}_1=\boldsymbol{p}_2+\boldsymbol{p}_3 \tag{10.6.10}$$

式中 $\boldsymbol{p}_1$ 为反应前撞击粒子的动量,$\boldsymbol{p}_2$ 和 $\boldsymbol{p}_3$ 是反应后新生二粒子的动量.上式可改为标量式(见图 10.24),

$$p_3^2=p_1^2+p_2^2-2p_1p_2\cos\theta$$

由于 $p^2=2mE$,上式可改为

$$m_3E_3=m_1E_1+m_2E_2-2\sqrt{m_1m_2E_1E_2}\cos\theta$$

与(10.6.9)式合并,消去 E_3,即有

$$Q=E_2\left(1+\frac{m_2}{m_3}\right)-E_1\left(1-\frac{m_1}{m_3}\right)-\frac{2\sqrt{m_1m_2E_1E_2}}{m_3}\cos\theta \tag{10.6.11}$$

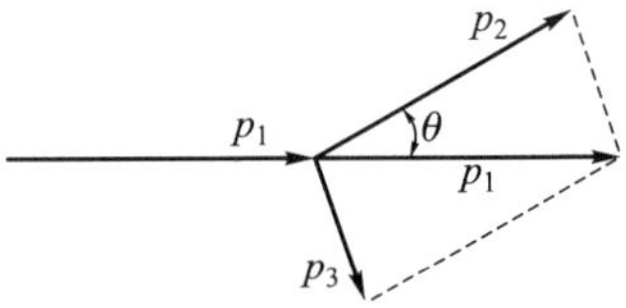

图 10.24 原子核反应中的动量守恒

把上式中质量之比改为质量数之比,这更改不影响准确度,就有

$$Q=\left(1+\frac{A_2}{A_3}\right)E_2-\left(1-\frac{A_1}{A_3}\right)E_1-\frac{2\sqrt{A_1A_2E_1E_2}}{A_3}\cos\theta \tag{10.6.12}$$

如果 E_1 事先测知,现在测得 E_2 和 θ,即可算得 Q.

阈能 阈能是激发原子核反应的撞击粒子必须具有的最低能量.对放能的核反应原则上阈能等于零.对吸能的核反应所需要的阈能可以这样考虑:在实验室坐标中,这应该等于所需要吸收的反应能$-Q$,再加反应后的粒子由于动量守恒仍需保留的动能.在质心坐标中,反应前后的线动量都等于零,所以在质心坐标中的阈能只等于$-Q$,

$$E_{\text{阈},\text{质心}}=-Q \tag{10.6.13}$$

把此式换算成实验室坐标中的能量,就有

$$E_{\text{阈},\text{实}}=-Q\,\frac{m_0+m_1}{m_0}. \tag{10.6.14}$$

(10.6.1)式的反应所需要的阈能是 $1.19\times\frac{14+4}{14}$ MeV = 1.53 MeV.

3. 反应截面

在 γ 射线一段中曾讨论到"截面"这个概念.现在仍用来表示原子核反应概率的大小.

设 σ 是被撞击的靶上每个原子核挡住入射粒子的有效截面,那么 n 个粒子撞在一薄层物质上被挡住而起反应的数目 $\mathrm{d}n$ 可以用下式表示:

$$\frac{-\mathrm{d}n}{n}=N\sigma\mathrm{d}x, \tag{10.6.15}$$

式中 N 是靶中每单位体积的原子核数目,$\mathrm{d}x$ 是薄层的厚度.那么 $N\mathrm{d}x$ 就是单位面积的薄层中的原子核数目,$\sigma N\mathrm{d}x$ 也就是单位面积的薄层中起阻挡作用的那部分面积,所以 $\mathrm{d}n/n=N\sigma\mathrm{d}x/1$.因此同反应概率成正比的 σ 具有面积的量纲.一个常用的单位是 $10^{-28}\ \mathrm{m}^2$,称为"靶".

总截面　代表反应概率的截面可以测得.先测一段时间内的入射粒子数 n;然后令粒子垂直打在薄片靶上,再测同一时间内通过薄片的粒子数 n',那么 $n-n'=\Delta n$.已知薄片的 N,并测得其厚度 Δx,用 Δx 和 Δn 代(10.6.15)式中的 $\mathrm{d}x$ 和 $\mathrm{d}n$,就可以算出 σ 值.这样求得的 σ 是总截面,它代表一切可能发生的核反应过程的概率.

分截面　上述 $\mathrm{d}n$ 如果包括几种过程,那么

$$\mathrm{d}n=\mathrm{d}n_1+\mathrm{d}n_2+\mathrm{d}n_3+\cdots,$$

(10.6.15)式中的 σ 也相应地分为

$$\sigma=\sigma_1+\sigma_2+\sigma_3+\cdots,$$

σ_1 对应于 $\mathrm{d}n_1$ 过程的截面,余类推.这些不同过程的截面称为分截面.分截面也可以测出.

微分截面　在有些过程中,粒子向各方向射出,即有一个角分布.表示角分布的截面称微分截面.一般说,凡是对应某一参数表示粒子分布的截面,就称作微分截面.角分布的微分截面是角坐标的函数 $\sigma(\theta,\varphi)$,如果 σ_1 表示某个分截面,那么

$$\sigma_1=\int\sigma_1(\theta,\varphi)\mathrm{d}\Omega.$$

几何截面　这是原子核的投影面积,就是 πR^2,R 是原子核的半径.当撞击粒子的能量很高时,原子核对它发生作用的总截面趋近于几何截面.

4. 原子核反应的各类机制

粒子撞击原子核,先后过程会有变化.又粒子能量的不同也会发生不同的反

应.现在分述各类反应机制如下：

(1) 库仑散射和库仑激发　当粒子达到原子核附近,由于库仑力的作用,粒子可能偏向一方射出,这称为库仑散射.另一情况是,粒子的库仑场对原子核起作用,使后者激发到高能级,能量从入射粒子输送给原子核,这称作库仑激发.

(2) 核势散射　当粒子更接近原子核,达到核力作用距离之内,入射粒子可能受原子核平均核势场的作用而发生弹性散射,这称为核势散射.

(3) 表面散射　这是由于入射粒子同原子核表面的一个或几个核子的强烈作用,而发生非弹性散射,靶核被激发.

(4) 表面嬗变　入射粒子对靶核表面的核子起作用,把一个或几个核子冲击出来,粒子被吸收或被散射.

(5) 削裂反应和拨拾反应　当一个入射的原子核在靶核边上擦过,入射核的一个或几个核子被靶核俘获,入射核的其余部分继续前进,这称为削裂反应.相反的是入射粒子擦过靶核时,从它那里掇拾一个或几个核子,这称作掇拾反应.

(6) 形成复核　有许多原子核反应是经过两步完成的.第一步,入射粒子同靶核合成一个复核;然后第二步,处于激发态的复核再衰变成几个粒子.

(7) 散裂反应　以上那些反应方式是入射粒子能量在 0 到核子平均结合能(约 8 MeV)的少数倍数那么一个范围的原子核反应.当入射粒子的能量高到 50 MeV 以上时,核反应的主要作用发生在两个原子核的单独核子之间,这时能量高到足以使靶核放出几个或很多个粒子,这称为散裂反应.

(8) 高能核反应　在入射粒子的能量超过 150 MeV 时,核反应中有新的粒子产生,起初出现 π 介子,能量超过 500 MeV 时,就有 K 介子和超子出现.这类高能反应实在是另一种反应机制,在下一章再讨论.

5. 复核,核共振和截面连续区

当撞击粒子的能量不很大时,好些核反应是通过居间的复核阶段的.入射粒子和靶核组成复核这过程所需时间大约是 10^{-22} s,组成的复核处于激发状态.在一段时间,各核子的能量涨落变化着,可以有一个核子取得较大能量而离开复核;如果原来激发不高,能量集中到一个粒子的概率不大,那就通过 γ 辐射回到基态.从复核形成到回到基态这一段时间大约是 $10^{-16\pm3}$ s,这段时间比复核形成过程的时间长得多,足见反应总过程是明显分为两步的.现在举一个例子：

$$
{}^{27}_{13}\mathrm{Al}+{}^{1}_{0}\mathrm{n}\longrightarrow{}^{28}_{13}\mathrm{Al}\longrightarrow\begin{cases}{}^{27}_{12}\mathrm{Mg}+{}^{1}_{1}\mathrm{H}\\ {}^{24}_{11}\mathrm{Na}+{}^{4}_{2}\mathrm{He}\\ {}^{28}_{13}\mathrm{Al}+\gamma\\ {}^{26}_{13}\mathrm{Al}+2{}^{1}_{0}\mathrm{n}\end{cases},
$$

这里形成的复核$^{28}_{13}Al$可以有四种变化方式，各有不同的概率，与复核形成过程无关.

图 10.25（a）、（b）是中子和质子的核反应截面随能量的变化.我们注意到，中子的反应截面随能量的增加而减低.这是因为当入射中子的能量增大，速度就增大，通过靶核的时间就短，形成复核的概率就小，这是核反应第一步，这就使整个核反应的概率降低.另一情况是，质子的核反应截面随能量的增加而增加.这是因为质子接近靶核时受库仑斥力，必须穿过势垒才能进入靶核，而透过势垒的概率随能量增加而增加，所以质子的反应截面随能量增加.当然对整个反应的截面还要考虑第二步，这里只是说明反应第一步的概率对总截面的影响.

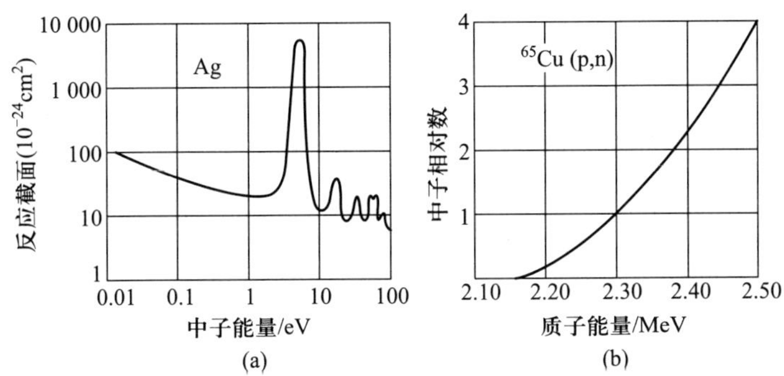

图 10.25 反应截面随撞击粒子能量的变化

核共振 复核具有能级.当入射粒子的动能和它的结合能恰好使形成的复核处于它的一个能级时，形成的复核就比较稳定，形成复核的概率就大，形成的数目就大，参加第二步的复核就多，全反应的截面就大，实验所得截面曲线出现一些峰，说明在这些能量值反应截面骤然增加，这就是所谓核共振.从反应截面曲线上共振峰位置可以定出复核的一部分能级.

带电粒子的核反应也有共振现象.

截面的连续区 当撞击能量较高，在 1 到 30 MeV 的范围时，形成的复核处于较高激发态.高激发态是不稳定的，能级宽度较大，而且能级间隔很近，就好像是连续的.在这个能量范围，实验上已观察不到共振峰，所以称为连续区.

中子的反应截面随能量的增加而减低，趋近于原子核的几何截面，这样的实验事实，理论上有很好的说明.带电粒子的情况与中子不同，当能量小时，因有势垒的阻挡，反应概率很小，比中子的小得多；随着能量的增加，透过势垒的概率增大，因而反应截面增大，最后趋近原子核的几何截面.所以中子和带电粒子（质子、氘核、α 粒子等）的核反应截面的大小和随能量的变化情况是很不相同的.

6. 原子核反应的光学模型

按照连续区理论,原子核对中子的总截面应该随中子能量的增加而单调地下降.但是实际测得的结果是,原子核对中子的截面随能量的增加虽有降低的趋势,但是有明显的起伏变化,好像存在着波的干涉那样,而且测了好多种原子核的截面后,发现随能量变化的截面起伏又是质量数 A 的光滑函数.实验的结果同连续区理论的分歧显然不是某一种原子核的个别共振现象.截面的系统性变化似乎反映原子核某种总的性质,是连续区理论没有包括的.这导致一个新的理论即光学模型理论的发展.

光学模型理论这样设想:中子到达靶核时将受到势场的作用,但不一定都立刻同靶核形成复核,有的中子穿过靶核,被散射而没有被吸收,有些被吸收形成复核,然后再被散射出来,或发生其他方式的反应.中子在原子核的作用下有被散射和被吸收两种可能性,这好像光射在半透明的物体上,一部分透射或反射,一部分被吸收.可以想象,出射波同入射波的干涉所产生的强度变化,会在中子散射的角分布上显出来.实验的观察和理论对微分截面计算的结果是一致的;呈现出光学中的衍射图样.又关于总截面随中子能量的增加而下降以及起伏变化的情况,理论计算的结果也与实验观察一致.

由一个具体例子的数据进行计算,结果是中子一次通过一个较重的原子核而不被吸收的概率大约是 60%,被吸收的概率大约是 40%,足见原子核对中子是高度“透明”的.所以每次原子核反应中,不会都有复核形成.在有些复核形成过程中,中子进入原子核后,也许要在核的边界上反射几次后,才被吸收而形成复核.

光学模型描述粒子与原子核整体之间的相互作用,比较全面地包括了粒子在原子核中的散射和吸收,理论计算的结果与实验观察颇符合.现在光学模型已用来说明一般原子核反应.

7. 各式核反应和人工放射物的产生

已知的原子核反应已有一千多种.下面开列各种类型,并举少数例子.核反应产生的原子核,有些是稳定的,是自然界存在的;有些不稳定,有放射性,自然界不存在,所以称为人工放射物.

以下用简短符号表示核反应.例如用(n,γ)表示用中子撞击,反应时放出 γ 射线这一类型的反应.用(α,p)表示用 α 粒子撞击,放出质子这一类型的反应.具体的反应,例如 ${}^{14}_{7}\mathrm{N}+{}^{4}_{2}\mathrm{He}\longrightarrow{}^{17}_{8}\mathrm{O}+{}^{1}_{1}\mathrm{H}$ 用 ${}^{14}_{7}\mathrm{N}(\alpha,\mathrm{p})\,{}^{17}_{8}\mathrm{O}$ 表示.下面分类举例.

(1) 中子核反应

$$(\mathrm{n},\gamma),(\mathrm{n},\mathrm{p}),(\mathrm{n},\alpha),(\mathrm{n},2\mathrm{n})$$

例　$^{113}_{48}\mathrm{Cd}(\mathrm{n},\gamma)^{114}_{48}\mathrm{Cd}$，$\sigma_c=7800$（共振），当中子能量为 0.18 eV.

$$^{10}_{5}\mathrm{B}(\mathrm{n},\alpha)^{7}_{3}\mathrm{Li}\qquad Q=3.6\ \mathrm{MeV}$$

利用$^{10}_{5}\mathrm{B}(\mathrm{n},\alpha)^{7}_{3}\mathrm{Li}$反应可作探测中子的仪器.中子不产生电离，要探测必须利用间接作用.在探测器中充以 BF_3气体，其中含有$^{10}\mathrm{B}$.中子射入，引起上述反应，射出 α 粒子起电离作用，显示中子的存在.

（2）质子和氘核的核反应

$$(\mathrm{p},\gamma),(\mathrm{p},\mathrm{n}),(\mathrm{p},\alpha)$$

$$(\mathrm{d},\mathrm{p}),\ (\mathrm{d},\mathrm{n}),\ (\mathrm{d},\alpha),\ (\mathrm{d},{}^{3}\mathrm{H}),\ (\mathrm{d},2\mathrm{n})$$

（3）α 粒子的核反应

$$(\alpha,\mathrm{p}),\ (\alpha,\mathrm{n})$$

$^{9}_{4}\mathrm{Be}(\alpha,\mathrm{n})^{12}_{6}\mathrm{C}$，1932 年，中子的发现.

人工放射性的发现　1934 年，依伦·约里奥-居里和弗雷德里克·约里奥-居里（Irene Joliot-Curie, Frederik Joliot-Curie）发现了下列三个反应中产生的人工放射物：

$$^{10}_{5}\mathrm{B}(\alpha,\mathrm{n})^{13}_{7}\mathrm{N},\ ^{13}_{7}\mathrm{N}\longrightarrow{}^{13}_{6}\mathrm{C}+\beta^{+},\quad T=14\ \mathrm{min}$$

$$^{27}_{13}\mathrm{Al}(\alpha,\mathrm{n})^{30}_{15}\mathrm{P},\ ^{30}_{15}\mathrm{P}\longrightarrow{}^{30}_{14}\mathrm{Si}+\beta^{+},\quad T=2.5\ \mathrm{min}$$

$$^{24}_{12}\mathrm{Mg}(\alpha,\mathrm{n})^{27}_{14}\mathrm{Si},\ ^{27}_{14}\mathrm{Si}\longrightarrow{}^{27}_{13}\mathrm{Al}+\beta^{+},\quad T=3.25\ \mathrm{min}$$

（4）光致核反应

(γ,n)

超铀元素　在地球上，天然元素只有 92 种.现在通过原子核反应过程已经制造出比铀的原子序数 92 还要高的元素，称为超铀元素.这些人造元素都是放射性的.现在有 93 镎 Np，94 钚 Pu，95 镅 Am，96 锔 Cm，97 锫 Bk，98 锎 Cf，99 锿 Es，100 镄 Fm，101 钔 Md，102 锘 No，103 铹 Lw.这些新元素一般都有几个同位素.

10.7　原子核裂变和原子能

1. 原子核的裂变过程

1938 年底哈恩（O. Hahn）和斯特拉斯曼（F. Strassmann）在前人实验的基础上进行了铀被中子撞击的实验，发现有钡（$Z=56$）的产生.他们提出铀核发生了裂变，分裂为两粒.这个看法即刻被有关科学工作者所公认.接着对裂变的研究很快开展起来.发现$^{238}\mathrm{U}$ 和$^{235}\mathrm{U}$ 的裂变情况又不同，前者需要用 1.1 MeV 以上的快中子打击才能发生裂变；后者只要很慢的中子即所谓热中子（能量在 0.03 eV 的数量级）就可以发生裂变，而且效率比快中子还要好.

裂变过程是被打击的原子核先吸收中子,形成复核,然后裂开.下式表示慢中子打击^{235}U 的情况,

$$ {}^{235}_{92}\mathrm{U}+{}^{1}_{0}\mathrm{n} \longrightarrow {}^{236}_{92}\mathrm{U} \longrightarrow \mathrm{X}+\mathrm{Y}, $$

X 和 Y 代表裂开的两碎块,往往质量不相等,分布在一个宽的范围.^{235}U 的裂变产物的质量数 A 的分布如图 10.26 所示.最高量出现在 $A=96$ 和 140 左右,A 对分(236/2 =118)核的量却很低.

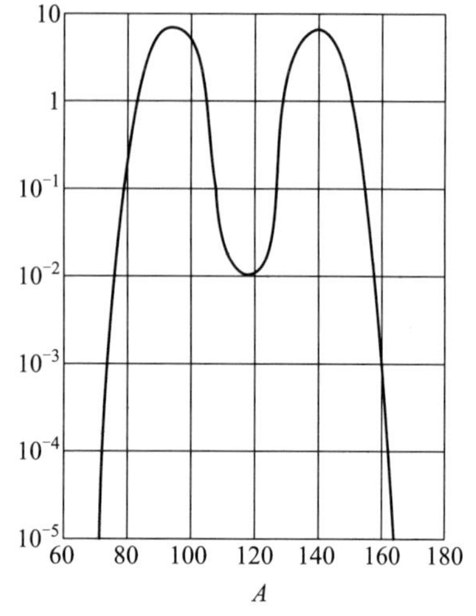

图 10.26 ^{235}U 裂变产物的分布

裂变碎块含中子过多,是不稳定的,所以裂开后,即刻放出几个中子.每次平均放出 2.5 个.大约有 99.2%的中子在 10^{-12} s 内放出.还有少量的延缓中子在半衰期为秒的数量级内放出.除放出中子外,碎块往往以 β^- 衰变方式连续衰变到稳定核为止.

裂变现象能放出很大的能量.我们从稳定核的结合能作一个估计.在本章第 1 节图 10.3 中,可以看到在 $A=236$ 附近,每个核子的平均结合能是 7.6 MeV;在 $A=118$ 附近,每个核子的平均结合能是 8.5 MeV.根据这些数据,对^{236}U 裂为质量相等的两个原子核并达到稳定状态,一共放出多大能量可以作一个估计:

$$ E=2\times\frac{236}{2}\times 8.5\ \mathrm{MeV}-236\times 7.6\ \mathrm{MeV}=210\ \mathrm{MeV}. $$

在周期表中部,即中等 A 值的原子核中,核子的平均结合能大,所以重核裂变成中等 A 值的原子核时,要放出能量.这里估计每一粒^{236}U 裂变放出大约 200 MeV 的能量(这包括裂变后放出的所有能量:裂变碎块的动能,中子的动能,γ 射线,β 射线的能量等),这数值比一般核反应的能量变化要大得多.设有 1 g^{235}U 全部裂变,那么释放出来的全部能量,按上述数值计算,就有 8×10^{10} J.这相当于 2.5 吨煤的燃烧热!

2. 裂变的理论

各种原子核的密度差不多是相同的.这同一种物质的液滴的情况相似,所以裂变可以用液滴模型来考虑.

(1) 重核的稳定限度 设原子核是球形的,如果它是稳定的,球形状态的势能应比稍有形变成为椭球的势能为小.按照液滴模型,球形变为椭球形,体积不

变,而表面积增大.在液滴模型的结合能公式中,表面能要增大,库仑能要减小,其他各项不变.从那个公式变动的两项看,可以证明当球形变为椭球,势能要增大,这就是说如果稍有形变,它会回到球形,可见原子核是稳定的,不会自发裂变.但是,实际却能自发裂变,只是概率小,半衰期很长,例如^{235}U 的自发裂变半衰期为 10^{11} 年,可不考虑.

(2) 裂变能　从球形核分裂为远离的二核所能放出的能量称为裂变能.裂变能可以按照液滴模型的表面能和库仑能的变化进行计算.表面能是增加的,库仑能是减少的.对^{236}U(^{235}U+^{1}n 形成的复核)的情形,算出的裂变能为+169 MeV,即放出这个量.此数值比较前面从核子平均结合能计算所得(210 MeV)小得多,原因是现在算出的只是一个球变成远离的两个球所放出的能量,但是裂开的两个球是不稳定的,前面说到还要放出中子并经过 β^- 衰变,所以还要继续释放能量,最后还会达到 200 MeV 左右.

(3) 激活能　复核裂变开始时,先从球形变为椭球,在一段过程中,势能是增加的.裂开并分离后,能量才下降,所以在全过程中,能量的变化如图 10.27 所示.那么要发生裂变,进入的中子必须能够把形成的球形复核的能量提高到将分裂时势能曲线的最高点.这部分能量提高的数值称为裂变的激活能.^{235}U 和^{238}U 的激活能分别是 5.1 MeV 和 5.8 MeV.

现在可以说明为什么中子对^{235}U 和^{238}U 这两种同位素引起的裂变是不同的.^{236}U 的裂变激活能大约是 6.0 MeV,而^{235}U 吸收一个中子形成^{236}U 时放出的结合能是 6.8 MeV,这供给激活能而有余,所以热中子足以使^{235}U 发生裂变.^{239}U 的裂变激活能是 6.3 MeV,但是中子被^{238}U 吸收而形成^{239}U 的结合能只有 5.3 MeV,所以不足以供给激活能.打击^{238}U 的中子必须至少具有 1 MeV 的动能,这样加在结合能 5.3 MeV 上,才有 6.3 MeV 刚足以作为激活能.

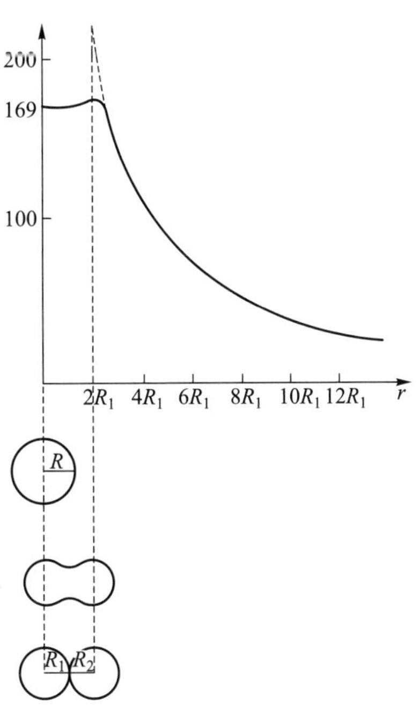

图 10.27　^{236}U 裂变时的势能变化

3. 链式反应及原子能的利用

前面说到^{235}U 裂变时每次放出 2~3 粒中子.这些中子被附近的铀核吸收,又发生裂变,再产生第二代中子,中子又被吸收,再发生裂变,产生第三代中子,以此类推.如果中子没有损失,或损失少,这样的链式反应连续进行下去,反应也可能逐渐增强,成为爆炸性的.在裂变的链式反应中释放出来的能量是目前能够利用的原子能的来源.关于裂变链式反应能量的利用,有两类装置:原子反应堆和原子弹.下面分别叙述.

(1) 原子反应堆 把铀和其他材料按一定的设计装置起来,使发生裂变的链式反应,从而取用能量,这样的装置称为原子反应堆.图 10.28 是一座反应堆的

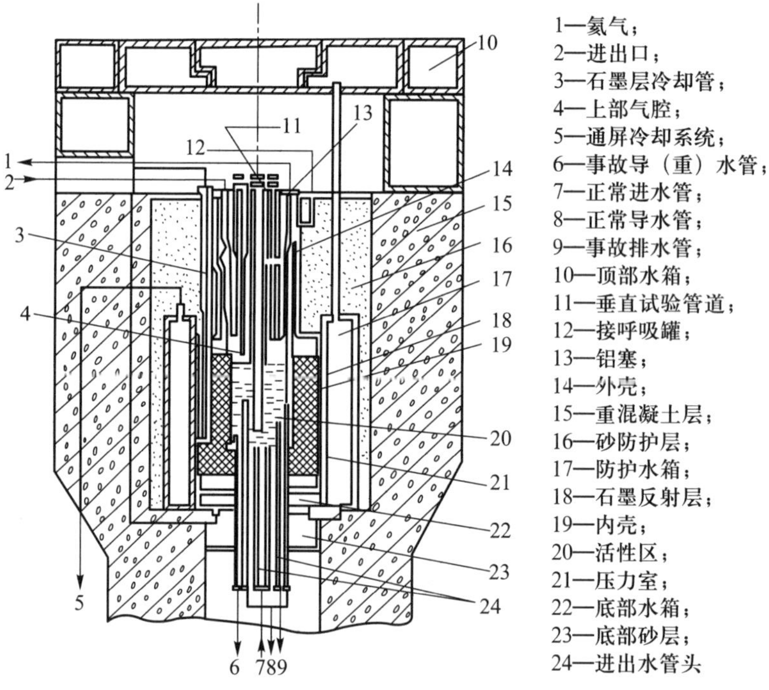

图 10.28 我国一座重水型反应堆的外貌(上)及剖面(下)

外貌和剖面图.在反应堆中,链式反应是受控制的,反应强度维持在一定的平稳进行的水平,这决定于堆内中子的数量.下面讨论关于如何控制反应堆的几个问题以及反应堆相应的组成部分.

① 中子的减速 使^{235}U 发生裂变效率高的是热中子,而裂变发出的中子能量在 0.1 到 20 MeV 范围,平均为 2 MeV.为了使这些中子减速而成为热中子,反应堆中放置减速剂,中子同减速剂碰撞而逐渐减低速度,最后与减速剂达到热平衡,成为热中子.在室温下,热中子的能量是 kT 的数量级(k 为玻耳兹曼常量,T 为以开尔文表示的室温)约等于 0.025 eV.现在通用的减速剂有石墨(碳核)、重水(利用氘核)等.在反应堆中,裂变材料制成棒状分布在减速剂中.

② 增殖因数 维持链式反应的必要条件是:把中子的一切损失考虑进去,任何一代的中子总数需要等于或大于前一代中子总数,即

$$\text{增殖因数 } K=\frac{\text{这一代中子总数}}{\text{前一代中子总数}}\geqslant 1.$$

这决定于许多因素,其中一个因素是中子的逃逸,就是中子离开反应区的问题,下面讨论这个问题.

③ 中肯大小 反应堆的中心部分,即发生反应的区域须有适当的大小.中子的产生量与反应堆的中心区的体积成正比,其逃逸量与中心区的表面面积成正比.如果反应堆中心区太小,中子逃逸量与生产量之比就会大,链式反应不会发展;反应堆中心区大,中子的逃逸量与生产量之比小,有利于链式反应的维持.所以设计反应堆时,其中心部分的中肯大小是要考虑的问题.

④ 反射层 为了阻止中子的逃逸,在反应堆中心部分周围装有反射层,如图 10.28 剖面图中的 18.反射层一般用石墨做材料.

⑤ 控制棒 镉和硼对慢中子有很大的俘获截面,所以一般用镉或硼钢制成控制链式反应的控制棒,这种控制棒能灵活地插入和抽出反应堆中心区.当反应太强时,把控制棒插入,以增加对中子的吸收;强度不足时,把控制棒抽出少许,以减少对中子的吸收.反应堆中装有中子强度检测器和用以自动操纵控制棒升降的机器.

⑥ 热能输出设备和冷却剂 裂变放出的能量,大部分变为热能,使反应区温度上升.可以用适当的流体把热能传输出来加以利用,例如用来开动发电机或其他机器.另一方面,反应堆也必须控制在一定温度之下,需要冷却设备.热能的输出和冷却可以用一套设备进行.

⑦ 保护墙 反应堆有强中子流,有大量放射物放出,有 γ 射线射出.为了保护工作人员和其他生物,反应堆必须密闭,所以外面需要保护墙.这由金属套、防止中子外逸的水层、一二米厚的钢筋混凝土墙构成.

(2) 原子弹　把纯$^{235}_{92}U$(或$^{239}_{94}Pu$)集合在一起,裂变出来的快中子也能激发链式反应.原子弹内没有减速剂.把纯^{235}U制成球形,如果外加中子反射层,那么据说有4.8 cm的直径就已经达到中肯体积.中肯体积中的材料的质量称为中肯质量,上述^{235}U制成的球形中肯质量为1 kg左右.结构简单的原子弹是由两块半球构成.如果材料是纯铀,每块质量不得超过1 kg,也不能小于0.5 kg.平日贮藏时,两块相隔一定的距离,这样每块大小不到中肯体积,不会爆炸;使用时,把两块骤然合为一个球体,这已经超过中肯体积,就会发生爆炸.

我国在1958年开始运用原子反应堆,1964年第一次爆炸了一颗原子弹.

从反应堆可以取用动力外,还有放射性元素的产生,可以提取出来,作其他应用.

反应堆中用的铀不是纯^{235}U,也有^{238}U,后者对能量在6.5到200 eV的中子有大的共振吸收截面,这样就导致^{239}Pu的积累,其过程如下式所示:

$$^{238}_{92}U+^{1}_{0}n \longrightarrow ^{239}_{92}U, \qquad ^{239}_{92}U \xrightarrow{\beta} ^{239}_{93}Np \xrightarrow{\beta} ^{239}_{94}Pu.$$

$^{239}_{94}Pu$是α放射的,半衰期为24 400年,所以可以提取出来.$^{239}_{94}Pu$也是很好的裂变材料,可以用来装置反应堆或制备原子弹.

原子反应堆是强的热中子源,可以用来进行多种科学研究.被研究的样品可以放在反应堆中受热中子的撞击,也可以在反应堆的保护墙上开几个通道,把热中子引出来而对样品进行撞击,然后研究被中子撞击的效果.

10.8 原子核的聚变和原子能利用的展望

近年来对能源问题谈论得很多.目前广泛应用的能源,除水力外,是煤和石油,但是,煤和石油这两种燃料的贮存量会逐渐减少.新发展的能源有裂变原子能,但裂变原料铀和钍的存量据估计只能用几百年,所以仍有必要另寻能源.利用太阳能的技术近年在发展,但还没有达到大规模应用阶段.本节要讨论的轻原子核聚变,作为能源是资源丰富的.问题是怎样可以有控制地大量释放这种能量,加以利用,这仍是科学上正在进行研究而还没有解决的问题.现在仍在大力研究中,并获得了一些进展.

1. 原子核聚变　丰富的能源

本章第一节中讨论到原子核的结合能.在图10.3中显示,在各种原子核中,具有中等质量数的原子核的核子平均结合能较大,而质量数较大或较小的原子核中核子的平均结合能都较小.所以重原子核发生裂变成为中等质量的原子核时会放出能量，这是第 7 节中已经讨论的；同样理由，轻原子核聚合而成较重原子核时也会放出能量.下面开列的是几个聚变反应：

$$
\begin{aligned}
&{}^{2}\mathrm{H}+{}^{2}\mathrm{H} \longrightarrow {}^{3}\mathrm{He}+{}^{1}\mathrm{n}+3.25\ \mathrm{MeV} \\
&{}^{2}\mathrm{H}+{}^{2}\mathrm{H} \longrightarrow {}^{3}\mathrm{H}+{}^{1}\mathrm{H}+4.00\ \mathrm{MeV} \\
&{}^{3}\mathrm{H}+{}^{2}\mathrm{H} \longrightarrow {}^{4}\mathrm{He}+{}^{1}\mathrm{n}+17.6\ \mathrm{MeV} \\
&{}^{3}\mathrm{He}+{}^{2}\mathrm{H} \longrightarrow {}^{4}\mathrm{He}+{}^{1}\mathrm{H}+18.3\ \mathrm{MeV} \\
&{}^{6}\mathrm{Li}+{}^{2}\mathrm{H} \longrightarrow 2{}^{4}\mathrm{He}+22.4\ \mathrm{MeV} \\
&{}^{7}\mathrm{Li}+{}^{1}\mathrm{H} \longrightarrow 2{}^{4}\mathrm{He}+17.3\ \mathrm{MeV}
\end{aligned}
\qquad (10.8.1)
$$

这些放能反应在实验室中已经观察到，问题是怎样能够大量发生.

上列第一式中的产物 ^{3}He 是第四式中的聚变材料.第二式中的产物氚核(^{3}H)是第三式中的聚变材料.所以发生前四种反应的材料直接或间接都是氘核(^{2}H).在这四种反应中，用去六个 ^{2}H，放出能量 43.2 MeV，平均每粒 ^{2}H 放出 7.2 MeV，单位质量的 ^{2}H 放出 3.6 MeV.每粒 ^{235}U 裂变时放出的能量大约等于 200 MeV，那么单位质量的 ^{235}U 裂变放出的能量是 $\frac{200}{235}$ MeV = 0.85 MeV.所以单位质量的 ^{2}H 聚变所放出的能量是单位质量的 ^{235}U 裂变所放出的能量的 4 倍左右.

海水中含有氘，氢和氘的原子数之比是 1 比 0.000 15，按重量计算，氘结成的水大约是海水的六千分之一.每克氘经聚变可以放出 10^{5} 千瓦小时的能量，而地球表面海水存量是 10^{10} 吨的数量级，所以海水蕴藏的氘所能供给的聚变能是 10^{25} 千瓦小时的数量级，按目前世界能量消耗率估计这可以用几百亿年！聚变怎样能够受控制地大量发生的问题一旦解决，能源问题完全解决了.

这样的聚变反应必须在极高的温度下才能发生，这时原子核以高速度作无规则运动，连续相互碰撞，发生大量聚变.这样的反应是在原子核的热运动中发生的，所以称为热核反应，如果这种反应能够加以控制，则称为受控热核反应.

两粒氘核要发生聚变，它们必须克服库仑斥力，以彼此接近到接触的距离，那时库仑势能 $E \sim 10^{-13}$ J，把此值作为热运动的平均能量 $\frac{3}{2}kT$（k 为玻耳兹曼常量），算得 $T = 10^{10}$ K，这就是说，温度需要提到这样高才能发生聚变，但是从下述二理由来考虑，温度不需要那么高，略低一些，也能发生聚变：① 热运动的能量是麦克斯韦分布，温度略低，仍有不少粒子达到所需的能量；② 所需要的能量不一定要达到势垒的高度；按照量子力学，粒子有穿透势垒的概率，所以动能可以比上面的计算值略低.根据这两个理由来考虑，再进行细致的计算，得知温度达到 $10^{8} \sim 10^{9}$ K 也就可以发生聚变，可是这也还是很高的温度啊！

氢弹爆炸是氢的同位素的热核反应；先以原子弹爆炸提高温度来激发热核

反应,这样就引起猛烈的爆炸.

现在进行研究的是如何能够发生有适当强度的受控制的热核反应,以便可以利用释放出来的能量.

2. 聚变反应成为原子能源的基本条件

要使聚变反应成为能量的来源,反应必须达到足够的强度.在图 10.29(图中 D 指氘核,T 指氚核)中可以看到(10.8.1)式的前四式的反应中,氘核必须有 0.01 MeV 以上的动能,才有足够的截面可以希望获得有用的能量输出.那么怎样使氘核具有这样的动能呢? 下面就来讨论这个问题.

(1) 为什么不能用加速器加速的办法

用加速器加速这个容易想到的办法是行不通的,这是因为把加速的氘核打在含氘的固体靶上时,由理论推算可知大部能量将消耗在同电子的碰撞(发生散射)上,能够发生聚变的概率是很小的.现以 0.05 MeV 的氘核打在含氘的固体靶上的情况为例,可以算得由于同电子碰撞的能量损失截面是 $\sigma_{损} \approx 7.5\times 10^{-21}\,\mathrm{cm}^2$,而聚变反应截面(在图 10.29 中可以查得)是 $10^{-26}\,\mathrm{cm}^2$,二者的比值是 $10^{-26}/(7.5\times10^{-21})\approx10^{-6}$,这就是说一百万粒氘核打在靶上,只有一粒发生聚变! 所以加速器方法是不适用的.

又设想能否用两束加速了的氘核对撞的方法.这样,两束氘核对撞会由于多次库仑散射,累积的偏转有达到 90°的可能.可以算出,0.05 MeV 的氘核在上述情况中偏转 90°的截面是 $\sigma_{90°}\approx5\times10^{-22}\,\mathrm{cm}^2$,而聚变反应截面只有 $10^{-26}\,\mathrm{cm}^2$.因散射以致偏向 90°的截面比聚变截面大了 5×10^4 倍.氘核偏离原方向 90°,就离开了离子束,以后不再会碰到对撞的氘核,也就是不会再起聚变作用.所以两束氘核加速后对撞的方法也是不能用的.

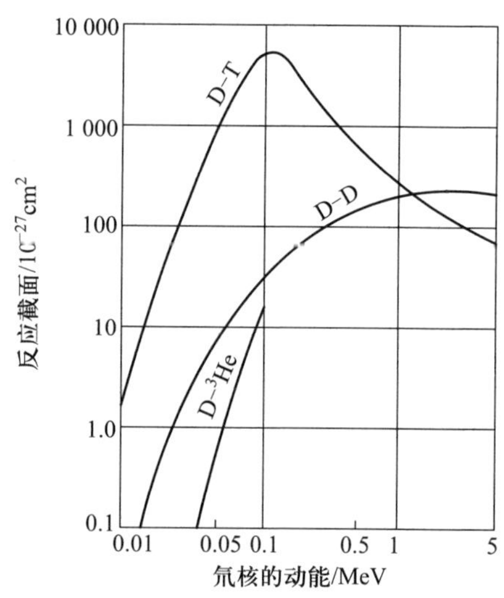

图 10.29 D–D,D–T 和 D–^{3}He 的反应截面

分析了上述不能用的方式之后,科学工作者得出一个结论,只能用高温等离子体中聚变的方式.等离子体是气体大量电离后,具有大量正离子和相等电荷量的电子同时并存的集合体.在氘核聚变实验中,用的是氘气的等离子体.在高温下,氘离子和电子都处于高能量状态.这与加速的氘核打在寻常温度的

靶上不同.那里氘核的能量相当于高温,而靶中电子却在寻常温度,这就要造成能量的损失.现在高温等离子体中,氘核和电子处在相同的高温.再说,在等离子体中,氘核和电子作无规则热运动,互相不断地碰撞着,不是前面所说两束粒子对撞时,如果粒子间没有碰撞到,偏离后就不再有机会碰到了.所以多年来研究聚变反应都用高温等离子体的方法.

(2) 怎样提高等离子体的温度,使热核反应能以适当的强度持续下去

把等离子体加热有几种方法:① 对等离子体作绝热压缩,功转化为热能,使温度上升.② 先把电子加热,电子把能量传递给离子.做法是以大电流通过等离子体,使它发热.③ 把氘核在加速器中加速,使其能量超过热核反应所需要的,然后注入等离子体中,起"点火"作用.这些方法都在试用,也有几种方法联合使用的.

高温等离子体中,电子和正离子接近时有加速度,按照电动力学原理,就会产生电磁辐射,就是韧致辐射.这样,能量就要损失,同时热核反应在进行着,这要放出能量.必须做到热核反应释放的能量与韧致辐射损失的能量之比要大于1,这样温度才能保持,热核反应才能连续下去.前面已经提到,温度必须高到 10^8 K 上下.

这样高温的等离子体是不能与容器接触的,因为接触了,后者可能熔化或蒸发,立即有原子序数较高的元素掺入等离子体中,以致发生强的韧致辐射(与 Z^3 成正比),等离子体的温度就会下降,热核反应会中止.这就需要把等离子体加以约束,使它在起聚变反应时脱离器壁.

(3) 等离子体的约束

等离子体被约束,一方面使其脱离器壁,温度不致下降,另一方面还要使等离子体被压缩,使温度上升.目前约束等离子体有两种方法:① 磁场约束.根据磁流体力学的理论推导,可以得到一个规律,即在不弯曲的磁场中,$p+\dfrac{B^2}{2\mu_0}=$常量(不随位置改变),式中单位用国际单位制;p 为等离子体的压强,B 为磁通密度,μ_0 为真空磁导率,等于 $4\pi\times10^{-7}$.当等离子体受约束时,在它的外面,压强 $p_{外}=0$,上式可以写成

$$p_{内}+\frac{B_{内}^2}{2\mu_0}=\frac{B_{外}^2}{2\mu_0},$$

因此,

$$p_{内}=\frac{1}{2\mu_0}(B_{外}^2-B_{内}^2).$$

此式表示,要等离子体受约束,$B_{外}$ 必须大于 $B_{内}$,向里的磁压强同等离子体内的

压强平衡.举一个具体情况：$B_{外}=2\ \mathrm{Wb\cdot m^{-2}}(=20\ 000\ \mathrm{Gs})$，$B_{内}$ 设小到可以忽略，那么可以算出 $p_{内}=15$ 大气压，足见磁场可以产生很大的约束力.② 惯性约束.利用激光照射，可以产生惯性约束，这将在后面结合仪器的描述加以说明.

（4）要有适当的离子密度

在聚变反应中，能量的释放和它的辐射损失都与离子密度平方成正比，能量的获得必须大于辐射损失，这要由温度来保证，但是必须有适当的离子密度，才能在所要求的温度下有可利用的能量输出.

在 10^8 K 的温度，如果压强是 15 个大气压，每立方厘米的离子数是 10^{15}.据估计，这样的离子密度在 D-D 反应中，功率可达 0.3 $\mathrm{W\cdot cm^{-3}}$，在 D-T 反应中，可达 70 $\mathrm{W\cdot cm^{-3}}$.看来这个密度对 D-T 反应是可用的.

（5）要有一定的约束的持续时间

现在的问题是等离子体被保持在高温和适当的密度下应持续多久.如果要求这段时间长到使每一个离子平均都有一次反应的机会，那么对 D-T 反应需要 10 s 时间，对 D-D 反应为 1 000 s.如果降低要求，只希望维持反应进行，不要求有能量输出，那么只要有上述持续时间的 1/100 就可以了，即对 D-T 反应为 1/10 s，对 D-D 反应为 10 s.

以上是人们对受控聚变反应的工作条件所作的理论的估计.

受控聚变反应的实验已经进行了几十年，现在仍在大力进行，虽没有达到能够大量输出能量的阶段，但是是有希望成功的.

3. 磁约束式的受控聚变反应器

磁约束式的反应器是试验了很久的，分为开路式和闭路式两大类.下面介绍几种典型的反应器.

（1）直线圆筒中的脉冲放电

这是最早的也是最简单的开路式聚变反应装置.在封入氢的同位素气体的圆柱形管中，使发生轴向强脉冲放电.这电流使气体电离成为等离子体，又产生围绕电流的环状磁场.这磁场，按照上面所说的磁约束作用，把等离子体向轴线压缩，使它与管壁脱离接触，并使温度升高.电流的欧姆热也使等离子体升温.

这种简单的放电办法有两个缺点：① 等离子体不稳定，会发生条形弯曲和截面局部收缩等变化，以致高温等离子体稳定的放电状态不能维持很久；② 电极同等离子体接触，从电极中挥发出杂质并导走热量，这都对维持高温不利.针对这些缺点，不久就有了改进.

（2）磁塞反应器（亦称磁镜器）

这也是开路式圆柱管中的放电装置.但是，针对上述缺点，已经采取了措施：

① 为克服等离子的不稳定的缺点在金属圆柱管外面,绕有线圈,通以恒定的直流,在管内产生稳定的轴向磁场,从而维持等离子体的稳定;② 在管的两端各有一段短距离中增加绕线匝数,使那里的磁场局部加强,当带电粒子从管筒的内部移动到这里时,由于受增强磁场的作用,会改变运动方向,不能继续向外移出.这样,管筒的两端用磁场的作用把等离子体关闭在管内,而放电的电极在这段强磁场区域的外边,即强磁场把它同等离子体隔开了,使之起放电作用而不与等离子体接触.在这样的开路反应器中就免除了上述简单的圆筒形放电器中所遇到的困难.但是还有其他问题存在,没有达到聚变反应器所必须具备的可以输出有用能量的条件.

(3) 环形管聚变反应器

这一类是闭路式的,已经发展了好几种类型,有所谓仿星器,漂浮器,托卡马克反应器等.这类反应器都是圆环管中放电的,有相似的装置,也有各自的特点.其中以托卡马克反应器的发展希望较大.下面我们简要介绍一下这种反应器.

图 10.30 是一个大型托卡马克反应器的截面图,这是通过放电圆环管的中心、垂直截断圆环的截面图,所以图中显示出环形管的两个截面.图中 R 是环中心到管轴的距离,也就是环的半径.图中显示环形管真空室的大小和位置,r_W 是管壁的内径. 图中画在管内的一个圆表示放电时,被约束的等离子体的表面与管壁脱离的状况.

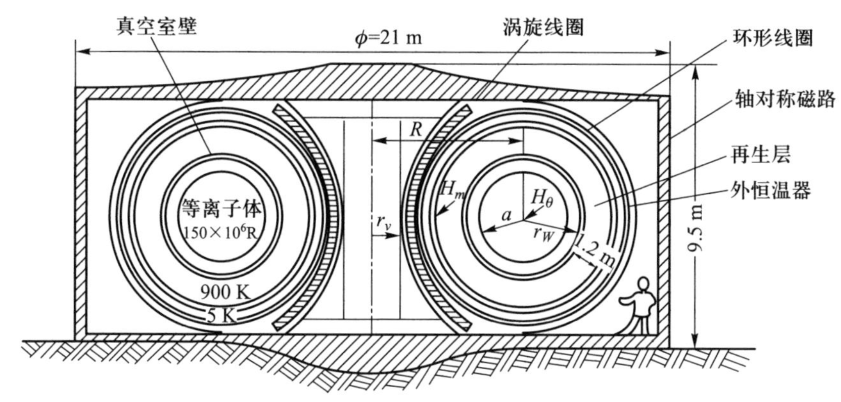

图 10.30 一个大型托卡马克反应器的截面图

圆环形放电管装置在一个铁磁材料组成的磁路框架中.穿过圆环管的磁路部分装置着输入脉冲电流的初级线圈,图中显示这线圈中部直径小,两端直径大,以适合磁通的分布.这样,在圆环管的气体中,如同变压器的次级线圈那样,就感应出沿管轴的脉冲电流,在环形管内就发生无极放电,免除了上述电极和等离子体接触所引起的问题.这电流使管内气体电离成为等离子体并使它的温度升高;所产生环绕这电流的磁场又对等离子体起约束作用,使它脱离管壁,并再升温.

从图中又可以看到,在环形管之外有一个再生层,是用来吸收从反应室中散出来的中子而再生聚变材料的.例如把锂的熔盐高速通过再生层,能够吸收差不多反应器产生的所有中子,发生如下反应:$^{6}_{3}\mathrm{Li}+^{1}_{0}\mathrm{n}\longrightarrow^{3}_{1}\mathrm{H}+^{4}_{2}\mathrm{He}$ 和 $^{7}_{3}\mathrm{Li}+^{1}_{0}\mathrm{n}\longrightarrow^{3}_{1}\mathrm{H}+^{1}_{0}\mathrm{n}+^{4}_{2}\mathrm{He}$.这样,$^{3}_{1}\mathrm{H}$ 被再生,含在熔盐中,经过附设的装置可以把氚气分出来再用.

在再生层之外,又是一个绕着环形管的一个线圈,通入稳定电流,产生在环形管中沿管轴方向的稳定磁场,这是用来稳定等离子体的.上述放电时等离子体不稳定的困难得以解决.

在图 10.30 的设计中,用氘氚各半的混合气体.上述脉冲输入线圈和产生环形管中恒定磁场的线圈都是用超导材料的.所以这两个线圈都放置在低温装置中.图中画出了包围这两套线圈的低温恒温设备(外恒温器).

从图中可以看到,这个设计的磁路框架宽 21 m,高约 9.5 m,这是一个大型设计.我们选择这个设计来描述,因为设计比较完备,图示比较详细.了解了这个设计,可以想象其他.这个设计中从环管的圆心到管轴的距离 R 约等于 5 m,等离子体从轴线到表面的距离 a 约等于 1.5 m.较小规模的实验反应器,例如有 $R=1.5$ m,$a=0.50$ m 的,或其他尺寸的.在小型的实验反应器中一般不用超导线圈.

4. 激光聚变反应

仍在试验阶段的激光聚变反应是通过所谓"内爆"过程实现的.一个含有聚变材料的小丸受强激光照射,其外层突然加热,发生膨胀,挤压内层材料使它的密度和温度都升高,这所谓惯性约束,这时可能发生核聚变.

有人用玻璃制成薄壳小丸,封入氘和氚气体.当激光照射在玻璃壳时,骤然加热的薄壳爆炸了,其内层向里挤压,使氘和氚的密度差不多达到薄壳原有的密度,接近 $1\ \mathrm{g}\cdot\mathrm{cm}^{-3}$,使受压缩区的温度上升到接近 10^{7} K.

有一个激光装置用钕玻璃激光器发出激光,经过光学系统分为 20 束,从各方向会聚在靶丸上,输给靶丸的功率峰值可达 20×10^{12} W.靶丸在每一个脉冲接受波长为 1.06 μm 的能量 10^{4} J.

观测到中子的放出表明已经有聚变反应发生.据近来的报导,用激光激发的方法已经可在直径为 90 μm 的区域发生核聚变.这些初步的成就开拓出一个通向更大收获的途径.

* * *

聚变反应给原子能的利用以更好的前景,要使之实现还需要各方面继续努力.

习 题

自测

1. $^1_1$H 和$^1_0$n 的质量分别为 1.007 825 2 和 1.008 665 4 质量单位,算出$^{12}_6$C 中每核子的平均结合能(1 原子质量单位 = 931.5 MeV/c^2).

2. 从下列各粒子的质量数据中选用需要的数值,算出$^{30}_{14}$Si 中每核子的平均结合能:

e	0.000 548	$^2_1$H	2.014 102,
$^1_0$n	1.008 665	$^{30}_{14}$Si	29.973 786,
$^1_1$H	1.007 825,		

3. $^{232}_{90}$Th 放射 α 射线成为$^{228}_{88}$Ra.从含有 1 g $^{232}_{90}$Th 的一片薄膜测得每秒放射 4 100 粒 α 粒子,试算出$^{232}_{90}$Th 的半衰期为 1.4×10^{10} 年.

4. 在考古工作中,可以从古生物遗骸中^{14}C 的含量推算古生物到现在的时间 t.设 ρ 是古生物遗骸中^{14}C 和^{12}C 存量之比,ρ_0 是空气中^{14}C 和^{12}C 存量之比,试推导出下列公式:

$$t=T\frac{\ln(\rho_0/\rho)}{\ln 2},$$

式中 T 为^{14}C 的半衰期.

5. 核力在原子核大小的距离内是很强的吸引力,它克服了质子间的(元素氢除外,那里只有一粒质子)库仑推斥力的作用而使原子核结合着,足见在原子核中核力的作用超过质子间的库仑推斥力作用;从质子间推斥力的大小可以粗略地了解到核力大小的低限.试计算原子核中两粒质子之间的库仑推斥力的大小(用 kg 表示).(质子的距离用 10^{-15} m).

6. 算出$^7_3$Li (p, α)$^4_2$He 的反应能.有关同位素的质量如下:$^1_1$H, 1.007 825;$^4_2$He, 4.002 603;$^7_3$Li, 7.015 999.

7. 在第 6 题的核反应中,如果以 1 MeV 的质子打击 Li,问在垂直于质子束的方向观测到$^4_2$He 的能量有多大?

8. 试计算 1 g ^{235}U 裂变时全部释放的能量约等于多少煤在空气中燃烧所放出的热能(煤的燃烧热约等于 33×10^6 J · kg^{-1};1 MeV = 1.6×10^{-13} J).

9. 计算按照(10.8.1)式中前四式的核聚变过程用去 1 g 氘所放出的能量约等于多少煤在空气中燃烧所放出的热能(煤的燃烧热同第 8 题)

10. 包围等离子体的磁通量密度 B 是 2 Wb · m^{-2},算出被围等离子体的压强.

第十一章 基本粒子

11.1 基本粒子和粒子的相互作用

很久以来，人们在追究物质结构的基本单元.最初把元素的最小单元——原子——看作不可分的，是各种物质结构的基本单元.但到了20世纪初期，认识到原子是原子核和电子构成的，原子核还有内部结构.1932年中子被发现后，进一步认识到构成原子核的是质子和中子.这以后，人们把质子、中子和电子认为是物质结构的基本单元，把这些粒子，再加光子，看作“基本粒子”.但不久在β衰变中发现了中微子和正电子.后来又在宇宙线中发现了μ介子、π介子、K介子、Λ超子等.加速器发展后，对这些粒子进行了更多的研究，获得更多的发现.现在那些比较稳定的、寿命比较长的（长于10^{-16} s）、能够各个探测出来的基本粒子已共有35种.此外，还有共振态，其寿命很短（$<10^{-20}$ s）不能各个直接观测，已经大量发现.现在知道的所谓基本粒子已经那么多，从这些粒子的性质来分析，可以知道，有些还有内部结构，很难再说是“基本粒子”了.在许多文献中已经把“基本”去掉，只称作“粒子”，也有称作“亚核粒子”的.我们在本章中仍暂延用“基本粒子”这名称.

研究基本粒子的目标是研究物质微观结构的基础.这样，从原子到原子核和电子，再进入原子核到了核子，并先后又发现很多粒子，现在对这些粒子的研究又进入了它们的内部结构，这是人类对物质结构的认识的不断深化，现在仍在前进.

表11.1开列了那些比较稳定的“基本粒子”.表中把粒子按它们的主要相互作用分类列出.物质有四种相互作用：万有引力作用，弱相互作用，电磁相互作用和强相互作用.这四种相互作用的相对强度和作用程差别很大，大致比较如下：

	强	电磁	弱	万有引力
相对强度	1	10^{-2}	10^{-12}	10^{-40}
作用程(m)	10^{-15}	长	$<10^{-17}$	长

万有引力在四种作用中最弱，在天体运动这类宏观现象中起重要作用，但在基本粒子和原子核的问题中作用不明显，以后在本书内就不再提到了.其他三种作用在不同情况下会显现出来.强相互作用是最强的，有一个简单计算的例子可以给

表 11.1　基 本 粒 子

类别		名称和符号	静质量/MeV	衰变方式	平均寿命/s	自旋
光子		光子 γ	0	稳	稳	1
轻子		中微子 ν_e $\bar{\nu}_e$	0			1/2
		ν_μ $\bar{\nu}_\mu$	0			1/2
		电子 e^-	0.511 0			1/2
		μ 子 μ^-	105.7	$e\nu\nu$	2.2×10^{-6}	1/2
强子	介子	$\pi^\pm$	139.6	$\mu\nu$	2.6×10^{-8}	0
		π^0	135.0	$\gamma\gamma$	0.84×10^{-16}	0
		$K^\pm$	493.8	$\mu\nu, \pi\pi^0$	1.2×10^{-8}	0
				$\mu\pi^0\nu, \pi\pi^-\pi^+$		
				$e\pi^0\nu, \pi\pi^0\pi^0$		
		K^0 $\bar{K}^0$	497.8	$K_1^0\pi^+\pi^-, \pi^0\pi^0$	8.6×10^{-11}	0
				$K_2^0\pi^0\pi^0\pi^0, \pi^+\pi^-\pi^0$	5.2×10^{-8}	
				$\pi\mu\nu, \pi e\nu$		
		η^0	549		2.5×10^{-19}	0
		η'	958		$>10^{-21}$	0
	重子	质子 p	938.3		稳	1/2
		中子 n	939.6	$pe^-\bar{\nu}_e$	930	1/2
		Λ^0	1 116	$p\pi^-, n\pi^0$	2.5×10^{-10}	1/2
		Σ^+	1 189	$p\pi^0, n\pi^+$	8.0×10^{-11}	1/2
		Σ^0	1 192	$\Lambda\gamma$	$<10^{-14}$	1/2
		Σ^-	1 197	$n\pi^-$	1.5×10^{-10}	1/2
		Ξ^0	1 315	$\Lambda\pi^0$	3.0×10^{-10}	1/2
		Ξ^-	1 321	$\Lambda\pi^-$	1.7×10^{-10}	1/2
		Ω^-	1 672	$\Xi^0\pi^-, \Xi^-\pi^0, \Lambda K^-$	1.3×10^{-10}	3/2

我们一点感性认识.地球上最重的天然原子核是铀核,那里有92粒质子聚集在 10^{-15} m这样一个直径的空间中,两粒质子在这样一个距离的库仑推斥力很容易算出大约等于25 kg! 在铀核边缘的一个质子会受到其他91个质子的推斥力,虽然这些质子对它推斥力的方向不完全相同,但联合的力约略估计在1 000 kg上下! 可是这些质子没有飞散,原子核还稳定地结合着,这是由于核子间核力的强大吸引作用.核力还是饱和力,每个核子只同周围一些核子起作用,不是对全体核子起作用,这同库仑力不同.这说明核力比库仑力要强得多.核力就是强相互作用力.库仑力是电磁相互作用.

在表11.1中列出的那些粒子,按它们的主要相互作用,可以分为三类:第一类是光子,一切带电粒子或具有磁矩的粒子之间的电磁相互作用就是以光子为媒介的.第二类是轻子,它们之间的主要作用是弱相互作用.表中第三类粒子是强子,它们之间的主要作用是强相互作用.例如强子之间的高能反应,重子的产生这些过程属于强相互作用.还有一些没有列在表11.1中的重子的激发态或称共振态的衰变也是强作用的过程,也有通过电磁作用衰变的.强子分为两类:重子和介子.这两类粒子有不同的自旋(固有矩),介子的自旋都是零,重子的自旋除 Ω^- 是3/2外,其余都是1/2,都是半整数.所以就统计性说,重子是费米子,介子是玻色子.表11.1中的轻子都是费米子,光子是玻色子.

表11.1中粒子的质量用兆电子伏(MeV)表示.这是能量的单位,这表示同粒子静质量联系的能量.能量同所联系的质量的数值关系是 $E=mc^2$,这里 m 是质量,E 是联系的能量,c 是光速.给出 E,就可以算出 m.表中的MeV数值可以换成焦耳的数值,再被以米每秒为单位的 c 的平方除,就得到以千克为单位的质量.千克数值同兆电子伏特数值的直接关系是 $1\ \text{kg}=5.160\times10^{29}\ \text{MeV}/c^2$.

表11.1中除少数稳定粒子外,大多数是要自发衰变的.衰变方式项下的符号代表衰变产物.

平均寿命是粒子存在时间的平均值.

每一种基本粒子都有反粒子.在表11.1中,列出的是粒子和少数几种反粒子.反粒子的质量、寿命、自旋三项同粒子是相同的,只有电荷的符号相反.为了简化表格,大多数反粒子未列出.但表中也开列了少数几种反粒子,其中有几种中性粒子的情况:中微子 ν_e 和 ν_μ 的反粒子是 $\bar{\nu}_e$ 和 $\bar{\nu}_\mu$,K^0 的反粒子是 $\overline{K^0}$,这几种中性粒子和它们的反粒子不是相同的粒子,所以在表中分别列出.π^0,η^0 和 η' 的反粒子就是它们本身,没有区别.因为提到了 π 和K,所以联带的 π^+ 和反粒子 π^-,K^+ 的反粒子 K^- 也列在表中.在重子一类中都有不同的反粒子,表中没有列出.粒子和反粒子还有其他性质将在11.3节中讨论,那时会看到粒子和反粒子还有更多的差别.

本节简略地叙述了比较稳定的基本粒子的概况作为讨论的开始.

11.2 粒子的观测

上一节叙述了基本粒子情况的一个很粗糙的轮廓.本节将通过几个具有代表性的例子再详细一些说明粒子的某些性质.我们在每一类中将举一、二个例子.

轻子

轻子中的电子大家已很熟悉.现在着重说一下 μ 子.

μ 子　在 1936 年由安德孙(C. D. Anderson)和内德梅厄(S. H. Neddermeyer)从宇宙线中发现了 μ 子.(宇宙线是从宇宙空间射入地球大气层的射线.)他们发现在地面收到的宇宙线带电粒子中,从穿过物质时能量损失的情况来看,粒子可以分为两类:一类往往以单独粒子的形式出现,穿过一定厚度的物质时,能量的损失,比另一类成束散射出来的粒子的能量损失要小得多.带电粒子的辐射损失是与其质量的平方成反比的.那些成束的粒子可以认出是电子.这样,经研究,认为单独出现的粒子的质量比电子要大得多,但根据充分的理由证明这些不是质子.估计质量应在电子和质子之间,当初把它称作介子.后来它的质量准确地测定为电子质量的 207 倍.

μ 子的衰变　μ 子是不稳定的,能自发衰变.当初把宇宙线中的 μ 子经过一层密度较大的物质的减弱程度,同通过单位面积中具有相同质量的一层空气的减弱程度作比较,发现在空气中的减弱比较多.这两种吸收层单位面积的质量是相同的,但空气层要厚得多,这就是说通过空气层的时间比通过密度高的吸收层的时间长.如果 μ 子是稳定的粒子,通过这两种吸收层的减弱程度应该相同.事实是通过需要较长时间的空气层减弱得多,这说明粒子会自发衰变,时间愈长,自发衰变得愈多.经过按这个原则设计的实验方法进行测量,测得 μ 子的平均寿命是 2.2×10^{-6} s.

那么 μ 子衰变成什么呢? 在云室①或乳胶②中可以观察到 μ 子衰变成电子,但电子的径迹不在 μ 子径迹原有方向,电子从 μ 子径迹的末端向另一方向射出,这说明 μ 子衰变时不仅发出电子,一定还发出中性粒子,中性粒子在云室或乳胶中是显不出径迹的.此外,又测得衰变出来的电子的能量是连续分布的,

① 利用凝成的微小液滴显示带电粒子径迹的仪器.

② 同照相底片类似的一种材料,带电粒子穿过这材料以后,经过显像过程,就显出粒子的径迹.所以这也是探测带电粒子的一种工具.

从零到 55 MeV,这说明至少有两粒中性粒子同电子共三个粒子同时发出.经过一个时期的研究,知道这两粒中性粒子的质量差不多是零,起名为中微子.后来又发现中微子有两种,一种是同 μ 子联系的,用 ν_μ 表示,另一种是同电子联系的,用 ν_e 表示.μ 子的衰变方式可以表达如下:

$$\mu^- \to e^- + \nu_\mu + \bar{\nu}_e, (\text{相当于 } \mu^- + \bar{\nu}_\mu \to e^- + \bar{\nu}_e)$$

$$\mu^+ \to e^+ + \nu_\mu + \nu_e. (\text{相当于 } \mu^+ + \nu_\mu \to e^+ + \nu_e)$$

μ 子有带正电和带负电的两种,μ^+子是 μ^-子的反粒子.正负 μ 子分别衰变成正负电子,正电子是负电子(即寻常所说的电子)的反粒子.上式中 $\bar{\nu}_\mu$ 为 ν_μ 的反粒子,$\bar{\nu}_e$ 为 ν_e 的反粒子.这四种中微子分别同正负 μ 子和正负电子有一定的联系,如上面括弧中表达式所示.

μ 子同原子核的相互作用 由实验可知,原子核对正负 μ 子的俘获截然不同.在吸收物中,μ^+子被原子核推斥,经自发衰变而消失.μ^-子在能量逐渐损失而速度变慢后,被原子核俘获,进入玻尔轨道,绕核运动.由于 μ 子的质量是电子的 207 倍,其轨道半径比电子相应轨道的半径要小 207 倍.在轨道中的 μ 子也能通过跃迁来发射 X 射线,我国张文裕首先发现这个现象.μ^-子虽被原子核俘获,但同原子核的相互作用是极弱的,足见 μ 子不会有强相互作用,它的衰变是弱相互作用的效果,它是一个轻子.

介子

下面讨论 π 介子和 K 介子.

π 介子 1947 年拉德斯(C. M. Lattes)、欧恰里尼(G. P. Occhialini)和鲍威耳(C. F. Powell)在经高空宇宙线照射的乳胶中发现一些径迹,经过分析研究,得知这些径迹显示出一种粒子衰变成 μ 子的情况.图 11.1 中是这样的径迹.发现这类粒子带一单位的正电或负电.后来测定这种粒子的质量是电子质量的 273.3 倍,把它称作 π 介子.又测得 π 介子的平均寿命是 2.6×10^{-8} s.

π 介子的衰变方式 测量乳胶中 π 介子接近静止时衰变成的 μ 子的射程,发现都集中在 613 μm,如图 11.2 所示.这与 μ 子衰变而成电子的能量连续分布的情况不同,可见 π 介子衰变出来 μ 子的能量是单值的.这个射程相应的能量是 4.17 MeV,这说明 π 介子衰变产物只有两个粒子,其中一个是中性的.从所得数据,肯定衰变方式是

$$\pi^+ \to \mu^+ + \nu_\mu,$$

$$\pi^- \to \mu^- + \nu_\mu.$$

μ 和 ν_μ 的自旋(固有矩)都是 1/2,由上式可知 $\pi^\pm$的自旋应该是整数,现在认定是 0.

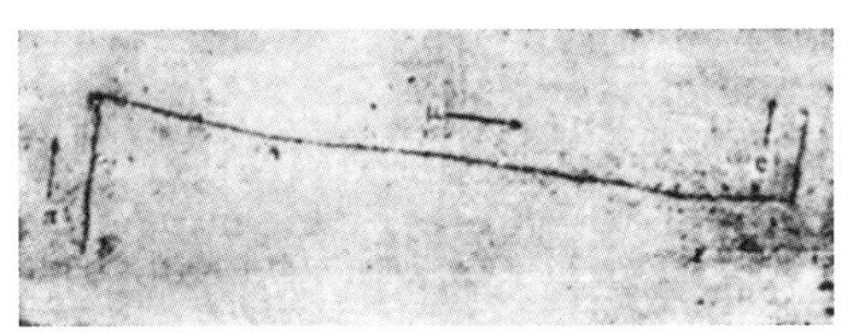

图 11.1 乳胶中观察到的 $\pi\to\mu\to e$ 衰变

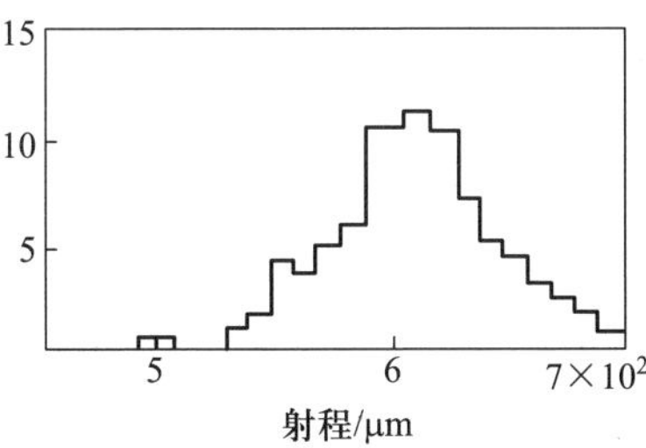

图 11.2 π 介子静止时衰变而成 μ 子的射程分布

关于中微子分为两类，ν_μ 和 ν_e，在 π 介子发现时还不知道，几年后结合其他情况才研究出来的.

π 介子同原子核的相互作用　在乳胶中观察到 π^- 介子径迹的末端有星裂（从一点四散出来的短径迹），这表示 π 介子同原子核中的质子起强烈的反应而放出许多粒子.这样强烈的反应是强相互作用的效果.1935 年汤川秀树（H. Yukawa）提出一个关于核力的理论，认为核力也应该如同电磁力有媒介作用的光子那样，有起媒介作用的粒子，而且从理论推算，这种粒子具有静质量，大约是电子质量的 200 倍左右.1936 年发现的 μ 子立刻被认为就是汤川所预言的粒子，但 μ 子对原子核的作用那么弱，是一个疑问.直到 1947 年发现了同原子核有强烈作用的 π 介子，才确认这才是汤川理论中的粒子.第十章中的核力的介子论一段就是来源于汤川的理论.

π^0 介子　已发现的 $\pi^\pm$ 介子既认定是核力的媒介，奥本海默在 1947 年提出，核力存在于带电的质子之间，也存在于不带电的中子之间，又存在于质子与中子之间；既有带电的 $\pi^\pm$ 介子，似亦应该有中性介子存在的可能.1950 年彪克伦（R. Bjorklund）等人用加速器产生的、能量在 175 至 340 MeV 范围的重子打击铍和碳，当能量在 175 MeV 附近时，观察到较弱的 γ 射线，其强度和能量分布都可以按质子的韧致辐射解释.但当质子能量提高到 340 MeV 时，产生的 γ 射线强度是质子能量是 175 MeV 时的 100 倍，这就很难再按韧致辐射来解释了，显然另有一种过程.彪克伦提出这是 π^0 介子的产生和衰变成两个光子的过程：

$$\pi^0 \to \gamma + \gamma.$$

这样产生的光子，其强度随能量的变化同韧致辐射的情况不同. 在韧致辐射中，光子强度随能量的增加而减低；现在的现象是随光子能量的增加而增加，到达一个最高值后才降低.当质子能量是 340 MeV 时，在质子前进的方向，观察到具有 120 MeV 能量的 γ 射线最强，在相反方向，60 MeV 的 γ 射线最强.这可以按运动光源的多普勒效应来解释.产生出来的中性介子的平均射出方向是加速质子前进的方向.设衰变出来的两粒光子，一个向前，一个向后，能量分别是 120 MeV 和 60 MeV，按多普勒效应可以算得介子的速度，算出等于光速的 1/3.产生这对光子的介子的能量是 120 MeV 加 60 MeV，等于 180 MeV.介子的速度已经推算出来，这就可以推算它的静能量，就是联系静质量的能量值，推得是 170 MeV，这是很粗糙的估计.由较精密的测量获得 π^0 介子的质量是电子的 264 倍，这相当于静能量 135 MeV.π^0 的平均寿命测得是小于 10^{-15} s.

中性 K 介子 K^0　在云室相片中发现有中性粒子衰变为两个粒子的情况，其中有衰变为 π^+介子和 π^-介子的，平均寿命是 10^{-10} s，这就是表 11.1 中的 K_1^0.另一种衰变方式是衰变为三个粒子，例如 π^+，π^-，π^0 介子，这就是 K_2^0 的衰变，平均寿命为 10^{-8} s.从这样长的寿命可知，中性 K 介子的衰变是弱作用的过程.这两种衰变的粒子的质量测得为 497.8 MeV/c^2，即电子质量的 965 倍.

中性 K 介子 K^0和它的反粒子$\overline{K^0}$是强相互作用过程产生的.在下一节将看到，K^0 和$\overline{K^0}$是不同的粒子，与 π^0 和$\overline{\pi^0}$是相同粒子的情况不同.那么上面所说在弱作用下衰变的、具有不同寿命的 K_1^0 和 K_2^0 同 K^0 和$\overline{K^0}$有什么关系呢？事实是 K^0 有两个衰变方式和相应的两个寿命，$\overline{K^0}$有同样的两个衰变方式和相应的两个寿命.也可以说，K_1^0 是 K^0 和$\overline{K^0}$的叠加，K_2^0 也是 K^0和$\overline{K^0}$的叠加；另一个说法是 K^0 中有 K_1^0 和 K_2^0，$\overline{K^0}$中也有 K_1^0 和 K_2^0.

K^+介子　这种介子也有两个衰变方式，衰变为两个或三个粒子，但这两种衰变方式的寿命经测定是相同的，都是 1.2×10^{-8} s、而且测得这两种衰变方式的粒子具有相同的质量，都是电子质量的 966.3 倍，即 493.8 MeV/c^2.从质量和寿命完全相同来看，这似乎是同一种粒子，却出现两种衰变方式，这引起一个重要的理论问题，以后将要讨论.

K^-介子　这粒子的衰变等情况与 K^+相同.由于它容易同原子核起作用，观察到的现象较少.

重子

重子包括以前讨论过的两种核子,即质子和中子.在“原子核”一章中对核子讨论得很多,这里不谈了,以后讨论基本粒子普遍规律时,还要讨论到.下面要简单地说一下几种质量超过核子的重子.这些重子又称“超子”,意即质量超过核子的粒子.

Λ^0 在一些云室相片中看到从一点发出两条不同的径迹,说明有中性粒子衰变为两个不同的带电粒子.其中带正电的、而且电离较强的径迹认出是质子;另一条是带负电的粒子的径迹,电离量较弱,从电离的强弱比较,和在磁场中径迹的曲率推算出的动量,可以判断前者是质子,后者可能是 π^- 介子.这样衰变的中性粒子后来称作 Λ^0,衰变方式可以表达如下:

$$\Lambda^0 \to p+\pi^-.$$

Λ^0 的平均寿命是 3.1×10^{-10} s,其质量经精密测得是电子质量的 2 200 倍,相当于 1 116 MeV.Λ^0 还有衰变方式是 $\Lambda^0 \to n+\pi^0$.$\pi^0 \to \gamma+\gamma$.

$\Sigma^{\pm}$ 在乳胶中曾观察到下列衰变方式:

$$\begin{aligned} \Sigma^+ &\to \pi^+ + n, \\ &\to \pi^0 + p; \\ \Sigma^- &\to \pi^- + n. \end{aligned}$$

Σ^+的质量测得为电子质量的 2 327 倍,相当于表 11.1 中的 1 189 MeV. Σ^-的质量是电子质量的 2 342 倍,与 1 197 MeV 相当.

这两种粒子的平均寿命相差近一倍,Σ^+的平均寿命是 0.8×10^{-10} s,Σ^-的是 1.5×10^{-10} s,足见这两种粒子是很不同的,它们不是互为反粒子,每种各自有反粒子.

Σ^0 此粒子观察到的事例不多,而且寿命短,不易观察.根据少数气泡室相片的研究,得知这粒子的质量是电子质量的 2 323 倍,相当于 1 192 MeV.估计衰变方式为 $\Sigma^0 \to \Lambda^0+\gamma$.寿命很短,小于 10^{-14} s.

Ξ^- 这是 1952 年在下列衰变现象中发现的:

$$\Xi^- \to \Lambda^0+\pi^-.$$

平均寿命是 1.7×10^{-10} s,质量是 1 321 MeV/c^2.

Ξ^0 这粒子的衰变方式如下:

$$\Xi^0 \to \Lambda^0+\pi^0.$$

平均寿命是 3.0×10^{-10} s,质量是 1 315 MeV/c^2.

Ω^- 这个粒子在 1964 年才发现,它可以在下列反应中产生:

$$\overline{K^-}+p \to K^+ + K^0 + \Omega^-.$$

可以按下列方式衰变:

$$\Omega^- \to \Xi^- + \pi^0, \Xi^0 + \pi^-, \Lambda^0 + K^-.$$

Ω^-是一个质量较大的(1 672 MeV/c^2)重子,平均寿命是1.3×10^{-10} s,所以衰变是弱作用.它的自旋是3/2,类似激发态.

重子的反粒子

轻子和介子的反粒子前面已经提到.重子也有反粒子.

质子的反粒子是反质子.反质子$\bar{p}$在1955年发现,是由6.2 GeV的质子撞击质子产生的.反质子带负电,它的磁矩同自旋方向相反.

中子不带电,但有磁矩,数值是-1.912 80核磁子,负号表明同自旋方向相反.不带电而有磁矩,表明中子内部有结构.反中子$\bar{n}$是在1956年发现的,它与中子有区别,它的磁矩是正的,这就是说,反中子的磁矩与自旋同方向.

超子都有反粒子,也先后发现.其中$\overline{\Sigma^-}$是我国王淦昌等在1959年发现的.

K介子和超子的协同产生

K介子和超子的发现一般是通过它们的衰变现象.当核子同核子相撞时,如果能量足够大可以产生K介子和超子.高能量的π^-介子打击核子也能产生K介子和超子.在高能加速器中产生高能的强粒子束,容易观察到这类现象.在这些强子的产生事例中发现这样一种情况:一粒超子总是和一粒K介子同时产生,或者同两粒K介子同时产生;没有观察到单独的超子或单独的K介子产生的现象,这现象称为"协同产生".图11.3是液氢气泡室中Λ^0和K^0协同产生的相片.研究相片上的径迹可以认出各种粒子,从而推断整个过程.图的左上角的线图是相片中有关径迹的缩描.实线代表原有径迹(按比例缩小的),虚线表示中性粒子的路径,是原相片中不能显出的.相片表明的是一粒π^-介子打击液氢的质子p,产生了Λ^0和K^0(协同产生):

$$\pi^- + p \to \Lambda^0 + K^0.$$

怎样知道见不到的两条径迹是Λ^0和K^0的呢？这是由如下分析得出的.首先,见不到可知是中性粒子.图中右上部有一对分叉的径迹,可以看出形象是不对称的,是两粒不同的粒子.从磁场中相反的弯曲可以判别正负性.在相片中还可以看到径迹的其他情况.把这一对粒子作为p和π^-来考虑是合理的.图中左半部还有一对较长的曲线,线的形象相似,只是弯曲相反,表示这是一对相同的粒子,但正负不同,估计是π^+和π^-.把这些推断综合起来,结论是有下式表示的过程发生:

$$\pi^- + p \to \Lambda^0 + K^0$$

$K^0 \to \pi^+ + \pi^-$

$\Lambda^0 \to p + \pi^-$

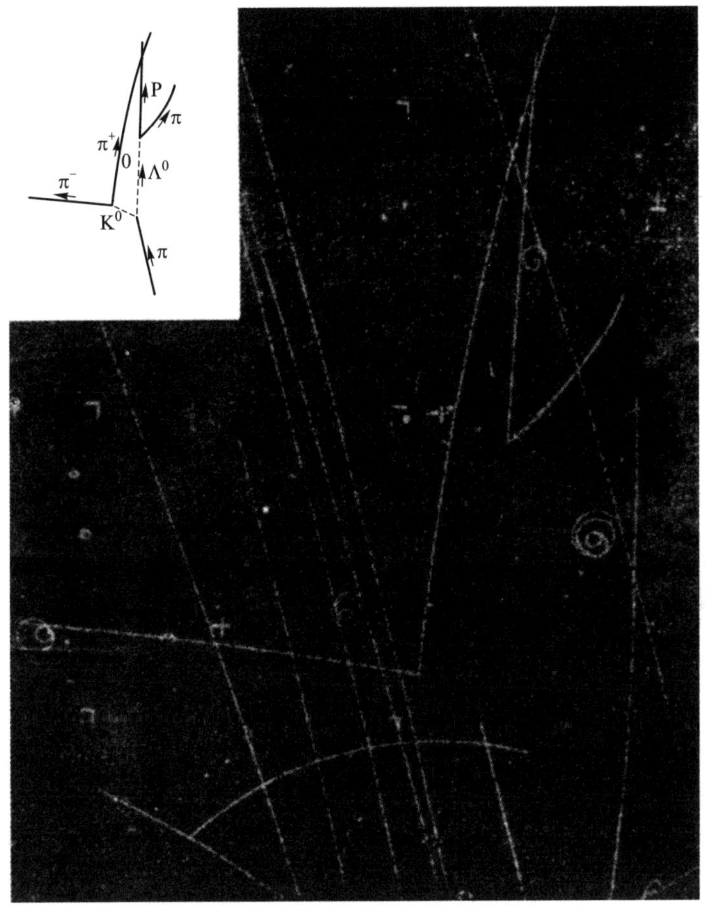

图 11.3 液氢气泡室中 Λ^0 和 K^0 的协同产生

又在另一相片中观察到下式表示的过程：

$$\pi^- + p \rightarrow \Sigma^0 + K^0$$

$K^0 \rightarrow \pi^+ + \pi^-$

$\Sigma^0 \rightarrow \Lambda^0 + \gamma$

$\Lambda^0 \rightarrow p + \pi^-$

又观察到超子或 K 介子同核子的作用也能产生新的 K 介子和超子.

协同产生是基本粒子相互作用的一种重要现象.从各种现象总结出一套关于基本粒子的规律,从规律又逐步发展了理论.下一节将讨论这些规律和理论.

11.3 守恒定律和对称原理

在物理过程中,物体所具有的某些物理量是守恒的.在力学过程中,我们知道有能量守恒,动量守恒和角动量守恒.在第十章讨论的原子核反应中,也接触到质能守恒,动量守恒,角动量守恒,电荷量守恒等情况.现在讨论基本粒子的相互作用,也有某些物理量守恒或不守恒的问题.

已经接触到的关于基本粒子的物理量有质量、能量、动量、角动量(已提到自旋,这里的角动量应包括粒子的自旋和"轨道"角动量)和电荷,这些量在三种相互作用过程中都是守恒的,即在过程中整个体系的这些量是不变的,保持一定数值的.

关于守恒问题,现在要列举基本粒子的其他物理量和某些性质.

对所有轻子,需要指定轻子数.这又分为两类:

电轻子数 L_e　e^-和 ν_e 的轻子数是+1,e^+和 $\bar{\nu}_e$ 的轻子数是-1.

μ 轻子数 L_μ　μ^-和 ν_μ 的轻子数是+1,μ^+和 $\bar{\nu}_\mu$ 的轻子数是-1.

这两套轻子数不能混的.

重子数 B　所有重子需要指定重子数.每一种重子的重子数是+1,每一种反重子的重子数是-1.

介子和光子既不是轻子,也不是重子,它们的轻子数和重子数都是 0.

同位旋 I 和同位旋分量 I_z　在基本粒子的表中可以看到有些粒子质量很接近,但电荷量不同,每一组这样的粒子可以看作一种粒子处于不同态.这里两种粒子成一组的有 p 和 n,Ξ^-和 Ξ^0,K^+和 K^0;三种粒子成一组的有 $\pi^+\pi^0\pi^-$,$\Sigma^+\Sigma^0\Sigma^-$;单独的有 Λ^0 和 Ω^-.对每一组指定一个数,称为同位旋 I,这个数决定于组内有几个成分.例如核子有两个成分 p 和 n,这一组需要一个同位旋数 I 和两个同位旋分量 I_z.一般规定是 $I_z=+I,I-1,\cdots,-I$,共 $2I+1$ 个 I_z,现在这个例子中只要两个 I_z,所以 $2I+1=2$,$I=\frac{1}{2}$,$I_z=+\frac{1}{2}$和$-\frac{1}{2}$;指定质子的 I_z 是$+\frac{1}{2}$,中子的是$-\frac{1}{2}$.

对三成分的$\Sigma^+\Sigma^0\Sigma^-$和 $\pi^+\pi^0\pi^-$,$2I+1=3$,所以 $I=1$,$I_z=+1,0,-1$.

对单独粒子 Λ^0 和 Ω^-,$2I+1=1$,所以 $I=I_z=0$.

同位旋只是强子的性质.

奇异数 S　强子的产生是强相互作用过程,作用时间是 10^{-23} s 的数量级.而以前叙述过的衰变,平均寿命是 10^{-8}到 10^{-10} s,是弱作用.为什么产生能通过强作用,而衰变不能通过强作用?又为什么某些强子的产生总是两粒或两粒以上协同产生?而另外有一些设想的协同产生过程却观察不到?例如下列各式所示是观察到的产生过程:

$$\pi^-+p\rightarrow\Lambda^0+K^0,\text{或}\Sigma^0+K^0,$$

$$\pi^-+p\rightarrow\Sigma^-+K^+,$$

$$p+p\rightarrow\Sigma^++K^++n,\text{或}\Sigma^0+p+K^+,\text{或}\Lambda^0+p+K^+.$$

而下列两式表示的过程却从未观察到:

$$\pi^-+p\rightarrow\Sigma^++K^-,$$

$$n+n\rightarrow\Lambda^0+K^0,\text{或}\Lambda^0+\Lambda^0,\text{或}\Sigma^0+\Sigma^0.$$

从大量事实分析研究,总结出一个规律,就是“奇异数”守恒.对每一种强子指定一个适当的数,称为“奇异数”,那么凡是能够实现的强作用过程,反应前后奇异数的代数和是不变的.那些不能实现的、设想中的过程,反应前后奇异数的代数和是不相等的.

而且还总结出同位旋分量 I_z,奇异数 S 和重子数 B 三者同粒子的带电荷量 Q(以电子电荷量为单位)有如下关系:

$$Q=I_z+\frac{B+S}{2}$$

有时把 $B+S$ 的数值另用一个符号 Y 表示,称作“超荷”,上式就可写成

$$Q=I_z+\frac{Y}{2}.$$

上面所说的标志着粒子的某些性质的数可以说是一些量子数.

下面还要讨论基本粒子的几种其他性质.

宇称 宇称的一般意义在第三章中已开始说到.后来在原子结构和原子核问题上也先后有接触.但现在关于基本粒子的问题有新的情况,需要有所补充.在原子和原子核问题中,宇称只涉及电子或核子的轨道运动.在基本粒子的相互作用中,粒子的数目和种类都可能改变,因此必须对每一个粒子规定一个明确的内禀宇称.可以用+1 代表宇称的偶性,-1 代表奇性.一个体系的宇称是粒子的内禀宇称和它们的轨道宇称相乘.

电荷共轭 电荷共轭是把一个体系的每个粒子改换成它的反粒子的过程.粒子和反粒子的下述量子数是正负相反的:Q、B 和 $Y\left(Q=I_z+\frac{Y}{2},Y=B+S\right)$,也包括 I_z 和 S 正负相反.“电荷共轭下的不变性”一词指将某个过程中的所有粒子都换成其反粒子时作用不改变,例如强相互作用就是电荷共轭不变的;也就是说,这种作用当粒子都换成反粒子时是相同的.

宇称和电荷共轭　可以在理论和实践中证明，费米子和反费米子的内禀宇称是相反的，例如 e^-，p，n，Λ^0，$\Sigma^{\pm,0}$，$\Xi^{-,0}$，Ω^-这些费米子的内禀宇称是偶性的，它们的反粒子 e^+，$\bar{p}$，$\bar{n}$，$\overline{\Lambda^0}$，$\overline{\Sigma^{\pm,0}}$，$\overline{\Xi^{+,0}}$，$\overline{\Omega^+}$的内禀宇称是奇性的.玻色子和反玻色子具有相同的内禀宇称，例如 π^+和 π^-，K^+和 K^-，K^0 和$\overline{K^0}$的内禀宇称都是奇性的.

时间反演和 TCP 定理　时间反演是把描述物理过程的时间变量换成它的负量，也就是把时间的进程倒过来.基本粒子的强相互作用和电磁相互作用具有时间反演(T)下的不变性.这两种相互作用在单独的电荷共轭(C)和空间反映(P)的变换下也具有不变性.可是弱相互作用在空间反映而且在电荷共轭下都是不守恒的.然而在一切形式的、满足因果律的相对论场论中，任何相互作用经任何次序的联合 TCP 变换都是不变的，这不规律称为 TCP 定理.

由 TCP 定理可以推得，设若任何相互作用在 T 变换中是不变的，那么经 CP 联合变换，也是不变的.弱相互作用分别在 P 变换和 C 变换中是不守恒的，在 CP 联合变换下是否守恒呢？在 β 衰变过程中，查明在百分之几的实验误差内，弱作用经 T 变换是守恒的，由此推测弱相互作用经 CP 联合变换也是守恒的.但是，契斯塔萨(Chestasa)等在 1964 年进行关于 K^0 $\overline{K^0}$简并体系衰变的实验中，查得除经常衰变为三个 π 介子外，还有 0.2%衰变成 $\pi^+ + \pi^-$.根据理论分析，如果弱相互作用在 CP 联合变换中具有准确的不变性的话，衰变成两个 π 介子的情况是不会出现的.实现情况表明，弱相互作用在 CP 联合变换下不是完全守恒的.由此，根据 TCP 定理，可知弱相互作用在 T 变换中有微小程度的不守恒.

以上讨论了基本粒子的一些量子数和对称关系.现在把各种量子数的具体数值开列在表 11.2 中.

有了这些量子数和对称关系，就可以把三种相互作用的守恒定律开列出来，这就是表 11.3.把这些规律去对照相互作用的具体例子，就可以明了为什么有些情况的发生或不发生.例如前面提到的 K 介子和超子，为什么协同产生，又为什么有些设想可以发生的产生方式却不出现.这是早年所不能理解的，认为是奇异的事，所以称为奇异粒子.后来才研究出还有一个量子数 S 的守恒问题.这个量子数不守恒的设想的作用方式是不会实现的，这个量子数因为是奇异粒子所具有的，被称为奇异数.而且还有其他量子数的守恒问题，都开列在表 11.3 中了.

这些相互作用的守恒定律和有关量子数的数值是从观察到的事实总结出来的，并不是先有完整的理论.但这样的经验规律的总结也就是进入理论的门径，边总结经验规律，边发展理论.从这些规律出发，现在的研究已进入基本粒子内部结构的问题.有关理论仍在发展中.

表 11.2 基本粒子的量子数

粒子类别	粒子符号	静质量/MeV	寿命/s	电荷 Q	自旋 J	轻子数 L_e	L_μ	重子数 B	内禀宇称	同位旋 I	同位旋分量 I_z	奇异数 S	超荷 Y
光子	γ	0	稳	0	1	0		0	奇				
轻子	ν_e	0	稳	0	1/2	+1		0					
	ν_μ	0	稳	0	1/2		+1	0					
	e^-	0.511	稳	−1	1/2	+1		0					
	μ^-	105.7	2.2×10^{-6}	−1	1/2		+1	0					
介子	π^+	139.6	2.6×10^{-8}	+1	0	0		0	奇	1	+1	0	0
	π^0	135.0	0.9×10^{-16}	0	0	0		0	奇	1	0	0	0
	π^-	139.6	2.6×10^{-8}	−1	0	0		0	奇	1	−1	0	0
	K^+	493.8	1.2×10^{-8}	+1	0	0		0	奇	1/2	+1/2	+1	+1
	K^0	497.8	$\left(8.6\times10^{-11}\right.$	0	0	0		0	奇	1/2	−1/2	+1	+1
	$\overline{K^0}$	497.8	$\left.5.2\times10^{-8}\right)$	0	0	0		0	奇	1/2	+1/2	−1	−1
	K^-	493.8	1.2×10^{-8}	−1	0	0		0	奇	1/2	−1/2	−1	−1
	η^0	549	2.5×10^{-19}	0	0	0		0	奇	0	0	0	0
	η^-	958	$>10^{-21}$	0	0	0		0	奇	0	0	0	0
重子	p	938.3	稳	+1	1/2	0		+1	偶	1/2	+1/2	0	+1
	n	939.6	930	0	1/2	0		+1	偶	1/2	−1/2	0	+1
	Λ^0	1 116	2.5×10^{-10}	0	1/2	0		+1	偶	0	0	−1	0
	Σ^+	1 189	8.0×10^{-11}	+1	1/2	0		+1	偶	1	+1	−1	0
	Σ^0	1 192	$<10^{-14}$	0	1/2	0		+1	偶	1	0	−1	0
	Σ^-	1 197	1.5×10^{-10}	−1	1/2	0		+1	偶	1	−1	−1	0
	Ξ^0	1 315	3×10^{-10}	0	1/2	0		+1	偶	1/2	+1/2	−2	−1
	Ξ^-	1 321	1.7×10^{-10}	−1	1/2	0		+1	偶	1/2	−1/2	−2	−1
	Ω^-	1 672	1.3×10^{-10}	−1	3/2	0		+1	偶	0	0	−3	−2

表 11.3 基本相互作用的守恒定律

守恒量	强作用	电磁作用	弱作用
能量	+	+	+
线动量	+	+	+
角动量	+	+	+
电荷	+	+	+
电轻子数	+	+	+
μ 轻子数	+	+	+
重子数	+	+	+
同位旋	+	-	- (对非轻子 $\Delta I=\frac{1}{2}$)
同位旋 z 分量	+	+	- (对非轻子 $\Delta I_z=\frac{1}{2}$)
奇异数	+	+	- (对非轻子 $\Delta S=\frac{1}{2}$)
宇称	+	+	-
电荷共轭	+	+	-
时间反演	+	+	+ {K^0 $\overline{K^0}$的少数长寿命衰变除外}

注:+表示守恒,-表示不守恒.

11.4 共 振 态

基本粒子互相碰撞时,可以产生一种状态,即二、三个粒子短时结合在一起,成为一个粒子,这称为共振态或激发态,不久就衰变了.这样的短期结合,如果也看作基本粒子,那么现在知道的基本粒子数目,包括以前已谈到的比较稳定的粒子,已有二百多种了.出现了这么多种粒子,很难说都是“基本”的了.

共振态分为两类:一类称为重子共振态,它的衰变产物有重子在内.另一类是介子共振态,它衰变成为两个或两个以上介子.下面举例说明怎样观测这两类共振态.

1. 重子共振态

图 11.4 是 π^+ 和 π^- 介子撞击质子在不同撞击能量发生相互作用的截面，是计数器精密测得的．这两种情况中，当 π^+ 或 π^- 介子的实验室动能在 195 MeV 时，都有一个很强的共振峰．从这个能量的数值，再考虑到 π 介子和质子的质量，可以算出 π 介子和质子质心系的总能量．这就是共振态粒子质量所联系的能量．这样算得的数值是 1 236 MeV．

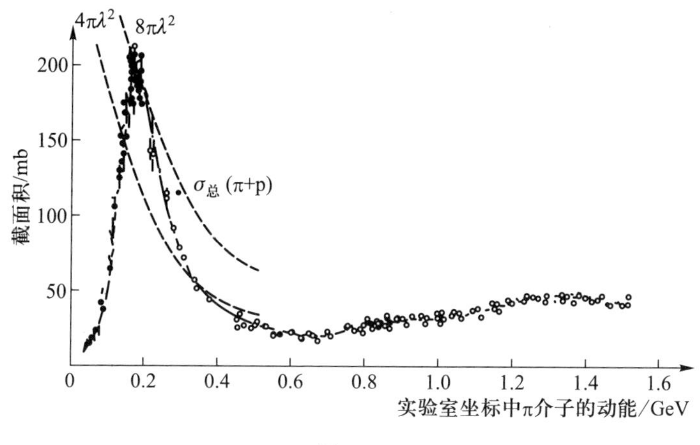

图 11.4

共振峰有一定的宽度，这表示形成的粒子的质量有一个窄范围的分布，不是一个单一值，实验曲线共振峰的半高宽度可以折算成粒子质量谱中的半高宽度 Γ，上述例子中的这个数值是 $\Gamma=120$ MeV，这是联系着粒子质量的不确定值 Δm 的能量不确定值 ΔE．这表示这种共振态是短寿命的．一个稳定的粒子的寿命接近无限长，那么它的静止能量就接近单一值．能量的不确定值 ΔE 和寿命（时间的不确定值）ΔT 有一个普遍的关系，即 $\Delta E\Delta T\sim\hbar$．所以从共振峰的宽度可以算出共振粒子的寿命．上述共振态的寿命是

$$\tau=\Delta T\sim\hbar/\Delta E=\hbar/\Gamma=(6.58\times10^{-22}/120)\ \mathrm{s}=5\times10^{-24}\ \mathrm{s}.$$

这里 $\hbar=6.58\times10^{-22}$ MeV · s.

这样，这个共振粒子的质量是 1 236 MeV/c^2，它的寿命是 5×10^{-24} s．寿命这样短，说明衰变是强相互作用．这个例子的共振态粒子称为 Δ 粒子．

现在考虑这个共振态的其他性质：

总角动量 J　π 的自旋是 0，质子的自旋是 1/2，总自旋是 1/2．πp 体系的轨道角动量 L 的可能值是 0，1，2，⋯．所以 πp 体系的总角量 $J=L+\dfrac{1}{2}=\dfrac{1}{2},\dfrac{3}{2},\cdots$．

从测得的截面最大值可以判断形成的共振态的 J 是 3/2.

同位旋 I π 的同位旋是 I,质子的同位旋是 1/2.经推究,πp 体系的同位旋 I 是 3/2.同位旋分量 I_z 是 3/2,1/2,-1/2,-3/2.

电荷量 Q π 的奇异数 $S=0$,质子的奇异数 $S=0$,所以 πp 体系的 $S=0$.π 的重子数 $B=0$,质子的重子数 $B=1$,所以 πp 体系的 $B=1$.那么 πp 体系的超荷 $Y=B+S=1+0=1$,而电荷 $Q=I_z+\frac{1}{2}$,那么对应于四个 I_z 值,有四个 Q 值:

I_z	$\frac{3}{2}$	$\frac{1}{2}$	$-\frac{1}{2}$	$-\frac{3}{2}$
Q	2	1	0	-1

这样,这个共振态形成四种粒子,称为 Δ^{++},Δ^{+},Δ^{0},Δ^{-1}.总称 Δ(1 236).总括以上讨论,这个共振态的数据如下:

m	1 236 MeV/c^2			
Γ	120 MeV($\tau=\hbar/\Gamma=5\times10^{-24}$ s)			
J			$\frac{3}{2}$	
I			$\frac{3}{2}$	
I_z	$\frac{3}{2}$,	$\frac{1}{2}$,	$-\frac{1}{2}$,	$-\frac{3}{2}$
Y			1	
Q	2	1	0	-1
	Δ^{++}	Δ^{+}	Δ^{0}	Δ^{-1}

关于重子共振态,就举这个例子说明一些情况.重子共振态粒子分为几类:N 粒子,$I=\frac{1}{2}$;Δ 粒子,$I=\frac{3}{2}$;Λ 粒子,$I=0$;Σ 粒子,$I=1$;Ξ 粒子,$I=\frac{1}{2}$;Ω 粒子,$I=0$,$J=\frac{3}{2}$.

2. 介子共振态

介子是玻色子,它的自旋是 $\hbar$ 的整倍数(包括零).以前提到过的 π 介子和 K 介子的自旋都是 0.介子共振态的自旋大多是 $\hbar$ 的 1 或 2 倍,或更高的倍数,所以具有介子的一般特性.而且介子共振态都衰变成介子.

在讨论重子共振态时,举 π^+ 介子同质子相互作用为例.这两种粒子的反应中也会产生介子共振态，例如 π^+ 同质子的相互作用可以有如下过程：

$$\pi^+ + p \to \Delta^{++} + \pi^0 \to p + \pi^+ + \pi^0,$$

$$\pi^+ + p \to p + \rho^+ \to p + \pi^+ + \pi^0.$$

这两种过程的最后产物相同，但中间过程不同.前一种过程中中间态有 Δ^{++}，这是前面讨论过的重子共振态.第二种过程的中间态中出现了 ρ^+，这是一种介子共振态，它衰变为 π^+ 和 π^0.

一个观测办法是把 π^+ 射入液氢气泡室①中，摄得大量的径迹相片，加以分析研究.在相片中可以见到射入的 π^+ 和最后产物 p 和 π^+ 的径迹.产物 π^0 的径迹是见不到的.上两式表示的过程中出现的径迹大体有图 11.5(a)(b)所示两种形式.在图中代表 ρ^+ 和 Δ^{++} 的两短段径迹实际是看不到的，只有 10^{-13} cm 数量级的长度，我们把它夸大画出，为的是要把过程表示出来.在产物中的 p 和 π^+ 的径迹能够看到.对(a)图的径迹加以分析，可以算出 ρ^+ 的质量.把大量这样的相片加以研究，可以积累关于 ρ^+ 的质量的数据.图 11.6 是 ρ^+ 的不同质量数值出现的次数对质量值平方的标绘.我们可以看到在 $m^2 = 0.56\ \text{GeV}^2$ 处(即 $m = 0.75$ GeV 处)出现高峰.ρ^+ 质量的精密值求得是 765 MeV，半高宽度是 125 MeV，由此算得 $\tau = 6.58\times10^{-22}/125\ \text{s} \approx 5\times10^{-24}$ s.

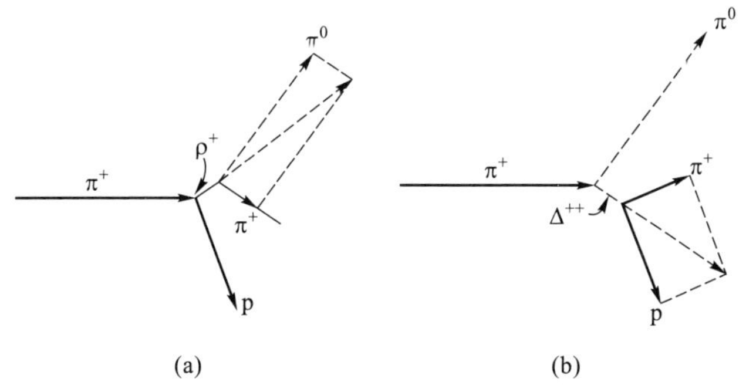

$\pi^+ + p \to p + \rho^+ \to p + \pi^+ + \pi^0$　　　$\pi^+ + p \to \Delta^{++} + \pi^0 \to p + \pi^+ + \pi^0$

图 11.5　$\pi^+ + p$ 相互作用的两种过程

从下列相互作用又可以求得 ρ^- 和 ρ^0 的质量：

$$\pi^- + p \to p + \rho^- \to p + \pi^- + \pi^0,$$

$$\pi^- + p \to n + \rho^0 \to n + \pi^+ + \pi^-.$$

以上说到三种 ρ，即 ρ^+，ρ^0 和 ρ^-.可知 ρ 的同位旋等于 1.

① 在液体中出现微小气泡显示带电粒子径迹的仪器.

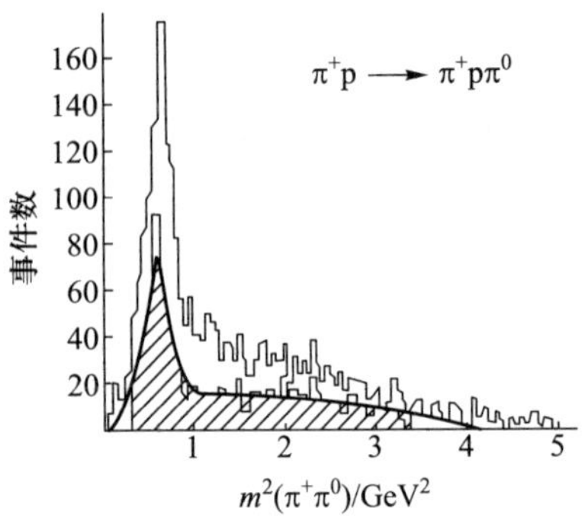

图 11.6 ρ^+的共振峰

后来又发现 $\omega^0(785)$,$\Gamma_\omega=10$ MeV.又发现 $\phi^0(1\ 019)$,$\Gamma_\phi=5$ MeV.ρ^0,ω^0 和 ϕ^0 的自旋都等于 1.

在 1974 年丁肇中等又发现一种同上述几种粒子类似的粒子,定名为 J 粒子.其他研究单位有称为 ψ 粒子的,文献上又称为 J/ψ 粒子.这种粒子的质量更大,$m_J=3.112$ GeV,而宽度 $\Gamma<5$ MeV.这是在质子相互作用中产生的(具体办法是用加速到 5 GeV 的质子打击铍靶).后来好些研究实验室观察到这种粒子.有一个单位测得 $\Gamma_J=60$ keV,这相当于

$$\tau=6.58\times10^{-22}/0.60\ \text{s}\approx1.1\times10^{-21}\ \text{s}.$$

1975 年在电子对撞机中发现另一种粒子 ψ′,其质量为 3.7 GeV,并查得这种粒子同 J 粒子有如下关系:

$$e^++e^-\to\psi'$$
$$\quad\hookrightarrow P_e+\gamma_1$$
$$\qquad\hookrightarrow \gamma_2+J/\psi$$
$$\qquad\qquad\hookrightarrow \mu^++\mu^-$$

J/ψ 的衰变经各方实验认定的有下列几种方式

$$\begin{aligned}J/\psi&\to e^+e^-,\mu^+\mu^-\\&\to2\pi^+2\pi^-(\pi^0)\\&\to\omega\pi^+\pi^-\\&\left.\begin{aligned}&\to p\bar{p}\\&\to K^+K^-\end{aligned}\right\}\end{aligned}$$

ψ′(3.7 GeV)衰变成 J/ψ(3.1 GeV)也有通过如下方式的:

$$\psi'\to J/\psi+\pi^++\pi^-.$$

这些近年的发展对基本粒子的结构问题是十分重要的.下一节将讨论到.

其他介子共振态还有很多.

11.5 强子分类和层子模型

关于基本粒子的研究,到现在已经积累了丰富的资料.粒子种类包括共振态已经达到200以上.用各种量子数标记它们的特性到了很复杂的程度,但是可以看出存在着一定的系统性和规律性.经过这样的发展,人们认识到,所谓“基本粒子”,还有更基本的内部结构,这就推动了对这些粒子深一层的研究.

值得注意的一个情况是轻子的数目在很长时间内保持四种:电子、μ 子、电中微子、μ 中微子和它们的反粒子.多年来没有新的发现.近年才发现较重的轻子 τ.而强子的数目不断增加,且彼此有复杂关系,但是,这些关系是有规律可循的.

层子模型　从这样的事实,近年理论的研究认为多样的强子是由更深一层的层子构成的.我国在这方面的理论工作者作了不少贡献,并提出“层子”这个名称[国际上称为夸克(Quark)].前些年根据强子的特性的对称性,人们提出三个层子的模型,近年共振态粒子的连续发现,用三个层子的模型来说明复杂的强子情况已经感到不够,又采用四层子模型.

人们从强子特性的对称性推断出层子的特性并用一套量子数表示出来.表 11.4 中开列了层子和反层子的量子数.这样就可以说明强子的特性和彼此关系的对称性.

表 11.4　层子和反层子

层子	Q	B	I	I_z	Y	C
u	$+\frac{2e}{3}$	$+\frac{1}{3}$	$\frac{1}{2}$	$+\frac{1}{2}$	$+\frac{1}{3}$	0
d	$-\frac{e}{3}$	$+\frac{1}{3}$	$\frac{1}{2}$	$-\frac{1}{2}$	$+\frac{1}{3}$	0
s	$-\frac{e}{3}$	$+\frac{1}{3}$	0	0	$-\frac{2}{3}$	0
c	$+\frac{2e}{3}$	$+\frac{1}{3}$	0	0	$+\frac{1}{3}$	+1
$\bar{u}$	$-\frac{2e}{3}$	$-\frac{1}{3}$	$\frac{1}{2}$	$-\frac{1}{2}$	$-\frac{1}{3}$	0

续表

层子	Q	B	I	I_z	Y	C
$\bar{\mathrm{d}}$	$+\frac{e}{3}$	$-\frac{1}{3}$	$\frac{1}{2}$	$+\frac{1}{2}$	$-\frac{1}{3}$	0
$\bar{\mathrm{s}}$	$+\frac{e}{3}$	$-\frac{1}{3}$	0	0	$+\frac{2}{3}$	0
$\bar{\mathrm{c}}$	$-\frac{2e}{3}$	$-\frac{1}{3}$	0	0	$-\frac{1}{3}$	-1

注：表中的量子数，除 C 外，其他以前都已说明.C 称为粲数，是新增加的层子 c 所独有的.

人们推断，每一个介子是一个层子和一个反层子构成的，重子是三个层子构成的.按照这样的结构方式，可以把数目众多的强子清理出一个头绪来.下面是四层子模型的强子分类.

粒子特性的标志是几种量子数.现在用同位旋分量 I_z，超荷 $Y(=B+S)$ 和粲数 C 三种量子数把强子分类并显示它们的层子结构.把粒子的 I_z，Y 和 C 作为它的沿三个互相垂直方向的坐标，就可以在三维空间中把粒子定一个位置.各种粒子的位置构成具有一定对称性的立体结构图，把它们的特性关系和层子成分清楚地显示出来.图 11.7(a) 和图 11.7(b) 是重子的图形.图 11.7(a) 是一个四面体.把这个四面体截去四个顶角锥，就成为图 11.7(b) 的形状.我们可以看到这两个图的对应关系.图 11.8 是介子的图形.图中粒子符号上带星号的是共振态.

在这三个图中可以看到，在上下不同平面上的粒子是属于不同粲数 C 的.图 11.7(b) 中，$C=0$ 的六角形中有八个稳定的重子，都标出了名称和层子成分，称为重子八重态.在图 11.7(a) 中，在 $C=0$ 的三角形中有十个重子共振态，都已发现，也标出了名称和层子成分.其中 Ω^- 是弱作用衰变的，是理论上先预言它的存在，并估计出它的质量，后来果然在实验中发现了的.这是这个理论的明显成功之处.

在图 11.7(a) 和图 11.7(b) 的 $C=1,2,3$ 各平面中的粒子还没有同实验中发现的粒子共振态对照起来，所以只标出层子成分.

在这些图形中，横向不同位置上的粒子是属于不同 I_z 的；前后不同位置上的粒子是具有不同 Y 值的.具有不同量子数的粒子就这样在这些图形中占一定的位置.我们很容易认出各位置上粒子的层子成分.

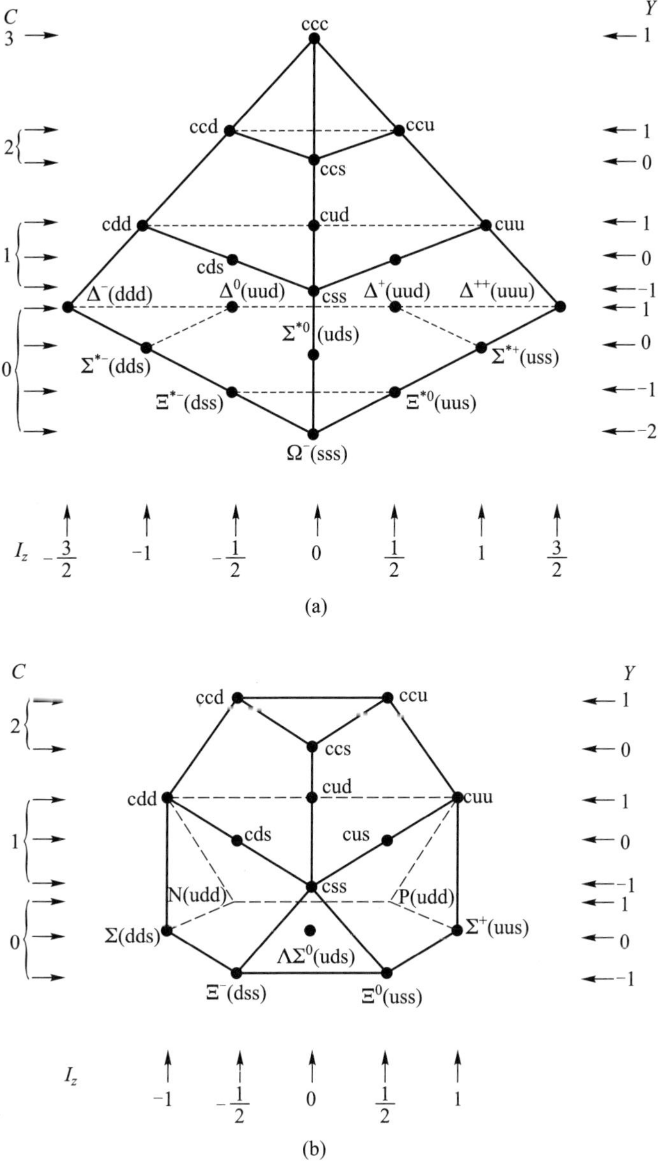

图 11.7　重子的对称图型

在图 11.8 中，$C=0$ 和±1 各平面上的介子都已经发现的，其中在 $C=0$ 那个六角形上的是较稳定的.在这个图形的中心有一些中性介子，其中近年发现的，例如 J/ψ 有一个特点，就是质量大，而寿命又比较长（共振峰的宽度小），[质量大，粒子不稳定，预期它的寿命短]，因此估计是粲层子和反粲层子构成的，但粲数正负抵消,粒子的粲数还是 0.所以在图形中仍属于 $C=0$ 这一类的粒子.但这些粒子与纯由非粲层子和反层子构成的非粲粒子不同,它们的上述特性就是这情况的反映.

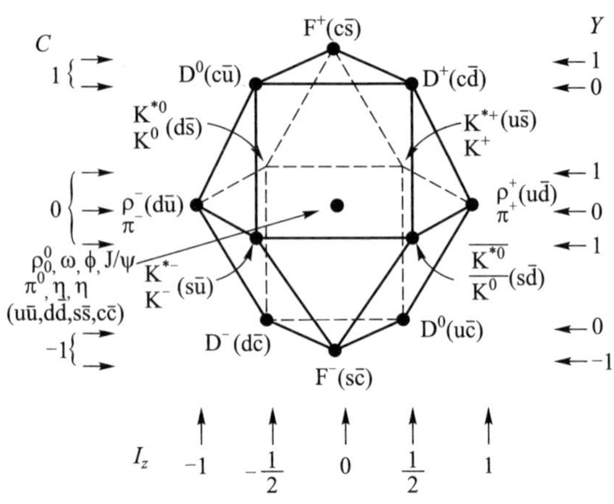

图 11.8 介子的对称图形

层子的"色" 关于层子的理论仍在发展.上述四层子模型理论中还有矛盾存在.现在讨论两种情况:

(1) 层子的统计性问题 层子是具有自旋 1/2 的费米子.在层子模型中,介子由一个层子和一个反层子构成,成为自旋等于 0 的玻色子.这在理论上无问题.但是,关于三个层子组成重子,就有统计性问题的困难了.例如 Δ^{++},从电荷考虑,应该是 3 个 u 层子组成$\left(\text{u 的电荷是}\dfrac{2}{3}e\right)$.$\Delta^{++}$的自旋等于 3/2,所以层子的自旋 1/2 必须互相平行,但三个费米子的自旋怎能取平行状态呢?又重子在基态应该是最简单的 s 态,波函数是球形对称的,这又不符合奇数费米子的要求.为了解决这样的理论困难,就引进一个新的"自由度",称为"色",分为"红"、"蓝"、"绿"三色.结成重子的三个层子分属于三个"色".这样,就可以令三个层子的自旋平行,但分属于三个"色",不同态,也就可以允许了.

(2) 另一个理论上的困难是,层子和反层子结成介子,又三个层子结成重子,这表示一对正反层子之间和三个层子之间的作用力特别强,对介子或重子外边的一个层子就很弱,层子作用力显示饱和性.怎样恰当说明这样的饱和性呢?对正反一对层子的饱和性可以这样说,层子具有一种"荷",正反层子的"荷"是相反的,合在一起,正反吸引力很强,对外由于正反"荷"的作用抵消,所以显得很弱.那么三个层子构成重子,对外作用没有抵消,为什么重子之间不显出强的作用力呢？按层子“色”理论就可以解释了.设三个层子分属于不同“色”，分别具有 Z_1,Z_2,Z_3 不等于零的“荷”，所以它们之间有很强的作用力；但是 $Z_1+Z_2+Z_3=0$，所以对外作为整体的作用力是极微小的.

还有其他问题，也可以用这样的理论解决.

“色”是借用的名称，意思是有三套性质不同的层子，分别标作“红”、“蓝”、“绿”，每套有四种层子.

胶子　层子通过强相互作用结成强子.有人设想强相互作用是否也应该有一种媒介，正如光子是电磁相互作用的媒介.因此提出层子间的强相互作用的媒介可以称为“胶子”.关于这个设想，曾经丁肇中领导的一个高能物理实验小组在西德汉堡电子同步加速器中心，经过大量的工作，找到了胶子存在的实验证据.

单独的层子在高能加速器的实验中也还没有观察到.有一个设想是层子在粒子中结合很强固，现有加速器能达到的能量还不够大到足以把单独层子打出来.宇宙线能量虽大，但强度低，出现单独层子的概率低.估计层子的质量在10 GeV/c^2 以上.

强子的层子结构模型只是根据强子的一些性质进行的理论推断，还在迅速发展中.上面我们说到，前几年有三层子模型，近年再提出粲层子，成为四层子模型，又再分为三套“色”.我们在上面简略地介绍了层子理论发展中一个阶段的情况，可以看到这理论有它的成功之处，但还没有达到成熟定型阶段.最近实验上又找到五种层子存在的证据.关于基本粒子的结构问题，实验和理论工作正在逐步深入.

11.6 关于电磁相互作用

1. 光子

粒子间的电磁相互作用是通过电磁场发生的.光子是电磁场的量子，它是粒子间电磁相互作用的媒介.带电体之间，或电流之间，或带电体和电流之间都有电磁相互作用.

光子无静质量，它的能量等于 $h\nu$，ν 是光的频率. h 为普朗克常量.同光子能量联系的质量是 $h\nu/c^2$.

原子发射光谱时，其跃迁的选择定则中 $\Delta l=1$，这表示发射出的光子必然具有 $1\hbar$ 的角动量.又能级的跃迁只能发生在奇性和偶性能态之间，这说明发出的光子具有奇性的宇称.光子的这两种性质用符号 $J^P=1^-$ 表示.这里 J 是自旋量子数,数值是 1;P 指宇称,-表示宇称是奇性的.从光谱的规律推出光子的这两种性质.

2. 粒子的电磁性

带电粒子大多带一个电子的电荷量 e,正的或负的.共振态有带 $2e$ 电荷量的,没有超过 $2e$ 的.

从电子和 μ 子在电子上散射的实验以及这两种粒子的磁矩情况,可以得到一个结论:这两种粒子直到 4×10^{-14} cm 的半径,是没有内部结构的.关于电子之间和 μ 子之间的电磁相互作用的其他实验也都证实了这个结论.

这两种粒子的另一种情况是,在电磁相互作用的实验中,它们显得完全等同.它们被电子散射的表现是相同的;通过测量这两种粒子被质子散射的情况,测得质子的形状因子也是相同的. 还有,在对强相互作用的电磁耦合上,这两种粒子也是没有差别的,例如 ρ^0 介子衰变为一对 μ 子或一对电子的衰变率分别是这介子总衰变率的

$$(6.3\pm1.0)\times10^{-5}\text{和}(6.2\pm0.6)\times10^{-5},$$

不能说有什么差别.电子和 μ 子,除质量不同外,好像只有在弱相互作用的性质上显出差异.

关于核子的内部结构,曾用电子在质子上的散射,测量质子的形状因子;用热中子在原子中电子上的散射也可以测出中子的形状因子.从这些实验得到的结论是,质子中电荷的空间分布和中子中磁矩的空间分布都是指数式的,平均半径大约是 0.8×10^{-13} cm.质子的磁矩的空间分布大体上也是指数式的,但不是简单的指数式变化,有些偏离.

3. 来源于电磁作用的强相互作用

用 γ 射线产生 π 介子.1 GeV 以下的 γ 射线被质子吸收会产生单个 π 介子如下式所示:

$$\gamma+p\rightarrow n+\pi^+,$$
$$\gamma+p\rightarrow p+\pi^0.$$

这些过程的总截面同以前讨论过的低能量 π 介子在核子上的散射截面相似.随着能量从低值增高,最初出现的一个共振峰就是重子共振态 Δ(1 236 MeV).

当 γ 射线的能量超过 1 GeV 时,被质子吸收产生任何终态的总截面近似等于一常量(0.12×10^{-27} cm^2).终态产物不再只含一个 π 介子和一个质子,会包含共振态,后者再强衰变为几个 π 介子.也会有奇异粒子产生.这些情况同 π 介子与核子的相互作用中所观察到的相似,只是后者的截面比 γ 射线的作用截面差

不多大 250 倍.

矢量介子的产生　现在已经发现的矢量介子 ρ,ω,ϕ,J/ψ,ψ′等可以经下列过程产生:

$$
\begin{aligned}
e^{+}+e^{-} &\to \rho^{0} \to \pi^{+}+\pi^{-} \\
&\to \omega^{0} \to \pi^{+}+\pi^{-}+\pi^{0} \\
&\to \phi \to K^{+}+K^{-} \text{或 } \pi^{+}+\pi^{-}+\pi^{0} \\
&\to J/\psi \to e^{+}+e^{-} \text{或 } \mu^{+}+\mu^{-} \\
&\to \psi' \to J/\psi+\pi^{+}+\pi^{-}.
\end{aligned}
$$

在这些过程的初始阶段,没有强子参加,所以强子的产生表示纯电磁场同强作用粒子间的直接耦合.从反应率之高来看,这不能认为是由于初始轻子间的弱相互作用.同前面刚说过的强子的光致产生情况对比,那里最初就有核子存在,光子可以认为是同核子的复杂结构中的电磁流起作用的.(当然这些矢量介子也可以由其他方式产生,例如 J/ψ 是在质子碰撞过程中发现的,但不久也在电子碰撞中发现.这里我们只讨论电子过程.)

上述矢量介子共振态都具有与光子相同的 $J^{P}C$,所以有人建议这些粒子构成电磁相互作用同强相互作用之间的主要桥梁.

电子在质子上的深度非弹性散射　电子在质子上的弹性散射曾用来探测质子的内部结构.在进行这类实验时,除弹性散射外,还观察到非弹性散射.图 11.9 是 10 GeV 的电子被质子散射后的能谱.我们看到除强度很大的弹性散射外(散射后的电子能量和入射能量相同),还有非弹性散射(散射后电子的能量比入射能量减低了).在能量减低不很多的区域,见到共振峰,这就是产生的强子共振态,主要是前面所说矢量介子产生的过程.

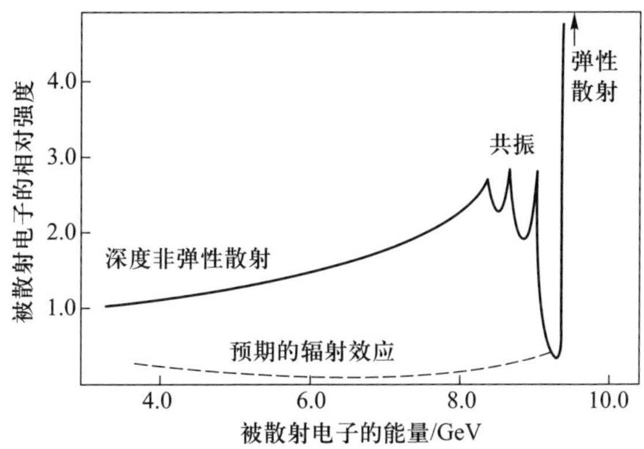

图 11.9　10 GeV 的电子被质子散射后的能谱,显示"深度非弹性"区

图中在散射电子的能量减少更多的区域,也就是说非弹性的程度更大的区域,包括所谓深度非弹性散射区,散射电子数超出了估计.那个区域的电子数量应该远低于观察到的,如图中虚线所示.

电子在质子上散射的能谱同中子在原子核上散射情况有相似之处,那里也有弹性散射,复核形成(相当于共振态),和一个高度非弹性区,后者已研究清楚是由于原子核破裂成的核子.在电子被质子散射的情况中,观察到偏转大的事例多,表示散射是发生在点状微粒上的.推想质子(或任何强子)也是由微粒组成的,这类微粒曾被称为“部分子”,设想部分子之间存在着相互作用,它们复合的产物就是观察到的基本粒子.这里所说的部分子也许就是层子理论中的层子. 这样,又进入到强子结构的问题了.

*　*　*

本节讨论了关于电磁相互作用的几方面的问题.开始说到,轻子从很宽的能量范围的实验结论,认为是点状粒子.又电子和 μ 子,除了质量和弱相互作用上有差别外,似乎是相同的粒子.强子的一些情况显示它具有空间伸展的结构.又说到电磁相互作用和强相互作用可以主要通过矢量玻色子发生联系.最后关于深度非弹性散射的讨论已接触到核子内部的微粒结构问题.

11.7　弱相互作用

1. 弱相互作用的辨认

较长的寿命　下列两个过程的产物是相同的,但平均寿命差别很大:

$$\Delta^{++}\to p+\pi^{+},\quad (\tau_{\Delta}\sim 10^{-23}\text{秒;强衰变})$$

$$\Lambda^{0}\to p+\pi^{-}.\quad (\tau_{\Lambda}\sim 10^{-10}\text{秒;弱衰变})$$

Δ^{++}的寿命短,即从产生到衰变的时间短,因此它的径迹短到看不到,只能从它的衰变产物 p 和 π^{+}的能量推出 Δ^{++}的共振峰的能量和宽度 Γ(120 MeV),从而算出平均寿命.Λ^{0}的寿命长,它的径迹可以观察到,长度可以测出,由动量可以算出寿命.寿命长表示作用弱,不易起变化;寿命短表示作用强,易起变化.所以

$$\frac{\Lambda^{0}\text{ 衰变的相互作用强度}}{\Delta^{++}\text{衰变的相互作用强度}}=\frac{1/\tau_{\Lambda}}{1/\tau_{\Delta}}=\frac{1/10^{-10}}{1/10^{-23}}=10^{-13}.$$

由此可知,Λ^{0} 衰变是弱作用,而 Δ^{++}衰变是强作用.

但不能单纯从平均寿命判断而不考虑其他因素的影响.例如中子的平均寿命是 1 000 s.

$$n\to p+e^{-}+\bar{\nu}_{e},$$

n 的寿命比 Λ^0 的寿命大 10^{13} 倍,但我们不能立即下结论说中子衰变的相互作用比上述 Λ^0 衰变的相互作用弱得多.这两种衰变不相似,不能相比.可以相比的是 Λ^0 的另外一个衰变方式:

$$\Lambda^0 \to p + e^- + \bar{\nu}_e,$$

这个衰变的寿命是 10^{-7} s,比中子的寿命还是短得多.但是我们还是不能就根据这一点下结论说二者是不同的相互作用.

轻子的出现　其实上述两种衰变都是弱作用.在两种衰变中都出现轻子,特别是中微子,后者的出现是弱作用的可靠标志.

2. 守恒定律

在弱相互作用中,能量、线动量、角动量、重子数、总电荷量都是守恒的.这些量的守恒在强相互作用、电磁相互作用和弱相互作用中是共同的规律.下面只说弱相互作用专有的情况.

轻子数守恒　下列衰变是存在的,这里轻子数守恒.

$$\pi^- \to \mu^- + \bar{\nu}_\mu,$$

此式左侧没有轻子,所以轻子数是 0,右侧 μ^- 的轻子数是+1,$\bar{\nu}_\mu$ 的轻子数是-1,所以右侧的总轻子数也是 0.轻子数守恒.

下列二式从能量考虑是可能的,但是从来没有观察到,因为轻子数不守恒,左侧没有轻子,而右侧轻子数等于 1.

$$\pi^- \to \mu^- + \gamma,$$

$$\pi^- \to e^- + \gamma.$$

还必须注意,电子和电中微子合成一组的轻子数及 μ 子和 μ 中微子合成一组的轻子数是各自分别守恒的.所以

$$\mu^- \to e^- + \bar{\nu}_e + \nu_\mu,$$

这里 μ^- 和 ν_μ 的轻子数都等于 1,前后平衡;e^- 的轻子数是 1,$\bar{\nu}_e$ 的轻子数是-1,抵消.

超荷和同位旋的不守恒　在弱相互作用中,强子的总超荷 Y 和同位旋 I 是可以改变的.$Y=B+S$,B 是不变的,所以说 Y 可变也就是 S 可变.下面分别讨论几种情况:

只有强子参加的弱相互作用.可以观察到的这类弱相互作用只有奇异粒子的衰变.兹举 Ω^- 衰变的情况为例,

$$\Omega^- \to \Xi^- + \pi^0$$

$$\quad\quad \hookrightarrow \Lambda^0 + \pi^-$$

$$\quad\quad\quad\quad \hookrightarrow p + \pi^-$$

上面一例中有关粒子的 S 数如下：

粒子	Ω^-	Ξ^-	π^0	Λ^0	π^-	p
S	-3	-2	0	-1	0	0

所以在 Ω^-,Ξ^-,Λ^0 衰变时,$|\Delta S|$ 都等于 1.如果 Ω^-直接衰变为质子和 π 介子,即

$$\Omega^-\to p+\pi^0+2\pi^-,\quad |\Delta S|=3$$

或

$$\Xi^-\to p+2\pi^-,\quad |\Delta S|=2$$

这是 $|\Delta S|>1$,是不许的.

I_z同 S 的关系是 $Q=I_z+\frac{1}{2}(B+S)$,Q 和 B 是守恒的,$|\Delta S|=1$,那么就有 $|\Delta I_z|=\frac{1}{2}$.一般也就有 $|\Delta I|=\frac{1}{2}$,但不是必然的,可能也有 $|\Delta I|=\frac{3}{2}$的情况.

有强子和轻子一同参加的弱相互作用,现在考虑初态的 $S=0$ 的情况,以 $n\to p+e^-+\bar{\nu}_e$ 为例.终态的 S 也等于 0,所以 $\Delta S=0$.但是这里强子的 $\Delta Q=1$,连带着 $\Delta I_z=1$.

再考虑有强子和轻子参加,而强子是奇异粒子的情形,例如 $K^+\to\pi^0+\mu^++\nu_\mu$.这里 K^+的 $S=1$,终态的 $S=0$,所以 S 改变 1.强子的 Q 也改变 1.再看 $K^+\to\pi^++\bar{\nu}_\mu+\nu_\mu$ 这个衰变方式,从能量考虑是可能的,却从来没有观察到.这里 $|\Delta Q|=0$,$|\Delta S|=1$,可见 $\Delta Q\neq\Delta S$ 的情况不会出现.$\Delta Q=\Delta S$ 是奇异粒子衰变为强子和轻子过程的一个规律.这可以再举一个例子,$\Sigma^-\to n+e^-+\bar{\nu}_e$.这里强子的 $\Delta Q=\Delta S=+1$.同上例对比,$\Sigma^+\to n+e^++\nu_e$ 中,强子的 $\Delta Q=-\Delta S$,这衰变方式从未观察到.在这些过程中 $|\Delta I_z|$ 还是$\frac{1}{2}$,ΔI 也是$\frac{1}{2}$,还注意在这些衰变过程中总电荷量是不变的.以上关于 S 数、I_z 和 I 的守恒问题的讨论可以归纳为表 11.5.

表 11.5　有强子参加的弱相互作用中强子量子数的改变规律

过程	$\|\Delta Q\|$	$\|\Delta S\|$	$\|\Delta I_z\|$	$\|\Delta I\|$
强子($S=0$)→强子	强子相互作用很强,观察不可能			
强子($\|S\|>0$)→强子	0	1	$\frac{1}{2}$	$\frac{1}{2}$(也可能有$\frac{3}{2}$)
强子($S=0$)→强子+轻子	1	0	1	0
强子($S>0$)→强子+轻子	1	1 ($\Delta S=\Delta Q$)	$\frac{1}{2}$	$\frac{1}{2}$

宇称不守恒 宇称守恒具有空间反映下物理过程不变性的含义.以前在物理学中这个不变性人们一直认为是公理.后来在 K 介子的弱衰变中显出同宇称守恒原理有难以调和的矛盾.1956 年观察到下列两种衰变方式:

$$\theta^{+}\rightarrow\pi^{+}+\pi^{0},$$
$$\tau^{+}\rightarrow\pi^{+}+\pi^{+}+\pi^{-}.$$

这两种衰变方式的粒子 θ^{+} 和 τ^{+} 查明具有相同的质量、半衰期和自旋,因此认为是一种粒子(现在称为 K 介子)出现两种衰变方式.这两种衰变方式中的产物 π 介子的宇称是奇性的,并查明两种衰变中 π 介子相对运动的轨道角动量等于零.那么衰变成一对 π 介子的态的宇称是偶性的,而成为三个 π 介子的态的宇称是奇性的.同一种粒子怎能转变到不同宇称的状态呢?从宇称守恒原理怎样理解呢?

从这个问题的研究,李政道和杨振宁在 1956 年推断在弱相互作用中宇称是不守恒的,并建议用极化原子核的 β 衰变电子的角分布来检验他们的推断.这个实验在 1957 年由吴健雄和她的同事完成.她们把 β 放射的 ^{60}Co 放在强磁场中并把温度降到 1 K 以下,最低达到 0.004 K.这样,有 60% 的 ^{60}Co 原子核的磁矩取磁场的方向.温度降低,为的是尽量减轻热运动,以免搅乱原子核的有序化.然后在磁场方向和反磁场方向对放出的 β 射线进行测量,发现在反磁场方向发射的 β 射线比磁场方向的强.在垂直于磁场方向并通过放射源的一个平面的两侧,发出的 β 射线总强度是不对称的.若以 θ 表示射线方向同磁场方向的夹角,吴等测得

$$\alpha=\frac{N_{1}(\theta<90^{\circ})-N_{2}(\theta>90^{\circ})}{\dfrac{N_{1}+N_{2}}{2}}=-0.4,$$

这里 N_1 和 N_2 是两方向范围的 β 射线数目,测量的结果肯定了坐标反映下 β 射线强度的不对称性,这证明了在弱衰变过程中宇称不守恒.弱相互作用中宇称不守恒的发现是对自然规律认识的一个重要发展.

3. 中微子

中微子的静质量,从理论上考虑,应该都是零.由实验观察,ν_e 和 ν_μ 的静质量的最高限分别是 60 eV/c^2 和 1.6 MeV/c^2.

中微子 ν_e 和 ν_μ 都具有螺旋性.如果以右手螺旋表示中微子的螺旋性,那么螺旋前进的方向是同中微子的线动量方向相反的,如图 11.10 所示.或者也可以这样描述:中微子具有自旋,自旋的方向只能在线动量的相反方向.反中微子也具有螺旋性,其方向与反中微子的运动方向相同.

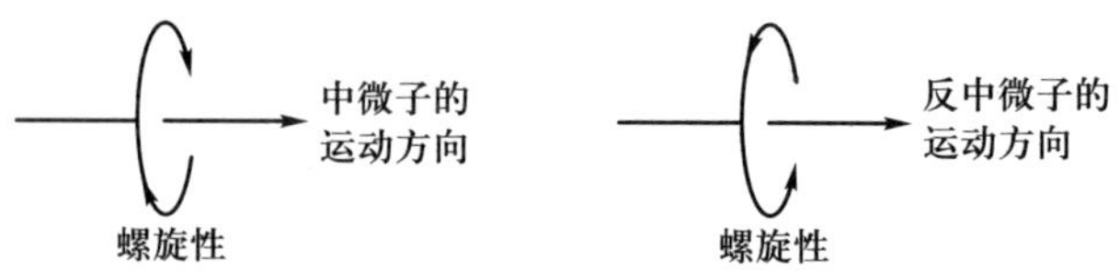

图 11.10 中微子和反中微子的螺旋性

4. 中间矢量玻色子

正如在电磁相互作用中,光子作为电磁场的量子,是作用的媒介,人们设想弱相互作用也应该有媒介.光子的自旋是 1,它是中性的矢量玻色子.在强相互作用中,最早汤川秀树提出,核子间的作用媒介应该是质量大约等于电子质量的 200 倍的玻色子;不久人们发现了 π 介子,认为是符合这个要求的粒子.从这些情况考虑,人们设想弱相互作用也应该有中介粒子,也是矢量玻色子,称为中间矢量玻色子.电磁场的作用距离可以无限远,所以光子的静质量等于零.强作用是短程的,只有 10^{-15} 米的数量级,作为媒介的介子等的静质量就比较大.弱相互作用认为是物体接触着起作用的,因此中介物一定具有很大的质量,比介子的质量要大得多,但是这还是在理论上推测阶段.尽管已经利用了加速器的或宇宙射线中的高能粒子的碰撞,希望能够获得这种中间矢量玻色子存在的证据,但到现在还没有这样的证据.这还只是希望通过弱相互作用产物的质量计算,证实中间玻色子的存在,还没有想要直接观察到.关于弱相互作用,还有许多问题需要进行实验和理论的研究.

习　题

自测

1. 算出原子核中两个质子间的重力吸引力和静电推斥力,可以看出重力吸引力远不足以抵抗静电推斥力.这说明原子核能够稳固地结合着,必有更强的吸引力对抗库仑推斥力而有余.

2. 在 π 介子撞击质子的实验中,当 π 介子的实验室能量是 200 MeV 时,Δ 共振态的激发最大.求 Δ 粒子的质量.[π 的质心坐标能量等于它的实验室能量×质子质量/(质子质量+π 的质量)].

3. 在下列各式中,按照守恒定律来判断,哪些反应属于强相互作用,哪些是弱相互作用,哪些是不能实现的,并说明理由.

(1) $p\to\pi^{+}+e^{+}+e^{-}$,

(2) $\Lambda^{0}\to p+e^{-}$,

(3) $\mu^{-}\to e^{-}+\nu_{e}+\nu_{\mu}$,

（4） $n+p\to\Sigma^{+}+\Lambda^{0}$，

（5） $p+\bar{p}\to\gamma+\gamma$，

（6） $p+\bar{p}\to n+\overline{\Sigma^{0}}+K^{0}$，

（7） $K^{0}\to\pi^{+}+\pi^{-}+\pi^{0}+\pi^{0}$.

4. 对表 11.2 中的每个重子，从它的有关量子数来考虑？试认出是哪三个层子结成的.

5. 对表 11.2 中每个介子认出它的层子成分.

6. 试讨论下列三式：

（1） $\Sigma^{+}\to n+e^{+}+\nu_{e}$，

（2） $\Xi^{-}\to n+\pi^{-}$，

（3） $\nu_{e}+p\to n+\mu^{+}$.

常用物理常量表

物理量	符号	数值	单位	相对标准不确定度
真空中的光速	c	299 792 458	$\mathrm{m \cdot s^{-1}}$	精确
普朗克常量	h	$6.626\ 070\ 15\times10^{-34}$	$\mathrm{J \cdot s}$	精确
约化普朗克常量	$h/2\pi$	$1.054\ 571\ 817\cdots\times10^{-34}$	$\mathrm{J \cdot s}$	精确
元电荷	e	$1.602\ 176\ 634\times10^{-19}$	C	精确
阿伏伽德罗常量	N_A	$6.022\ 140\ 76\times10^{23}$	$\mathrm{mol^{-1}}$	精确
玻耳兹曼常量	k	$1.380\ 649\times10^{-23}$	$\mathrm{J \cdot K^{-1}}$	精确
摩尔气体常量	R	$8.314\ 462\ 618\cdots$	$\mathrm{J \cdot mol^{-1} \cdot K^{-1}}$	精确
理想气体的摩尔体积（标准状况下）	V_m	$22.413\ 969\ 54\cdots\times10^{-3}$	$\mathrm{m^3 \cdot mol^{-1}}$	精确
斯特藩-玻耳兹曼常量	σ	$5.670\ 374\ 419\cdots\times10^{-8}$	$\mathrm{W \cdot m^{-2} \cdot K^{-4}}$	精确
维恩位移定律常量	b	$2.897\ 771\ 955\times10^{-3}$	$\mathrm{m \cdot K}$	精确
引力常量	G	$6.674\ 30(15)\times10^{-11}$	$\mathrm{m^3 \cdot kg^{-1} \cdot s^{-2}}$	2.2×10^{-5}
真空磁导率	μ_0	$1.256\ 637\ 062\ 12(19)\times10^{-6}$	$\mathrm{N \cdot A^{-2}}$	1.5×10^{-10}
真空电容率	ε_0	$8.854\ 187\ 8128(13)\times10^{-12}$	$\mathrm{F \cdot m^{-1}}$	1.5×10^{-10}
电子质量	m_e	$9.109\ 383\ 7015(28)\times10^{-31}$	kg	3.0×10^{-10}
电子荷质比	$-e/m_e$	$-1.758\ 820\ 010\ 76(53)\times10^{11}$	$\mathrm{C \cdot kg^{-1}}$	3.0×10^{-10}
质子质量	m_p	$1.672\ 621\ 923\ 69(51)\times10^{-27}$	kg	3.1×10^{-10}
中子质量	m_n	$1.674\ 927\ 498\ 04(95)\times10^{-27}$	kg	5.7×10^{-10}
氘核质量	m_d	$3.343\ 583\ 7724(10)\times10^{-27}$	kg	3.0×10^{-10}
氚核质量	m_t	$5.007\ 356\ 7446(15)\times10^{-27}$	kg	3.0×10^{-10}
里德伯常量	R_∞	$1.097\ 373\ 156\ 8160(21)\times10^{7}$	m−1	1.9 ×10−12
精细结构常数	α	$7.297\ 352\ 5693(11)\times10^{-3}$		1.5×10^{-10}
玻尔磁子	μ_B	$9.274\ 010\ 0783(28)\times10^{-24}$	J · T−1	3.0×10^{-10}
核磁子	μ_N	$5.050\ 783\ 7461(15)\times10^{-27}$	J · T−1	3.1×10^{-10}
玻尔半径	a_0	$5.291\ 772\ 109\ 03(80)\times10^{-11}$	m	1.5×10^{-10}
康普顿波长	λ_C	$2.426\ 310\ 238\ 67(73)\times10^{-12}$	m	3.0×10^{-10}
原子质量常量	m_u	$1.660\ 539\ 066\ 60(50)\times10^{-27}$	kg	3.0×10^{-10}

注：① 表中数据为国际科学理事会（ISC）国际数据委员会（CODATA）2018 年的国际推荐值.

② 标准状况是指 $T=273.15\ \mathrm{K}$，$p=101325\ \mathrm{Pa}$.

参考文献

外国人名表

三画

马斯顿 E. Marsden
门捷列夫 Д. И. Менделеев

四画

牛顿 I. Newton
巴耳末 J. J. Balmer
贝可勒尔 H. Becquerel
弗兰克 J. Franck
戈登 W. Gordon
孔斯曼 Kunsman
乌伦贝克 G. Uhlenbeck
扎佛依斯基 E. K. Завоиский
内德梅厄 S. H. Neddermeyer

五画

布朗 R. Brown
布拉格 W. L. Bragg
布拉开 F. S. Brackett
施特恩 O. Stern
古兹密特 S. A. Goudsmit
卢瑟福 E. Rutherford
兰德斯别尔格 Г. С. Ландсберг
外士塞格 C. F. von Weizsäcker
斯特拉斯曼 F. Strassmann
鲍威耳 C. F. Powell

六画

安德孙 C. D. Anderson
伦琴 W. C. Röntgen
J. J. 汤姆孙 J. J. Thomson
G. P. 汤姆孙 G. P. Thomson
毕克林 W. H. Pickering
约丹 P. Jordan
托马斯 L. H. Thomas
迈克耳孙 A. A. Michelson
伍利夫 Ю. В. Вульф
约里奥-居里 F. Joliot-Curie

七画

阿伏伽德罗 Avogadro
李瑟福 Retherford
里德伯 J. R. Rydberg
狄拉克 P. A. M. Dirac
劳厄 M. von Laue
克利希南 K. S. Krishnan

八画

范德瓦耳斯 van der Waals
法拉第 M. Faraday
P. 居里 P. Curie
M. 居里 M. Curie
I. 约里奥-居里 I. Joliot-Curie

拉德斯 C. M. Lattes
欧恰里居 G. P. S. Occialini
帕邢 F. Paschen
帕斯特耐克 S. Pasternack
泡利 W. Pauli
拉莫尔 Larmor
拉盖尔 Laguerre
拉曼 C. V. Raman

九画

玻尔 N. Bohr
玻恩 M. Born
玻耳兹曼 Boltzmann
费米 E. Fermi
哈恩 O. Hahn
科克饶夫特 J. D. Cockroft
W. 威耳孙 W. Wilson
休斯敦 W. V. Houston
洪德 F. Hund

十画

爱因斯坦 A. Einstein
索末菲 A. Sommerfeld
海森伯 W. Heisenberg
朗德 A. Landé
莫雷 E. W. Morley
莫塞莱 H. G. Moseley

十一画

勒纳 P. Lenard
勒让德 Legendre
格拉赫 W. Gerlach
盖革 H. Geiger
盖末 L. S. Germer
菊池正士 S. Kikuchi
康普顿 A. H. Compton
密勒 Miller
曼迭利史塔姆 Л. И. Манделбштам

十二画

道耳顿 J. Dalton
普朗克 M. Planck
普丰德 H. A. Pfund
塔尔塔科夫斯基 П. С. Тартаковский

十三画

莱曼 T. Lyman
兰姆 W. E. Lamb
塞曼 P. Zeeman

十四至十六画

赫兹 G. Hertz
德布罗意 L. de Broglie
薛定谔 E. Schrödinger
穆斯堡尔 R. L. Mössbauer

索　引

二至三画

四画

五画

六画

七画

八画

九画

十画

十一画

十二画

十三画

十四画

十五至十六画

郑重声明

读者意见反馈

为收集对教材的意见建议，进一步完善教材编写并做好服务工作，读者可将对本教材的意见建议通过如下渠道反馈至我社。

咨询电话　400-810-0598

反馈邮箱　hepsci@pub.hep.cn

通信地址　北京市朝阳区惠新东街4号富盛大厦1座
　　　　　高等教育出版社理科事业部

邮政编码　100029

防伪查询说明

用户购书后刮开封底防伪涂层，使用手机微信等软件扫描二维码，会跳转至防伪查询网页，获得所购图书详细信息。

防伪客服电话　（010）58582300